中文版

Illustrator 2024
完全自学教程

李金明 李金蓉 编著

人民邮电出版社

北　京

图书在版编目（CIP）数据

中文版 Illustrator 2024 完全自学教程 / 李金明,

李金蓉编著. -- 北京 ： 人民邮电出版社, 2025.

ISBN 978-7-115-66167-8

I. TP391.412

中国国家版本馆 CIP 数据核字第 2024AP6354 号

内 容 提 要

本书从 Illustrator 2024 的下载和安装方法入手，全面、系统地讲解 Illustrator 2024 的实用功能，并通过"实战+AI 技术/设计讲堂"的形式，对软件原理和使用技巧方面的知识进行分析和解读。全书从实用角度出发，配备大量实战案例，涵盖商业插画、平面广告、网店装修、海报、UI、App 界面、包装、字体、特效等行业和设计领域。每个案例都配有教学视频，可帮助初学者在较短的时间内掌握相关技术和工作技能。

此外，本书附带学习资源，内容包括书中案例的素材文件、效果文件和在线教学视频，PPT 教学课件，以及一些其他学习资料（包括"UI 设计配色方案""网店装修设计配色方案""常用颜色色谱表""CMYK 色卡""色彩设计""图形设计""创意法则"等电子书）。

本书适合 Illustrator 初学者，以及从事设计和创意工作的人员使用，同时也适合高等院校相关专业的学生和各类培训班的学员阅读与参考。

◆ 编　著　李金明　李金蓉

　　责任编辑　张丹丹

　　责任印制　陈　犇

◆ 人民邮电出版社出版发行　　北京市丰台区成寿寺路 11 号

　　邮编　100164　　电子邮件　315@ptpress.com.cn

　　网址　https://www.ptpress.com.cn

　　北京捷迅佳彩印刷有限公司印刷

◆ 开本：880×1092　1/16

　　印张：18　　　　　　　　2025 年 7 月第 1 版

　　字数：688 千字　　　　　2025 年 7 月北京第 1 次印刷

定价：109.80 元

读者服务热线：(010)81055410　印装质量热线：(010)81055316

反盗版热线：(010)81055315

前言

Illustrator的学习特点是入门较难，原因在于矢量图形一般需要使用钢笔工具绘制。首先，绘图如同绘画，没有手绘功底，画出来的东西往往不够准确；其次，矢量图形的绘制和修改方法较为特殊，不经反复练习，很难运用自如。所以，初学者在入门阶段会面临难题——怎样过钢笔工具这一关。不过不必担心，本书有很多相关实战介绍操作方法和技巧，定能让读者顺顺当当地跨过这道门槛。

设计工作注重实战经验。鉴于此，本书将Illustrator操作方法、使用技巧、在商业和设计工作中的应用等融入实战，读者在动手操作后可获得全方位的提高；设计工作也强调分工协作，本书也会介绍Illustrator与其他设计软件的协同方法，以及怎样分享资源。书中的所有实战都配有教学视频，用手机、平板电脑等扫描书中的二维码便可观看。

对于Illustrator中的专业名词和术语，书中对其所在的页码进行了标注，为读者学习扫清障碍。此外，本书还配备详尽的软件功能索引。如果对Illustrator中的某个工具、面板或命令有疑问，一时找不到出处，或想查询快捷键，可以使用索引快速地进行检索。

希望本书能帮助读者少走弯路，快速掌握Illustrator，并积累一些从业经验。预祝您学习愉快！

编者

2024年12月

本书学习项目

● 实战：可以动手操作的实例。

● 参数选项：详细介绍软件的参数选项。

● 技术看板：Illustrator操作方面的技术要点及技巧，可以拓宽知识面，适合进阶用户。

● 提示：小技巧和实战操作中需要注意的事项。

● AI技术/设计讲堂：剖析软件功能，介绍高级技巧，解读设计方法。

教学课件

将本书用作教材的老师，请扫描右侧二维码获取教学课件。

视频、资源及后续服务

扫描右侧二维码，根据提示操作（输入51页左下角的5位数字），可以领取素材、资源和学习资料。

下载本书学习资源和教学课件，请扫描上方二维码。

目录

CHAPTER 2

第2章 图层、选择及编辑对象 42

第3章　绘图与上色 64

第4章　用钢笔工具、曲率工具和铅笔工具绘图 100

CHAPTER 5

第5章 改变对象形状...................................... 122

CHAPTER 6

第6章 不透明度、混合模式与蒙版............................152

CHAPTER 7

第7章 效果、外观与透视图............................166

CHAPTER 8

第8章 创建与编辑文字 188

CHAPTER 9

第9章 渐变网格与高级上色 212

第1章
Illustrator 入门

生成式 AI ｜ "模型（Beta）"面板・Retype（Beta）功能・上下文任务栏・尺寸工具 ｜ ☞ { Illustrator 2024新功能 } ☜

本章简介

Illustrator 是一款备受欢迎的矢量绘图软件，可用于绘制和编辑矢量图形。矢量图形具有鲜明的特色，便于修改并可无损缩放，在设计领域有着广泛的应用。Illustrator 功能丰富，学习时应循序渐进，不能操之过急。本章介绍其入门知识，即 Illustrator 的工作界面及基本使用方法等。

学习重点

工作界面
工具栏
实战：使用"控制"面板
实战：使用面板
用好快捷键，工作更高效
实战：用缩放工具和抓手工具查看图稿
实战：用Bridge浏览和打开文件
文件保存格式
导入外部文件（嵌入与链接）
实战：通过置入素材修改设计方案

1.1 初识Illustrator

Adobe 公司的 Illustrator 是矢量绘图行业的标准软件，在平面、包装、出版、UI、网页和插画等设计领域有着广泛的应用。

1.1.1 Illustrator的诞生历程

世界上很多伟大的发现和发明是由机缘巧合促成的。例如，牛顿看到苹果落地得到启发，提出万有引力定律；阿基米德跨进澡盆的瞬间看到水面上升后得到启发，提出浮力定律。本书的主角——Illustrator，诞生于约翰·沃诺克（John Warnock）看到的一幅画稿。

1982年12月，约翰·沃诺克和查克·格施克（Chuck Geschke）——两位长着大胡子看起来更像艺术家的科学家，如图1-1所示，毅然决然地离开施乐公司帕洛阿尔托研究中心（Palo Alto Research Center，PARC），在圣何塞市创立了 Adobe公司。二人合作开发的PostScript语言完美地解决了桌面印刷环节中的最大痛点——个人计算机与打印设备之间的

约翰·沃诺克　　查克·格施克
图1-1

通信问题，使得文档在任何类型的设备上打印都能获得清晰、一致的文字和图像。这项发明震惊业界。史蒂夫·乔布斯专程前来考察，并与Adobe公司签订了第一份合同。他还说服二人不做硬件公司，而是发挥专长，做软件研发。两位科学家回忆说："如果没有史蒂夫当时的高瞻远瞩和冒险精神，Adobe就没有今天。"

约翰·沃诺克的妻子玛瓦·沃诺克是一位优秀的图形设计师。有一天，约翰在看妻子用钢笔画曲线画稿时，拿起用PostScript打印的曲线与之比较。他惊喜地发现，在PostScript中用贝塞尔曲线画出的线条非常光滑。要知道，当年用计算机绘图程序所画的曲线打印出来之后边缘是粗糙的，甚至会出现锯齿。由此，约翰萌生了开发绘图软件Illustrator的想法，并把这项任务交给了PostScript工程师麦克·苏斯特。

麦克·苏斯特不负重托。1987年3月1日，由他开发的Illustrator 1.0正式发布。这一版的 Illustrator已经集成了色彩处理功能，只是用户还不能使用，也就是说，Illustrator 1.0只能绘制黑白图形。但它的钢笔工具让怀疑计算机绘图能力的设计师和绘图员大开眼界。更重要的

是，它开创了一种全新的绘图方式。要知道，在这之前，计算机只能绘制像素图（即位图）。

Illustrator 1.0的启动画面及产品包装用的是通过PostScript绘制的维纳斯像，原型取自意大利画家桑德罗·波提切利的油画作品《维纳斯的诞生》，如图1-2所示。

Illustrator 1.0的工作界面

《维纳斯的诞生》（局部）

Illustrator 1.1

图1-2

作为一款全新的软件，Illustrator与以往的任何软件都不同，怎样才能让大众了解并爱上它呢？Adobe公司一众员工绞尽脑汁，最终决定由约翰录制一盘录像带，亲自上阵讲解Illustrator。

技术看板 **Adobe公司的软件帝国**

在软件研发与创新上，Adobe公司从未停止过脚步。在开发出PostScript语言后，Adobe公司还研发了与之配套的字体库，之后相继推出Illustrator（1987年）、Acrobat和PDF（1993年），以及InDesign（1999年）等革新性技术和软件。然而更多影响和改变业界生态的软件是Adobe通过大举收购得到的。例如，1988年9月获得Photoshop的授权许可，7年之后以3450万美元的价格买下Photoshop的所有权；1991年收购Super Mac公司，将该公司的非线性视频编辑软件Reel Time改造成现在的Premiere；1994年收购Aldus公司，该公司拥有知名的排版软件PageMaker和视频后期特效制作软件After Effects（由于PageMaker软件自身的技术局限，Adobe对其进行全面修整后，用开发出的InDesign替代前者）；1999年收购Attitude Software公司，获得了3D技术；2005年收购重要对手Macromedia公司，将后者的Flash、Dreamweaver、Fireworks、FreeHand等软件纳入囊中。一系列的收购行动加速了Adobe公司的发展，催生出一个从字体、图像、视频到网页和动画，横跨所有媒介和显示设备的软件帝国，影响了无数的行业和个人。

1.1.2 安装Illustrator 2024的系统要求

下面是安装Illustrator 2024的系统要求。内存（包括显卡内存）对Illustrator能否流畅运行影响较大。例如，使用混合、3D等功能时，如果内存小，不仅处理速度会明显变慢，还极容易引起闪退，造成编辑效果丢失。

Windows	macOS
●处理器：包含 SSE 4.2 或更高版本的 Intel 多核处理器（支持 64 位），或者包含 SSE 4.2 或更高版本的 AMD Athlon 64 处理器。 ●操作系统：Windows 11 v22H2、v21H2，Windows 10 v22H2、v21H2，Windows Server 2022、2019。 ●内存：8 GB（推荐 16 GB）。 ●硬盘：2 GB 可用硬盘空间用于安装（安装过程中需要额外的可用空间，推荐使用 SSD）。 ●显示器分辨率：1024×768（推荐 1920×1080）。 ●GPU：Windows至少具有1GB VRAM（建议4GB），支持 OpenGL 4.0 或更高版本。 ●互联网连接：连接Internet并完成注册后，才能激活软件、验证订阅和访问在线服务。	●处理器：包含 SSE 4.2 或更高版本的 Intel 多核处理器（支持 64 位）。 ●操作系统：macOS 14（Sonoma）、macOS v13（Ventura）、macOS v12（Monterey）、macOS v11（Big Sur）。 ●内存：8 GB（推荐 16 GB）。 ●硬盘：3 GB 可用硬盘空间用于安装（安装过程中需要额外的可用空间，推荐使用 SSD）。 ●显示器分辨率：1024×768（推荐 1920×1080）。 ●GPU：要获得最佳 GPU 性能，至少应当具备 1024 MB VRAM（建议 2 GB），并且必须支持 Metal。 ●互联网连接：连接Internet并完成注册后，才能激活软件、验证订阅和访问在线服务。

1.1.3 下载和安装Illustrator 2024试用版

下载Illustrator 2024试用版需要Adobe ID。要创建此ID，可登录Adobe公司中国官网，单击页面右上角的"登录"按钮，如图1-3所示；切换到下一个页面，单击"创建账户"按钮，如图1-4所示；进入下一个页面，如图1-5所示，输入电子邮件地址、密码等信息，单击"创建账户"按钮，创建Adobe ID。

图1-3

图1-4

图1-5

完成创建后，登录Adobe网站，单击"下载免费试用版"按钮，如图1-6所示；单击"下载"按钮，如图1-7所示，下载Creative Cloud桌面应用程序，如图1-8所示。双击它即可安装Illustrator。需要注意的是，从安装之日起，有7天的试用期，超过7天后需要购买Illustrator正式版（可单击"购买"按钮）才能继续使用。

图1-6

图1-7

图1-8

1.1.4 卸载Illustrator

运行Creative Cloud桌面应用程序，单击Illustrator右侧的···按钮，选择"卸载"命令，即可卸载Illustrator。此外，使用Windows的控制面板也可进行卸载。操作时，打开Windows的控制面板，如图1-9所示，单击"卸载程序"按钮，如图1-10所示，在弹出的对话框中选择Illustrator 2024，单击"卸载/更改"按钮即可进行卸载。

图1-9

图1-10

1.2 Illustrator 2024新增功能

Adobe 公司每年都会对 Illustrator 进行更新，这些更新不仅包括性能的改进，还会添加一些新功能。

1.2.1 基于AI生成矢量图

Illustrator 2024使用了生成式AI（Artificial Intelligence，人工智能）技术Adobe Firefly，用户在上下文任务栏或"文字生成

矢量图形（Beta）"面板中输入文字提示，就可得到高质量的矢量图形，如图1-11和图1-12所示。

图1-11　　　　图1-12

1.2.2　基于AI重新着色

选择对象后，输入文字提示，可以快速为图稿重新上色，如图1-13所示。此外，还可使用颜色平衡轮、颜色库或颜色主题选择器进一步完善颜色。

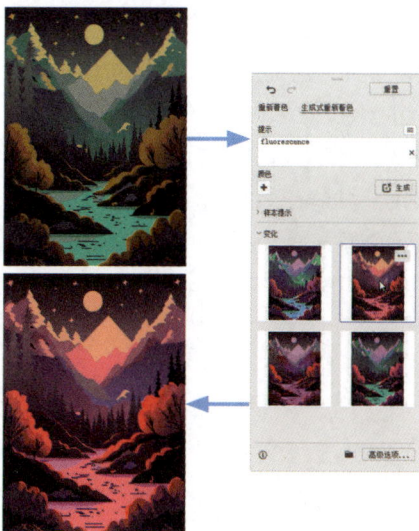

图1-13

1.2.3　样式提取器

在Illustrator中绘制一个矩形，在上下文任务栏或"属性"面板中输入要生成的图稿，单击◎按钮，在图稿上单击，可以改变图稿的风格、样式和色彩，创建与此图稿类似

的效果，如图1-14所示。

图1-14

1.2.4　模型展示

选择矢量图稿或位图，如图1-15所示，执行"对象>模型>制作"命令，可以将图稿贴在服饰、产品包装、名片和灯箱等物体上，以便进行立体实景展示，如图1-16所示。

图1-15

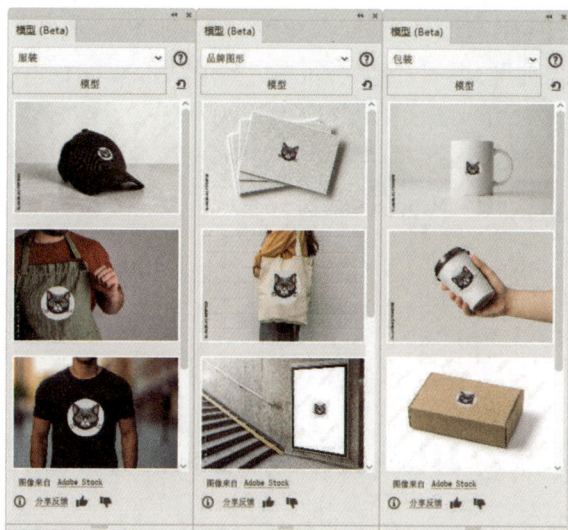

图1-16

1.2.5　尺寸工具

Illustrator 2024新增的尺寸工具🖊可用于测量角度、距离和直径，如图1-17所示。选择该工具时，会显示一个任务

栏,如图1-18所示,可在其中切换不同的工具类型:线性尺寸、角度尺寸和径向尺寸。

图1-17   图1-18

1.2.6 更强的平滑控制

执行"对象>路径>平滑"命令时,可以通过平滑滑块手动控制路径的平滑级别,还可以只平滑部分路径。

1.2.7 共享文档以供审阅

如果想共享文档,可执行"文件>共享以供审阅"命令创建可共享的审阅链接,合作方可在文档中提供反馈、添加评论,软件中会自动显示评论。用户还可以回复评论、解决问题并将更新推送到同一链接以继续审阅。此外,还可执行"邀请编辑"命令共享云文档以供编辑。

1.2.8 保存选区

选择多个对象后,可以执行"选择>保存选区"命令将选区保存起来。将来使用时,可通过此选区一起移动或编辑对象,就像处理编组的对象一样。

1.2.9 Retype(Beta)功能

Retype(Beta)功能可以自动识别图像中文本所用的字体(目前支持拉丁语,如英语、法语、德语,以及日语脚本),并将其转换为能在Illustrator中编辑的文本。

1.2.10 其他更新功能

在"新建文档"对话框中,"打印"预设部分提供了A5预设。

在文档中选择嵌入的图像,单击"控制"面板中的"将所有选定的图像取消嵌入到此文件夹"按钮,可一次性取消嵌入的多个图像。

单击"链接"面板中的"删除链接"按钮,可以删除图稿中链接的对象和嵌入的对象。

执行"文件>导出>导出为多种屏幕所用格式"命令,可在导出过程中为资源名称添加前缀,以便更好地管理文件。导出后,无须手动将数字作为前缀插入画板和资源名称,即可在文件夹中将它们正确排序。

1.3 Illustrator 2024工作界面

Illustrator 2024 的工作界面非常简洁,即便是初次使用,也能轻松上手操作。Adobe 公司的软件界面大多如此,因此,会用 Illustrator,学习其他 Adobe 软件时也将更加容易。

1.3.1 主页和"学习"选项卡

双击计算机桌面上的 Ai 图标,运行Illustrator 2024。首先显示的是主页,如图1-19所示。在此界面中可快速创建文档、打开计算机中的文档,以及查看Illustrator 2024的新增功能等。

图1-19

登录Adobe ID
云文档
搜索Adobe Stock资源
探索Illustrator 2024新功能
创建文档
打开文档
筛选文件
常用的文档预设（单击即可创建相应的文件）
近期使用过的文件（单击可将其打开）

提示

按Esc键可以关闭主页。需要时可单击菜单栏左侧的"主页"按钮🏠将其打开。

为方便用户学习，Illustrator中还内置了教程链接，可切换到"学习"选项卡进行查看。这些教程分为练习类教程和演示类教程两类，如图1-20所示。选择练习类教程，可以在Illustrator中打开相关素材和"发现"面板，如图1-21所示。按照"发现"面板中的提示，可以学习Illustrator入门知识，了解概念、工作流程和操作技巧。选择演示类教程，可跳转到Adobe网站，观看在线教学视频。

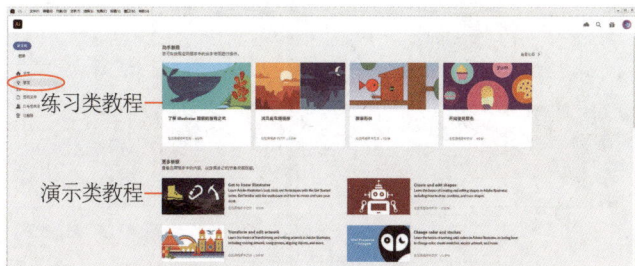

练习类教程
演示类教程

图1-20

图1-21

1.3.2 工作界面

在主页中新建、打开文档，或者关闭主页，就会进入

Illustrator工作界面，如图1-22所示。

打开主页
搜索工具、教程和资源
标题栏 菜单栏 "控制"面板 文档窗口 面板
工具栏
画布
画板
状态栏

图1-22

工作界面默认为黑色。可以执行"编辑>首选项>用户界面"命令，打开"首选项"对话框更改界面颜色，如图1-23所示。灰色不会干扰图稿色彩，也不会影响我们的判断。画布（见31页）的亮度默认与界面亮度自动匹配。如果想让画布颜色始终是白色，可以选择"白色"选项。

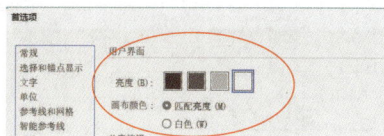

图1-23

Illustrator工作界面内容

- 标题栏：显示当前文档的名称、视图比例和颜色模式等信息。
- 菜单栏：包含不同类型的命令。
- 画板/画布：画板是绘制和编辑图稿的区域，位于其中的图稿可以打印和导出。画板之外是画布。
- 工具栏：包含创建和编辑图像、图稿与页面元素的工具。
- "控制"面板：包含与当前工具有关的选项。其选项会随着所选工具的不同而改变。
- 面板：用于配合编辑图稿、设置工具参数和选项。很多面板都有菜单，包含当前面板的特定选项。面板可以编组、堆叠和停放。
- 状态栏：显示当前使用的工具、日期和时间，以及还原次数等信息。
- 文档窗口：显示和编辑图稿的区域。

1.3.3 实战：使用文档窗口

在Illustrator中每新建或打开一个文档，便会创建一个文档窗口。文档窗口是显示和编辑图稿的区域，其顶部为标题栏，显示当前文档名称（如果其右侧有"＊"，表示当前文档已被编辑但尚未被保存）、视图比例、颜色模式 *（见87页）* 和视图模式等，如图1-24所示。

图1-24

01 按Ctrl+O快捷键，弹出"打开"对话框，在配套资源的素材文件夹中，按住Ctrl键并单击两幅图像，将它们同时选取，如图1-25所示，按Enter键打开，如图1-26所示。工作界面中默认只显示一幅图像。单击另一个文档的选项卡，可显示对应的文档窗口。按Ctrl+Tab快捷键，可循环切换文档窗口。

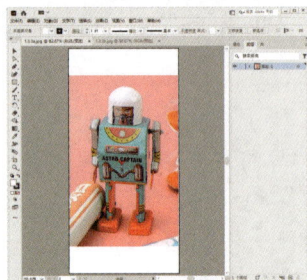

图1-25 图1-26

> — 提示 —
>
> 在Illustrator中打开多个图稿时，选项卡中可能无法显示所有文档的名称，这会导致无法显示某些文档。打开"窗口"菜单，或单击选项卡右侧的按钮打开下拉菜单，可以找到所需文档并将其显示出来。
>
>

02 默认状态下，文档窗口固定在选项卡上。可将其拖曳至其他位置，如图1-27所示。重新拖到"控制"面板底边，可将其停放回选项卡，如图1-28所示。

图1-27 图1-28

03 将鼠标指针放在文档的选项卡上单击并水平拖曳，可以调整文档的排列顺序，如图1-29所示。

图1-29

04 单击文档窗口右上角的 × 按钮，如图1-30所示，可将其关闭。如果想一次性关闭所有文档窗口，可以在选项卡上单击鼠标右键，打开上下文菜单，选择"关闭全部"命令，如图1-31所示。

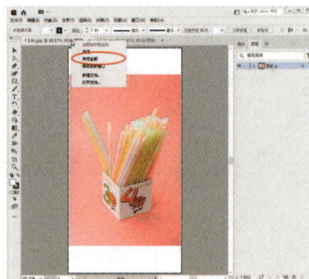

图1-30 图1-31

1.3.4 状态栏

文档窗口底部是状态栏。其文本框中的百分比代表文档窗口的视图比例。在此输入数值并按Enter键，可调整视图比例。如果文档中包含多个画板，可以单击 中的按钮切换画板。单击状态栏右侧的 ▶ 按钮打开下拉菜单，在"显示"子菜单中可以选择状态栏中显示的信息，如图1-32所示。

图1-32

- 画板名称：当前编辑的图稿所在的画板的名称。
- 当前工具：当前使用的工具的名称。
- 日期和时间：当前的日期和时间。
- 还原次数：可用的还原和重做（见38页）的次数。
- 文档颜色配置文件：文档使用的颜色配置文件的名称。

1.3.5 工具栏

Illustrator工作界面左侧是工具栏，其中的工具按照用途分为六大类，如图1-33所示。单击工具栏顶部的 ◀◀ 按钮，可以让工具栏以单排显示，如图1-34所示。单击 ▶▶ 按钮，可恢复为双排显示。拖曳顶部的标题栏，可将其移动到其他位置。

- 选择类工具
- 绘制类工具
- 文字类工具
- 上色类工具
- 修改类工具
- 导航类工具

图1-33　　　　　图1-34

单击某个工具图标即可使用对应工具（将鼠标指针停放在工具图标上方，会显示该工具的名称和打开它的快捷键），如图1-35所示。右下角有三角形图标的是工具组，将鼠标指针停放在它上方，按住鼠标左键，可以显示其中隐藏的工具，如图1-36所示；将鼠标指针移动到其中一个工具上，然后释放鼠标左键，可以选取该工具，如图1-37所示。此外，按住Alt键单击工具组，可以循环切换其中的各个工具。

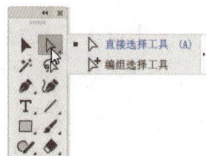

图1-35　　图1-36

图1-37

单击工具组右侧的 按钮，如图1-38所示，会弹出包含

该工具组的独立面板，如图1-39所示，可将该面板拖曳到其他位置；也可将鼠标指针放在面板的标题栏上，按住鼠标左键向工具栏边界拖曳，当出现蓝色提示线时，如图1-40所示，释放鼠标左键，将工具组面板与工具栏停放在一起（水平和垂直方向均可停放），如图1-41所示。

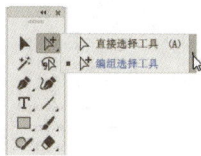

图1-38　　　　图1-39

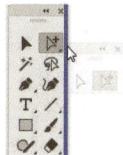 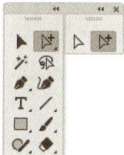

图1-40　　　　图1-41

1.3.6 实战：重新配置工具栏

默认状态下，工具栏只显示常用的工具，而非Illustrator的全部工具。用户可以添加工具到工具栏中，或者重新配置一个符合自己使用习惯的工具栏。

01 单击工具栏底部的 •••按钮，会显示一个面板，包含Illustrator中的所有工具，如图1-42所示。工具图标呈灰色表示其已经在工具栏中了，可将其他工具拖曳到工具栏中，如图1-43和图1-44所示。

图1-42　　　　图1-43　　　　图1-44

02 将工具栏中的工具拖曳到该面板中，此工具就会从工具栏中被剔除，如图1-45和图1-46所示。用这种方法可以自由配置工具栏。

图1-45　　　　　　　图1-46

03 如果想保留Illustrator默认的工具栏配置方案，可以"定制"一个工具栏。操作方法是，执行"窗口>工具栏>新建工具栏"命令，创建工具栏，如图1-47和图1-48所示；单击底部的 ··· 按钮，显示面板后将需要的工具拖曳到该工具栏中，如图1-49和图1-50所示。将多个工具拖曳到一个工具图标的上方，可创建工具组，如图1-51和图1-52所示；拖曳到工具下方，如图1-53所示，可创建单独的工具，如图1-54所示。

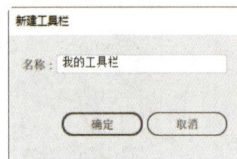

图1-47　　　　　　　图1-48

图1-49　　　　　　　图1-50

图1-51　　　　　　　图1-52

图1-53　　　　　　　图1-54

04 如果要删除自定义的工具栏，可以执行"窗口>工具栏>管理工具栏"命令，打开"管理工具栏"对话框，选择要删除的工具栏，如图1-55所示，单击 🗑 按钮删除，如图1-56所示。

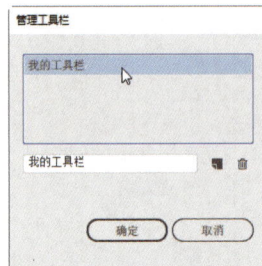

图1-55　　　　　　　图1-56

提示

执行"窗口>工具栏>高级"命令，工具栏中会显示所有工具。执行"窗口>工具栏>基本"命令，则只显示常用工具。

1.3.7 实战：使用"控制"面板

"控制"面板是最常用的面板之一，用来设置所选工具的选项和参数。如果选择了对象，还可以用它为对象填色、描边、调整不透明度和位置等。"控制"面板的方便之处还体现在它内嵌了一些面板，如"画笔""描边""图形样式"等。也就是说，当需要使用这些面板时，在"控制"面板中操作即可，不必去"窗口"菜单中打开相应的面板。

01 选择矩形工具 ▢，拖曳鼠标创建一个矩形。观察"控制"面板中的选项，如图1-57所示。其中，下方带有虚线的文字表示其提供了一个内嵌的面板。单击文字便可展开面板，如图1-58所示。在面板以外的区域单击即可将其关闭。

图1-57

图1-58

02 单击 ⌄ 按钮，可以打开下拉面板，如图1-59所示。单击 ⌄ 按钮，可以展开下拉菜单，如图1-60所示。

图1-59

图1-60

03 "控制"面板中包含数值的选项用于调整参数。可通过3种方法操作。第1种方法是在数值上双击将其选中，如图1-61所示，然后输入新数值并按Enter键，如图1-62所示；第2种方法是在文本框内单击，当鼠标指针变为闪烁的"|"时，如图1-63所示，向前或向后滚动鼠标滚轮，对数值进行动态调整；第3种方法是单击右侧的 ⟩ 按钮，下方会显示一个进度条，拖曳滑块即可进行调整，如图1-64所示。

图1-61   图1-62

图1-63   图1-64

提示

如果需要多次尝试才能确定最终数值，可以这样操作：双击数值，然后按↑键或↓键，以1为单位增大或减小数值；同时按住Shift键操作，则会以10为单位进行调整。此外，按Tab键，可以切换到下一选项。

---

04 拖曳"控制"面板最左侧的 ⋮ 按钮，如图1-65所示，可将其从停放区域中移出，摆放到其他位置。

05 单击"控制"面板右侧的 ≣ 按钮，可以打开面板菜单，如图1-66所示。其中有"√"标记的选项是"控制"面板中已经显示的选项。单击可去掉"√"，同时在"控制"面板中隐藏该选项。移动"控制"面板后，可以使用面板菜单中的"停放到顶部"命令将其恢复到默认位置（即菜单栏

下方）。

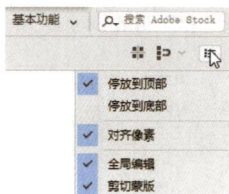

图1-65   图1-66

1.3.8 实战：使用主菜单和上下文菜单

01 Illustrator有9个主菜单，单击其中一个将其打开，如图1-67所示。可以看到，不同用途的命令被分隔线隔开。单击右侧有黑色箭头标记的命令，可以打开对应的子菜单，如图1-68所示。

图1-67   图1-68

02 选择一个命令，可执行该命令。如果命令是灰色的，则表示在当前状态下不能使用。

03 在文档窗口、选取的图稿或面板的选项卡上单击鼠标右键，可以打开上下文菜单，如图1-69～图1-71所示。其中包含与当前操作有关的其他命令，这比在主菜单中选取这些命令方便一些。

在文档窗口中单击鼠标右键   在选取的图稿上单击鼠标右键
图1-69   图1-70

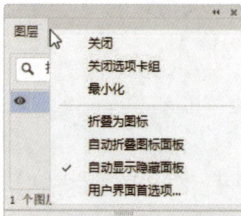

提示

在上下文菜单中，名称右侧有"…"的命令表示执行该命令会弹出相应的对话框。

在面板的选项卡上单击鼠标右键
图1-71

1.3.9 实战：使用面板

打开或关闭Illustrator中所有面板的命令都列在"窗口"菜单中。需要使用时，可以到"窗口"菜单中执行它们。

01 默认状态下，面板被分成若干个组并停靠在工作界面右侧，如图1-72所示。每个面板组都只显示一个面板。如果要使用其他面板，在其名称上单击即可，如图1-73和图1-74所示。

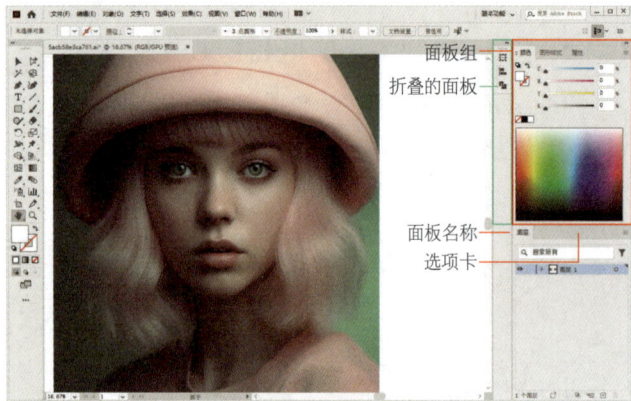

图1-72

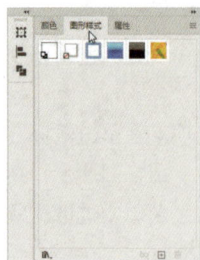

图1-73　　　　图1-74

02 最上方的面板组右侧有一个 ▶▶ 按钮，单击它，可以将面板组折叠起来，如图1-75所示。在折叠状态下，可通过单击面板或图标的方法展开面板，如图1-76所示；再次单击，则将其收起来。有些只显示图标而没有名称的面板不太好辨认，拖曳它们的左边界，将面板组拉宽，可以让名称显示出来，如图1-77所示。

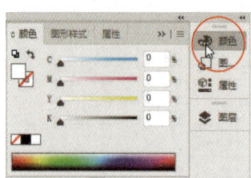

图1-75　　　　图1-76　　　　图1-77

03 单击 ◀◀ 按钮将面板组展开，单击面板右上角的 ☰ 按钮，打开面板菜单，如图1-78所示。在面板的名称或选项卡上单击鼠标右键，会显示上下文菜单，如图1-79所示。执行

"关闭"命令，可以关闭当前面板；执行"关闭选项卡组"命令，可关闭当前面板组。

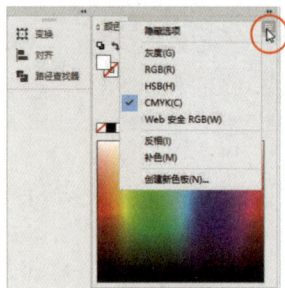
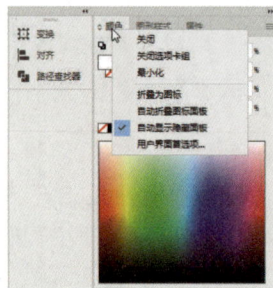

图1-78　　　　图1-79

> **提示**
> 绘图时，可以按Shift+Tab快捷键，将面板隐藏；按Tab键，可以将工具栏、"控制"面板和工作界面右侧的所有面板全都隐藏。再次按相应的按键，即可重新显示隐藏的内容。

1.3.10 实战：重新布置面板

Illustrator中的面板数量较多，占用的空间较大。下面介绍怎样重新布置面板。掌握此方法，就可以合理配置面板。

01 在面板组中，拖曳面板名称，可以调整面板的排列顺序，如图1-80和图1-81所示。

图1-80　　　　图1-81

02 如果拖曳至其他面板组，可将面板移到这一组中，如图1-82所示。向下拖曳面板的底部边界，可以将面板拉长，向左拖曳面板的左侧边界，可以将面板拉宽，如图1-83所示。

图1-82　　　　图1-83

03 将面板向外拖曳，如图1-84所示，可将其从组中拖出，成为浮动面板，如图1-85所示。浮动面板可以摆放在工作界面的任意位置。拖曳其边框，可以调整面板大小，如图

1-86所示。

图1-84　　　图1-85　　　图1-86

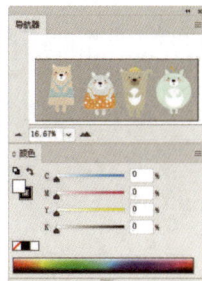

图1-87　　　图1-88　　　图1-89

04 将其他面板拖曳到浮动面板的选项卡上，可以将它们组成一个面板组，如图1-87所示。拖曳到面板下方，当出现蓝色提示线时，如图1-88所示，释放鼠标左键，可将它们连接在一起，如图1-89所示。

图1-90　　　图1-91　　　图1-92

05 单击面板顶部的 按钮，如图1-90所示，可以逐级隐藏或显示面板选项。双击面板的名称，如图1-91所示，可将其最小化；再次双击，面板会重新展开。拖曳面板的标题栏，如图1-92所示，可以移动连接的面板。如果要关闭浮动面板，单击右上角的 按钮即可。

· AI技术/设计讲堂 ·

用好快捷键，工作更高效

使用Illustrator时，可以通过快捷键执行命令、选取工具及打开面板等，这样不仅可以提升工作效率，还能减轻频繁使用鼠标给手部造成的疲劳。

菜单命令的快捷键（Windows）

在菜单中，命令右侧的英文、数字和符号组合是其对应的快捷键。例如，"选择>全部"命令的快捷键是Ctrl+A，如图1-93所示。先按住Ctrl键不放，之后按一下A键，便能执行这一命令。

有些快捷键是由3个按键组成的。例如，"选择>取消选择"命令的快捷键为Shift+Ctrl+A。操作时要先按住前面的两个键，之后再按一下最后的那个键，即同时按住Shift键和Ctrl键不放，再按一下A键。

有些命令名称右侧有一个字母，例如"选择>存储所选对象"命令右侧有一个S。但S并不是快捷键，因为单个字母的快捷键绝大多数已分配给工具和面板。它代表的是一种快捷方法，需要这样操作：首先按住Alt键不放，之后按一下主菜单名称右侧的字母对应的按键，可以打开主菜单，再按一下命令名称右侧的字母对应的按键，便可执行该命令。例如，按住Alt键不放，按一下S键（打开"选择"菜单），再按一下S键，即可执行"选择>存储所选对象"命令。

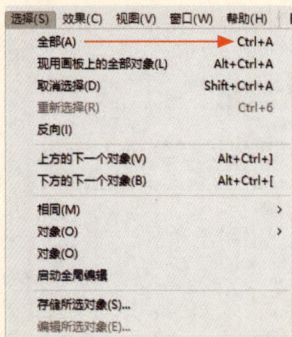

图1-93

工具和面板的快捷键（Windows）

将鼠标指针停放在工具图标上方，会显示其对应的快捷键，如图1-94所示。将鼠标指针停放在工具组图标上方，按住鼠标左键，则可以查看其中哪些工具有快捷键，如图1-95所示。按快捷键可选取相应的工具。例如，按一下V键，可选取

选择工具 ▶；按住Shift键不放，之后按一下C键，可选取锚点工具 卜。面板的快捷键操作方法也一样。例如，"信息"面板的快捷键是Ctrl+F8，如图1-96所示，使用时，按住Ctrl键不放，再按一下F8键即可。

可以看到，单个字母的快捷键主要分配给了常用的工具和面板，组合按键则分配给了命令。这样的配置非常合理，因为常用的工具和面板的使用频率高于命令。另外，有些命令也可以在面板中执行。

> **技术看板** 修改快捷键
>
> Illustrator中的快捷键配置较为合理。但每个人的使用习惯不同，还是会有一些个性化的需求。如果想修改快捷键，可以执行"编辑>键盘快捷键"命令，打开"键盘快捷键"对话框，修改菜单命令或工具的快捷键。单击快捷键显示区上方的 ⌄ 按钮打开下拉列表，选择"菜单命令"选项，可修改菜单命令的快捷键。

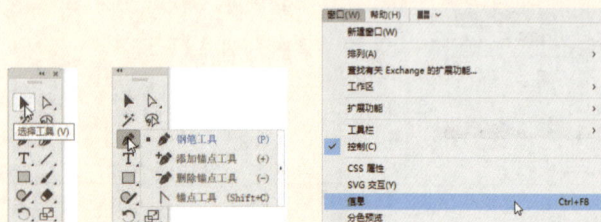

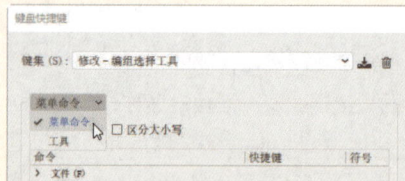

图1-94　　　　图1-95　　　　　图1-96

macOS快捷键

由于Windows操作系统与macOS的键盘按键有些区别，因此，快捷键的用法也不太一样。本书给出的是Windows操作系统的快捷键，macOS用户需要进行转换——将Alt键转换为Option键，将Ctrl键转换为Command键。例如，如果书中给出的快捷键是Alt+Ctrl+O，macOS用户应使用Option+Command+O快捷键来操作。

1.3.11 使用预设的工作区

在Illustrator的工作界面中，由菜单栏、工具栏、"控制"面板和其他各种面板组成的空间称为工作区。"窗口>工作区"子菜单中包含预设的工作区，如图1-97所示，它们是专门为简化某些任务而设计的。例如，打开"上色"工作区，工作界面中会显示用于编辑颜色的各个面板，并自动关闭其他面板，如图1-98所示。

图1-97　　　　　　　　　　　图1-98

1.3.12 创建自定义的工作区

根据自己的习惯重新布置面板后，执行"窗口>工作区>新建工作区"命令，打开"新建工作区"对话框，如图1-99所示，输入工作区名称后单击"确定"按钮，可以将工作区保存。以后需要使用该工作区，或者移动及关闭了面板时，可以在"窗口>工作区"子菜单中找到该工作区，如图1-100所示，让面板恢复原位。

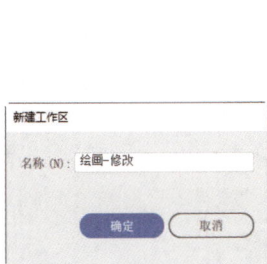

> **提示**
>
> 创建工作区后，可以执行"窗口>工作区>管理工作区"命令对其进行管理。如果对该工作区进行了修改，如移动或关闭了某些面板，可以执行"窗口>工作区>重置绘画-修改"命令进行复位。如果要恢复为Illustrator默认的工作区，可以执行"窗口>工作区>传统基本功能"命令。

图1-99   图1-100

1.4 查看图稿和调整视图

在Illustrator中绘制和编辑图稿时，经常需要调大文档窗口的视图比例，并将画面定位到需要编辑的区域，以观察和处理细节；而查看整体效果时，则会将视图比例调小。

1.4.1 实战：用缩放工具和抓手工具查看图稿

01 按Ctrl+O快捷键，弹出"打开"对话框，选取素材文件，按Enter键将其打开，如图1-101所示。如果想查看某个细节，可以选择缩放工具 🔍，将鼠标指针放在细节上并连续单击，如图1-102所示，或者在细节上拖曳鼠标，如图1-103所示。

02 当文档窗口中不能显示全部图稿时，可以选择抓手工具 ✋ 或者按住空格键（临时切换为抓手工具 ✋），拖曳鼠标指针移动画面，以查看不同区域，如图1-104所示。

图1-103   图1-104

03 需要缩小视图比例时，可以选择缩放工具 🔍，按住Alt键并连续单击，或按住Alt键拖曳鼠标。

> **提示**
>
> 使用绝大多数工具时，按住空格键都可以临时切换为抓手工具 ✋，如按住空格键并拖曳鼠标，可以移动画面。

图1-101   图1-102

1.4.2 命令/快捷键/旋转视图

"视图"菜单中有专门用于调整视图比例的命令，并配备了快捷键，使用起来非常方便，如图1-105所示。例如，当需要放大视图时，可以按住Ctrl键，然后连续按+键，逐级放大视图，效果与选择缩放工具 🔍 并单击相同。若要缩小视图比例，按住Ctrl键并连续按–键即可。

如果想查看图稿的实际大小，可以执行"视图>实际大小"命令（快捷键为Ctrl+1）。在这种状态下，文档中的每个图稿都是其物理大小的实际表示。例如，如果打开A4大小的图稿并进行上述操作，画板将变为实际的A4纸张大小。

如果想让画板在文档窗口中居中显示，可以按Ctrl+0快捷键。如果文档中不止一个画板，按Alt+Ctrl+0快捷键，可以让它们全部显示。

此外，执行"旋转视图"子菜单中的命令，可以对视图进行旋转，如图1-106所示（旋转30°）。需要切换回正常视图状态时，执行"重置旋转视图"命令即可。如果图稿中的某个对象被旋转了一定的角度，如图1-107所示，执行"针对所选对象旋转视图"命令，可以让视图与旋转的对象对齐，如图1-108所示。如果对旋转角度没有特定要求，可以使用旋转视图工具 🖐 任意旋转视图。

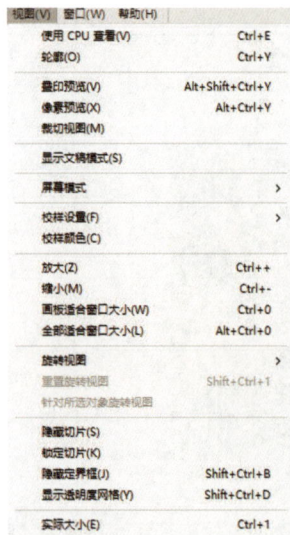

图1-105

图1-106

图1-107

图1-108

1.4.3 实战：用"导航器"面板定位

当文档窗口的视图比例较大时，使用抓手工具 🖐 移动画面，需要操作多次才能到达目标位置。而使用"导航器"面板可以快速定位至图稿的显示区域。

01 按Ctrl+O快捷键，打开素材，如图1-109所示。打开"导航器"面板，如图1-110所示。

图1-109

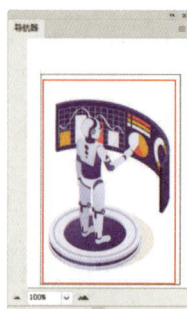

图1-110

02 单击面板底部右侧的 ⛰ 按钮，将视图比例调大（单击左侧的 ⛰ 按钮可将视图比例调小），如图1-111和图1-112所示。如果想精确设置，可以在左下角的文本框中输入数值并按Enter键。

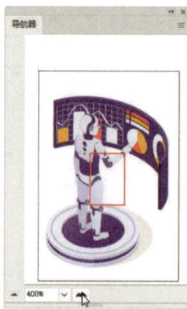

图1-111

图1-112

03 红色矩形框内的是文档窗口中正在显示的区域，在其中拖曳，可以移动画面，如图1-113和图1-114所示。在红色矩形框外单击，画面会迅速切换到这一区域。

图1-113

图1-114

1.4.4 实战：新建视图

编辑图稿时，如果某个区域的细节需要多次修改，可以通过新建视图来减少缩放视图、定位图稿等重复性操作。

01 按Ctrl+O快捷键，打开素材，如图1-115所示。用前面介绍的方法将视图放大并定位到需要修改的地方，如图1-116所示。

图1-117

图1-118

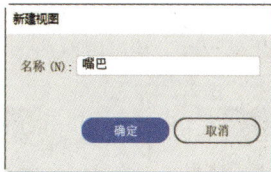
图1-115

图1-116

02 执行"视图>新建视图"命令，打开"新建视图"对话框，输入视图名称，便于之后查找，如图1-117所示。单击"确定"按钮关闭对话框。

03 调整视图比例及画面位置，如图1-118所示。打开"视图"菜单，在菜单底部找到新创建的视图，如图1-119所示，单击即可切换到对应视图，如图1-120所示。

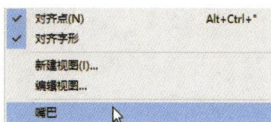
图1-119

图1-120

> **提示**
> 保存文件时，新创建的视图会随文件一同保存。如果要重命名或删除视图，可以执行"视图>编辑视图"命令。

· AI技术 / 设计讲堂 ·

多文档窗口操作技巧

画素描作品时，有一个重要的经验，就是不能一味地描绘细节，而应随时注意观察整体效果，以便平衡整体关系。在Illustrator中也有类似的适用场景。例如，新建或打开文档后，执行"窗口>新建窗口"命令，为文档新建一个文档窗口；然后执行"窗口>排列>平铺"命令，让两个文档窗口并排显示；接着按Ctrl+0快捷键，让图稿完整显示；再单击另一个文档窗口，将其视图比例调大并调整画面位置，如图1-121所示。这样，编辑图稿细节时，就能在另一个文档窗口中看到其整体效果，如图1-122所示。

图1-121

图1-122

创建多个文档窗口或同时打开多个文档后，执行"窗口>排列"子菜单中的命令，可以设置它们的排列方式，如图1-123所示。其中，"平铺"是以边对边的方式显示文档窗口，如图1-124所示；"在窗口中浮动"是让当前文档窗口成为浮动文档窗口。如果想让所有文档窗口都浮动显示，可以执行"全部在窗口中浮动"命令；"层叠"用于让浮动文档窗口层叠排列，如图1-125所示。如果想将所有文档窗口放回选项卡中，执行"合并所有窗口"命令即可。

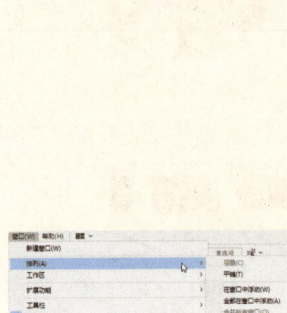
图1-123

图1-124

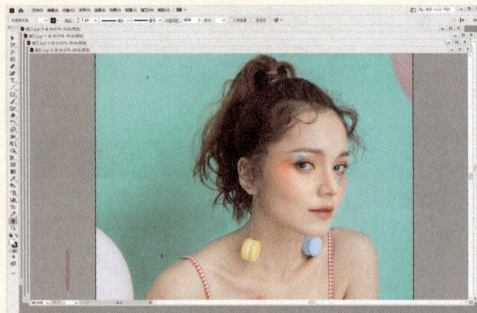
图1-125

1.4.5 切换屏幕模式

在Illustrator中打开图稿时，工作界面内会显示菜单栏、"控制"面板、工具栏、文档的标题栏、滚动条和各种面板。这是默认的"正常屏幕模式"。单击工具栏中的 按钮，打开菜单，如图1-126所示。执行"带有菜单栏的全屏模式"命令，文档窗口会全屏显示，其顶部显示菜单栏，右侧和底部显示滚动条，如图1-127所示。执行"全屏模式"命令，可以切换为全屏模式。此时整个屏幕区域只显示图稿，如图1-128所示。在这种模式下，工具的选取、命令的执行都要通过快捷键来完成，这样可以专注于处理图稿，而不被面板和其他组件干扰。按F键，可在各个屏幕模式间循环切换；按Shift+F快捷键，可以直接切换为演示文稿模式。

图1-128

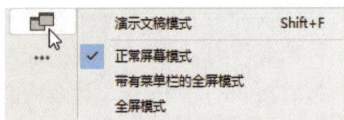
图1-126

1.4.6 在演示文稿模式下展示未完成的作品

如果作品尚未完成，如图1-129所示，但必须在Illustrator中查看图稿，可以执行"视图>显示文稿模式"命令，切换到演示文稿模式，如图1-130所示。如果文档中有多个画板，可以按→键和←键在画板间进行切换。按Esc键可退出该模式。

图1-127

图1-129

图1-130

1.4.7 裁切视图

在Illustrator中编辑图稿，尤其是进行图形的对齐操作时，会大量使用参考线*（见58页）* 和网格*（见61页）* 等辅助工具，如图1-131所示。执行"视图>裁切视图"命令，可以将参考线、网格，以及延伸到画板之外的图稿和其他元素隐藏，如图1-132所示。

图1-131

图1-132

1.5 使用画板

画板是图稿中可打印的区域，创建多个画板，可以轻松地改变设计方案、创建多页 PDF 文件及多个打印页面。

· AI 技术 / 设计讲堂 ·

什么是画板？为什么使用画板？

在文档窗口中，位于画板上的图稿可以打印和导出。画板之外的区域是画布。画布比画板的范围大，可以承载图稿，但不能打印和导出。

Illustrator的每个文档最多可以容纳1000个画板，用户可以在一个文档中创建多个画板，在每个画板上绘制不同的内容，这为设计工作提供了极大的便利。例如，做UI设计时，设计师需要为不同比例的显示器、各种屏幕尺寸的手机和平板电脑等制作图稿。也就是说，同一个设计方案，要制作出不同尺寸的图稿，以满足各种输出设备的需要。创建多个画板，可以将所有设计方案放在同一个文档中，如图1-133所示。这样不仅能完整地呈现效果，修改图稿时也十分方便。

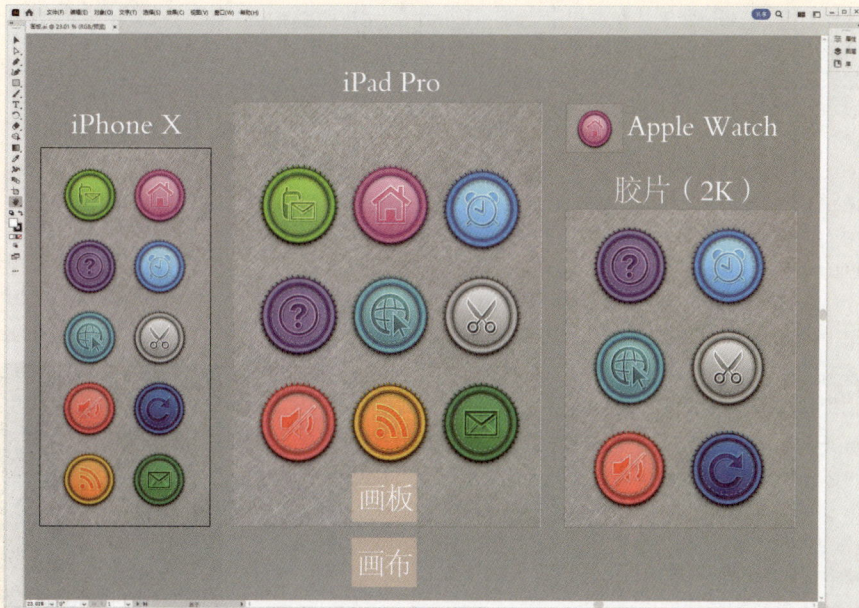

图1-133

1.5.1 创建和编辑画板

执行"文件>新建"命令创建文档（见33页）时，可以设置文档中的画板数量。在编辑图稿的过程中，可根据需要，随时添加和删除画板，以及调整画板的方向，或者对其进行重新排列。

- 自由创建画板：选择画板工具 ，拖曳鼠标，可以自定义画板的位置和大小。

- 转换为画板：选择一个矩形，执行"对象>画板>转换为画板"命令，可将其转换为画板。

图1-134

- 复制画板：选择画板，如图1-134所示，单击"控制"面板中的 按钮，可以复制画板（不包含图稿），如图1-135所示。如果想复制出包含图稿的画板，可以单击"控制"面板中的 按钮，然后按住 Alt 键拖曳画板，如图 1-136 所示。

图1-135

图1-136

- 移动画板：选择画板工具 ，拖曳画板即可移动画板。需要注意的是，当画板中有锁定或隐藏的对象时，它们是不会随画板移动的。如果想让它们也一同移动，可以执行"编辑>首选项>选择和锚点显示"命令，打开"首选项"对话框，勾选"移动锁定和隐藏的带画板的图稿"复选框。

- 调整画板大小：选择画板工具 ，选择一个画板，拖曳定界框上的控制点，可调整画板大小。如果想要精确定义画板尺寸，可以在"控制"面板或"属性"面板中的"宽"和"高"文本框中输入数值并按 Enter 键。

- 切换画板：当文档中包含多个画板时，只有一个画板处于编辑状态。单击状态栏 中的按钮可以切换画板。

- 重新排列画板：创建多个画板后，可以执行"对象>画板>重新排列所有画板"命令，修改画板的布局方式。

- 修改画板名称：画板左上角是画板的名称。如果要对其进行修改，可以选择画板工具 ，再选择画板，在"控制"面板或"属性"面板的"名称"文本框中进行操作。

- 修改画板方向：单击"属性"面板或"控制"面板中的纵向按钮 或横向按钮 即可。

- 删除画板：选择画板工具 ，选择一个画板，单击"控制"面板或"画板"面板中的 按钮或按 Delete 键即可。

- 隐藏画板边界：画板边界由实线定义。如果要隐藏画板边界，可以执行"视图>隐藏画板"命令。

- 适合图稿边界/适合选中的图稿：执行"对象>画板>适合图稿边界"命令，可以自动调整画板大小。将画板边界调整到所有图稿的边界处，即可涵盖所有图稿。选择一个图稿，并执行"对象>画板>适合选中的图稿"命令，则可以将画板边界调整到选中的图稿的边界处。

1.5.2 "画板"面板

使用"画板"面板也可以添加和删除画板、对画板进行重新排列等，如图1-137所示。

- 重新排列所有画板 ：单击该按钮，可以打开"重新排列所有画板"对话框。

- 新建画板 ：单击该按钮，可以创建一个画板。

- 删除画板 ：选择"画板"面板中的画板，单击该按钮，可以删除所选画板。

图1-137

- 上移 /下移 ：选择一个画板，单击这两个按钮，可以调整所选画板在"画板"面板中的排列顺序。该操作不会重新排列文档窗口中的画板。

1.5.3 实战：为平板电脑和手机设计方案

选择画板工具 ，进入画板编辑状态，此时可创建画板、调整画板大小、移动和复制画板，甚至可以让它们彼此重叠。

01 按Ctrl+O快捷键，打开素材。选择画板工具 ，使文档中的画板处于编辑状态，如图1-138所示。单击"控制"面板中的 按钮，打开下拉菜单，选择"iPad Pro"命令，并单击 按钮，将该画板调整为iPad Pro的屏幕大小，如图1-139和图1-140所示。

02 使用选择工具 拖曳图形，对其进行摆放，完成设计方案，如图1-141所示。

图1-138

图1-139

图1-140　　　　　　　　　　图1-141

03 选择画板工具 🔲，按住Alt键拖曳画板，复制画板及图稿，如图1-142所示。

04 打开"控制"面板中的下拉菜单，选择"iPhone X"命令，将该画板的尺寸修改为iPhone X手机屏幕的大小，如图1-143所示。

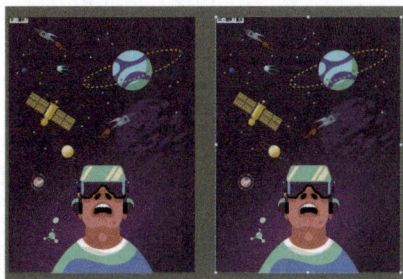

图1-142　　　　　　　　　　　　图1-143

05 用选择工具 ▶ 重新对画面中的图稿进行布局，如图1-144所示。选择画板工具 🔲，拖曳当前画板，将画板间距调小，如图1-145所示。

图1-144　　　图1-145

06 按住Shift键单击两个画板，将它们同时选择，如图1-146所示。如果画板数量较多，可以按住Shift键拖曳出一个选框，将所有画板框选。单击"控制"面板中的 🖵 按钮，让所选画板的顶部对齐，如图1-147所示。单击其他工具或按Esc键，退出画板编辑状态。执行"文件>存储为"命令*（见37页）*，以AI格式保存文档。

图1-146　　　　　　　　　图1-147

1.6 创建文档

使用Illustrator时，可以打开已有的图稿素材进行编辑，也可以从一个空白文档开始，一步一步地绘制和创作。创建空白文档时，可自定义文档尺寸、画板数量和颜色模式等参数，以符合自己的要求和设计任务的需要。

1.6.1 创建空白文档

印刷、移动设备、UI、网页等不同设计领域对文档尺寸、分辨率、颜色模式都有不同的要求。对于设计新手，这些要求很难在短时间内掌握。不要紧，Illustrator提供了很多预设项目，以帮助用户快速创建符合设计要求的文档。

单击主页中的"新建"按钮，如图1-148所示，或执行"文件>新建"命令（快捷键为Ctrl+N），打开"新建文档"对话框。如果知道想要创建什么样的文档（即文档规范），可先输入文档名称，然后设置文档的大小和颜色模式等属性。如果不知道具体参数，可以在最上方的选项卡中找到相应的设计项目。例如，想做一个A4大小的海报，可单击"打印"选项卡，然后在下方选择A4预设，Illustrator就会将所有参数都自动填好，如图1-149所示。

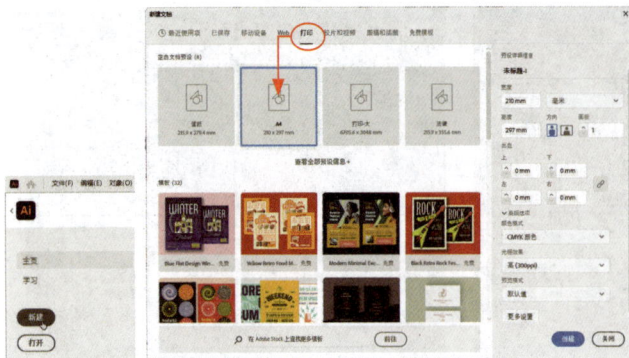

图1-148　　　图1-149

"新建文档"对话框

- "最近使用项"选项卡：收录了最近在 Illustrator 中使用过的文档，并作为临时的预设，单击即可创建相同尺寸的文档。
- "已保存"选项卡：用户存储的自定义的文档预设。
- "移动设备"选项卡：提供了 iPhone、Google Pixel 手机，以及 iPad、Surface 等移动设备的预设文档。
- "Web"选项卡：包含网页设计常用尺寸的预设文档。
- "打印"选项卡：提供常用纸张规范。
- "胶片和视频"选项卡：提供了可以创建特定于视频和特定于胶片预设的裁剪区域大小的文档预设。
- "图稿和插图"选项卡：提供了海报、明信片等设计项目的预设文档。
- 未标题-1：可输入文档的名称。创建文档后，文档名会显示在文档窗口的标题栏中。保存文档时，文档名会自动显示在存储文档的对话框内。文档名可以在创建时输入，也可以使用默认的名称（未标题-1），等到保存文档时，再设置正式的名称。
- 宽度/高度：用于设置文档的宽度和高度。在右侧的下拉列表中可以选择一种单位，包括"毫米""点""派卡""英寸""厘米""像素"等。
- 方向：单击 或 按钮，可将文档设置为纵向或横向。
- 画板：用于设置文档中的画板数量。
- 出血：出血是指超出打印边缘的区域，设置出血后，可确保在最终裁剪时页面上不会出现白边。在此选项中可以指定画板每侧的出血位置。如果要对不同侧使用不同的值，可单击锁定按钮 ，再输入数值。
- 颜色模式（*见87页*）：可以为文档选择一种颜色模式。
- 光栅效果：可为文档中的栅格类效果指定分辨率。如果想要将图稿以较高分辨率输出到高端打印机中，需要将此选项设置为"高"。
- 预览模式：可为文档设置一种预览模式。选择"默认值"，表示以彩色模式显示在文档中创建的图稿，当放大或缩小时，可以保持边缘线的平滑度；选择"像素"，将显示具有栅格化（像素化）外观的图稿，它不会真的对内容进行栅格化，而是显示模拟的预览效果；选择"叠印"，可以提供"油墨预览"，即模拟混合、透明和叠印等效果在分色输出中的显示效果。
- 更多设置：单击该按钮，可以打开"更多设置"对话框。与"新建文档"对话框相比，该对话框多了"间距"等选项和"模板"等按钮。其中，在"画板数量"选项中增加画板以后，可以指定它们在屏幕上的

排列顺序、画板之间的默认距离等。单击"模板"按钮，可以打开"从模板新建"对话框，用模板创建文档。

- 免费模板：在"新建文档"对话框底部有一个文本框，如图1-150所示，在其中输入关键字并按 Enter 键，或单击"免费模板"选项卡，可以跳转至 Adobe Stock 网站，搜索和下载模板。Adobe Stock 是设计类资源网站，提供了许多高品质的素材，如照片、视频、插图、矢量图、3D 资源和动态图形等模板。

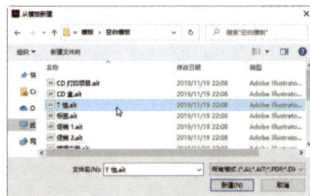

图1-150

1.6.2 从模板中创建文档

执行"文件>从模板新建"命令，打开"从模板新建"对话框，双击"空白模板"文件夹，进入该文件夹后，选择"T恤"模板，如图1-151所示，单击"新建"按钮，使用模板创建文档。该模板中包含的对象（如T恤图形、文字、参考线等）都可使用，如图1-152所示，也就是说，可在此基础上进行设计。

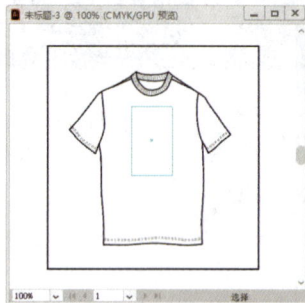

图1-151　　　图1-152

1.6.3 修改文档

如果文档的某些设置需要修改，可以执行"文件>文档设置"命令，打开"文档设置"对话框进行操作，如图1-153所示。

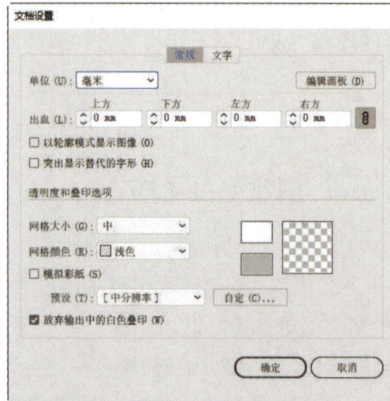

图1-153

- 单位:可以设置文档中使用的度量单位。
- 出血:可以设置画板每侧的出血位置。如果要对不同侧使用不同的值,可单击锁定按钮 🔒,再输入数值。
- 编辑画板:单击此按钮后,会关闭对话框并自动切换为画板工具 🔲,此时可对画板进行编辑。
- 以轮廓模式显示图像:在默认状态下,图稿以预览模式显示,当执行"视图>轮廓"命令,以轮廓模式查看图稿时,链接的文档会显示为内部带"×"的轮廓框。如果要查看链接的文档的内容,可以勾选该复选框。
- 突出显示替代的字形:字形是特殊形式的字符。例如,在某些字体中,大写字母A有多种形式可用,如花饰字或小型大写字母等。勾选该复选框后,可以突出显示文本中的替代字形。
- 网格大小/网格颜色:可以设置透明度网格的大小和颜色。使用透明网格便于查看图稿的透明区域。例如,图1-154所示为包含透明区域的图稿,为它设置透明度网格后,执行"视图>显示透明度网格"命令,显示透明度网格,可看到图稿中包含的透明区域,如图1-155所示。

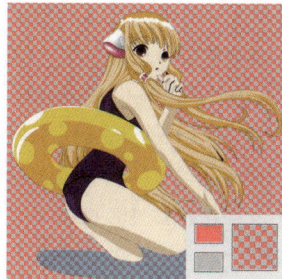

图1-154   图1-155

- 模拟彩纸:可以修改画板颜色以模拟图稿在不同彩色纸上的打印效果。如果想要在彩纸上打印文档,该选项很有用。例如,如果在黄色背景上绘制蓝色对象,此对象会显示为绿色。
- 预设:可以设置透明拼合的分辨率。如果想自定义分辨率,可单击右侧的"自定"按钮。
- 放弃输出中的白色叠印:在Illustrator中创建的图稿可能应用了叠印的白色对象,而只有当打开叠印预览或打印分色时,这个问题才容易被发现,但这么做可能会耽误生产进度,甚至导致重新印刷。勾选该复选框后,可以避免发生这种情况。

1.7 打开文件

一个软件支持的文件格式越多,说明其功能越强,与其他软件协作时,文档的转换会更加流畅。Illustrator 支持 AI、CDR、EPS、DWG 等绝大多数矢量图格式,同时也支持 JPEG、TIFF、PSD、PNG、SVG 等位图格式。也就是说,以上格式的文件都可用 Illustrator 打开和编辑。

1.7.1 实战:用Bridge浏览和打开文件

在Windows资源管理器中,位图(如照片)可以显示缩览图,而AI、EPS等格式的矢量文件则无法预览,如图1-156所示。这会给查找和管理素材带来不便。使用Illustrator内置的Bridge可以预览矢量文件,以及RAW格式、PSD格式、PDF格式的文件。

图1-156

01 执行"文件>在Bridge中浏览"命令,运行Bridge。窗口左侧是"文件夹"面板,可以选择文件所在的文件夹。窗口右侧则显示选择的文件夹中包含的文件名称及缩览图,如图1-157所示。

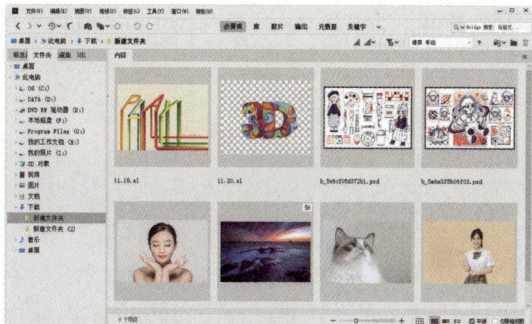

图1-157

02 单击"必要项""元数据""关键字"等选项卡，可以切换文件的预览方式。拖曳窗口底部的滑块 ◎，可调整缩览图的大小，如图1-158所示。

03 按Ctrl+L快捷键，可以像播放幻灯片那样自动播放文件。按Ctrl+B快捷键，可切换为审阅模式。在这种状态下，单击一个文件，它会跳转到最前方，再单击一下，可进行局部放大，如图1-159所示。按Esc键，可退出幻灯片和审阅模式。

图1-158　　　　　　　图1-159

04 找到所需文件后，双击，可在对应软件中将其打开。例如，双击AI格式的文件，可以在Illustrator中打开它，如图1-160和图1-161所示；双击JPEG、PSD和TIFF等格式的文件，可运行Photoshop（如果安装了的话）并打开文件。如果想用其他软件打开，可以在"文件>打开方式"子菜单中选择相应的软件。

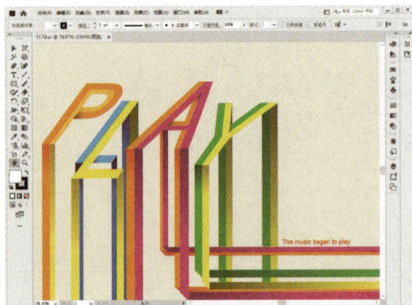

图1-160　　　　图1-161

1.7.2　在Illustrator中打开文件

执行"文件>打开"命令（快捷键为Ctrl+O），弹出"打开"对话框，选择文件（按住Ctrl键单击可多选），如图1-162所示，单击"打开"按钮或按Enter键，即可将其打开。

图1-162

技术看板　**缩小查找范围**

如果文件夹中各种格式的文件比较多，可以通过指定文件格式的方法来缩小查找范围，以便快速找到所需文件。例如，查找JPEG格式的文件时，可在"打开"对话框右下角的下拉列表中选择JPEG，将其他格式的文件屏蔽，如下图所示。

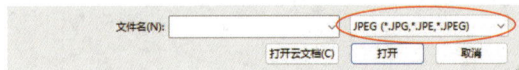

1.7.3　打开近期使用过的文件

"文件>最近打开的文件"子菜单中包含用户最近在Illustrator中使用过的文件，单击其中的一个，便可直接将其打开。

1.8 保存文件

用正确的方法保存文件，可使其具有更加广泛的兼容性，能够被更多的软件使用，同时也能防止因 Illustrator 意外闪退、断电或计算机卡顿等而丢失工作成果。

1.8.1　文件保存方法

执行"文件>存储"命令（快捷键为Ctrl+S），打开"存储为"对话框，在下方的文本框中输入文件名称并选择文件保存类型，如图1-163所示，单击"保存"按钮或按Enter键，即可保存文件。

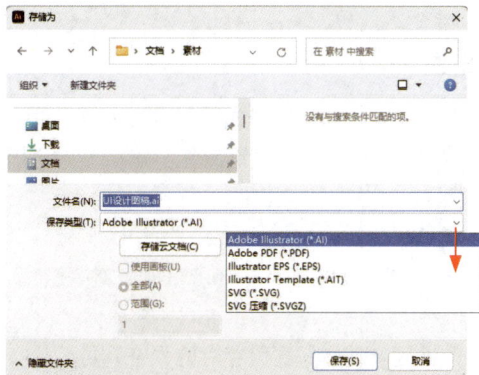

图1-163

如果想将当前文档保存为另外的名称或格式，或想在其他位置保存一份同样的文件，可以执行"文件>存储为"命令进行操作。

1.8.2 文件保存格式

在Illustrator中创建的文档可以保存为AI、PDF、EPS、AIT、SVG等格式。文件格式决定了数据的存储方式、支持哪些Illustrator功能、是否压缩，以及能否被其他软件打开。

AI格式

AI格式对于Illustrator文件的重要程度相当于Photoshop中的PSD格式（可保存所有Photoshop内容，如图层、蒙版、文字等）。将文件存储为AI格式，以后任何时候打开文件，都可修改其中的图形、色板、图案、渐变、文字等内容，而且Photoshop也可以编辑AI格式的文件。本书实战的结果文件如果未有特别说明，均保存为AI格式。

PDF格式

PDF格式主要用于电子书、产品说明、网络资料、电子邮件等。它能将文字、字形、格式、颜色、图形和图像等封装在文件中，还能包含超链接、声音和动态影像等电子信息。如果想浏览PDF文件，可以使用免费的Adobe Reader。

EPS格式

EPS是一种通用的文件格式，几乎所有的页面排版、文字处理和图形软件都支持该格式。它可以保留许多使用Illustrator创建的图形元素。EPS文件基于PostScript语言，可以包含矢量图和位图。如果图稿中包含多个画板，将其存储为EPS格式的文件时，也会保留这些画板。

AIT格式

选择AIT格式后可以将文件存储为模板。此后执行"文件>从模板新建"命令，选择该模板并创建文档时，模板中包含的资源，如图形、字体、段落样式、图形样式、符号、裁剪标记、参考线等会自动加载到新建的文档中。

SVG格式

SVG是可以保存高质量、交互式Web图形的矢量格式。它有两种版本：SVG和压缩SVG（SVGZ）。SVGZ格式可以将文件大小减小50%至80%，但不能使用文本编辑器编辑。

1.8.3 后台自动存储

在Illustrator中创建文档或打开文件后，如果进行了编辑操作，最好以AI格式保存一次文件。此后，每完成重要操作后，可通过按Ctrl+S快捷键存储当前效果，以防止意外情况出现。

将文件存储为AI格式后，Illustrator会为用户备份一份文件，在编辑过程中，还会每隔2分钟自动保存一次。当出现意外情况，如内存不够而导致Illustrator闪退，再次运行Illustrator时，可自动加载文件并将其恢复到最后一次存储时的状态，不会丢失数据。如果想修改间隔时间，可以执行"编辑>首选项>文件处理"命令，打开"首选项"对话框进行设置，如图1-164所示。在该对话框中，还可修改临时文件的存储位置。如果要关闭后台存储，取消勾选"在后台存储"复选框即可。

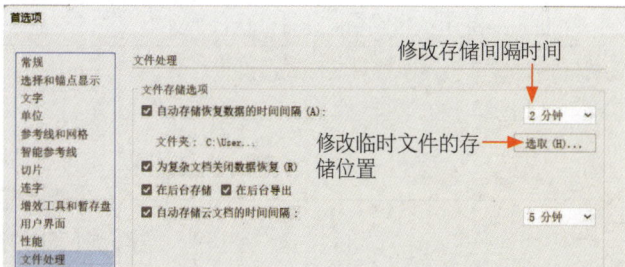

图1-164

> **提示**
> 使用"文档信息"面板可以查看文档中包含的关键信息，如图形样式、渐变、字体、重复的对象等。执行"文件>文件信息"命令，打开"文件信息"对话框，可以查看文档中隐含的其他信息，还可以为文件添加作者、版权公告等信息。

1.8.4 保存一份副本

如果图稿尚未完成,但想将当前结果存储为一份文件,可以执行"文件>存储副本"命令,保存一份副本文件。该副本文件名称的后面有"复制"二字。

1.8.5 存储为模板

执行"文件>存储为模板"命令,可以将图稿存储为模板文件(AIT格式)。以后需要使用时,执行"文件>从模板新建"命令加载即可。

1.8.6 关闭文档或软件

执行"文件>关闭"命令(快捷键为Ctrl+W),或单击当前文档窗口右上角的 ✖ 按钮,可以关闭当前文档。如果要退出Illustrator软件,可执行"文件>退出"命令或单击软件窗口右上角的 ✖ 按钮。

1.8.7 还原/重做/恢复文件

在编辑图稿的过程中,如果操作失误或对当前效果不满意,可以执行"编辑>还原"命令撤销操作。该命令的快捷键为Ctrl+Z,连续按,可依次向前撤销。

如果想恢复被撤销的操作,可以执行"编辑>重做"命令(快捷键为Shift+Ctrl+Z)。连续按Shift+Ctrl+Z快捷键,可依次进行恢复。

如果想将文件恢复到最后一次保存时的状态,可以执行"文件>恢复"命令。

技 术 看 板 历史记录

在Illustrator中每进行一步操作,"历史记录"面板都会将其记录下来。单击其中一个历史记录,可以将图稿恢复到它所记载的状态。默认情况下,"历史记录"面板会列出100个步骤。执行"编辑>首选项>性能"命令,可以修改历史记录数量。

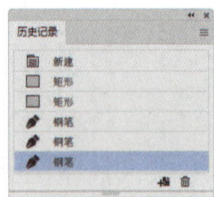

如果已将图稿存储到Adobe云文档上,还可以打开"版本历史记录"面板,跟踪和查看云文档的版本历史记录。

1.9 置入文件

在 Illustrator 中编辑图稿时,可以执行"文件 > 置入"命令将外部文件(AI、JPG、GIF、PSD 等格式)置入当前文档。置入后,还可以通过"链接"面板对文件进行设置。

· AI技术 / 设计讲堂 ·

导入外部文件(嵌入与链接)

执行"文件>置入"命令,打开"置入"对话框,在其中可选择要置入的文件,如图1-165所示。其中的"链接"选项较为重要,它决定了文件的置入方式(嵌入或链接)。

嵌入

取消勾选"链接"复选框,外部文件会嵌入并存储于Illustrator文档中,因而Illustrator文档的"体积"会变大一些,但可编辑性更好。例如,嵌入AI格式的文件时,该文件中的图形(路径)都可以选取和编辑,如图1-166所示。嵌入PSD格式的文件时,还会保留该文件中的图层和组。

图1-165

图1-166

链接

　　勾选"链接"复选框，置入的外部文件与Illustrator文件各自独立，因而不会显著地增大Illustrator文件所占用的存储空间。由于文件的所有内容作为一个整体存在，因此不能修改其中的各个部分，如图1-167所示。这是链接方式的缺点。但链接也有其便利之处，当对链接的文件进行复制时，每个副本都与原始文件链接，就是说只有原始文件一个"真身"，如图1-168所示，其他的都是其"镜像"，所以对象复制得再多，占用的存储空间也不会太大。更重要的是，可以通过编辑原始文件，一次性地更新所有与之链接的文件，如图1-169所示，就像编辑符号（*见256页*）一样方便。

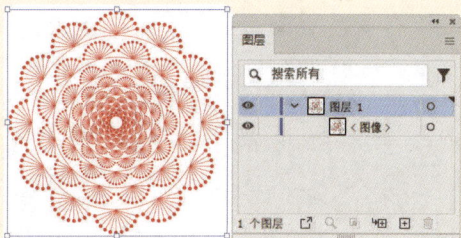

图1-167

图1-168

图1-169

1.9.1 实战：通过置入素材修改设计方案

　　很多时候，使用Illustrator设计作品并不复杂。例如本实战，将图像以链接的形式置入设计图稿后，只需一步便可更换主图，如图1-170所示。

图1-170

01 执行"文件>打开"命令，弹出"打开"对话框，单击素材将其选取，如图1-171所示，按Enter键在Illustrator中打开它，如图1-172所示。

图1-171　　　　　　　　　　　　　　图1-172

02 执行"文件>置入"命令，在弹出的对话框中选择另一个素材，勾选"链接"复选框，如图1-173所示，按Enter键关闭对话框。在画板上单击，将图像置入当前文档，如图1-174所示。

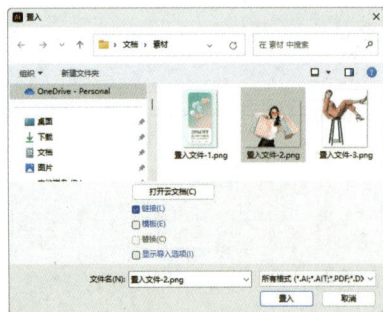

图1-173
图1-174

> **提示**
>
> 勾选"置入"对话框中的"模板"复选框，置入的文件会转换为模板文件。如果当前文档中已经包含一个置入的对象，并处于被选择状态，可勾选"替换"复选框，用新置入的对象替换文档中被选取的对象。

03 通过"窗口"菜单打开"链接"面板，单击置入图的缩览图，再单击面板底部的 🔗 按钮，打开"置入"对话框，单击另一个素材，如图1-175所示，按Enter键替换原图像，效果如图1-176所示。执行"文件>存储为"命令，将文件保存为AI格式。

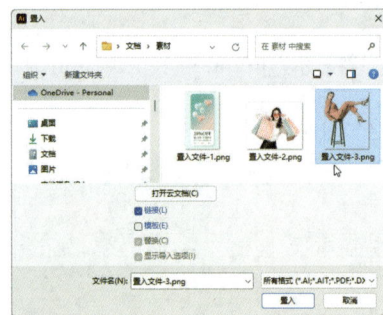

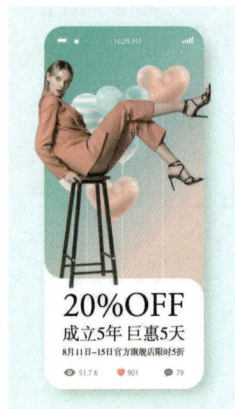

图1-175
图1-176

1.9.2 嵌入与取消嵌入

如果想将链接的文件嵌入Illustrator文档，可以使用选择工具 ▶ 将文件选中，再单击"控制"面板中的"嵌入"按钮。如果想将嵌入的文件转换为链接状态，可将其选中，再单击"控制"面板中的"取消嵌入"按钮，打开"取消嵌入"对话框，指定文件的存储位置和名称，保持默认的PSD格式（可保存分层文件和透明背景），单击"保存"按钮，

这样文件就被保存到指定的文件夹中，并与Illustrator文件中的图稿建立链接。

1.9.3 编辑源文件

"链接"面板用来管理链接的文件，如图1-177所示。单击该面板中的任意链接图稿，单击 ✏ 按钮或执行"编辑>编辑原稿"命令，可以运行制作源文件的软件并将其载入，此时可以对源文件进行编辑。完成编辑并保存后，链接到Illustrator中的图稿会自动更新。如果链接的文件是从Adobe Stock网站中下载的，那么它会保存在"库"面板中。单击 🔗 按钮，可以打开"库"面板重新建立链接。

嵌入的图稿
缺失的图稿
修改的图稿
链接的图稿
编辑原稿
打开"库"面板重新建立链接
更新链接
重新建立链接
转至链接

图1-177

> **提示**
>
> 在"链接"面板中单击任意文件，单击 ▶ 按钮展开列表，可以查看文件的详细信息。单击 🔀 按钮，置入的图稿会出现在画板的中央，并处于被选取的状态。

1.9.4 重新链接与替换链接

置入图稿以后，如果其源文件的名称被修改，或者存储位置发生了改变，又或者被删除了，则需要重新链接图稿，才能确保文件被正确使用。单击 🔗 按钮，在打开的对话框中找到其源文件，单击"置入"按钮，可重新建立链接。也可以使用其他文件对当前图稿进行链接替换。

1.9.5 更新链接

如果图稿的源文件只是被编辑过，例如修改了名称、改变了存储位置等，则只需单击"链接"面板中的 🔄 按钮，便可将其更新到最新状态。

1.10 导出文件

Illustrator 中的图稿可以导出为 SWF、JPEG、PSD、PNG 、TIFF、DXF 等格式。这些格式基本涵盖了图像处理、设计和绘图类软件常用的文件类型，可以在不同的软件中打开。

1.10.1 用"库"面板交换资源

使用选择工具 ▶ 将画板上的对象拖曳到"库"面板中，可将其保存为共享资源，如图1-178所示。进行同步后，可在其他Creative Cloud应用程序，如Photoshop、InDesign、Premiere Pro、After Effects中使用。例如，添加到Illustrator "库"面板中的文本也能在InDesign中通过"库"面板使用。

1.10.2 以非本机格式导出图稿

AI、PDF、EPS、AIT和SVG是Illustrator的本机格式。如果想将图稿存储为除它们以外的其他格式，可以执行"文件>导出>导出为"命令。

图1-178

需要使用"库"面板中的图形时，只要将其拖曳到画板上即可。该图形会与原始图形资源保持链接，修改原始图形，该图形会自动更新。如果按住Alt键将图形从"库"面板中拖曳出来，则图形会嵌入文档，不会与原始资源建立链接。

如果需要编辑原始资源，可在原始资源上单击鼠标右键，打开上下文菜单，如图1-179所示，执行"编辑"命令；弹出包含原始资源的文档窗口后，对其进行修改，效果如图1-180所示；完成后，关闭窗口并确认修改，如图1-181所示。如果其他文件使用了该资源，则会自动更新。

1.10.3 打包文件

执行"文件>打包"命令，可以将文档中的图形、字体（汉语、韩语和日语除外）、链接图形和打包报告等内容保存到一个文件夹中。有了这项功能，设计师就可以从文件中自动提取文字和图稿资源，而不用再进行手动分离和转存，并可实现轻松传送文件的目的。

1.10.4 实战：收集并导出资源

由于不同设备的屏幕大小不一样，设计师在工作时需要将设计图稿调成不同的尺寸。此类工作在Illustrator中有便利的方法，如将图标添加到"资源导出"面板中，如图1-182所示，然后单击"导出"按钮，便能将其导出为多种文件类型和大小，以满足不同设备的设计要求，非常简便。

图1-179

图1-180

图1-181

图1-182

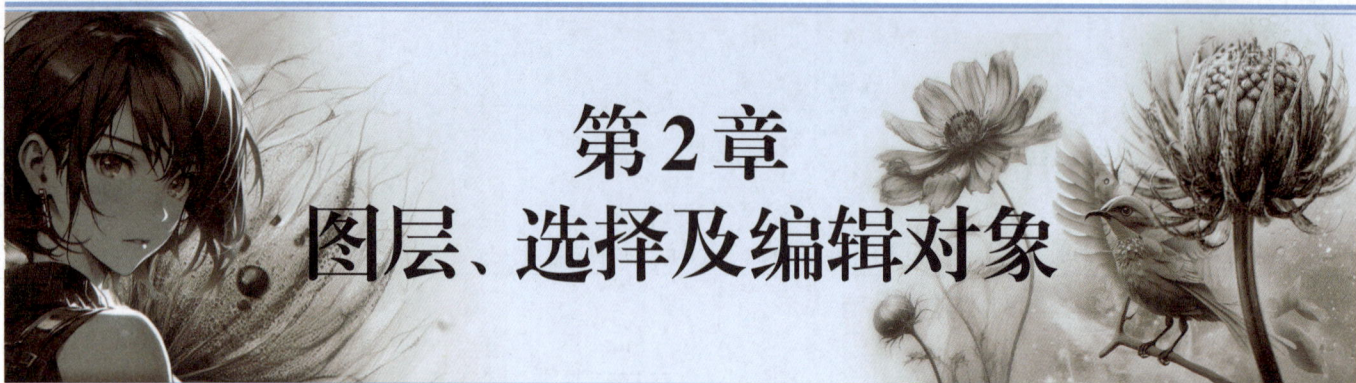

第2章
图层、选择及编辑对象

生成式 AI　"模型（Beta）"面板•Retype（Beta）功能•上下文任务栏•尺寸工具 ｜ ☞ { **Illustrator 2024新功能** } ☜

本章简介

常用的设计类软件（Photoshop、InDesign、AutoCAD、Cinema 4D等）都有图层功能，其基本用途大致相同。Illustrator中的图层用于承载对象，也能管理和快速地选取对象。本章介绍其操作方法。此外，还会讲解如何选择、排列和分布对象。这部分内容也较为重要。因为在专业的设计公司，设计师制图十分规范和严谨，尤其是制作Logo时，都会采用标准化制图，即借助对齐、分布等功能，以及网格、参考线等辅助工具，确定Logo各元素的造型、比例、结构，以及它们之间的空间和距离等关系。

学习重点

图层的用途及"图层"面板
实战：用选择工具选择对象
实战：基于堆叠顺序选择对象
实战：用"图层"面板选择对象
实战：在文档间移动对象
对齐与均匀分布多个对象
实战：基于关键对象对齐和分布
实战：Logo设计（智能参考线）
实战：用尺寸工具为Logo做标注

2.1 图层

　　图层就像透明纸一样，每层都能包含一个或多个图形或其他对象。将不同的对象放在不同的图层中，就可以随时对单个图层的元素进行编辑，而不影响其他图层的内容。用户可通过"图层"面板对图层进行管理，使用该面板也可以选择图稿、创建剪切蒙版等。

2.1.1 实战：为T恤贴图案

01 按Ctrl+O快捷键，打开素材，如图2-1所示。执行"文件>置入"命令，在弹出的对话框中选择另一个素材，按Enter键关闭对话框。在画板上单击，将图像置入T恤文件，如图2-2和图2-3所示。

图2-1

图2-2

图2-3

02 按Ctrl+[快捷键，将图像移至T恤后方，如图2-4所示。在"图层"面板中，图像所在的图层会调整到T恤所在图层的下方，如图2-5所示。使用选择工具 ▶，单击T恤，将其选中，如图2-6所示。

图2-4

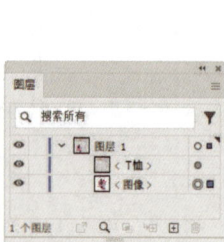
图2-5

图2-6

03 通过"窗口"菜单打开"透明度"面板，设置混合模式为"变暗"，让图像透过T恤显示出来，如图2-7和图2-8所示。

图2-7 　　　　　　　　　　　　　　　　图2-8

· AI 技术／设计讲堂 ·

图层的用途及"图层"面板

图层的主要用途

在Illustrator中新建文档时，会自动创建一个图层，即"图层1"，如图2-9所示。开始绘图后，会在当前图层中添加子图层，用以承载对象。最先创建的对象所在的图层位于底层，之后创建的对象依次向上堆叠，如图2-10和图2-11所示。

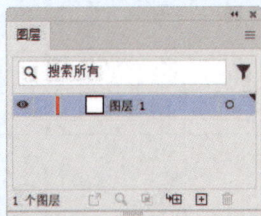

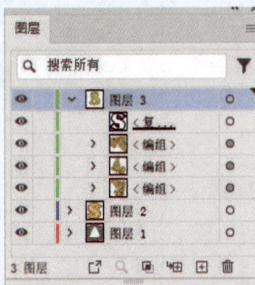

图2-9 　　　　　　　　图2-10 　　　　　　　　图2-11

所有对象都在各自独立的子图层上，这有很多好处。例如，可以非常方便地将一些对象隐藏，如图2-12和图2-13所示；也可以通过锁定的方法保护特定对象，防止它被修改等。

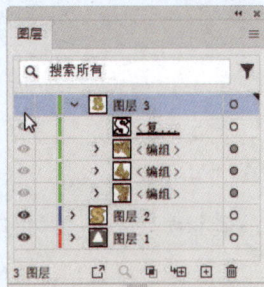

图2-12 　　　　　　　　　　　图2-13

由于图层堆叠的关系，位于下方的对象有时会比较难以选择到。而通过对象所在的子图层，则可在海量的对象中快速、准确地定位所需对象并将其选中，从而大大降低选择的难度，如图2-14和图2-15所示。

图稿越复杂，其图层和子图层越多，如图2-16所示。因此，根据对象的特征，将子图层分类放在不同的图层中，便于查找，就像将计算机中不同类型的照片、文本等放在不同的文件夹中一样。单击图层名称前方的 ∨ 按钮，可折叠图层，如图2-17所示。做好图层管理，才能让操作更顺畅地进行下去。

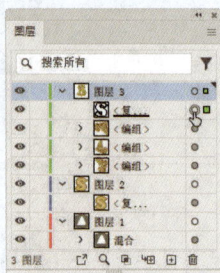

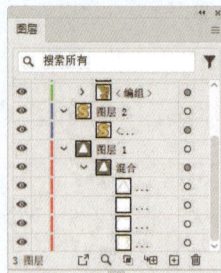

图2-14　　　　　　图2-15　　　　　　图2-16　　　　　　图2-17

"图层"面板

在"图层"面板中，每个图层都有名称和标记，如图2-18所示。从左向右，依次是眼睛图标 👁 ，控制所在图层是否显示；接着是颜色条，标识了图层的颜色；然后是缩览图，显示图层中包含的图稿内容；最后是图层名称。其中带有底色的是当前创建的对象或被选取的对象所在的图层。当图层数量较多，面板中不能显示所有图层时，可以拖曳面板右侧的滑块，或者将鼠标指针放在"图层"面板中，然后滚动鼠标滚轮，以逐一查看图层，如图2-19所示。

缩览图
应用滤镜
当前图层
颜色条
模板图层
图层名称
显示的图层
展开的图层
隐藏的图层
子图层
存储所选图层
收起的图层
锁定的图层
创建新图层
图层数量
删除图层
收集以导出
创建新子图层
定位对象
建立/释放剪切蒙版

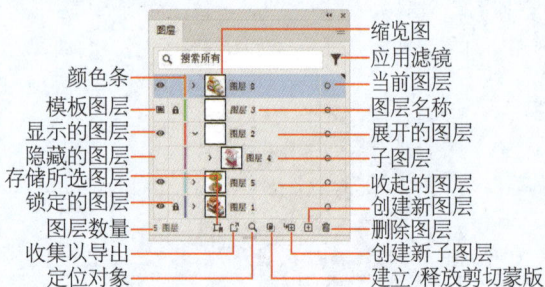

图2-18

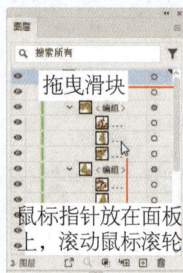

拖曳滑块

鼠标指针放在面板上，滚动鼠标滚轮

图2-19

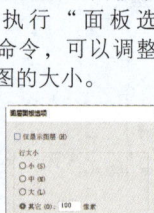

技 术 看 板 调整图层缩览图

打开"图层"面板菜单，执行"面板选项"命令，可以调整缩览图的大小。

设置图层选项

双击任意图层，如图2-20所示，打开"图层选项"对话框，如图2-21所示。在该对话框中可以修改图层的名称*（见45页）*和颜色*（见45页）*，以及控制图层的显示*（见46页）*和锁定*（见47页）*。其他选项介绍如下。

● 模板：勾选该复选框后，当前图层会变为模板图层。它的眼睛图标 👁 会被 ▢ 图标替代，图层名称变为斜体，图层自动锁定，如图2-22所示。模板图层不能打印和导出。勾选"模板"复选框后，"视图>隐藏模板"命令可用，执行该命令可以隐藏模板图层。取消勾选该复选框，则可将模板图层转换为普通图层。

● 预览：勾选该复选框后，当前图层中的对象为预览模式。取消勾选时，则切换为轮廓模式*（见112页）*，如图2-23所示。

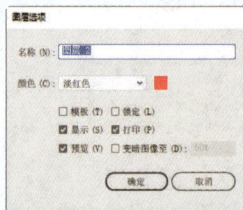

图2-20　　　　　　图2-21　　　　　　图2-22　　　　　　图2-23

● 打印：勾选该复选框，表示当前图层可以打印。取消勾选，则不能被打印，图层的名称也会变为斜体。

● 变暗图像至：如果当前图层中包含位图或链接的图像，勾选该复选框并在后面的文本框中输入百分比值，可以淡化图像的显示效果。这一功能在描摹位图（图像描摹）*（见75页）*时比较有用。

2.1.2 创建图层和子图层

图层可以看作文件夹，子图层就是其中的文件。单击"图层"面板中的 ⊞ 按钮创建一个图层，如图2-24所示，再单击 ⊞ 按钮，即可在这一图层中创建子图层，如图2-25所示。如果想在创建图层时就将图层的名称和颜色一并设置好，可以按住Alt键单击 ⊞ 按钮和 ⊞ 按钮。

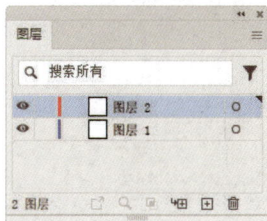
图2-24

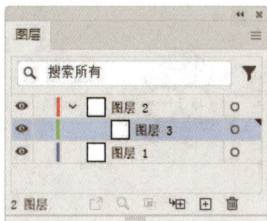
图2-25

> **提示**
>
> 按住Ctrl键单击 ⊞ 按钮，可以在所有图层的最上方创建一个图层。此外，对图层进行隐藏、锁定、删除操作时，会同时影响其中的子图层。

2.1.3 修改图层的名称和颜色

创建图层时，图层的名称以"图层1""图层2""图层3"的顺序命名。在图层或子图层的名称上双击，显示文本框后，输入新名称并按Enter键，可以修改图层或子图层的名称，使其更易识别，如图2-26和图2-27所示。

图2-26

图2-27

双击图层，打开"图层选项"对话框，可以为图层选择一种颜色（显示在眼睛图标 👁 右侧）。修改后，当该图层中的对象被选中时，定界框（见122页）、路径（见101页）、锚点（见101页）和中心点等都会显示为此颜色，如图2-28和图2-29所示。这样既有利于区分对象，也可通过颜色判断对象在哪个图层上。

图2-28

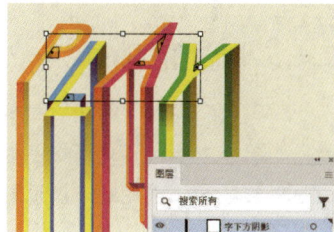
图2-29

2.1.4 选择与合并图层

单击任意图层或子图层，可将其选中，如图2-30所示。所选图层被称为"当前图层"。按住Ctrl键分别单击，可同时选择多个图层或子图层，如图2-31所示。按住Shift键分别单击任意两个图层或子图层，可将它们及中间的所有图层同时选择，如图2-32和图2-33所示。

图2-30

图2-31

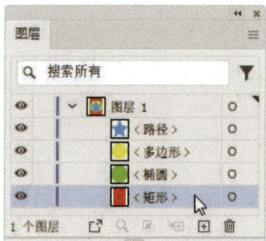
图2-32

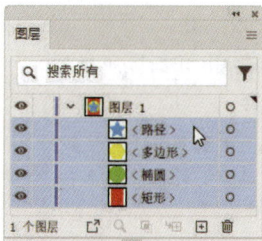
图2-33

选择多个图层后，打开"图层"面板菜单，执行"合并所选图层"命令，可以将图层合并到最后选择的图层中。执行"拼合图稿"命令，可将所有图层拼合到一个图层中。

> **提示**
>
> 合并图层时，图层只能与"图层"面板中相同层级的其他图层合并。同样，子图层也只能与相同层级的其他子图层合并。而对象无法与其他对象合并。

2.1.5 调整图层顺序

"图层"面板中的图层顺序与图稿中对象的堆叠顺序一致,如图2-34所示。上下拖曳图层,可以调整其堆叠顺序,如图2-35所示。采用此方法也可将任意图层或子图层移入其他图层。选择多个图层后,执行"图层"面板菜单中的"反向顺序"命令,则可反转堆叠顺序。

图2-34

图2-35

> **技术看板** **重新排列对象**
>
> 选择对象后,执行"对象>排列"子菜单中的命令,可以调整所选对象的堆叠顺序。
>
> "置于顶层"命令:将所选对象移至当前图层或当前组中所有对象的顶部。
>
> "前移一层"命令:将所选对象向前移动一个位置。
>
> "后移一层"命令:将所选对象向后移动一个位置。
>
> "置于底层"命令:将所选对象移至当前图层或当前组中所有对象的底部。
>
> "发送至当前图层"命令:单击"图层"面板中的任意图层,再执行该命令,可将对象移动到当前选择的图层中。

2.1.6 将对象移动到目标图层

在画板上选择一个对象,或者在"图层"面板中该对象的选择列上单击,显示■图标后,拖曳对象,如图2-36所示,可将其拖入另一图层,定界框的颜色随之变为与当前图层相同的颜色,如图2-37所示。

图2-36

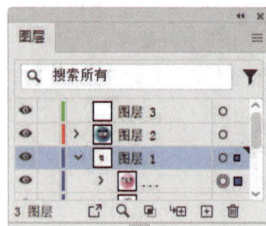

图2-37

2.1.7 显示与隐藏图层

当图形上下堆叠时,会互相遮挡,下方的对象就比较难选择。如果遇到这种情况,可以切换到轮廓模式*(见112页)*进行选择。如果图形较多,在轮廓模式下选择仍有难度,则可以使用隐藏图层的方法,将位于上方的对象暂时隐藏起来,再进行选择和编辑。对于复杂的图稿,隐藏部分对象,既能加快Illustrator的刷新速度,也能防止由于内存不够而造成软件闪退。

单击子图层前面的眼睛图标👁,可将其中的对象隐藏,如图2-38和图2-39所示。单击图层前面的眼睛图标👁,可隐藏该图层中的所有对象,同时,这些对象对应子图层前面的眼睛图标会变为灰色的👁,如图2-40所示。如果要重新显示图层和子图层,在原眼睛图标处单击即可。

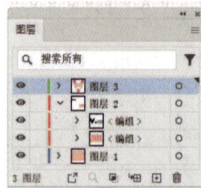

图2-38   图2-39   图2-40

按住Alt键单击任意图层前面的眼睛图标👁,可以将除该图层外的其他图层全部隐藏,如图2-41所示。将鼠标指针

移动到眼睛图标 👁 上，向下（或向上）拖曳，可同时隐藏多个相邻的图层，如图2-42和图2-43所示。采用相同的方法操作，能让图层重新显示。

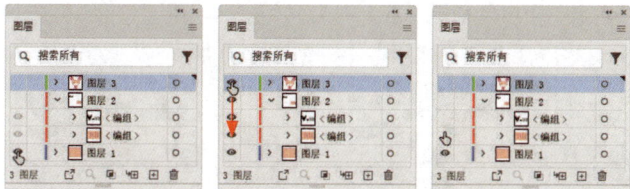

图2-41　　　　图2-42　　　　图2-43

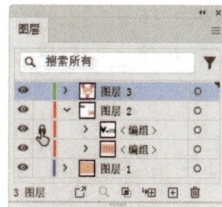

图2-44　　　　图2-45

技术看板 **用命令隐藏/显示图层和对象**

● 执行"对象>隐藏>所选对象"命令，可以隐藏当前选择的对象。

● 选择任意对象，执行"对象>隐藏>上方所有图稿"命令，可以隐藏同一图层中该对象上方的所有对象。

● 执行"对象>隐藏>其他图层"命令，除所选对象所在的图层外，其他图层都会被隐藏。

● 执行"对象>显示全部"命令，可以显示所有被隐藏的图层及对象。

2.1.8 锁定图层

如果想保护某个对象不被选择或修改，可在其眼睛图标 👁 右侧单击，将对象锁定，如图2-44所示。图层也可以锁定，这会影响其中的所有子图层，如图2-45所示。需要编辑对象时，单击锁状图标 🔒 可解除锁定。

技术看板 **用命令锁定/解锁对象**

● 执行"对象>锁定>所选对象"命令（快捷键为Ctrl+2），可以将当前选择的对象锁定。

● 执行"对象>锁定>上方所有图稿"命令，可以将与所选对象重叠且位于同一图层的所有对象锁定。

● 执行"对象>锁定>其他图层"命令，可以将除所选对象所在图层之外的其他图层锁定。

● 如果要解锁文档中的所有对象，可以执行"对象>全部解锁"命令。

2.1.9 删除图层

单击任意图层或子图层，再单击 🗑 按钮可将其删除。此外，也可将图层拖曳到 🗑 按钮上直接删除，如图2-46和图2-47所示。删除图层时，会删掉其包含的所有对象。删除子图层时不会影响其他子图层。

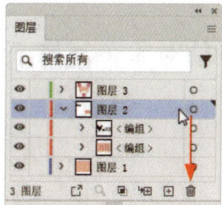

图2-46　　　　图2-47

2.2 选择对象

修改图稿时，不论是为它填色、描边，还是改变其形状，进行对齐、添加效果等操作，第一步要做的都是将其选择。Illustrator 中有不同类型的对象，它们的选择方法也不尽相同，下面介绍图形、文字和位图的选择方法。锚点和路径的选择方法将在第4章讲解。

2.2.1 实战：用选择工具选择对象

除锚点、实时上色表面等少数对象外，其他的对象都可以用选择工具 ▶ 选择。而且，使用该工具还能进行移动、旋转和缩放操作 *（见123页）*。

01 按Ctrl+O快捷键，打开素材，如图2-48所示。选择选择工具 ▶，将鼠标指针放在对象上（鼠标指针会变为 ▶ 形状），单击以选择对象，所选对象周围会显示定界框，如图2-49所示。

02 按住Shift键单击其他对象，可将它们一同选中，如图2-50所示。如果要取消选择某些对象，可按住Shift键再次单击。

03 在空白区域单击，可以取消选择。按住鼠标左键，拖曳出一个矩形选框，如图2-51所示，释放鼠标左键，选框内的所有对象都将被选择。

图2-48

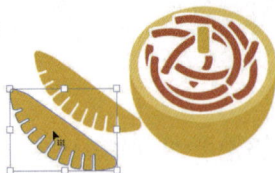

图2-49

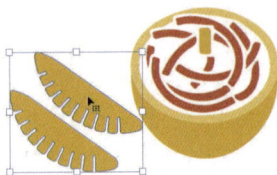

图2-50

图2-51

> **提示**
>
> 使用选择工具 ▶ 时，鼠标指针移动到未选择的对象或组上方时，鼠标指针显示为 ▶ 形状；移动到选择的对象或组上方时，鼠标指针会变为 ▶ 形状；移动到未选择的对象的锚点上方时，鼠标指针变为 ▶ 形状；选择对象后，按住Alt键（鼠标指针会变为 ▶ 形状）拖曳所选对象，可以复制对象。

2.2.2 实战：选择具有相同特征的对象（魔棒工具及命令）

魔棒工具 ✦ 可以将具有相同颜色、描边粗细、描边颜色、不透明度和混合模式等特征的对象一同选择。此外，选择对象后，执行"选择>相同"子菜单中的命令，也可以选择与其特征相同的其他对象。

01 打开素材，如图2-52所示。双击魔棒工具 ✦，选择该工具并自动打开"魔棒"面板。勾选"填充颜色"复选框，并通过调整"容差"值调整选取范围，如图2-53所示。

图2-52

图2-53

02 在红袜子上单击，可以将处于"容差"范围内的所有红色对象全都选择，如图2-54所示。如果要添加选择其他对象，可按住Shift键单击，如图2-55所示。如果要取消选择某些对象，可按住Alt键单击。

图2-54

图2-55

03 执行"选择>取消选择"命令，可取消选择。图稿中的雪花是用符号（见256页）制作的。选择选择工具 ▶，单击雪花，如图2-56所示，执行"选择>相同>符号实例"命令，可以将另外两个雪花也选择，如图2-57所示。

图2-56

图2-57

> **技术看板** "魔棒"面板
>
> 填充颜色/容差：勾选"填充颜色"复选框，可以选择具有相同填充颜色的对象。该选项右侧的"容差"值决定了符合选择条件的对象与当前所选对象的相似程度。RGB颜色模式（见87页）的"容差"值在0到255像素之间，CMYK颜色模式（见88页）的"容差"值在0到100像素之间。"容差"值越低，匹配的对象与所选对象就越相似；"容差"值越高，可选择的对象范围越广。其他选项中"容差"值的用途也是如此。
>
> 描边颜色/描边粗细：可以选择具有相同描边颜色或描边粗细的对象。
>
> 不透明度/混合模式：可以选择具有相同不透明度（见152页）或混合模式（见152页）的对象。

2.2.3 选择特定类型的对象

执行"选择>对象"子菜单中的命令，可以自动选择文档中特定类型的对象，如图2-58所示。

- 同一图层上的所有对象：选择任意对象，执行该命令，可选择它所在图层上的所有对象。
- 方向手柄：选择路径或锚点，如图2-59所示，执行该命令，可以显示当前对象上的所有锚点、方向线和方向点，如图2-60所示。

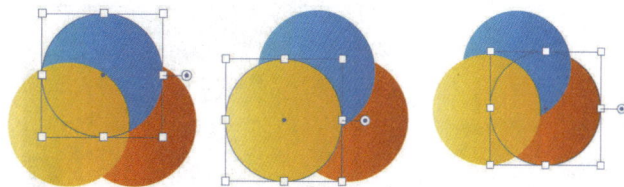

图2-64　　　　图2-65　　　　图2-66

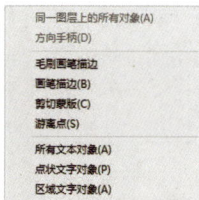

图2-58　　　图2-59　　　　图2-60

- 毛刷画笔描边/画笔描边：执行该命令，可选择添加了毛刷画笔描边或者用其他画笔描边的对象。
- 剪切蒙版：执行该命令，可选择所有的剪切蒙版图形。
- 游离点：执行该命令，可选择所有游离点（*见119页*）。
- 所有文本对象/点状文字对象/区域文字对象：执行该命令，可选择所有文本对象（包括空文本框）、点状文字或区域文字。

2.2.4 实战：基于堆叠顺序选择对象

当多个对象堆叠在一起时，可以使用本实战的方法选择位于下方的对象。

01 打开素材，可以看到，3个圆形堆叠在一起。选择选择工具 ，将鼠标指针移到它们的重叠区域，按住Ctrl键单击，选择最上方的圆形，如图2-61所示。按住Ctrl键不放并重复单击操作，可以循环选中鼠标指针下方的各对象，如图2-62和图2-63所示。

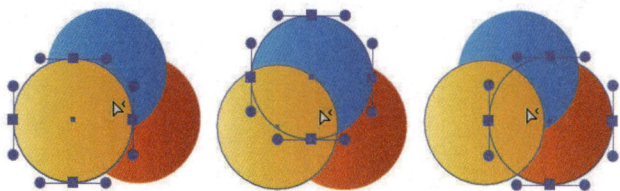

图2-61　　　　图2-62　　　　图2-63

02 选择位于中间的圆形，如图2-64所示。执行"选择>上方的下一个对象"命令，可以将其上方距离最近的对象选中，如图2-65所示。执行"选择>下方的下一个对象"命令，可将其下方距离最近的对象选中，如图2-66所示。

2.2.5 实战：用"图层"面板选择对象

如果有很多个对象堆叠在一起，用2.2.4节实战的方法很难准确地选择到需要的对象，可以在"图层"面板中找到对象所在的图层快速进行选取。

01 打开素材，如图2-67所示。单击图层和组前方的 > 按钮，展开列表，如图2-68所示。

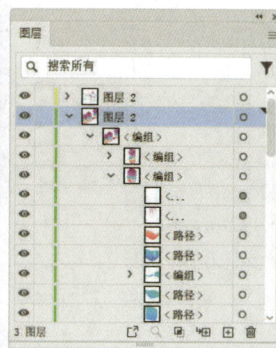

图2-67　　　　　　　　　　　图2-68

02 在要选择的对象的选择列上（ ◎ 图标处）单击，◎ 图标变为 ◎■，如图2-69所示。按住Shift键单击其他对象的选择列，可以加选其他对象，如图2-70所示。

03 在组（*见51页*）的选择列上单击，可以选择组中的所有对象，如图2-71所示。

图2-69

图2-70

图2-71

04 在图层的选择列上单击，可以选择该图层上的所有对象，如图2-72所示。

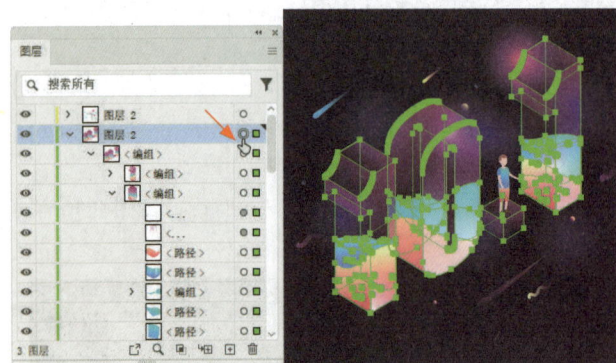
图2-72

提示

在图层的选择列上，〇 图标有两种显示状态。当只有部分子图层或组被选择时，显示为 〇■；如果所有的子图层、组都被选择，则显示为 ◎■。

技术看板 快速定位对象所在图层

在文档窗口中选择对象后，如果想知道它在"图层"面板中处于什么位置，可单击"图层"面板中的定位对象按钮 🔍。该方法对于定位复杂、重叠图稿中的对象非常有用。

2.2.6 实战：保存选择状态

编辑图稿时，某些对象，尤其是锚点需要反复修改，才能得到最终的效果。对于这样的对象，可在选择之后，执行"存储所选对象"命令将选择状态保存起来。后面需要再次选择时，只需执行相应的命令便可轻松将其选中。

01 打开素材。选择选择工具 ▶，单击长颈鹿将其选择，如图2-73所示。

02 执行"选择>存储所选对象"命令，打开"存储所选对象"对话框，输入名称，如图2-74所示，单击"确定"按钮，将选择状态保存。选择直接选择工具 ▷，拖曳出一个选框，选择图2-75所示的锚点。执行"存储所选对象"命令，将树叶锚点的选择状态也保存起来，如图2-76所示。

图2-73

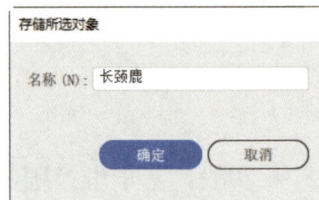
图2-74

图2-75

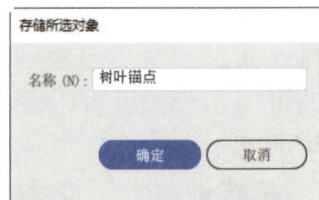
图2-76

03 在空白区域单击，取消选择。打开"选择"菜单，如图2-77所示。可以看到，这两个选择状态保存在菜单底部，执行这两个命令就可以选择长颈鹿和树叶上的锚点。

图2-77

提示

用存储的选区选择对象后，加选其他对象，然后执行"选择>更新选区"命令，可以扩展选区所包含的对象范围。执行"选择>编辑所选对象"命令，可以修改选择状态的名称，或者将其删除。

2.2.7 全选、反选和重新选择

选择一个或多个对象，如图2-78所示，执行"选择>反向"命令，可以将未被选择的对象选中，并取消选择原来的对象，如图2-79所示。

执行"选择>全部"命令，可以选择所有画板上的对象。执行"选择>现用画板上的全部对象"命令，可选择当前画板上的全部对象。

选择任意对象，执行"选择>取消选择"命令，或在画板或画布的空白处单击，可以取消选择。取消选择后，如果要恢复上一次的选择，可以执行"选择>重新选择"命令。

图2-78   图2-79

> **提示**
>
> 执行"选择>反向"命令时，不能选择文档窗口中被隐藏和锁定的对象，也不能选择图层中被隐藏和锁定的对象。

2.3 编组

将多个对象编入一个组，它们就会被视为一个单元，可以一同编辑。例如，可同时进行移动、旋转、缩放和变形，也可以添加相同的效果和混合模式等。编组后，每个对象仍可单独修改。

2.3.1 实战：将多个对象编组

下面介绍怎样将多个对象编组，以及如何选择组内的对象、解散组。

01 打开素材，如图2-80所示。选择选择工具▶，按住Shift键单击组成小鸟的图形，将它们选择，如图2-81所示。

图2-80   图2-81

02 执行"对象>编组"命令（快捷键为Ctrl+G），将它们编为一组。创建组后，还可将它与其他对象再次编组，成为拥有嵌套结构的组。

03 使用选择工具▶单击组中的任意对象，可以选择整个组。使用编组选择工具▷单击，可以选择组中的单个对象，分别如图2-82和图2-83所示。双击可以选择对象所在的组。如果该组为多级嵌套结构（即组中还包含组），则每多单击一次，便会多选择一个组。

图2-82   图2-83

> **提示**
>
> 将位于不同图层的对象编为一组，这些对象会被调整到同一个图层上，即位于顶层对象所在的图层。如果要取消编组，可以选择组对象，执行"对象>取消编组"命令（快捷键为Shift+Ctrl+G）。对于具有嵌套结构的组，需要多次执行该命令才能解散所有组。

2.3.2 实战：在隔离模式下编辑对象

当图稿中的对象较多时，可以使用选择工具▶在需要编辑的对象上双击，进入隔离模式，将对象隔离，此时其他对象会被自动锁定，在编辑时不会受到影响。

01 打开素材，如图2-84所示。使用选择工具 ▶ 双击心形，
进入隔离模式，如图2-85所示。当前对象（称为"隔离
对象"）以全色显示，"图层"面板仅显示处于隔离状态的子
图层或组中的图稿，如图2-86所示。单击内部的小心形，将其
选择，如图2-87所示。

图2-84

图2-85

图2-86

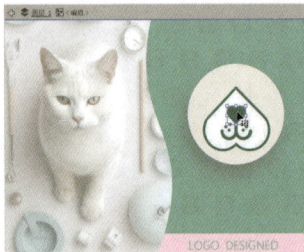
图2-87

02 选择吸管工具 ✏，在下方的粉色区域单击，拾取颜色，
如图2-88所示。单击文档窗口左上角的 ⬅ 按钮或按Esc键
或在画板的空白处双击，退出隔离模式，如图2-89所示。

图2-88

图2-89

2.3.3 隔离图层和子图层

在"图层"面板中选择图层或子图层，打开面板菜单，
执行"进入隔离模式"命令，如图2-90所示，可以让图层或
子图层中的对象进入隔离模式，如图2-91所示。

图2-90

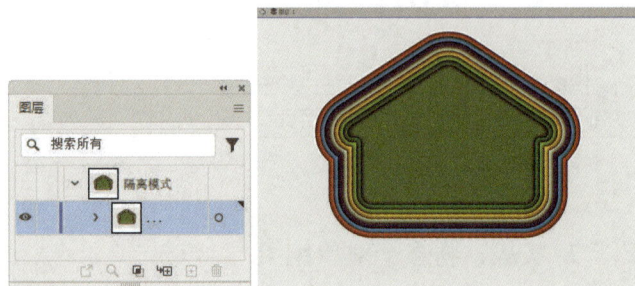

图2-91

> **提示**
>
> 能在隔离模式下编辑的对象有图层、子图层、组、符号、剪
> 切蒙版、复合路径、渐变网格和路径。

技术看板 在隔离模式下编辑路径

如果想在隔离模式下编辑组中的某个对象，如路径，但又不
想被同组的其他对象干扰，可以使用直接选择工具 ▷ 或通过
"图层"面板选择该路径，然后单击"控制"面板中的隔离
选中的对象按钮 ⊠，如下图所示。此外，还有一种方法，就
是选择选择工具 ▶，双击组，进入隔离模式，之后双击该对
象，将其与同组对象隔离。

2.4 复制、剪切、删除与粘贴

"复制""剪切""粘贴"等都是计算机软件中较为常用的命令。在 Illustrator 中，"粘贴"类命令与其他软件有所不同，它可以指定图稿的粘贴位置。

2.4.1 复制

将图层、子图层或组拖曳到"图层"面板底部的⊞按钮上，可以对其进行复制，如图2-92和图2-93所示。按住Alt键向上或向下拖曳图层、子图层或组，可将其复制到目标位置。选择对象后，执行"编辑>复制"命令（快捷键为Ctrl+C），可以将对象复制到剪贴板中，画板中的对象保持不变。由于图稿由图层承载，因此，复制图层的同时也复制了图稿。

图2-92 图2-93

2.4.2 剪切与删除

执行"编辑>剪切"命令（快捷键为Ctrl+X），可将对象从画板中剪切并保存到剪贴板中（画板中的对象消失）。如果要将对象删除，可以执行"编辑>清除"命令，或按Delete键。

2.4.3 粘贴与就地粘贴

进行复制或剪切后，执行"编辑>粘贴"命令（快捷键为Ctrl+V），可在当前图层上粘贴对象，且对象位于画面的中心。

当文档中有多个画板时，执行"编辑>就地粘贴"命令，可以将对象粘贴到当前画板上。执行"编辑>在所有画板上粘贴"命令，可将对象粘贴到所有画板上。

2.4.4 在对象的前/后方粘贴

选择对象，如图2-94所示，复制或剪切后，可以使用"编辑"菜单中的命令，将对象粘贴到指定位置。例如，执行"贴在前面"命令，若当前没有选择任何对象，粘贴的对象将位于被复制的对象上方并与之重合；如果选择了一个对象，如图2-95所示，则粘贴的对象仍与被复制的对象重合，但在所选对象之上，如图2-96所示。

图2-94

图2-95

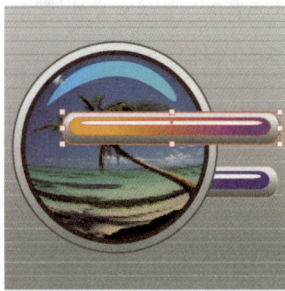

图2-96

"贴在后面"命令与"贴在前面"命令相反，即在被复制的对象下方或所选对象下方粘贴。

2.5 移动对象

在 Illustrator 中可以使用不同的方法移动对象，包括用工具拖曳、用键盘上的方向键微移、在面板或对话框中输入数值准确定位对象等。此外，还可在多个文档间移动对象。

2.5.1 实战：移动和精确移动

01 打开素材。使用选择工具 ▶ 在文字对象上单击，将其选择，如图2-97所示。使用鼠标拖曳可以移动对象，如图2-98所示。按住Shift键拖曳，可限制移动方向为垂直方向或45°的整数倍方向。

图2-97

图2-98

02 如果要将对象移动到画板的某个精确位置，可以在"变换"面板（见129页）或"控制"面板的 X（代表水平位置）和Y（代表垂直位置）文本框中输入具体的数值，按Enter键，如图2-99和图2-100所示。

图2-99

图2-100

03 此外，也可以执行"对象>变换>移动"命令，打开"移动"对话框，输入具体的移动距离和角度，如图2-101所示，单击"确定"按钮，按照参数移动对象，如图2-102所示。

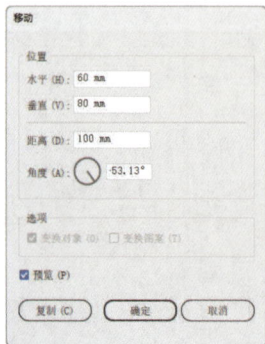
图2-101

图2-102

─── 提示 ───

在"角度"文本框中输入正值，对象沿逆时针方向移动；输入负值，对象沿顺时针方向移动。

2.5.2 实战：书店立体字设计

选择对象后，按→、←、↑、↓键，可以将所选对象沿相应的方向移动1点（1/72英寸，约0.3528毫米）。如果同时按方向键和Shift键，可沿相应的方向移动10点的距离。按住Alt键拖曳，可以复制对象。

01 打开素材，如图2-103所示。选择选择工具 ▶，在文字上单击，将其选择，如图2-104所示。

图2-103

图2-104

02 按Ctrl++快捷键将视图比例调大。将鼠标指针移动到"山"字左上角，如图2-105所示，按住Alt键（鼠标指针变为 ▶ 形状）并向左上方拖曳，复制文字，如图2-106所示。按6次Ctrl+D快捷键继续复制，如图2-107所示。

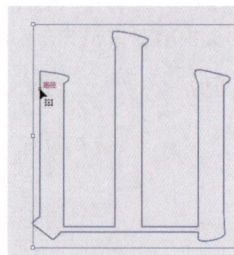
图2-105

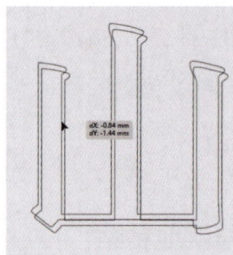
图2-106

图2-107

03 打开"色板"面板，在图2-108所示的图标上单击，将填色设置为当前编辑状态。单击"黑色"色板，如图2-109所示，将文字填充为黑色，效果如图2-110所示。

图2-108

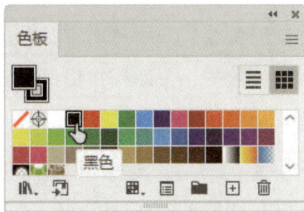
图2-109

图2-110

2.5.3 实战：在文档间移动对象

选择并复制对象后，可以切换到另一个文档，按Ctrl+V快捷键粘贴对象。但这样操作会用到剪贴板，比较占内存。下面介绍一种不占用内存的操作方法。

01 按Ctrl+O快捷键，打开图2-111和图2-112所示的两个素材，创建两个文档窗口。

图2-111

图2-112

02 使用选择工具 ▶ 单击猴脸Logo，将其选择；按住鼠标左键不放，将鼠标指针移动到另一个文档窗口的标题栏上，如图2-113所示，停留片刻，切换到该文档；将鼠标指针移动到画板中，如图2-114所示；释放鼠标左键，即可将Logo拖入（复制到）该文档，如图2-115所示。

图2-113

图2-114

图2-115

2.6 对齐与分布

通过"对齐"面板和"控制"面板中的对齐选项，可沿指定的方向对齐或分布所选对象、画板或关键对象。对象边缘和锚点都可作为参考点。使用标尺、参考线和网格辅助工具可在绘图时获取相关数据，帮助用户更好地对齐和分布对象。

2.6.1 对齐与均匀分布多个对象

"对齐"面板和"控制"面板中的按钮分别如图2-116和图2-117所示。其中，对齐类按钮分别是：水平左对齐▐、水平居中对齐▐、水平右对齐▐、垂直顶对齐▐、垂直居中对齐▐和垂直底对齐▐。分布类按钮分别是：垂直顶分布▐、垂直居中分布▐、垂直底分布▐、水平左分布▐、水平居中分布▐和水平右分布▐。

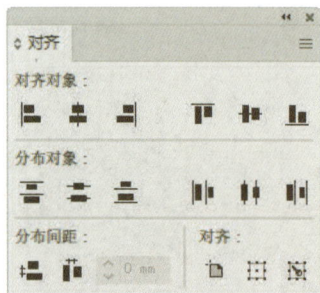

图2-116　　　　　　　　　图2-117

选择多个对象，单击"对齐对象"选项组中的按钮，可以让它们沿指定的方向对齐，如图2-118所示。

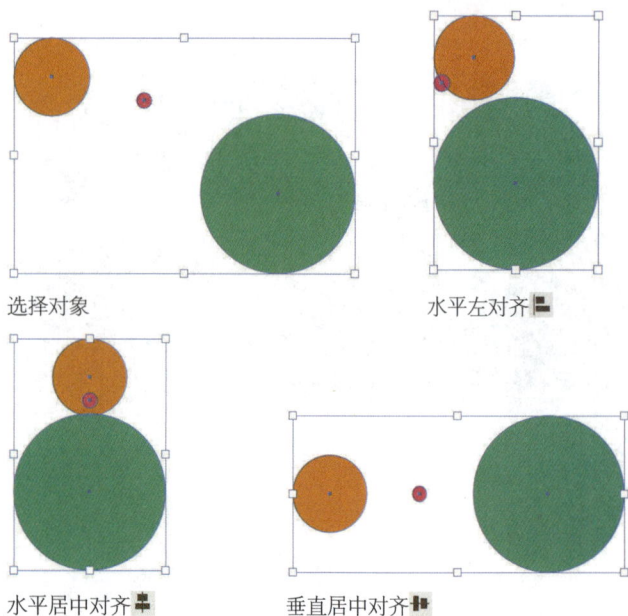

选择对象　　　　　　　　水平左对齐▐

水平居中对齐▐　　　　　垂直居中对齐▐

图2-118

单击"分布对象"选项组中的按钮，对象会沿指定的方向以相同的间隔均匀分布，如图2-119所示。

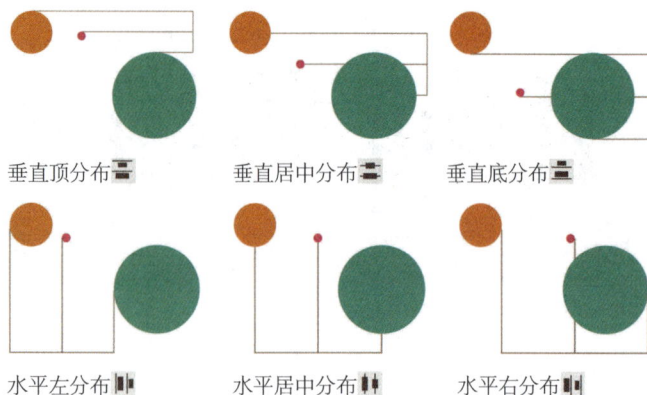

垂直顶分布▐　　　垂直居中分布▐　　　垂直底分布▐

水平左分布▐　　　水平居中分布▐　　　水平右分布▐

图2-119

2.6.2 实战：基于关键对象对齐和分布

在要对齐或分布的多个对象中，如果某个对象处于最佳位置，可以把它作为关键对象，让其他对象与其对齐，或基于它来分布。

01 打开素材，如图2-120所示。单击选择工具▶，按住Shift键单击要对齐或分布的对象，如图2-121所示。

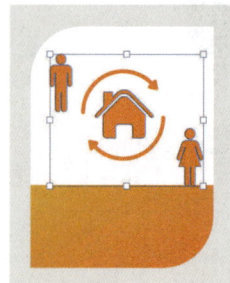

图2-120　　　　　　　　图2-121

02 单击"对齐"面板中的对齐关键对象按钮▐，如图2-122所示，单击关键对象，它周围会出现蓝色轮廓，如图2-123所示。单击"控制"面板或"对齐"面板中的▐按钮，使其他对象基于关键对象垂直居中对齐，效果如图2-124所示。

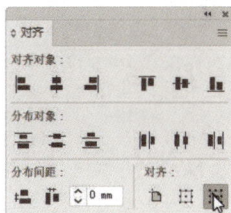
图2-122

图2-123

图2-124

图2-127

图2-128

> **提示**
>
> 如果选错了关键对象，可再次单击，当蓝色轮廓消失后，重新选择一个关键对象。

2.6.3 实战：基于路径宽度对齐和分布

01 打开素材。单击选择工具▶，按住Shift键单击多个对象，将它们选择，如图2-125所示。

02 单击"对齐"面板中的▮按钮，进行对齐，效果如图2-126所示。可以看到，这些对象并没有真正对齐。这是由于在默认状态下，Illustrator只对齐（或均匀分布）路径，而没有考虑路径的描边粗细（*见80页*）。按Ctrl+Z快捷键撤销对齐。在"对齐"面板菜单中执行"使用预览边界"命令，如图2-127所示，再单击▮按钮，即可对齐描边的边缘，如图2-128所示。

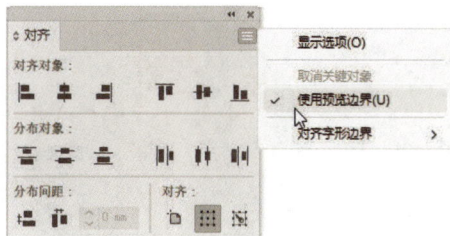
图2-125

图2-126

> **技术看板** 对齐到画板
>
> 如果想让对象与画板的中心或边缘对齐，可在选择对象后，单击"对齐"面板中的"对齐画板"按钮▯，打开下拉菜单，执行相应的命令进行对齐和分布。

2.6.4 实战：按照指定间距分布对象

01 打开素材，如图2-129所示。单击选择工具▶，按住Shift键单击3个钢笔图形，将它们选择，如图2-130所示。

图2-129

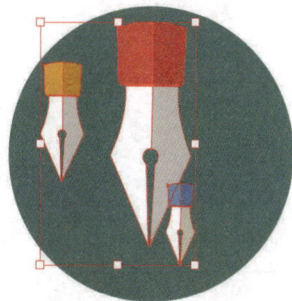
图2-130

02 单击对齐关键对象按钮▣，设置关键对象，如图2-131和图2-132所示。在"分布间距"文本框中输入数值，如图2-133所示；单击水平分布间距按钮▮（或垂直分布间距按钮▮），让所选对象以关键对象为基准（关键对象原地不动），按照设定的数值均匀分布，如图2-134所示。

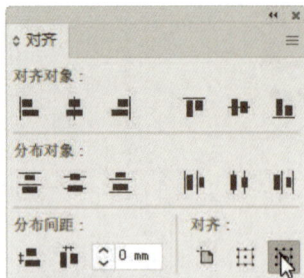

图2-131

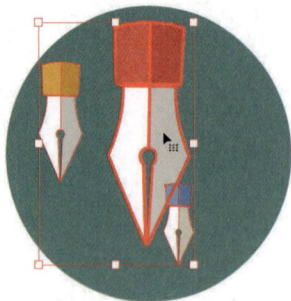

图2-132

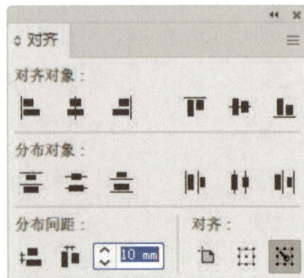

图2-133

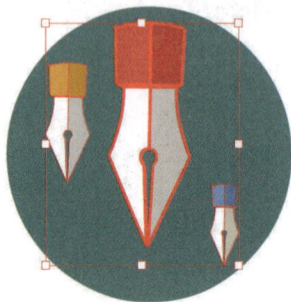

图2-134

2.6.5 实战：使用标尺和参考线

执行"视图>标尺>显示标尺"命令（快捷键为Ctrl+R），画布左侧和顶部会显示标尺。此后可从标尺上拖曳出参考线，如图2-135所示，以帮助用户准确地放置对象，或者进行测量。在标尺上单击鼠标右键打开上下文菜单，可以修改测量单位，如图2-136所示。关于标尺和参考线的更多操作方法，详见实战视频。

图2-135

图2-136

技术看板 编辑参考线

移动参考线：拖曳参考线可对其进行移动。

锁定参考线：如果想固定参考线的位置，使其不因操作而

移动，可以执行"视图>参考线>锁定参考线"命令，将参考线锁定。需要取消锁定时，可再次执行该命令。

删除参考线：单击参考线可将其选择，选择后，按Delete键可将其删除。如果要删除所有参考线，可以执行"视图>参考线>清除参考线"命令。

隐藏标尺和参考线：执行"视图>参考线>隐藏参考线"命令或"视图>标尺>隐藏标尺"命令（快捷键为Ctrl+R），可以将参考线或标尺隐藏。

2.6.6 全局标尺与画板标尺

Illustrator中有两种标尺——全局标尺和画板标尺。这两种标尺可通过"视图>标尺"子菜单中的"更改为全局标尺"命令和"更改为画板标尺"命令进行切换。

文档窗口左侧和顶部的相交处（显示为 0 的位置）是标尺的原点。当文档中包含多个画板时，全局标尺的原点位于第一个画板的左上角，如图2-137所示。切换到画板标尺后，原点会变更到当前画板的左上角，如图2-138所示。而且使用画板工具调整画板大小时，原点也会同步变动。

全局标尺

图2-137

画板标尺（切换到第2个画板）

图2-138

如果对象填充了图案（见246页），调整全局标尺的原点时，还会影响图案拼贴的位置，如图2-139所示。而调整画板标尺的原点时，则不会影响。

图2-139

提示

制作用于视频设备的图稿时，执行"视图>标尺>显示视频标尺"命令，可以显示视频标尺。

2.6.7 将矢量图形转换为参考线

选择矢量图形，如图2-140所示，执行"视图>参考线>建立参考线"命令，可将其转换为参考线，如图2-141所示。需要将其重新转换为图形时，选择参考线，执行"视图>参考线>释放参考线"命令即可。

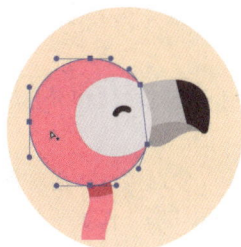

图2-140

图2-141

2.6.8 实战：Logo设计（智能参考线）

智能参考线是一种临时参考线，在创建图形、编辑对象时会自动出现，以帮助用户参照其他对象和画板进行对齐和变换。本实战借助智能参考线设计一个Logo，用于网页Banner中，如图2-142所示。

图2-142

01 新建一个RGB颜色模式的文档。选择圆角矩形工具 ▢，拖曳鼠标创建圆角矩形。在"控制"面板中取消填色，设置描边粗细为60pt，如图2-143和图2-144所示。

图2-143　　　　图2-144

02 打开"视图"菜单，可以看到，"智能参考线"命令前方有一个"√"，如图2-145所示，说明其处于开启状态。如果想隐藏智能参考线，可在此命令上单击，取消勾选。单击选择工具 ▶，按住Alt键拖曳对象进行复制，如图2-146所示。

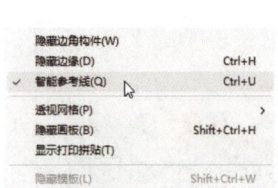

图2-145　　　　　　　图2-146

03 将鼠标指针放在定界框外，拖曳鼠标旋转对象，画面中会显示旋转角度，如图2-147所示。进行缩放、扭曲等操作时，也会显示相应的参数。将鼠标指针移动到路径上方，出现"路径"二字时，如图2-148所示，拖曳鼠标，将该对象移动到另一个对象的左边缘，当边缘对齐时，会显示智能参考线，如图2-149所示。

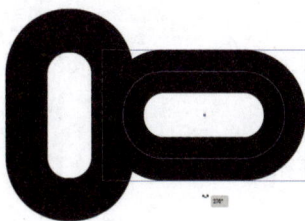

图2-147

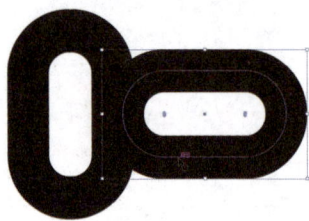 

图2-148　　　　　　　　图2-149

04 按Ctrl+A快捷键全选。将鼠标指针移动到定界框外，如图2-150所示，按住Shift键拖曳鼠标以旋转对象，同时观察智能参考线，当旋转角度为45°时，如图2-151所示，释放鼠标左键。

图2-150　　　　　　　　图2-151

05 在"色板"面板中将描边设置为当前编辑状态，如图2-152所示。单击图2-153所示的渐变色板，为描边添加渐变，效果如图2-154所示。

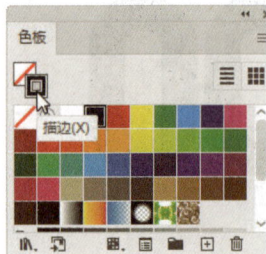 

图2-152　　　　　　　　图2-153

图2-154

06 在"透明度"面板中设置混合模式为"叠加"，如图2-155所示。两个对象的重叠区域会互相叠透，如图2-156所示。

图2-155　　　　　　　　图2-156

2.6.9 测量距离和角度（度量工具和"信息"面板）

选择度量工具 ，将鼠标指针放在需要测量的起点位置，拖曳鼠标至测量的终点处（按住Shift键操作可以将移动方向限制为45°的整数倍方向），如图2-157所示。释放鼠标左键，会弹出"信息"面板，显示了x轴和y轴的水平和垂直距离、绝对水平和垂直距离、总距离及测量的角度，如图2-158所示。

 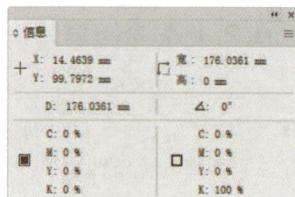

图2-157　　　　　　　　图2-158

"信息"面板

"信息"面板中可以显示鼠标指针下方的区域和所选对象的详细信息。

使用选择工具 选择对象后，X和Y分别代表所选对象在水平和垂直方向的坐标位置；"宽"和"高"代表所选对象的宽度和高度。如果未选择对象，则X和Y显示的是鼠标指针的精确位置。面板下方显示所选对象的填充 和描边 的颜色值等信息。

使用钢笔工具 、渐变工具 或者移动对象时，在进行拖移的同时，"信息"面板中会实时地显示对应的x轴和y轴坐标、绝对距离（D）和角度（ ）的变化。

选择比例缩放工具 ，进行拖曳时，会实时显示对象的宽度和高度，以及宽、高百分比。完成缩放后，会显示对象最终的宽度和高度。

使用旋转工具 和镜像工具 时，会显示对象中心的坐标、旋转角度（ ）和镜像角度（ ）。

使用倾斜工具 时，会显示对象中心的坐标、倾斜轴的角度（ ）和倾斜量（ ）。

使用画笔工具 时，会显示鼠标指针所在位置的x轴和y轴坐标，以及当前画笔的名称。

2.6.10 实战：使用网格和透明度网格

执行"视图>显示网格"命令，可在图稿后方显示网格，如图2-159所示。执行"视图>对齐网格"命令，启用网格对齐功能，拖曳对象时会自动与网格对齐，如图2-160所示。该功能在对称地布置对象时很有用。执行"视图>隐藏网格"命令，可以隐藏网格。

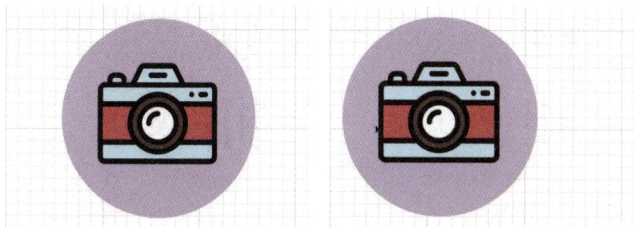

图2-159　　　　　　　图2-160

执行"视图>显示透明度网格"命令，可以显示灰白相间的棋盘格状透明度网格。在其衬托下，透明区域位于何处，以及对象的透明程度等都能看得非常清楚，如图2-161所示。执行"视图>隐藏透明度网格"命令，可以隐藏透明度网格。

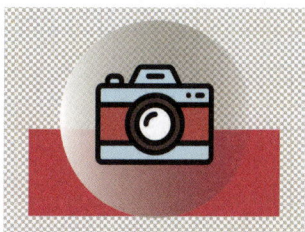

图2-161

> 提示
> 这两种网格都是辅助工具，打印图稿时不会被打印出来。

2.6.11 对齐点

执行"视图>对齐点"命令，启用点对齐功能，此后移动对象时，更容易将其与锚点和参考线对齐，如图2-162和图2-163所示。

图2-162　　　　　　　图2-163

2.6.12 实战：用尺寸工具为Logo做标注

Illustrator 2024新增的尺寸工具 可以测量角度、距离和直径，可借助任务栏切换工具类型。

01 打开Logo素材，如图2-164所示。选择尺寸工具 ，在打开的任务栏中单击线性尺寸按钮 ，如图2-165所示。将鼠标指针移动到"星期"二字上方，捕捉到文字左侧边缘的锚点后会显示智能参考线，如图2-166所示；单击，然后按住Shift键向右拖曳鼠标，捕捉文字右侧边缘的锚点，如图2-167所示；再次单击，然后向上拖曳鼠标，单击，完成宽度的测量，如图2-168所示。

图2-164　　　　　　　图2-165

图2-166　　　　　　　图2-167

图2-168

02 采用同样的方法为数字8左右两侧的锚点建立测量数据，如图2-169～图2-172所示。

图2-169

图2-170

图2-171

图2-172

03 单击任务栏中的角度尺寸按钮◁。将鼠标指针移动到多边形的内角处，如图2-173所示，单击并拖曳鼠标，创建内角数据，如图2-174所示。

图2-173

图2-174

04 按照同样的方法，在外角建立测量数据，如图2-175和图2-176所示。

图2-175

图2-176

05 单击任务栏中的径向尺寸按钮⊘，将鼠标指针移动到数字8的外侧边缘，如图2-177所示，单击，创建尺寸数据，如图2-178所示。

图2-177

图2-178

06 单击"图层1"前方的眼睛图标◉，将该图层隐藏，如图2-179和图2-180所示。

图2-179

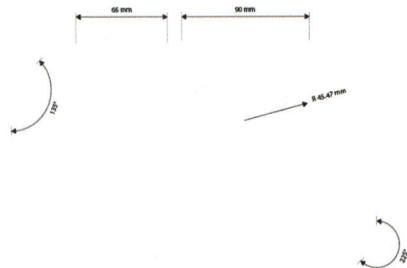

图2-180

07 使用选择工具▶拖曳出选框，将所有对象选择，在"属性"面板中修改尺寸线及尺寸文本参数，如图2-181和图2-182所示。

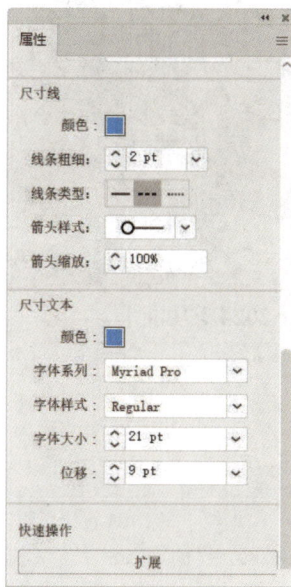

图2-181

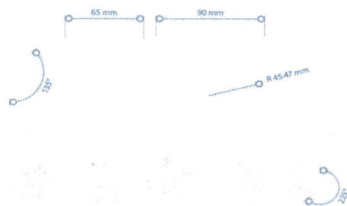

图2-182

08 单击选择工具▶，按住Shift键拖曳出选框，将包含延伸线的对象选择，弹出"属性"面板，修改延伸线颜色及参数，如图2-183和图2-184所示。

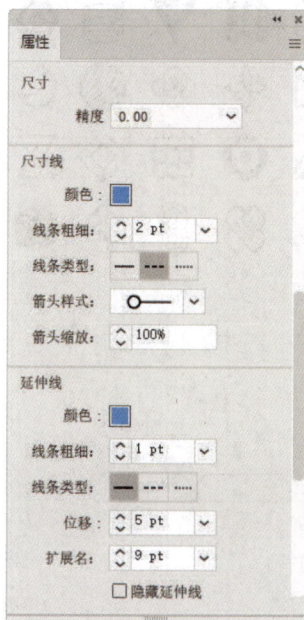

图2-183

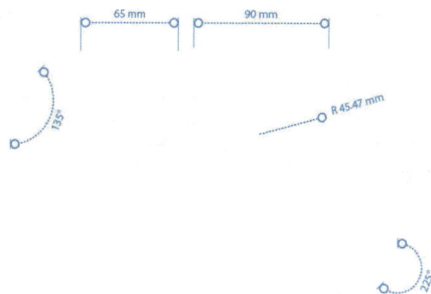

图2-184

09 在"图层1"前方单击，让该图层重新显示出来，如图2-185和图2-186所示。

图2-185

图2-186

第3章 绘图与上色

生成式 AI | "模型（Beta）"面板 • Retype（Beta）功能 • 上下文任务栏 • 尺寸工具 | ☞ { **Illustrator 2024新功能** }

本章简介

本章首先介绍Illustrator的基本绘图工具。虽然它们创建的是较为简单的几何图形，但只要稍加编辑，便可组合成复杂的图形，也能用于表现各种效果。所以，不能小看这些工具。本章还会介绍怎样使用Illustrator 2024新增的生成式AI技术和图像描摹功能创建图形。本章后半部分讲解如何给图形上色，即填色和描边等功能，其中穿插了各种实战。

学习重点

实战：汉堡店Logo设计
实战：制作婴儿用品品牌Logo
　　　"描边"面板
实战：使用"颜色"面板
　　　使用"色板"面板
　　　"渐变"面板
实战：设置和修改渐变颜色
实战：用线性渐变为扁平化图标加阴影
实战：径向渐变
实战：荧光效果标签（任意形状渐变）
　　　将渐变应用于描边

3.1 绘制几何图形

在图形设计中，基本形状和线是构建复杂图形的基础，也可以用来创建视觉效果。学习使用 Illustrator 绘图，也要从这些简单的图形开始，由易到难，逐渐过渡到复杂的对象。

3.1.1 矩形和正方形

很多设计看似复杂，其实是由简单的图形组合而成的，如图3-1所示。其中包含矩形、正方形和圆形等基本图形。

选择矩形工具 ▢，朝着画板对角线方向拖曳鼠标，鼠标指针旁边会显示提示信息，如图3-2所示，这是智能参考线（*见59页*）的一部分，通过它可以知道所绘图形的宽度、高度；释放鼠标左键，创建矩形。默认状态下，图形以白色填充，以黑色描边。

按住Alt键（鼠标指针变为 ⊹ 形状）拖曳鼠标，会以起点为中心开始绘制矩形；按住Shift键操作，可以创建正方形，如图3-3所示；同时按住Shift键和Alt键操作，可以以起点为中心开始绘制正方形。如果想准确定义矩形或正方形的大小，可以在画板中单击，然后在弹出的对话框中进行设置，如图3-4所示。

图3-1

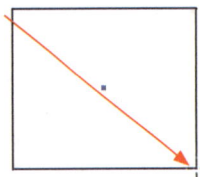

图3-2

W: 49.44 mm
H: 41.24 mm

图3-3

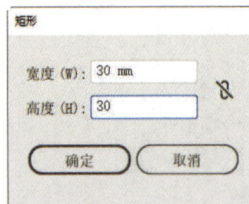

图3-4

矩形
宽度(W): 30 mm
高度(H): 30
确定　　取消

3.1.2 圆角矩形

使用圆角矩形工具 ▢ 可以创建圆角矩形，如图3-5和图3-6所示。其使用方法与矩形工具 ▢ 相同。另外，在拖曳鼠标时，按↑键可以增大圆角半径直至成为圆形；按↓键则减小圆角半径直至成为矩形；按←键和→键，可以在矩形与圆形之间切换。如果要准确定义圆角半径及图形大小，可以在画板上单击，在弹出的对话框中进行设置，如图3-7所示。

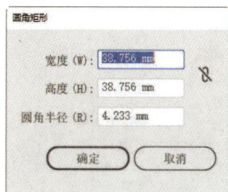

圆角半径为0　　圆角半径为5　　"圆角矩形"对话框
图3-5　　　　　图3-6　　　　　图3-7

3.1.3 圆形和椭圆

使用椭圆工具 ⬭ 可以创建椭圆和圆形，如图3-8和图3-9所示。其使用方法与矩形工具 ▢ 相同。如果想创建具有精确尺寸的图形，可在画板上单击，在打开的对话框中进行设置。

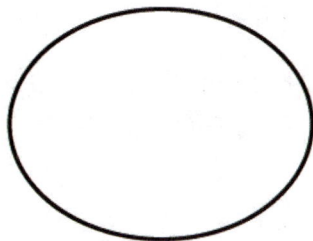
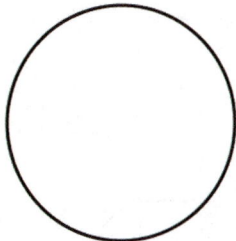

拖曳鼠标创建椭圆　　　按住Shift键拖曳鼠标可创建圆形
图3-8　　　　　　　　图3-9

3.1.4 多边形

使用多边形工具 ⬡ 可以创建三角形及具有更多直边的图形，如图3-10和图3-11所示。拖曳鼠标时，按↑键和↓键，可增加和减少边数；移动鼠标指针，可以旋转图形（如果想固定图形的角度，按住Shift键操作即可）。在画板上单击，弹出图3-12所示的对话框，可以设置多边形的半径和边数，并以单击点为中心创建多边形。

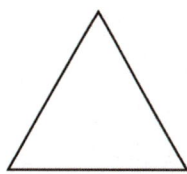
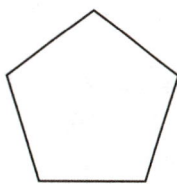
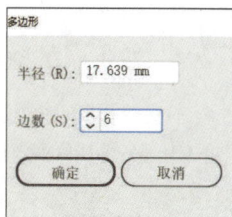

三角形　　　　五边形　　　　"多边形"对话框
图3-10　　　　图3-11　　　　图3-12

3.1.5 星形

使用星形工具 ✩ 可以创建星状图形，如图3-13和图3-14所示。拖曳鼠标时，按↑键和↓键可增加和减少星形的角点数；移动鼠标指针，可以旋转星形（如果想固定星形的角度，按住Shift键操作即可）；按住Alt键，可以调整星形拐角的角度，图3-15和图3-16所示为通过这种方法创建的星形。

五角星形　　　　八角星形
图3-13　　　　　图3-14

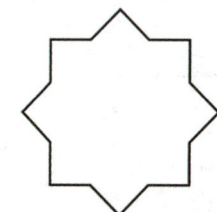

按住Alt键创建的五角星　　按住Alt键创建的八角星
图3-15　　　　　　　　　图3-16

在画板上单击，打开"星形"对话框，可以设置星形的半径和角点数，如图3-17所示。

● 半径1：用来指定从星形中心到星形最内点的距离。

● 半径2：用来指定从星形中心到星形最外点的距离。

● 角点数：用来设置星形的角点数。

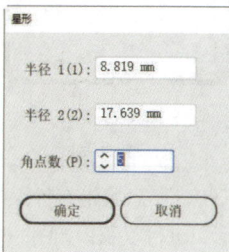

图3-17

3.1.6 实战：汉堡店Logo设计

本实战设计一款汉堡Logo，如图3-18所示。要想在小尺寸下使Logo仍清晰可辨，简洁和形象最为关键。

图3-18

01 使用矩形工具 ▢ 创建一个矩形，如图3-19所示。单击图3-20所示的边角构件，按住Shift键单击另一侧的边角构件，将它们一同选择，如图3-21所示；拖曳鼠标，将矩形上半部调为圆角，如图3-22所示。

图3-19　　　　　　　　图3-20

图3-21　　　　　　　　图3-22

02 使用圆角矩形工具 ▢ 创建一个圆角矩形，如图3-23所示。单击选择工具 ▶，按住Alt+Shift快捷键向下拖曳图形，进行复制，如图3-24所示。

图3-23　　　　　　　　图3-24

03 选择直线段工具 ╱，按住Shift键拖曳鼠标绘制一条直线，并设置描边效果，如图3-25和图3-26所示。执行"效果>扭曲和变换>波纹效果"命令，打开"波纹效果"对话框，将直线处理为波浪状的曲线，如图3-27和图3-28所示。

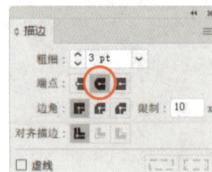

图3-25　　　　　　　　图3-26

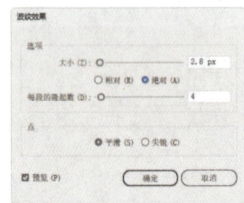

图3-27　　　　　　　　图3-28

04 创建一个矩形。采用与第01步相同的方法，选择矩形的两个边角构件，如图3-29所示，拖曳鼠标，将矩形底部转换为圆角，如图3-30所示。

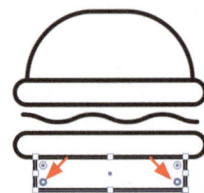

图3-29　　　　　　　　图3-30

05 使用椭圆工具 ⬭ 创建椭圆，作为芝麻，如图3-31所示。单击选择工具 ▶，按住Shift键拖曳椭圆，进行复制，如图3-32所示。

图3-31　　　　　　　　图3-32

06 单击芝麻并在定界框外拖曳鼠标，旋转芝麻，如图3-33所示。导入背景图，然后使用文字工具 **T** 添加品牌名称和折扣信息，使其成为一个完整的设计作品，如图3-34所示。

图3-33　　　　　　　　图3-34

修改实时形状

在Illustrator中，使用矩形工具▢、圆角矩形工具▢、椭圆工具◯、多边形工具◯、直线段工具╱、Shaper工具╱（见136页）创建的图形均为实时形状。所谓实时形状，就是可实时修改的图形，即通过拖曳边角构件，可以对图形的宽度、高度、旋转角度、圆角半径等属性进行实时调整，而且无须切换工具，如图3-35所示。编辑锚点时，可以执行"视图>隐藏边角构件"命令，将边角构件隐藏。

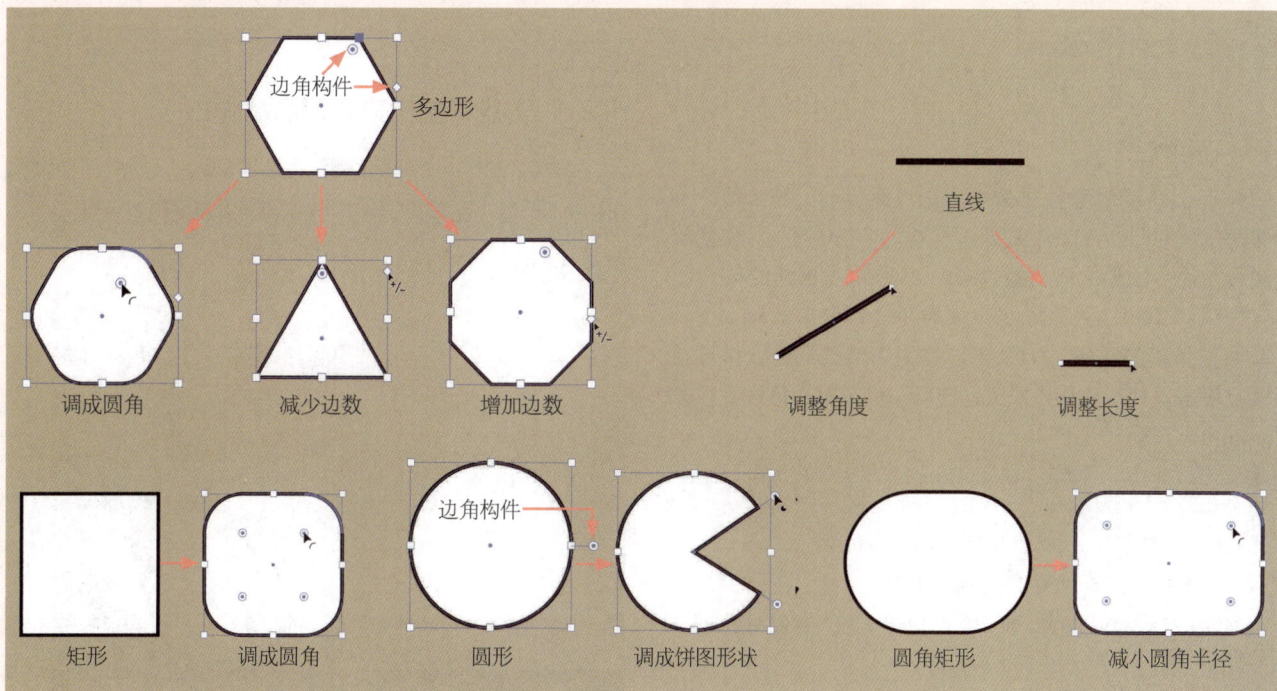

图3-35

在Illustrator 2024中打开2014版之前创建的文档时，其中的形状不会自动转换为实时形状。如果要进行转换，可以选择路径，然后执行"对象>形状>转换为形状"命令。如果要将实时形状转换为路径，可将其选择，再执行"对象>形状>扩展形状"命令。

3.2 绘制线、网格和光晕图形

Illustrator 中最基本的线状图形有直线、弧线、螺旋线、矩形网格和极坐标网格。还有一类特殊的图形，即光晕图形，其光环和发射的射线也属于线状图形。

3.2.1 直线

直线段工具╱用来创建直线。按住Shift键拖曳鼠标，可创建水平、垂直或45°的整数倍方向的直线；按住Alt键拖曳鼠标，直线会以起点为中心向两侧延伸。

在画板上单击，打开"直线段工具选项"对话框，可以设置直线的长度和角度，如图3-36和图3-37所示。勾选"线段填色"复选框，会以当前填充颜色为线段填色。

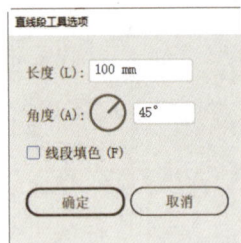

图3-36

图3-37

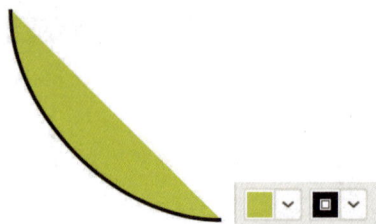

图3-41

3.2.2 弧线

弧形工具用来创建弧线。拖曳鼠标时，按X键，可以切换弧线的凹凸方向，如图3-38所示；按C键，可在开放式图形与闭合图形之间切换，图3-39所示为创建的闭合图形；按住Shift键，可以固定弧线的角度；按↑键和↓键，可以调整弧线的斜率。如果要创建更为精确的弧线，可在画板上单击，打开"弧线段工具选项"对话框进行设置，如图3-40所示。

● **参考点定位器**：单击参考点定位器四角的空心方块，可以定义从哪个点开始绘制弧线。

● **X轴长度/Y轴长度**：用来设置弧线的宽度和高度。

● **类型**：选择是创建开放式图形还是闭合图形。

● **基线轴**：指定弧线的方向，即沿水平方向（"X轴"）绘制，或沿垂直方向（"Y轴"）绘制。

● **斜率**：指定弧线的斜率和方向。其值为负则弧线向内凹入，为正则弧线向外凸起。

● **弧线填色**：勾选后，用当前的填充颜色为弧线围住的区域填色，如图3-41所示。

按X键切换方向

图3-38

按C键创建闭合图形

图3-39

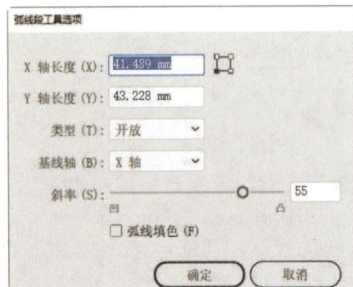

图3-40

3.2.3 实战：制作婴儿用品品牌Logo

本实战制作一个可爱的婴儿用品品牌Logo，如图3-42所示。

图3-42

01 按Ctrl+N快捷键，打开"新建文档"对话框，使用预设创建一个A4大小的文档，如图3-43所示。

图3-43

02 选择椭圆工具 ⬭，在画板上单击，打开"椭圆"对话框设置参数，如图3-44所示，单击"确定"按钮创建一个椭圆。在"颜色"面板中修改描边颜色，如图3-45和图3-46所示。

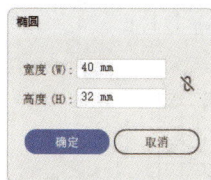

图3-44

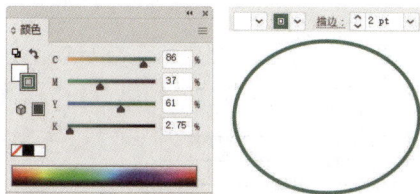 

图3-45   图3-46

03 执行"效果>扭曲和变换>收缩和膨胀"命令，打开"收缩和膨胀"对话框，对创建的椭圆进行扭曲，如图3-47和图3-48所示。

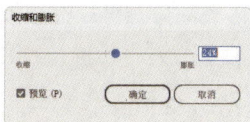 

图3-47   图3-48

04 在画板上单击，打开"椭圆"对话框，创建一个圆形作为眼睛，如图3-49和图3-50所示。

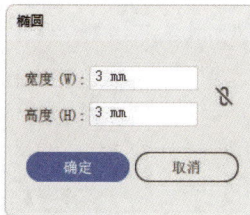 

图3-49   图3-50

05 选择弧形工具 ⌒，拖曳鼠标创建一条弧线，作为另一只眼睛。单击"描边"面板中的 ⊏ 按钮，将路径端点改为圆头，如图3-51和图3-52所示。

 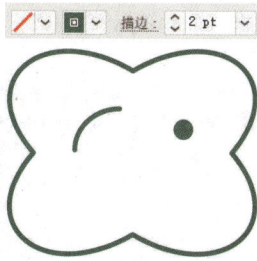

图3-51   图3-52

06 在弧线的定界框外拖曳鼠标，将其旋转，如图3-53所示。按照同样的方法再创建一条弧线，如图3-54所示。

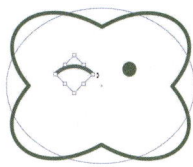 

图3-53   图3-54

07 使用椭圆工具 ⬭ 再创建一个椭圆并修改其填充颜色，作为腮红，如图3-55和图3-56所示。

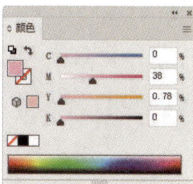 

图3-55   图3-56

08 单击选择工具 ▶，按住Alt+Shift快捷键拖曳椭圆进行复制，如图3-57所示。创建一个圆形，按Shift+Ctrl+[快捷键将其移动到图层底部作为背景，如图3-58所示。图3-59所示为Logo的应用效果。

 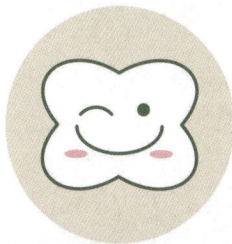

图3-57   图3-58

图3-59

3.2.4 螺旋线

螺旋线工具 @ 用来创建螺旋线，如图3-60所示。拖曳鼠标可以旋转图形；按R键，可以调整螺旋线的方向，如图3-61所示；按住Ctrl键拖曳，可以调整螺旋线的紧密程度，如图3-62所示；按↑键会增加螺旋线；按↓键则减少螺旋线。如果要更加精确地绘制图形，可以在画板中单击，打开"螺旋线"对话框进行设置，如图3-63所示。

创建螺旋线

图3-60

按R键调整螺旋线的方向

图3-61

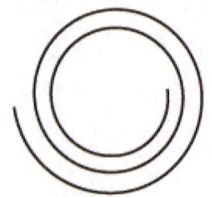

按住Ctrl键拖曳，调整螺旋线的紧密程度

图3-62

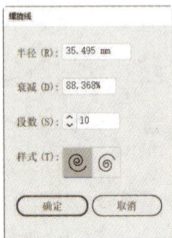

图3-63

- 半径：用来设置从中心到螺旋线最外点的距离。值越大，螺旋的范围就越大。
- 衰减：用来设置每个螺旋相对于上一螺旋应减少的量，如图3-64和图3-65所示。
- 段数：螺旋线的一个完整螺旋由4条线段组成。该值决定了线段的数量，如图3-66所示。

衰减为70%

图3-64

衰减为80%

图3-65

段数为5

图3-66

- 样式：用来设置螺旋线的方向。

3.2.5 矩形网格工具

矩形网格工具▦用来创建矩形网格。选择该工具后，在画板上拖曳鼠标，可以按照Illustrator预设的参数创建矩形网格。拖曳鼠标时按住Shift键，可以创建正方形网格；按住Alt键，会以起点为中心向外绘制网格；按F键和V键可调整网格的水平分隔线间距；按X键和C键，可调整垂直分隔线的间距；按↑键和↓键，可以增加和减少水平分隔线；按→键和←键，可以增加和减少垂直分隔线。图3-67所示为使用矩形网格工具▦和快捷键创建的图形。

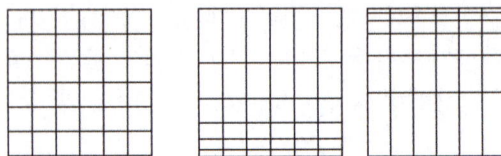

按住Shift键拖曳　　按F键　　　　按V键

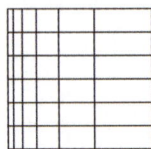 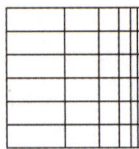 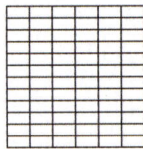

按X键　　　　按C键　　　　按↑键

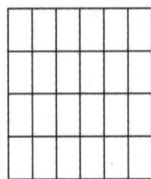 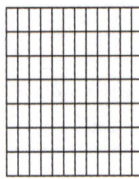 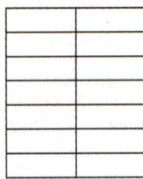

按↓键　　　　按→键　　　　按←键

图3-67

"矩形网格工具选项"对话框

如果想自定义网格的大小和网格线数量，可以在画板上单击，打开"矩形网格工具选项"对话框进行设置，如图3-68所示。

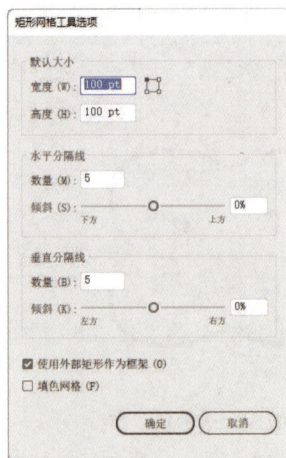

图3-68

- 宽度/高度：用来设置矩形网格的宽度和高度。
- 参考点定位器 ▦：单击参考点定位器四角的空心方块，可以确定绘制网格的起始点位置。
- "水平分隔线"选项组："数量"选项用来设置网格顶部和底部之间水平分隔线的数量。"倾斜"值决定水平分隔线从网格顶部或底部倾向于左侧或右侧的方式。当"倾斜"值为0%时，水平分隔线的间距相同；该值大于0%时，网格的间距由上到下逐渐变小；该值小于0%时，则网格的间距由下到上逐渐变小。
- "垂直分隔线"选项组："数量"选项用来设置网格左侧和右侧之间垂直分隔线的数量。"倾斜"值决定垂直分隔线倾向于左侧或右侧的方式。当"倾斜"值为0%时，垂直分隔线的间距相同；该值大于0%时，网格的间距由左到右逐渐变小；该值小于0%时，网格的间距由右到左逐渐变小。

- 使用外部矩形作为框架：勾选该复选框后，将以单独的矩形对象替换顶部、底部、左侧和右侧的线段。使用编组选择工具 ▷ 可以将该矩形与网格分离，如图3-69所示。
- 填色网格：勾选该复选框及"使用外部矩形作为框架"复选框后，会以当前填充颜色为网格填色，如图3-70所示。

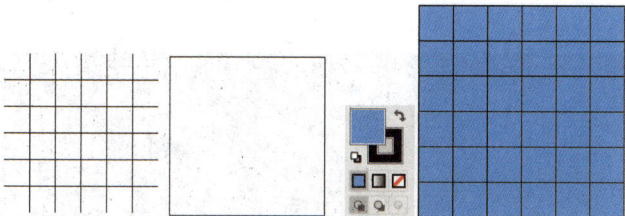

图3-69　　　　　　图3-70

3.2.6 极坐标网格工具

极坐标网格工具 ⊛ 用来创建极坐标网格。选择该工具后，在画板上拖曳鼠标，可以创建极坐标网格。按住Shift键操作，可以绘制圆形网格；按住Alt键，会以起点为中心向外绘制极坐标网格；按↑键和↓键，可以增加和减少同心圆；按→键和←键，可以增加和减少径向分隔线；按X键，同心圆向网格中心聚拢；按C键，同心圆向边缘扩散；按V键和F键，径向分隔线分别向顺时针和逆时针方向聚拢。图3-71所示为使用极坐标网格工具 ⊛ 和快捷键创建的图形。

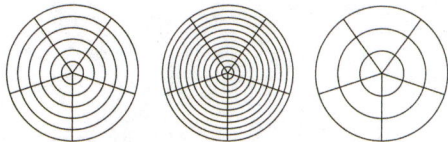
按住Shift键拖曳　按↑键　　　按↓键

按→键　　　按←键　　　按X键

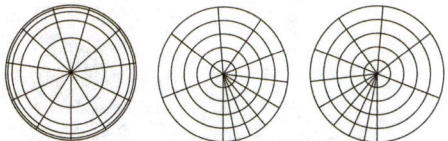
按C键　　　按V键　　　按F键
图3-71

"极坐标网格工具选项"对话框

在画板上单击，打开"极坐标网格工具选项"对话框，可以设置图形的精确参数，如图3-72所示。

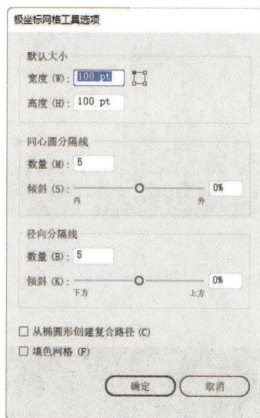

图3-72

- 宽度/高度：用来设置整个网格的宽度和高度。
- 参考点定位器 ▥：单击参考点定位器四角的空心方块，可以确定绘制网格的起始点位置。
- "同心圆分隔线"选项组："数量"选项用来设置出现在网格中的同心圆分隔线的数量。"倾斜"值决定同心圆分隔线倾向于网格内侧或外侧的方式。当"倾斜"值为0%时，同心圆之间的距离相同；该值大于0%时，同心圆向边缘聚拢；该值小于0%时，同心圆向中心聚拢。
- "径向分隔线"选项组："数量"用来设置网格中心和边缘之间的径向分隔线的数量。"倾斜"值决定径向分隔线是倾向于网格逆时针方向还是顺时针方向。当"倾斜"值为0%时，径向分隔线的间距相同；该值大于0%时，径向分隔线向逆时针方向聚拢；该值小于0%时，径向分隔线向顺时针方向聚拢。
- 从椭圆形创建复合路径：勾选此复选框，将同心圆转换为独立的复合路径，并每隔一个圆环填色，如图3-73所示。
- 填色网格：勾选此复选框，用当前的填充颜色为网格填色，如图3-74所示。

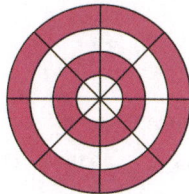　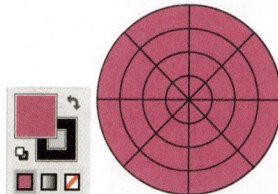

图3-73　　　　　　图3-74

3.2.7 光晕工具

当光线在镜头中反射和散射时，会产生镜头眩光，并在图像中生成斑点或光环，这就是镜头光晕。使用光晕工具 ⊛ 可以制作此效果，为图稿营造一种缥缈、梦幻的氛围。

选择光晕工具 ⊛，单击以放置光晕图形的中央手柄（不要释放鼠标左键），拖曳鼠标设置光晕范围，释放鼠标左键，在另一处单击以放置末端手柄并添加光环，完成光晕图形的创建，如图3-75和图3-76所示。

图3-75

图3-76

光晕图形是矢量对象，包含特殊的图形和控件，如图3-77所示。

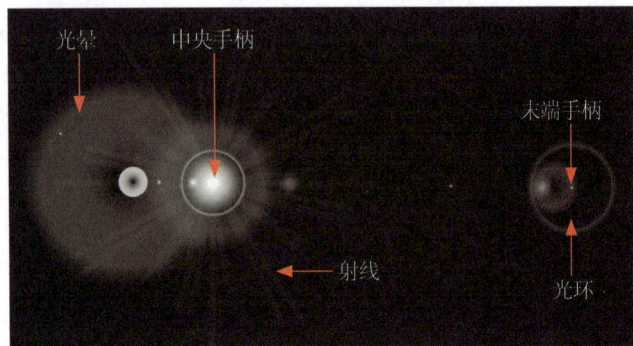
图3-77

选择光晕工具，在图稿上拖曳鼠标，放置中央手柄并设置光晕范围时，射线会随着鼠标指针的移动而发生旋转，如果想固定射线，可以按住Shift键；如果想增加/减少射线数量，可以按↑键/↓键。在画板的另一处单击，放置末端手柄并添加光环时，拖曳鼠标可以移动光环；按↑键/↓键可增大/减小光环；按 ~ 键可随机放置光环。

光晕图形创建好之后，选择光晕工具，拖曳中央手柄、末端手柄，可以移动该图形，如图3-78所示。

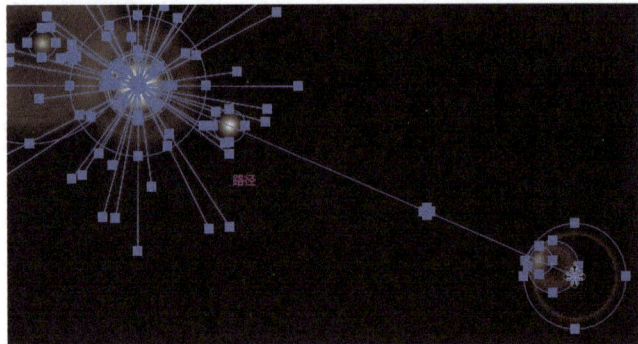
图3-78

> **提示**
>
> 选择光晕图形，执行"对象>扩展"命令，可将其扩展为普通图形。

3.3 生成式AI技术

本节将介绍 Illustrator 2024 新增功能——生成式 AI 技术和"模型（Beta）"面板的使用方法。相关实战需使用 Adobe 正版软件并接入互联网才能完成。

3.3.1 实战：用AI技术生成萌猫图标

01 新建一个文档。使用矩形工具创建一个矩形。执行"窗口>文字生成矢量图形（Beta）"命令，打开"文字生成矢量图形（Beta）"面板，在"文字"下拉列表中选择"图标"选项，在"提示"文本框中输入提示词，如图3-79所示，单击"生成（Beta）"按钮，弹出提示对话框，如图3-80所示，单击"同意"按钮，认可Adobe的服务。生成过程中会显示进度信息，如图3-81所示。

图3-79

图3-80

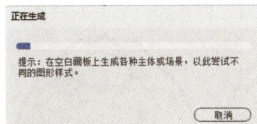

图3-81

02 生成图形后，"文字生成矢量图形（Beta）"面板的"变体"区域除显示生成的图形外，还会显示另外两种结果，以供用户选择，如图3-82所示。单击第3个图标，可以得到3个矢量图，如图3-83所示。

图3-82　　　　　　图3-83

03 使用编组选择工具 单击猫咪下巴下方的图形，如图3-84所示，按Delete键删除，如图3-85所示。

图3-84　　　　　　图3-85

3.3.2 实战：用AI技术生成海底世界插画

01 新建一个文档。使用矩形工具 创建一个矩形，如图3-86所示。在"文字生成矢量图形（Beta）"面板的"文字"下拉列表中选择"场景"选项，在"提示"文本框中输入提示词，如图3-87所示，单击"生成（Beta）"按钮，生成矢量图

稿，如图3-88和图3-89所示。

图3-86　　　　　　图3-87

图3-88　　　　　　图3-89

02 下面在场景中添加新的图形。创建一个矩形，如图3-90所示。在"文字"下拉列表中选择"主题"选项，输入提示词"潜水员"，在"参考资产"选项右侧的按钮上单击，开启该功能，然后单击"选择器"按钮，如图3-91所示。

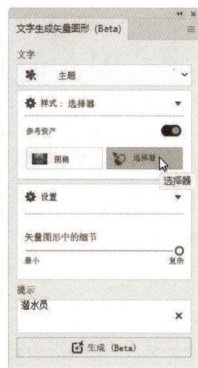

图3-90　　　　　　图3-91

03 将鼠标指针移动到图稿上，如图3-92所示，单击，拾取图稿中的颜色信息（以确保生成色彩一致的对象），然后单击"生成（Beta）"按钮，生成潜水员矢量图，如图3-93所示。

图3-92

图3-93

3.3.3 实战：用AI技术生成章鱼烧Logo

01 使用矩形工具 ■ 创建一个矩形，如图3-94所示。在"文字生成矢量图形（Beta）"面板的"文字"下拉列表中选择"图标"选项，将"矢量图形中的细节"滑块拖曳到"复杂"处，在"提示"文本框中输入提示词，如图3-95所示。

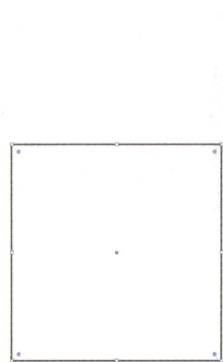

图3-94   图3-95

02 单击"生成（Beta）"按钮，生成矢量图稿，如图3-96所示。如果不满意，可以单击"生成（Beta）"按钮再次生成图形，如图3-97所示。

图3-96

图3-97

03 也可以添加提示词，如图3-98所示，单击"生成（Beta）"按钮，重新生成图形，如图3-99所示。

图3-98   图3-99

3.3.4 实战：在模型上贴Logo

01 打开Logo素材，如图3-100所示。使用选择工具 ▶ 单击Logo，将其选择。单击"模型（Beta）"面板中的"模型"按钮，如图3-101所示，制作模型。

图3-100

图3-101

02 在"类别"下拉列表中选择"服装"选项。将鼠标指针移动到帽子模型上，然后单击 ▣ 按钮，将帽子图片添加到画板中，如图3-102所示。按住Shift键拖曳Logo上的控制点，将其等比放大，如图3-103所示。

图3-102　　　　　　　图3-103

03 将鼠标指针移动到控制点外，如图3-104所示，拖曳鼠标以旋转Logo，如图3-105所示。在画板外单击，结束编辑。

图3-104　　　　　　　图3-105

04 在"类别"下拉列表中选择"包装"选项，然后将包装盒添加到画板中，如图3-106和图3-107所示。

05 将鼠标指针移动到Logo上方，按住Alt键进行拖曳，复制Logo，如图3-108所示。按住Shift键拖曳Logo上的控制点，将其调小，如图3-109所示。

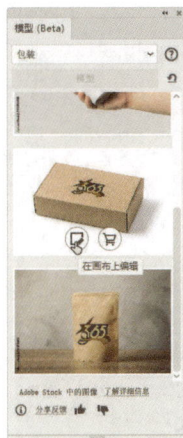 

图3-106　　　　　　　图3-107

图3-108

图3-109

3.4 通过图像描摹创建矢量图形

设计工作常常会有描摹 Logo、图案、花纹，或依照图片绘制矢量图等任务。图像描摹功能为此类任务提供了便捷方法，它能通过位图（如照片、网络上下载的图片等）生成矢量图，让照片、图片等瞬间变为矢量图稿，这样用户便可轻松地在该图稿的基础上绘制新图稿。

3.4.1 "图像描摹"面板

选择图片，如图3-110所示。打开"图像描摹"面板，如图3-111所示。单击面板底部的"描摹"按钮，或执行"对象>图像描摹>建立"命令，使用默认的描摹选项描摹图像。描摹后，通过该面板或"控制"面板可随时修改描摹结果。

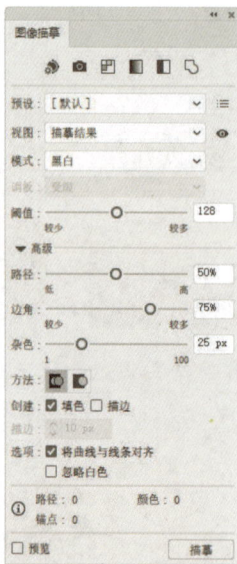

图3-110　　　　　　　　图3-111

● 模式/阈值：用来设置描摹结果的颜色模式，包括"彩色""灰度""黑白"。选择"黑白"时，可以设置"阈值"，快速将所有比该值亮的像素转换为白色，比该值暗的像素转换为黑色。

● 调板：指定用于从原始图像生成彩色或灰度描摹的调板。该下拉列表仅在"模式"被设置为"彩色"和"灰度"时可用。

● 路径：用来控制描摹形状和原始像素形状间的差异。较低的值将创建较紧密的路径拟合；较高的值将创建较疏松的路径拟合。

● 边角：用来指定侧重角点。该值越大，角点越多。

● 杂色：用来指定描摹时忽略的区域（以像素为单位）。该值越大，杂色越少。

● 方法：单击邻接按钮 ▣，可创建木刻路径，即一个路径的边缘与其相邻路径的边缘完全重合；单击重叠按钮 ▣，则各个路径与其相邻路径稍有重叠。

● 填色/描边：勾选"填色"复选框，可在描摹结果中创建填色区域；勾选"描边"复选框并在上方设置描边粗细值，可在描摹结果中创建描边路径。

● 将曲线与线条对齐：用来指定略微弯曲的曲线是否被替换为直线。

● 忽略白色：用来指定白色填充区域是否被替换为无填充。

● 指定描摹预设按钮：面板顶部是一排根据常用工作流命名的快捷按钮。单击任意按钮，可描摹图像，如图3-112所示。

自动着色 ▣　　　　高色 ◉　　　　低色 ▣

灰度 ▣　　　　黑白 ▣　　　　轮廓 ↻

图3-112

● 预设：可以选择一个预设描摹图像。单击该下拉列表右侧的 ≡ 按钮，可以将当前设置的参数保存为一个新的描摹预设。以后要使用该预设描摹对象时，可在"预设"下拉列表中找到它。

● 视图：描摹对象由原始图像（位图）和描摹结果（矢量图）两部分组成。在默认状态下，只显示描摹结果。在该下拉列表中可以修改描摹对象的显示状态。单击右侧的眼睛图标 ◉，可以显示原始图像。

技术看板 使用色板库为描摹对象上色

在"窗口>色板库"子菜单中选择一个色板库，将其打开后，选择图像，在"图像描摹"面板的"模式"下拉列表中选择"彩色"选项，在"调板"下拉列表中选择该色板库，单击"描摹"按钮，即可进行图像描摹并使用此色板库上色。

打开色板库

选择色板库

描摹图像

3.4.2 实战：宠物用品店Logo设计

本实战使用Photoshop中的调色和滤镜功能，以及Illustrator的图像描摹、文字、封套扭曲功能制作宠物用品店Logo，最终效果如图3-113所示。如果未安装Photoshop，可以直接使用猫咪素材，从第03步开始操作。

图3-113

01 运行Photoshop。按Ctrl+O快捷键，打开图像素材，如图3-114所示。执行"滤镜>锐化>USM锐化"命令，对图像细节进行锐化，让毛发细节更加清晰，如图3-115和图3-116所示。

图3-114　　　　　　图3-115

图3-116

02 执行"图像>调整>阈值"命令，调整阈值色阶，对图像细节进行简化处理，同时将其转换为黑白效果，如图3-117和图3-118所示。执行"文件>存储为"命令，将图像保存到其他位置，保存格式为JPEG，如图3-119所示。

03 运行Illustrator。按Ctrl+O快捷键，打开素材，如图3-120所示。

图3-117　　　　　　　　　　　　　图3-118

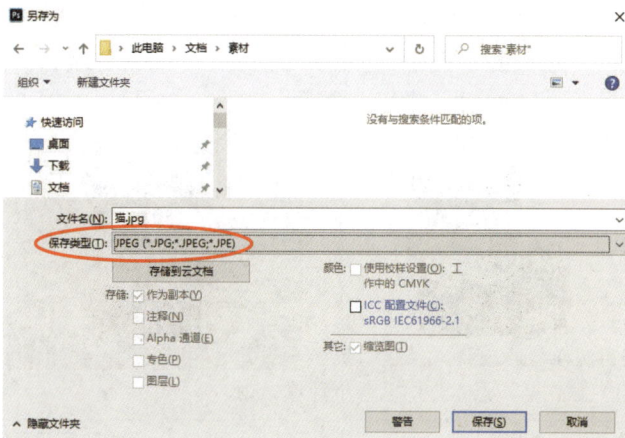

图3-119

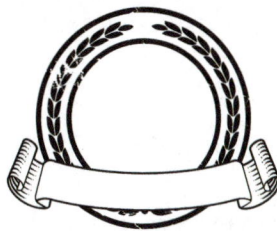

图3-120

04 执行"文件>置入"命令，在打开的"置入"对话框中选择第02步存储的猫咪图像，取消勾选"链接"复选框，如图3-121所示。单击"置入"按钮关闭对话框，在画布上（即画板外）单击，将图像嵌入当前文档，如图3-122所示。

图3-121　　　　　　　　　　图3-122

05 在"控制"面板中单击"图像描摹"选项右侧的∨按钮，打开下拉列表，选择"低保真度照片"选项，对图像进行描摹，如图3-123和图3-124所示。

图3-123 图3-124

06 单击"控制"面板中的"扩展"按钮，将描摹对象扩展为路径。选择直接选择工具 ▶，在图3-125所示的区域单击，选择白色背景，按Delete键删除，如图3-126所示。

图3-125 图3-126

> **技术看板** 将描摹对象扩展为矢量图形
>
> 使用"对象>图像描摹>扩展"命令，也可将描摹对象扩展为路径。如果要在描摹的同时将其转换为路径，执行"对象>图像描摹>建立并扩展"命令即可。

07 使用铅笔工具 ✎ 绘制一个与猫脸大致相似的图形，并填充为白色，如图3-127所示。按Ctrl+[快捷键，将其调整到猫脸后方，如图3-128所示。

图3-127 图3-128

08 选择选择工具 ▶，拖出一个选框，将该图形和猫咪同时选择，如图3-129所示。按Ctrl+G快捷键进行编组，将它们拖曳到装饰边框图像上，如图3-130所示。

图3-129 图3-130

09 选择文字工具 T，在空白区域单击并输入文字，字体可在"字符"面板中选择，如图3-131所示。选择选择工具 ▶，将文字拖曳到装饰边框中，如图3-132所示。

图3-131 图3-132

10 执行"对象>封套扭曲>用变形建立"命令，在打开的对话框中选择变形样式并设置参数，如图3-133和图3-134所示。

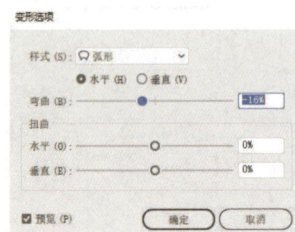

图3-133 图3-134

3.4.3 释放描摹对象

对位图进行描摹后，如果希望放弃描摹但保留置入的原始图像，可以选择描摹对象，执行"对象>图像描摹>释放"命令。

3.5 设置填色和描边

在 Illustrator 中绘制的图形是由路径和锚点构成的矢量图，如果不填色或添加描边，取消选择时，图形就会"隐身"，无法查看和打印。本节将介绍如何为图形填色和添加描边。

3.5.1 实战：用工具栏和面板设置填色和描边

填色是指在矢量图形内部填充颜色、渐变和图案。描边是指用这3种对象中的一种描绘图形的轮廓。图3-135所示为应用各种填色和描边的效果。描边时可以调整描边粗细、添加虚线样式，也可以使用画笔添加风格化效果*（见232页）*。

为椭圆填充颜色

用颜色为椭圆描边

为椭圆填充渐变

用渐变为椭圆描边

为椭圆填充图案

用图案为椭圆描边

图3-135

01 按Ctrl+O快捷键，打开素材。使用选择工具 ▶ 单击图3-136所示的矢量图形，将其选择。单击工具栏中的填色按钮，如图3-137所示，单击"颜色参考"面板中的预设色板，修改图形的填充颜色，如图3-138和图3-139所示。

图3-136

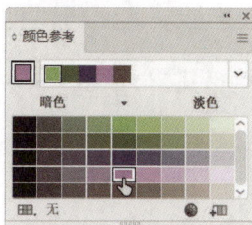
图3-138

图3-139

图3-137

02 如果要添加或修改描边，可单击图3-140所示的按钮，将描边设置为当前编辑状态，然后为描边选取颜色并在"控制"面板中调整描边粗细，如图3-141和图3-142所示。

图3-140

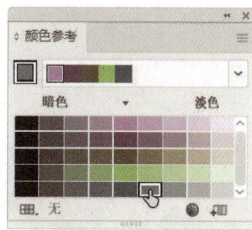
图3-141

图3-142

03 "色板""颜色"和"渐变"面板也包含设置填色和描边的选项，如图3-143~图3-145所示，可在面板中调整颜色、添加颜色或添加渐变，如图3-146所示。

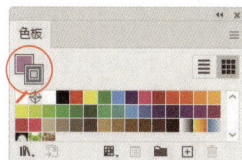
图3-143

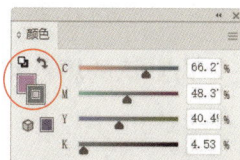
图3-144

图3-145

图3-146

04 "控制"面板集成了"色板"面板，所以，也可以用它来设置填色和描边，如图3-147所示。如果要设置填色，可单击"填色"选项右侧的 ∨ 按钮，打开下拉面板以选择填充内容。如果要设置描边，可单击"描边"选项右侧的 ∨ 按钮，打开下拉面板进行选择。

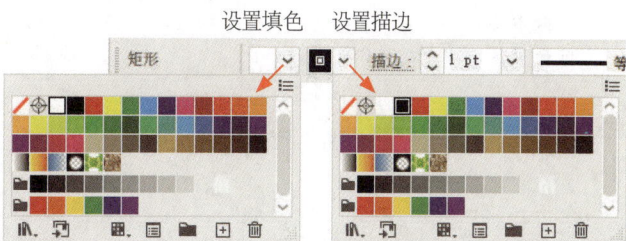
设置填色　设置描边

图3-147

> **提示**
> 绘图时，可以按X键将填色或描边设置为当前编辑状态。

3.5.2 互换填色和描边

使用选择工具 ▶ 单击图形，如图3-148所示，单击工具栏或"颜色"面板中的 ↻ 按钮，可以互换填色和描边，如图3-149所示。

图3-148

图3-149

3.5.3 恢复为默认的填色和描边

选择图形，单击工具栏或"颜色"面板中的 ▣ 按钮，可

以将填色和描边恢复为默认的颜色（描边为黑色、填色为白色），如图3-150和图3-151所示。

图3-150

图3-151

3.5.4 删除填色和描边

如果要删除图形的填色或描边，可将其选取，然后在工具栏、"颜色"面板或"色板"面板中将填色或描边设置为当前编辑状态，再单击 ▨ 按钮。单击工具栏中的"颜色"按钮 ▢，可恢复填充效果。

3.6 修改描边

对图形应用描边后，可以在"描边"面板中设置描边粗细、对齐方式，以及斜接限制、线条连接和线条端点的样式，还可以将描边设置为虚线，并控制虚线的样式。

3.6.1 "描边"面板

执行"窗口>描边"命令，打开"描边"面板，如图3-152所示。

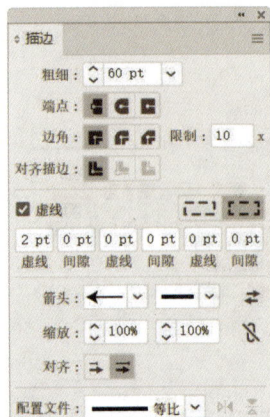
图3-152

- 粗细：用来设置描边线条的宽度。该值越大，描边线条越粗。
- 端点：设置开放式路径两个端点的形状。单击平头端点按钮 ▤，路

径会在终端锚点处结束，在需要准确对齐路径时，该功能非常有用；单击圆头端点按钮 ▨，路径末端呈半圆形的圆滑效果；单击方头端点按钮 ▨，会向外延长描边"粗细"值一半的距离，并结束描边，如图3-153所示。

平头端点　　　　圆头端点　　　　方头端点
图3-153

- 边角/限制：用来设置直线路径中边角的连接方式，包括斜接连接 ▨、圆角连接 ▨ 和斜角连接 ▨，如图3-154所示。使用斜接连接方式时，可通过"限制"选项控制在何种情况下连接方式由斜接连接切换成斜角连接。

斜接连接　　　　圆角连接　　　　斜角连接
图3-154

● 对齐描边：如果对象是闭合的路径，可单击相应的按钮来设置描边与路径对齐的方式，包括使描边居中对齐▣、使描边内侧对齐▣和使描边外侧对齐▣，如图3-155所示。

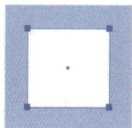

使描边居中对齐　使描边内侧对齐　使描边外侧对齐

图3-155

3.6.2 实战：制作具有纪念意义的图案（虚线描边）

每逢结婚纪念日、节日、生日、毕业日等重要的时间，人们除了庆祝，还会以不同的方式记录。本实战用虚线描边路径制作一款具有纪念意义的图案，最终效果如图3-156所示。

图3-156

01 打开素材，如图3-157所示。选择编组选择工具▸，单击蓝色背景，将其选择，如图3-158所示。

图3-157　　　　图3-158

02 设置描边为白色、粗细为10 pt，如图3-159所示。单击"描边"面板中的圆头端点按钮☐，勾选"虚线"复选框并设置参数，如图3-160所示，效果如图3-161所示。

03 使用选择工具▸将其移动到旁边的画板上。按Ctrl+[快捷键，将其调整到合适的位置。拖曳定界框上的控制点，旋转图形，如图3-162所示。

 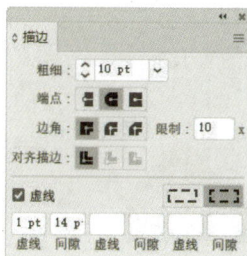

图3-159　　　　　　　　图3-160

图3-161　　　　　　　图3-162

04 将描边设置为当前编辑状态。使用编组选择工具▸单击蓝色背景，选择吸管工具✐，按住Shift键在信封上单击，拾取其颜色作为描边色，如图3-163所示。

图3-163

"虚线"选项

在"描边"面板中，单击"虚线"选项右侧的▭▭按钮，虚线间隙会以设置的参数值为准，如图3-164所示。单击▭▭按钮，则会自动调整虚线长度，使其与边角及路径的端点对齐，如图3-165所示。

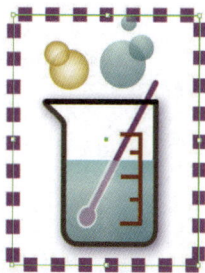 

图3-164　　　　　　图3-165

创建虚线描边后，还可以修改虚线的端点，使其呈现出不同的外观。例如，单击▣按钮，可创建具有方形端点的虚线，如图3-166所示；单击☐按钮，可创建具有圆形端点的虚线，如图3-167所示；单击▣按钮，可以扩展虚线的端点，如图3-168所示。

方形端点的虚线

图3-166

圆形端点的虚线

图3-167

方形端点的虚线

图3-168

为路径端点添加箭头

单击"描边"面板顶部的 ◌ 按钮，可以展开全部选项，如图3-169所示。"箭头"选项用来为路径的起点和终点添加箭头；单击右侧的 ⇄ 按钮，可互换起点和终点的箭头样式。如果要删除箭头，可以在"箭头"下拉列表中选择"无"选项。

● 缩放：用来调整箭头的大小。单击右侧的 ⍾ 按钮，可同时调整起点和终点箭头的缩放比例。

● 对齐：单击 ⇥ 按钮，箭头会超过路径的末端，如图3-170所示；单击 ⇥ 按钮，箭头端点会与路径的端点对齐，如图3-171所示。

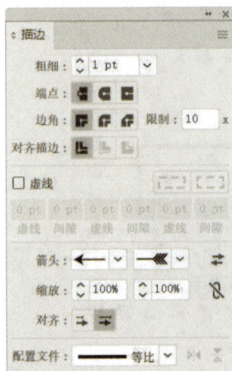

图3-169

图3-170

图3-171

● 配置文件：添加配置文件可以让描边的粗细发生变化。单击右侧的 ⋈ 和 ⊻ 按钮，可进行纵向和横向翻转。

3.6.3 实战：制作梳妆镜（用宽度工具调整描边）

使用宽度工具 ✍ 可以自由调整路径的描边宽度，使描边呈现不同的粗细变化。例如，用直线段工具 ╱ 绘制一条直线路径，如图3-172所示，再用宽度工具 ✍ 在路径上按住鼠标左键并拖曳，可以调整路径的粗细，制作出梳妆镜的把手，如图3-173和图3-174所示。

图3-172

图3-173 图3-174

使用宽度工具 ✍ 时，按住Alt键拖曳宽度点，还可对路径进行非对称调整，即调整一侧描边而不影响另一侧，如图3-175所示。

对称调整

非对称调整

图3-175

3.6.4 轮廓化描边

使用选择工具 ▸ 单击路径，如图3-176所示，执行"对象>路径>轮廓化描边"命令，可以将描边转换为封闭的图形，如图3-177所示。生成的图形会与原填充对象编成一组，可以使用编组选择工具 ▸⁺ 进行选择。

图3-176

图3-177

3.7 选取颜色

在 Illustrator 中，不仅进行填色和描边时会使用颜色，添加渐变、实时上色、重新为图稿着色时也会用到颜色。下面介绍颜色的选取方法。

3.7.1 实战：使用"拾色器"

双击工具栏、"颜色"面板、"渐变"面板和"色板"面板中的填色或描边按钮，如图3-178所示，都能打开"拾色器"对话框，其中包含对所选颜色的饱和度和亮度进行调整的选项等。

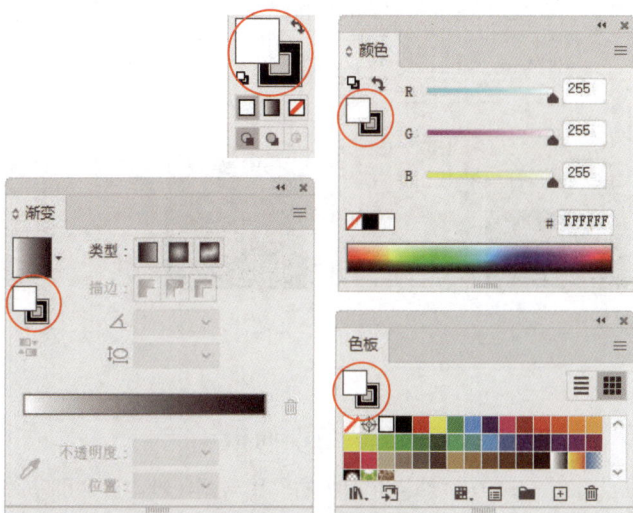

图3-178

01 双击工具栏底部的填色按钮（如果要设置描边颜色，则双击描边按钮），打开"拾色器"对话框。在色谱上单击，选取颜色，如图3-179所示。在左侧的色域中拖曳鼠标，可调整所选颜色的饱和度和亮度，如图3-180所示。

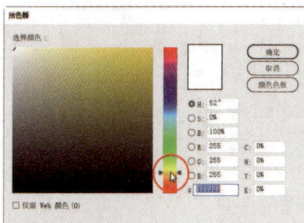

图3-179

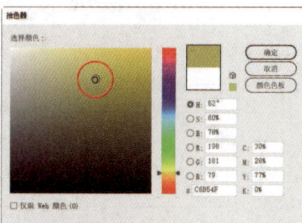

图3-180

02 如果想分开调整，可以使用HSB颜色模型操作。首先选中S单选按钮，如图3-181所示，然后在色谱上拖曳滑块，单独调整当前颜色的饱和度，如图3-182所示。

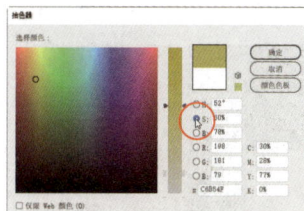

图3-181

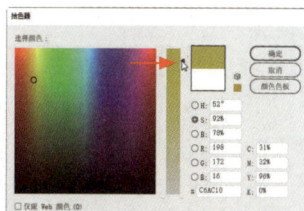

图3-182

03 选中B单选按钮并在色谱上拖曳滑块，可以对当前颜色的亮度做出调整，如图3-183和图3-184所示。

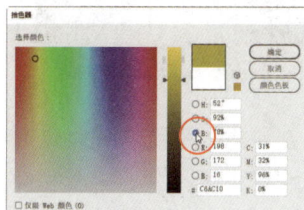

图3-183

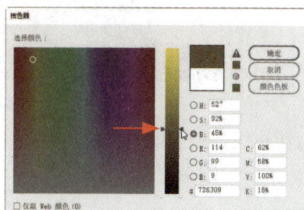

图3-184

04 "拾色器"对话框中包含HSB、RGB、CMYK 3种颜色模型（见85页）。可以在颜色模型右侧的选项中输入具体的值以精确定义颜色，如图3-185所示。

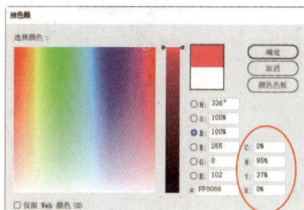

图3-185

05 "拾色器"对话框中有一个专为网页配色设置的十六进制颜色值选项（"#"），如图3-186所示。可以勾选"仅限Web颜色"复选框，这样色域中就只显示Web安全色，如图3-187所示。如果图稿要用于网络，在这种状态下设置颜色最为稳妥。

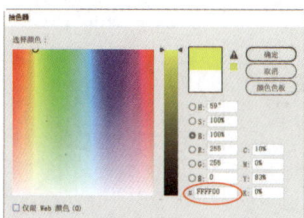

图3-186

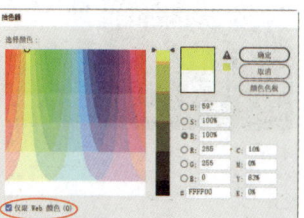

图3-187

技术看板 十六进制颜色值

在网页上设置颜色时，使用的是RGB颜色模式。方法是分别指定R、G、B（即红、绿、蓝3种原色）的强度。每种颜色强度最低为0、最高为255，通常以十六进制数值表示，3个数值依次并列，以#开头。例如，#FF0000为红色（因为红色的强度达到了最高值FF，即10进制的255，其余两种颜色强度为0）；#FFFF00表示黄色（当红色和绿色的强度都为最大值，且蓝色的强度为0时，产生的就是黄色）；#000000是黑色；#FFFFFF 是白色。

06 单击"颜色色板"按钮，打开颜色色板。在色谱上单击，定义颜色范围，如图3-188所示；在左侧的列表中选取颜色，如图3-189所示。单击"颜色模型"按钮切换回"拾色器"对话框。调整完成后，单击"确定"按钮或按Enter键关闭对话框。

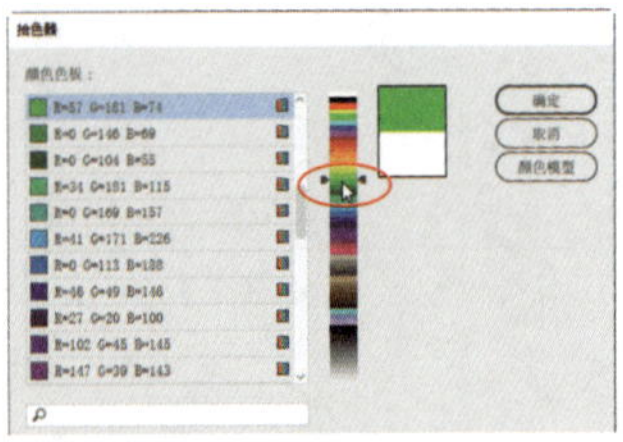

图3-188

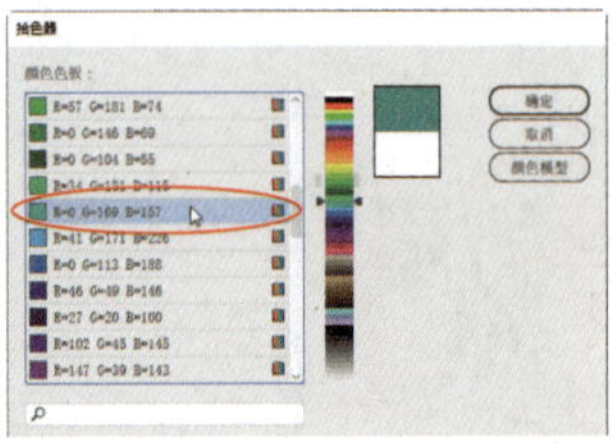

图3-189

"拾色器"对话框

"拾色器"对话框包含图3-190所示的选项。

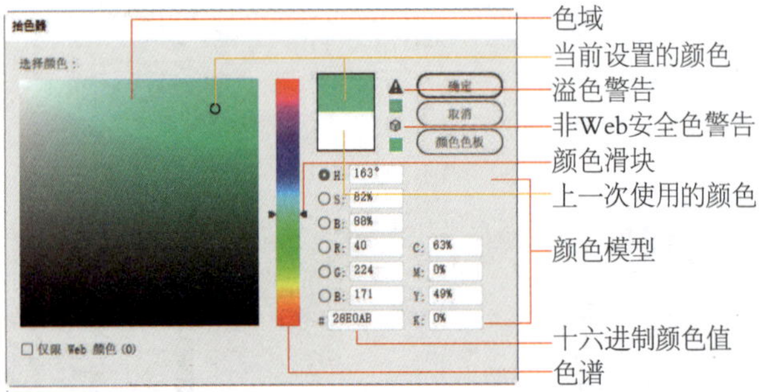

图3-190

● 色域/色谱/颜色滑块：在色谱上单击，或者拖曳颜色滑块，可以定

义颜色范围。拖曳色域中的圆形标记，可以调整当前颜色的饱和度和亮度。

● 当前设置的颜色：显示当前选择的颜色。

● 上一次使用的颜色：显示上一次使用的颜色。如果要将当前颜色恢复为上一次使用的颜色，可在该色块上单击。

● 溢色警告 ⚠ ：HSB 和 RGB颜色模型中的一些颜色（如霓虹色）在CMYK颜色模型中没有等同的颜色，选取这样的颜色时，就会出现溢色警告。单击下面的小方块，可将溢色颜色替换为CMYK颜色模型的色域中与其最为接近的颜色（印刷色），如图3-191和图3-192所示。

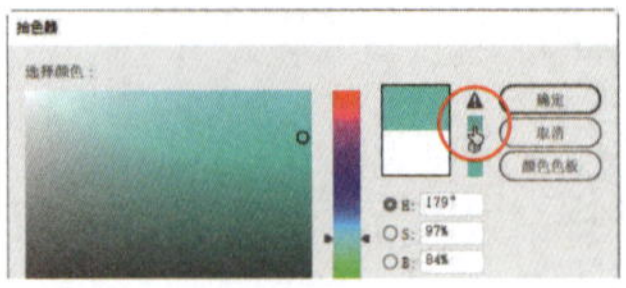

图3-191

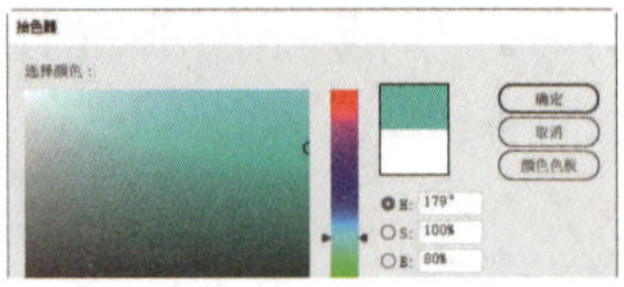

图3-192

● 非Web安全色警告 🔲 ：Web 安全色是指浏览器使用的216 种颜色。如果当前选择的颜色不在这216种颜色之中，就会出现该警告。单击警告图标或其下方的颜色块，可以用Illustrator提供的与当前颜色最为接近的Web安全色替换当前颜色，如图3-193和图3-194所示。

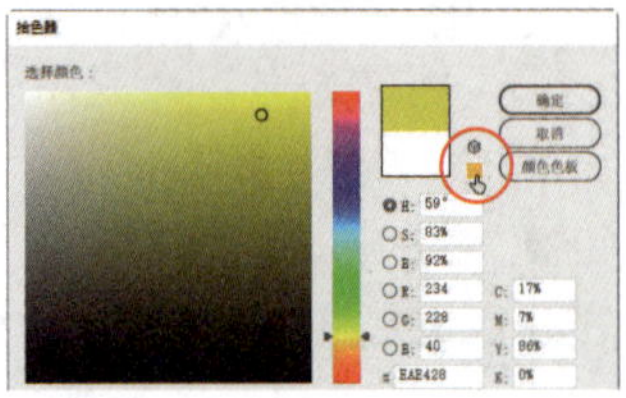

图3-193

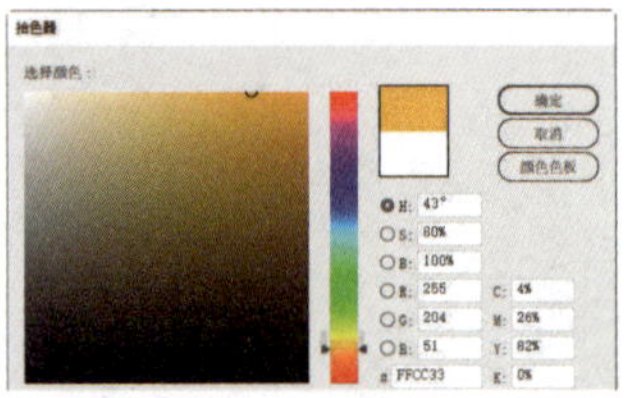

图3-194

3.7.2 实战：使用"颜色"面板

Illustrator中"颜色"面板的作用与调色盘类似，可以通过混合颜色的方法进行调色。

01 执行"窗口>颜色"命令，打开"颜色"面板。该面板包含与工具栏相同的颜色设置选项，以及与"拾色器"对话框类似的颜色模型，如图3-195所示。如果要编辑描边颜色，可单击描边按钮；要编辑填充颜色，则单击填色按钮。如果要删除填色或描边颜色，则单击 🔲 按钮。

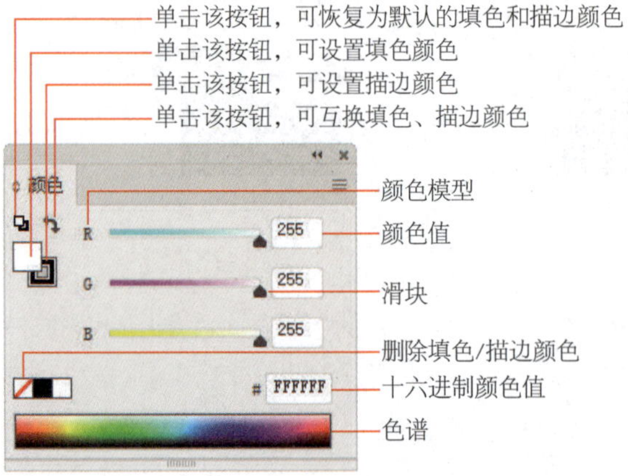

单击该按钮，可恢复为默认的填色和描边颜色
单击该按钮，可设置填色颜色
单击该按钮，可设置描边颜色
单击该按钮，可互换填色、描边颜色

颜色模型
颜色值
滑块
删除填色/描边颜色
十六进制颜色值
色谱

图3-195

02 在R、G、B文本框中输入数值或拖曳滑块，可以调配颜色，如图3-196所示。通过拖曳滑块，可以向当前颜色混入新的颜色。例如，拖曳G滑块，当前颜色会混入不同程度的黄色，如图3-197所示。

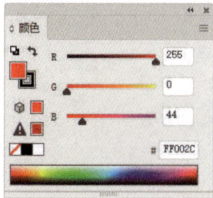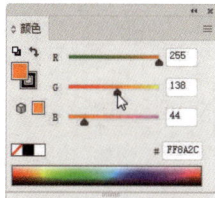

图3-196　　　　　图3-197

03 按住Shift键拖曳滑块，可同时移动与之关联的其他滑块（H、S、B 滑块除外）。通过这种方式能调整颜色的亮度，得到更深或更浅的颜色，如图3-198和图3-199所示。

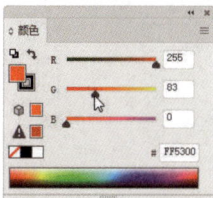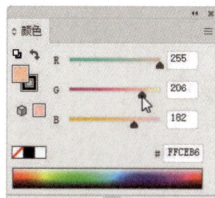

图3-198　　　　　图3-199

04 在色谱上单击，可采集鼠标指针所指处的颜色，如图3-200所示。在色谱上拖曳鼠标，则可动态地采集颜色，如图3-201所示。拖曳面板底部边框，将面板拉高，可以增大色谱的显示范围，如图3-202所示。

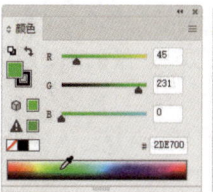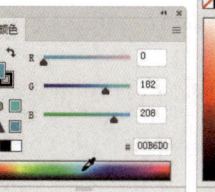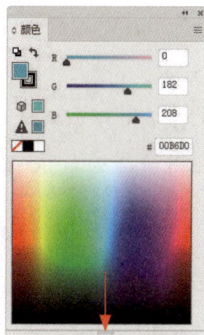

图3-200　　　　图3-201　　　　图3-202

05 在前面学习"拾色器"时，曾采用分开调整色相、饱和度和亮度的方法定义颜色，在"颜色"面板中也可以这样操作。单击≡按钮，打开面板菜单，执行"HSB"命令，则面板中的滑块分别对应色相、饱和度和亮度，如图3-203所示。

06 例如，定义黄色，将H滑块拖曳到黄色区域，如图3-204所示；拖曳S滑块，调整当前颜色的饱和度，如图3-205所示（饱和度越高，色彩越鲜艳）；拖曳B滑块，调整颜色的亮度，如图3-206所示（亮度越高，色彩越明亮）。

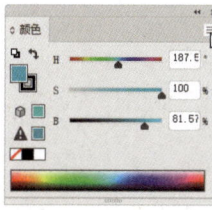

图3-203　　　　　图3-204

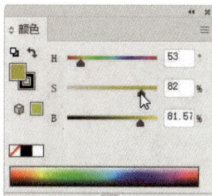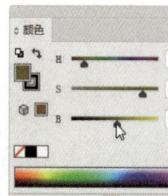

图3-205　　　　　图3-206

> **提示**
>
> 使用"颜色"面板选取颜色时，可以不受文件颜色模式的限制。例如，当前文件为RGB颜色模式，在"颜色"面板的菜单中执行"CMYK"命令，可基于CMYK颜色模型调配颜色，而不会改变文件的颜色模式。

◆ AI技术/设计讲堂 ◆

颜色模型

　　人类看到的颜色是通过肉眼、大脑和生活经验所产生的一种对光的视觉效应。而软件（如Illustrator、Photoshop等）和硬件设备（如计算机显示器、手机、数码相机、电视机、打印机等）中显示的颜色则是由颜色模型生成的。颜色模型有很多种，分别用不同的方法描述颜色。例如，白色，HSB颜色模型以数值0°、0%、100%来定义；RGB颜色模型以数值255、255、255来定义；CMYK颜色模型的数值均为0%，如图3-207所示。

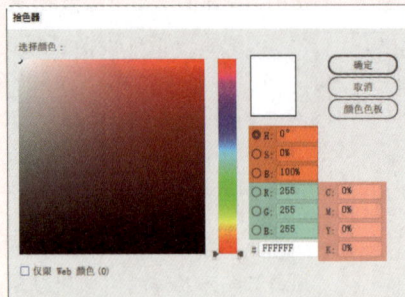

HSB颜色模型：H为色相，
S为饱和度，B为亮度

RGB颜色模型：R为红
光，G为绿光，B为蓝光

CMYK颜色模型：C为青色
油墨，M为洋红色油墨，Y
为黄色油墨，K为黑色油墨

图3-207

HSB颜色模型：色相、饱和度和亮度（也称明度）是色彩的三要素。HSB颜色模型以人类对颜色的感觉为基础将色彩描述为这3种基本特性，如图3-208所示。H代表色相，以"度"（角度）为单位。这是因为，在0°～360°的标准色轮上，是按位置描述色相的，如图3-209所示。例如，0°对应的是红色，因此，红色就以0°来表示。S代表饱和度，使用百分比来描述，范围为0%（完全不饱和）～100%（完全饱和）。B代表亮度，也用百分比来描述，范围为0%（黑色）～100%（白色）。正如前面所述，使用HSB颜色模型选取颜色时，可以对色彩的亮度和饱和度进行单独的调整。

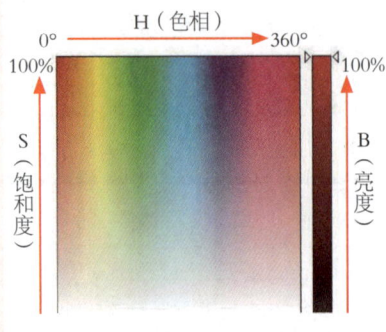

图3-208

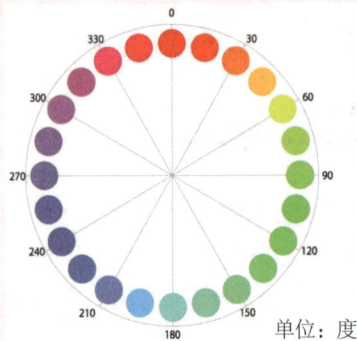

图3-209

RGB颜色模型：用红（R）、绿（G）和蓝（B）3种原色混合生成颜色。

CMYK颜色模型：用青色（C）、洋红色（M）、黄色（Y）及黑色（K）混合生成颜色。

Lab颜色模型：基于人类对颜色的感觉，用数值描述正常视力下人眼能够看到的所有颜色。L代表亮度，范围为0（黑色）～100（白色）。a和b是两个颜色分量，范围为-128～+127。Lab颜色模型比较特殊，只有创建专色色板，如图3-210所示，或显示和输出专色时，才能使用这种模型。此外，转换文件颜色模式时，它也会发挥作用。例如，将文件从RGB颜色模式转换为CMYK颜色模式时，会先转换为Lab颜色模式，再从Lab颜色模式转换到CMYK颜色模式。

灰度模型：灰度模型使用黑色调表示物体，每个灰度对象都具有从0%（白色）到100%（黑色）的亮度值，可以将彩色图稿转换为高质量的黑白图稿，如图3-211所示。

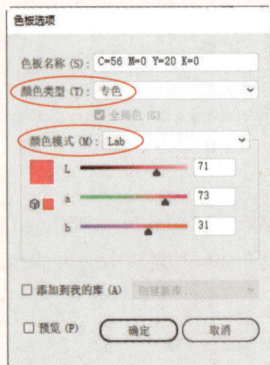

图3-210

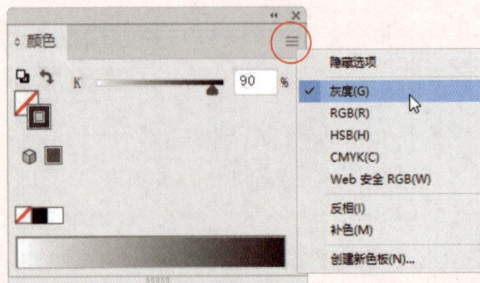

图3-211

·AI技术/设计讲堂·

颜色模式

什么是颜色模式

在Illustrator中创建文档时，有CMYK和RGB两种颜色模式可以选择，如图3-212所示。颜色模式决定了显示和打印图稿时的颜色生成方法、颜色数量和文件大小。颜色生成方法前面已经介绍过。颜色数量由色域范围决定，色域越广，所能呈现的颜色越多，如图3-213所示。颜色模式对文件占用的存储空间有影响，但极小，可以忽略。

图3-212

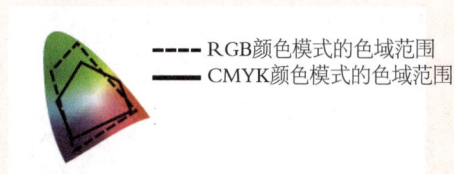

------ RGB颜色模式的色域范围
—— CMYK颜色模式的色域范围

图3-213

RGB颜色模式

人类之所以能看到这个五彩斑斓的世界，是因为有光存在。1666年，英国物理学家艾萨克·牛顿通过分解太阳光的色散实验确定了光与色的关系：他布置了一间房间作为暗室，只在窗板上开一个圆形小孔，让太阳光射入，又在小孔前放置了一块三棱镜，立刻就在对面墙上看到了一条七彩色带，这7种颜色由上及下依次为红、橙、黄、绿、蓝、靛、紫，如图3-214所示。该实验证明了太阳光（白光）是由一组单色光混合而成的。在单色光中，红光、绿光和蓝光被称为色光三原色，将它们混合，可以生成其他颜色。这种通过色光相加呈现颜色的现象称为加色混合。RGB颜色模式就是基于这种原理生成颜色的，如图3-215所示。

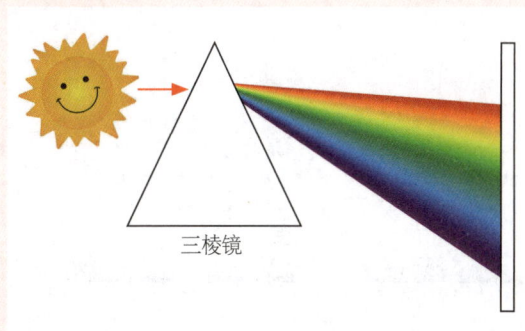

三棱镜

太阳光分解实验
图3-214

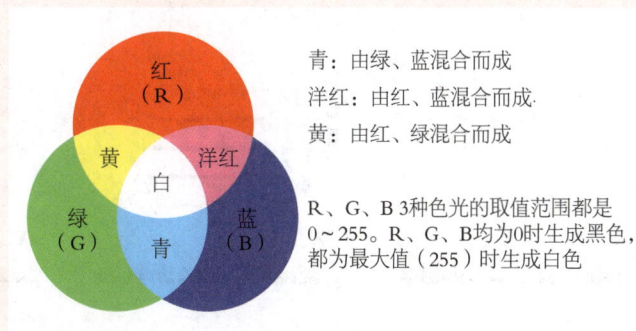

青：由绿、蓝混合而成

洋红：由红、蓝混合而成

黄：由红、绿混合而成

R、G、B 3种色光的取值范围都是0～255。R、G、B均为0时生成黑色，都为最大值（255）时生成白色

RGB颜色模式的色光混合方法
图3-215

RGB是三色光红、绿、蓝英文单词的缩写。当3种光强度都最弱（R、G、B值均为0）时，生成的是黑色，如图3-216所示。当3种光都最强（R、G、B值均为255）时生成白色，如图3-217所示。当一种色光最强，而其他两种色光最弱时，颜色的饱和度最高。例如，R255，G0，B0生成的是饱和度最高的红色，如图3-218所示。3种光强度相同（除0和255外）时，可生成不同深浅的灰色。

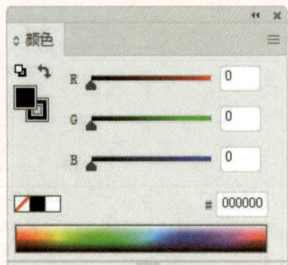
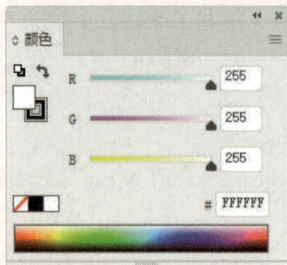
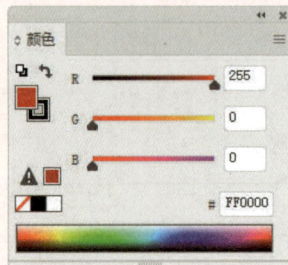

图3-216   图3-217   图3-218

CMYK颜色模式

手机、电视机、计算机显示器、霓虹灯等能通过发光呈现颜色的毕竟只是少数。而那些不能发光的对象能被人看见，是因为它们反射了光——当光照射到这些物体上时，一部分光被吸收，余下的光反射到人眼中。这种通过吸收和反射光来呈现色彩的现象称为减色混合。CMYK颜色模式基于这种原理生成颜色。

CMYK颜色模式的油墨混合方法

图3-219

红：由洋红、黄混合而成
绿：由青、黄混合而成
蓝：由青、洋红混合而成

准确地说，CMYK是一种四色印刷模式。CMY分别是青色（Cyan）、洋红（Magenta）和黄色（Yellow）英文单词的缩写。K代表黑色，用的是单词Black的尾字母，以避免与色光三原色中的蓝色（Blue）混淆。青色、洋红色、黄色油墨混合，可以生成其他颜色（因此，这3种颜色也称印刷三原色），如图3-219所示。

油墨混合的过程和原理有点复杂。举例来说，白光由红、绿、蓝三色光混合而成，当白光照到纸上时，绿色油墨必须将红光和蓝光吸收，只反射绿光，人们才能看到绿色。从原理上分析，绿色油墨由青色和黄色油墨混合而成，青色油墨吸收红光，反射绿光和蓝光；黄色油墨吸收蓝光，反射红光和绿光，当这两种油墨混合时，红光和蓝光都被吸收，只反射绿光，纸张上的绿色就是这样产生的。

在Illustrator中，油墨的含量以百分比为单位，百分比值越高，颜色越深。当所有油墨均为0%时，生成白色，如图3-220所示。K值最高而其他值为0%时生成黑色，如图3-221所示。K值可用于调整颜色深浅。例如，选取蓝色，如图3-222所示，通过调整K值，便可得到深蓝色，如图3-223所示。

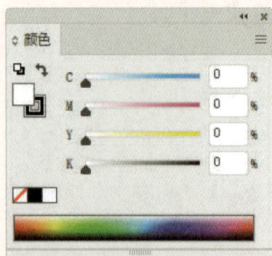
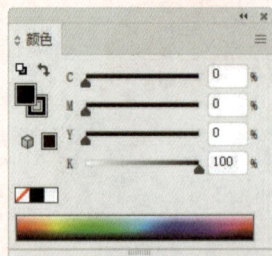
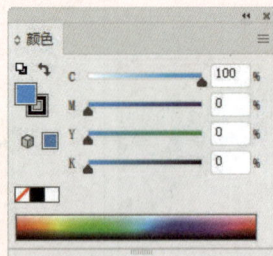
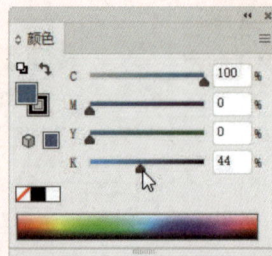

图3-220   图3-221   图3-222   图3-223

从理论上讲，青色、洋红、黄色油墨按照相同的比例混合可以生成黑色，但由于油墨饱和度达不到理论上的最佳状态，在实际印刷中只能生成深灰色，因此，需要借助黑色油墨才能印出纯黑色。黑色油墨也有别的用途。例如，与其他油墨混合，从而调节颜色的亮度和饱和度。

如何选择颜色模式

选择颜色模式要看文件的用途。如果图稿用于商业印刷，如宣传单、小册子、海报、图书和杂志封面等，或者是VI设计作品（Logo、标志、名片等），应选择CMYK颜色模式；如果是网页、UI方面的设计工作，则应选择RGB颜色模式，因为此类作品主要在电子设备上显示，而同样的图稿在CMYK颜色模式下颜色会变得暗淡。

创建文档后，可以执行"文件>文档颜色模式"子菜单中的命令，让文档的颜色模式在RGB与CMYK之间转换。

模拟印刷效果

网页和UI设计作品有时也会被印到图书、杂志、海报等纸制品上。RGB颜色模式下某些特别鲜亮的颜色很容易超出CMYK颜色模式的色域范围，在印刷时，会被"降级"处理——颜色的饱和度会降低。如果没有相关经验，很难判断色彩的"降级"程度。这里介绍一个小技巧——提前预览印刷效果。

打开RGB颜色模式的图稿，执行"视图>校样设置>工作中的CMYK"命令，再执行"视图>校样颜色"命令，启动电子校样，可以在计算机的屏幕上看到图稿印刷后的大致效果，以及如果转换为CMYK颜色模式，颜色会出现怎样的变化。这样操作并不会真正将图稿转换为CMYK颜色模式，只是模拟效果。再次执行"视图>校样颜色"命令，可关闭电子校样。

3.7.3 使用"色板"面板

图3-224所示为"色板"面板。它包含预置的颜色、渐变和图案，统称为"色板"，可用于为图形设置填色和描边。

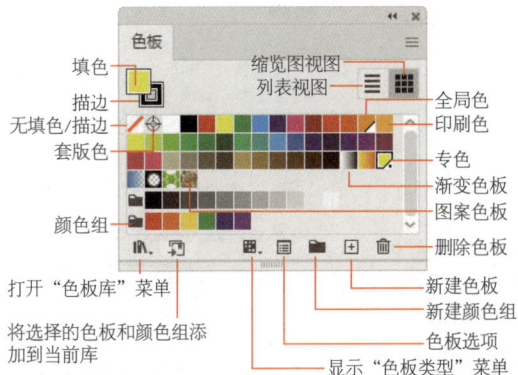

填色
描边
无填色/描边
套版色
颜色组
缩览图视图
列表视图
全局色
印刷色
专色
渐变色板
图案色板
打开"色板库"菜单
将选择的色板和颜色组添加到当前库
显示"色板类型"菜单
色板选项
新建颜色组
新建色板
删除色板

图3-224

选择对象，如图3-225所示，单击填色按钮，将填色设置为当前编辑状态，如图3-226所示，单击任意色板，即可将其应用到所选对象上，如图3-227和图3-228所示。如果再单击其他色板，则会替换当前颜色。

图3-225

填色(X)

图3-226

图3-227

图3-228

"色板"面板选项

● 无填色/描边：删除对象的填色或描边。

● 套版色：用它填色或描边的对象可以用 PostScript 打印机进行分色打印。例如，当套准标记使用套版色时，印版便可在印刷机上精确对齐。

● 专色：预先混合好的油墨，如 PANTONE 专色油墨、金属色油墨、荧光色油墨、霓虹色油墨等，可用于代替或补充 CMYK 四色混合的油墨。印刷品的每种专色在印刷时都有专门的一个色板。

● 全局色：编辑全局色时，图稿中所有使用该色板的对象可以自动更新颜色。

● 印刷色/CMYK 颜色模型：印刷色是指使用青色、洋红、黄色和黑色油墨混合而成的颜色（在列表中显示为符号）。默认状态下，Illustrator 会将用户新创建的色板定义为印刷色。

● 颜色组/新建颜色组：颜色组是为某些操作预先设置的一组颜色，可以包含印刷色、专色和全局色，但不能包含图案、渐变或套版色。按住 Ctrl 键单击多个色板，将它们同时选取，再单击按钮，便可将它们创建为一个颜色组。

● 打开"色板库"菜单：单击该按钮，可以在打开的"色板库"菜单中选择一个色板库。

● 将选择的色板和颜色组添加到当前库：选取色板或颜色组以后，单击该按钮，可将其添加到"库"面板中。

● 显示"色板类型"菜单：单击该按钮，在打开的菜单中选择某个命令，可以只显示颜色、渐变、图案或颜色组。

● 色板选项：单击该按钮，可以打开"色板选项"对话框。

● 新建色板：选择对象，如图3-229所示，单击该按钮，可将其填充内容（颜色、渐变或图案）创建为色板，如图3-230所示。如果未选择对象，则打开"色板"面板菜单，执行"添加使用的颜色"命令，可以将文档中使用的所有颜色都创建为色板，如图3-231所示。

图3-229

图3-230

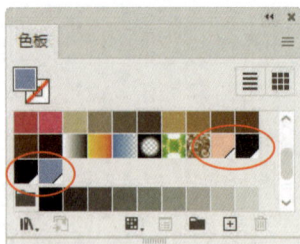

图3-231

● 删除色板 ：在"色板"面板中单击色板，再单击该按钮，可将其删除（套版色不能删除）。

> **提示**
>
> 选择对象以后，如果该对象使用了"色板"面板中的色板进行填色或描边，那么对应色板会突出显示（四周显示白框）。

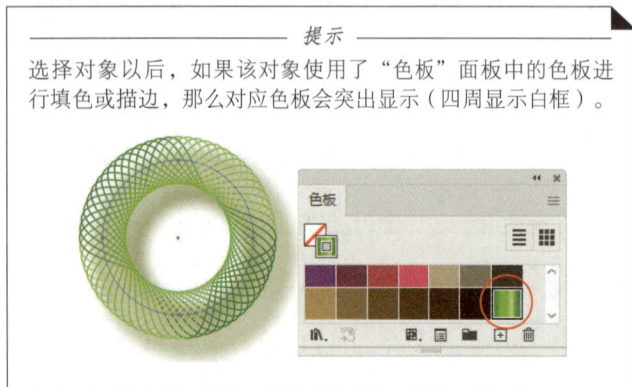

3.7.4 实战：创建和编辑颜色组

颜色组可为使用和管理颜色提供方便，但只能"收纳"颜色（专色、印刷色和全局色），不能包含渐变和图案。

01 按Ctrl+N快捷键，新建一个文档。单击图3-232所示的色板，再按住Shift键单击蓝色色板，将它们及中间的色板全都选取，如图3-233所示。如果要选取的多个色板是不相邻的，可以按住Ctrl键分别单击它们。

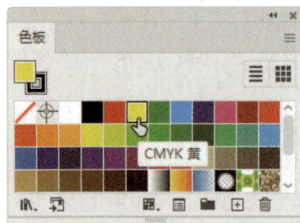

图3-232

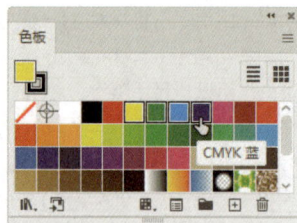

图3-233

02 单击新建颜色组按钮 ，在弹出的对话框中为颜色组设置名称，如图3-234所示，单击"确定"按钮，将所选色板添加到颜色组中，如图3-235所示。在颜色组中，通过拖曳的方法，可以重排色板的顺序，如图3-236所示。也可以将其他色板拖入颜色组，或从颜色组内拖出，如图3-237所示。

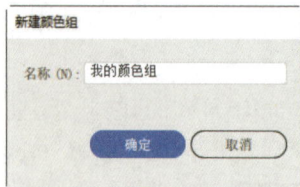

图3-234

图3-235

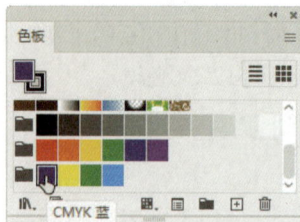

图3-236

图3-237

03 双击任意色板，如图3-238所示，打开"色板选项"对话框，可以修改色板的名称和类型等，如图3-239所示。勾选"全局色"复选框，可将其转换为全局色。

图3-238

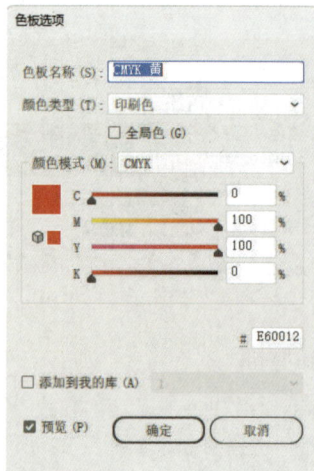

图3-239

> **技术看板** 将色板复制到另一个文档中
>
> 使用选择工具 ▶ 选择矢量对象并拖曳到另一个文档中，或者按Ctrl+C快捷键复制，再粘贴到另一个文档中，该对象使用的色板会被添加到此文档的"色板"面板中。
>
>
>
> 将图稿复制到另一个文档时，色板也同时被复制过来

3.7.5 复制和删除色板

按住Ctrl键单击，可以选择多个色板，如图3-240所示。单击新建色板按钮⊞，或将色板拖曳到该按钮上，可对其进行复制，如图3-241所示。单击删除色板按钮🗑，或将色板拖曳到该按钮上，则可将其删除。如果想将文档中未使用的色板删除，可以执行面板菜单中的"选择所有未使用的色板"命令，将这些色板选择，如图3-242和图3-243所示，再单击🗑按钮，如图3-244所示。

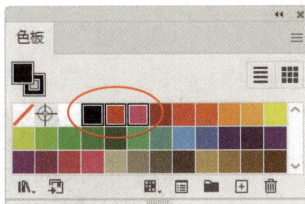

图3-240

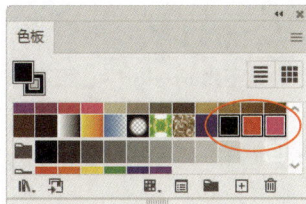

图3-241

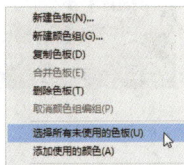

图3-242

图3-243

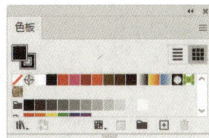

图3-244

3.8 使用渐变

使用渐变可以创建平滑的颜色过渡效果，在表现深度、空间感、光影，以及材质、质感和特效时经常使用。下面介绍在Illustrator 中创建和编辑渐变的方法。

·AI 技术 / 设计讲堂·

渐变的种类及样式

什么是渐变

当单一颜色的亮度或饱和度逐渐变化，或者两种或多种颜色平滑过渡时，就会产生渐变效果。渐变具有规则的特点，是连接不同色彩的桥梁。例如，亮度较大的两种颜色相邻时会产生冲突，若在其间以渐变色连接，就能抵消冲突。渐变也是丰富画面内容的要素，即使很简洁的设计，用渐变作底色，也不会显得太平淡和单调。图3-245所示为渐变的应用示例。

用渐变表现空间感

图3-245

用渐变为图形上色的插画

渐变图形与渐变图像结合的插画

渐变样式

在Illustrator中，渐变颜色可以通过"渐变"面板、"控制"面板、"色板"面板、渐变工具 ▦ 及工具栏等进行添加和修改。渐变样式可在"渐变"面板中进行选择，共3种。第1种是线性渐变，即颜色从一点到另一点进行直线形混合，如图3-246所示。第2种是径向渐变，即颜色从一点到另一点进行环形混合，如图3-247所示。第3种是任意形状渐变，即不规则渐变——渐变滑块可以不规则分布，在形状内形成逐渐过渡的随意混合（也可以是有序混合）效果。相比前两种渐变，它的颜色变化更加丰富，颜色的位置也可以调整。任意形状渐变包含两种模式：点模式和线模式，如图3-248和图3-249所示。点模式可以在渐变滑块周围的区域添加阴影，线模式可以在线条周围的区域添加阴影。

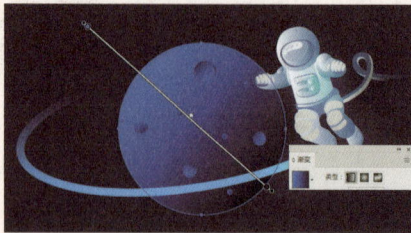

线性渐变（控件及效果）
图3-246

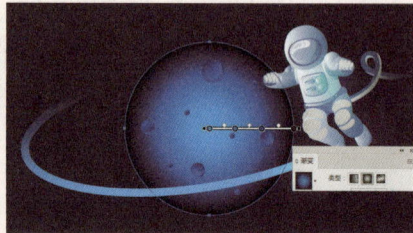

径向渐变（控件及效果）
图3-247

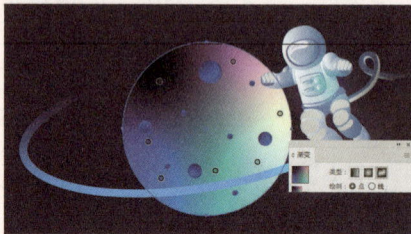

任意形状渐变（点模式及效果）
图3-248

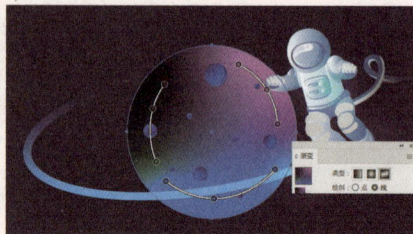

任意形状渐变（线模式及效果）
图3-249

3.8.1 "渐变"面板

选择图形，单击工具栏底部的 ▦ 按钮，可为其填充默认的黑白线性渐变，如图3-250所示，同时弹出"渐变"面板，如图3-251所示。也可以直接单击"色板"面板中的渐变色板或"渐变"面板中的色板来进行填充。

图3-250

图3-251

- 现用渐变或以前使用的渐变
- 下拉按钮（可以选择预设的渐变）
- 线性渐变
- 径向渐变
- 任意形状渐变
- 填色
- 描边
- 反向渐变
- 编辑渐变
- 角度（调整线性渐变角度）
- 长宽比（径向渐变通过调整可变成椭圆渐变）
- 中点滑块
- 渐变批注者
- 渐变滑块
- 拾色器
- 删除渐变滑块
- 不透明度：100%
- 位置：100%

- 现用渐变或以前使用的渐变：显示当前使用的渐变颜色或上一次使用的渐变颜色。单击可用渐变填充所选对象。
- 下拉按钮 ▼：单击此按钮打开下拉列表，其中包含预设的渐变，如图3-252所示。

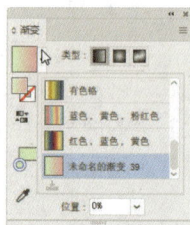

图3-252

- 填色：单击填色图标后，可在面板中对填充的渐变进行编辑。
- "编辑渐变"按钮：选择对象后，单击该按钮，可以编辑渐变滑块、颜色、角度、不透明度和位置。
- 反向渐变：反转渐变中的颜色顺序，如图3-253所示。

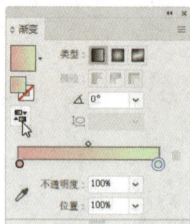

图3-253

- 描边：将渐变应用于描边时，单击该图标可设置描边类型。

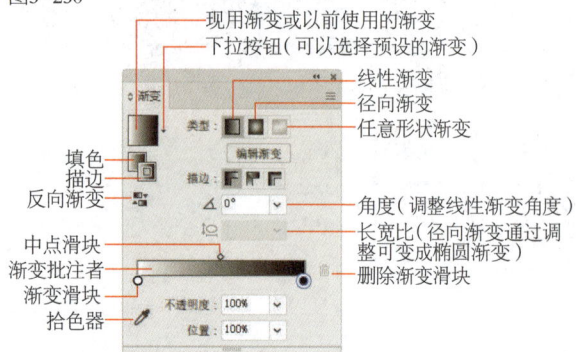

● 角度：用来设置线性渐变的角度。

● 长宽比：填充径向渐变时，如图3-254所示，可在该文本框中输入数值以创建椭圆渐变，如图3-255所示。也可以修改椭圆渐变的角度来使其倾斜。

长宽比为100%的径向渐变

图3-254

长宽比为30%的径向渐变

图3-255

● 渐变批注者/渐变滑块/删除渐变滑块🗑：渐变批注者显示了渐变颜色；渐变滑块用来修改渐变颜色及颜色位置。单击渐变滑块，再单击删除渐变滑块按钮🗑，或者直接将渐变滑块拖出面板，可将其删除。

● 中点滑块：拖曳中点滑块，可以调整滑块两侧渐变的位置。

● "位置"文本框：调整中点滑块或渐变滑块的位置。

● 拾色器✎：可拾取图稿中的颜色作为渐变滑块的颜色。

● "不透明度"文本框：单击渐变滑块，在文本框中输入数值可调整它的不透明度值，使颜色呈现透明效果，如图3-256所示。

将绿色渐变滑块的不透明度设置为0%，后方的图形会显现出来

图3-256

3.8.2 实战：设置和修改渐变颜色

01 打开素材。使用选择工具▶单击小丑图像，将其选择，如图3-257所示。在工具栏中将填色设置为当前编辑状态，然后单击■按钮，填充渐变，如图3-258所示。

图3-257

图3-258

02 单击任意渐变滑块，将其选择，如图3-259所示。此时可通过两种方法调整渐变颜色，第1种，拖曳"颜色"面板中的R、G、B滑块，如图3-260～图3-262所示；第2种，按住Alt键单击"色板"面板中的色板，如图3-263和图3-264所示。未选择滑块时，将色板拖曳到滑块上，也可修改其颜色。

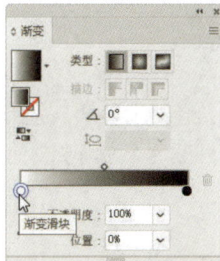

图3-259

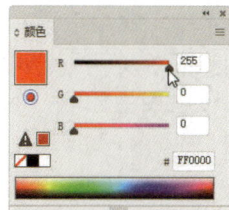

图3-260

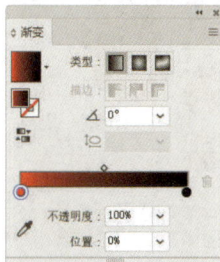

图3-261

图3-262

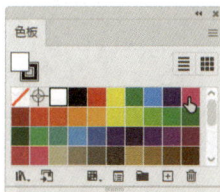

图3-263

图3-264

03 双击渐变滑块，如图3-265所示，弹出下拉面板。单击下拉面板中的▦按钮，可以切换为"色板"面板。在这两个面板中都可修改渐变颜色，如图3-266～图3-268所示。

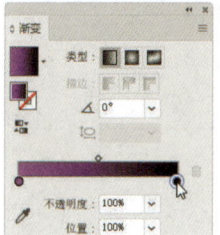

图3-265

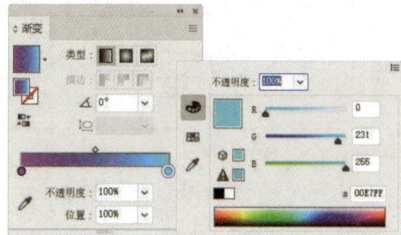

图3-266

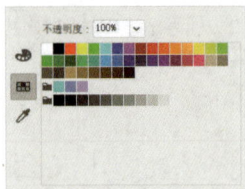

图3-267　　　　　　　　　图3-268

04 "渐变"面板及下拉面板中都包含拾色器工具 ✐。选择该工具，在图稿上单击，可以拾取其颜色作为渐变中的颜色，如图3-269和图3-270所示。

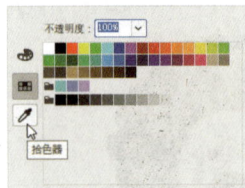

图3-269　　　　　　　　　图3-270

3.8.3 实战：编辑渐变滑块

渐变滑块用来控制渐变中颜色的混合位置，以及颜色的混合数量。

01 在渐变批注者下方单击，如图3-271所示，或将色板直接拖曳到渐变批注者下方，如图3-272所示，添加渐变滑块。

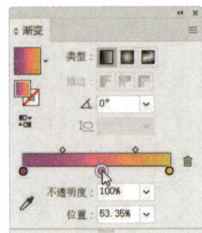
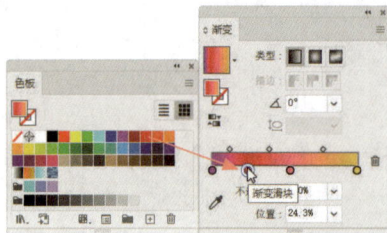

图3-271　　　　　　　　　图3-272

> **提示**
> 渐变滑块较多，在选择时容易误选。为避免这种情况发生，可以拖曳面板右下角，将面板拉宽，增大渐变滑块的间距。

02 单击渐变滑块，如图3-273所示，然后单击 🗑 按钮，如图3-274所示，或者直接将渐变滑块拖曳到面板外，可将其删除。

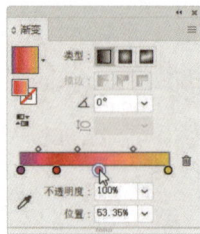
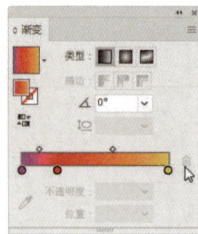

图3-273　　　　　　　　　图3-274

03 按住Alt键拖曳渐变滑块，可以进行复制，如图3-275所示。按住Alt键将渐变滑块拖曳到另一个渐变滑块上，则可交换它们的位置，如图3-276所示。

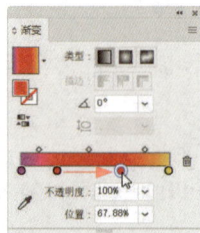
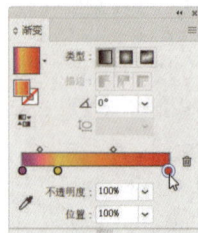

图3-275　　　　　　　　　图3-276

04 拖曳渐变滑块，可以调整颜色的混合位置，如图3-277所示。拖曳渐变滑块上方的中点滑块，可以改变其两侧渐变滑块中颜色的混合位置，如图3-278所示。

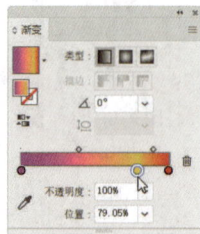
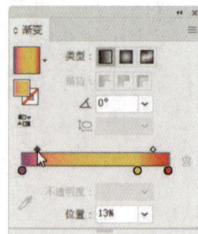

图3-277　　　　　　　　　图3-278

> **提示**
> 设置好渐变颜色后，单击"色板"面板中的 ⊞ 按钮，可以将渐变保存到"色板"面板中，以方便以后使用。

3.8.4 实战：用线性渐变为扁平化图标加阴影

填充线性渐变后，选择渐变工具 ▥ 时，对象上会显示渐变批注者，其上包含渐变滑块（用来定义渐变的起点和终点）和渐变中点，起点和终点处各有一个渐变滑块，如图3-279所示。通过渐变批注者可以修改线性渐变的角度、位置和范围。

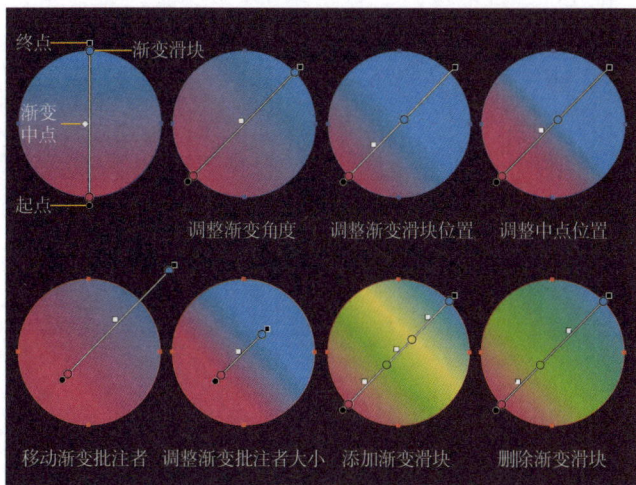

图3-279

在渐变批注者中，圆形图标是渐变的起点，拖曳它可以水平移动渐变。拖曳方形（终点）图标，可以调整渐变的范围。鼠标指针在方形图标旁边会变为 形状，此时进行拖曳，可以旋转渐变。双击渐变滑块，打开下拉面板，可以对渐变的颜色和不透明度进行修改。在渐变批注者下方（鼠标指针变为 形状时）单击，可以添加渐变滑块。拖曳渐变滑块和渐变中点，可以调整颜色位置。如果要删除渐变滑块，将其拖出渐变批注者即可。

以上是线性渐变的编辑方法。下面使用这种渐变为扁平化图标添加阴影，最终效果如图3-280所示。扁平化图标通过简化、抽象的图形来表现主题内容，能让用户更加专注于内容本身。

图3-280

01 打开素材，使用钢笔工具 绘制阴影轮廓，如图3-281所示。按Alt+Ctrl+[快捷键将其移至底层。单击工具栏中的 按钮填充渐变，取消描边，效果如图3-282所示。

图3-281

图3-282

02 单击左侧的渐变滑块，如图3-283所示，将"不透明度"设置为0%，如图3-284所示，在渐变左侧创建透明区域。

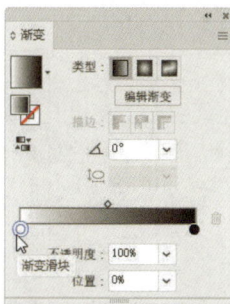
图3-283

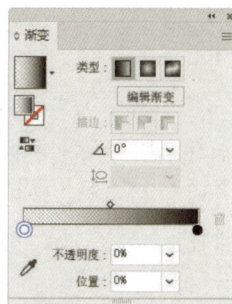
图3-284

03 单击右侧的渐变滑块，在"颜色"面板中调整渐变颜色，如图3-285和图3-286所示。

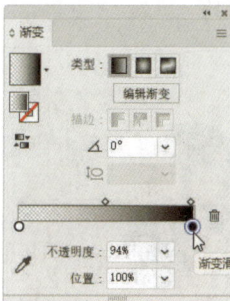
图3-285

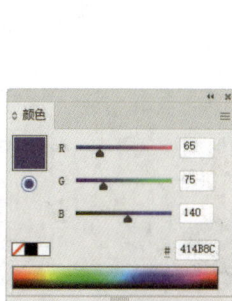
图3-286

04 将渐变的角度设置为63°，拖曳渐变滑块，调整颜色位置，如图3-287所示，效果如图3-288所示。

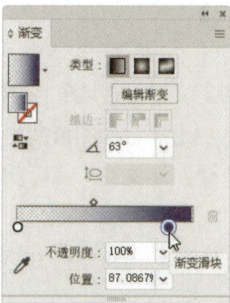
图3-287

图3-288

05 使用钢笔工具 ✍ 在气泡下方绘制两个图形，它们会自动填充相同的渐变，将渐变的角度设置为46°，如图3-289所示，效果如图3-290所示。

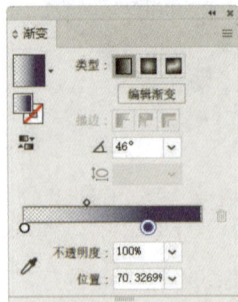

图3-289   图3-290

> **提示**
>
> 选择填充渐变的对象后，选择渐变工具 ▣，在对象上拖曳鼠标可调整渐变的位置、起止点和角度。按住Shift键操作，可以将渐变方向设置为45°的整数倍方向。执行"视图"菜单中的"显示渐变批注者"或"隐藏渐变批注者"命令，可以显示或隐藏渐变批注者。

技术看板 多图形渐变填充技巧

选择多个图形，单击"色板"面板中的渐变色板，可以为每个图形填充此渐变。如果此时使用渐变工具 ▣ 在这些图形上方拖曳，则它们将作为一个整体应用渐变，即共用一个渐变批注者。

每个图形都被填充渐变   用渐变工具修改后的效果

3.8.5 实战：径向渐变

在径向渐变中，最左侧的渐变滑块定义了颜色填充的中心点，它呈辐射状逐渐向外过渡，直至变为最右侧的渐变滑块的颜色。通过渐变批注者，可以修改径向渐变的中点、起点和扩展范围，如图3-291所示。

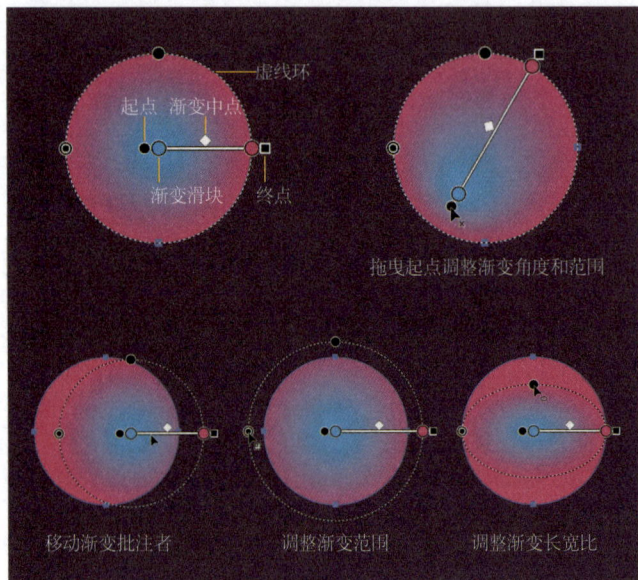

图3-291

01 打开素材。选择渐变工具 ▣，按住Ctrl键单击圆形，将其选择。释放Ctrl键，图形上会显示渐变批注者，如图3-292所示。将鼠标指针放在渐变批注者上，拖曳可将其移动，如图3-293所示。

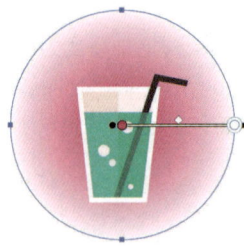
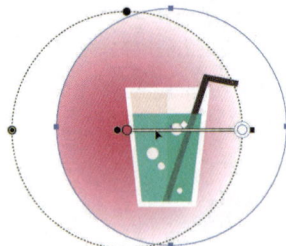

图3-292   图3-293

02 如果想旋转渐变，可以将鼠标指针移动到终点图标旁，当鼠标指针变为 ↻ 形状时进行拖曳，如图3-294所示。还有一种方法，就是将鼠标指针移动到图形边缘，显示虚线环时进行拖曳，如图3-295所示。

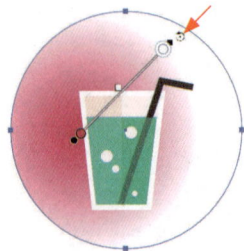
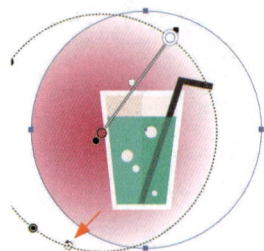

图3-294   图3-295

03 如果要调整渐变范围，可以拖曳虚线环上的◉图标，如图3-296所示；或者拖曳终点图标，如图3-297所示。

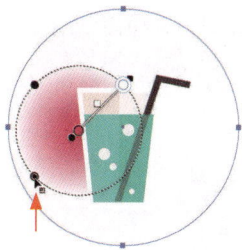 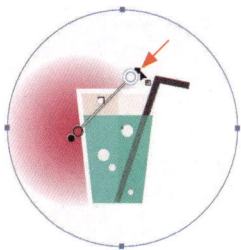

图3-296　　　　　　　　图3-297

04 拖曳虚线环上的圆形图标，可调整渐变的长宽比，得到椭圆渐变，如图3-298所示。拖曳左侧的起点图标，可同时调整渐变的角度和范围，如图3-299所示。

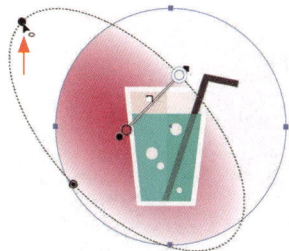 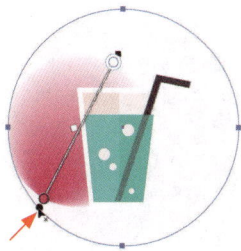

图3-298　　　　　　　　图3-299

3.8.6 实战：荧光效果标签（任意形状渐变）

本实战使用任意形状渐变为标签填充荧光效果，如图3-300所示。

图3-300

任意形状渐变包含线模式和点模式两种。线模式任意形状渐变用一条类似于路径的曲线将渐变滑块连接起来。其优点是颜色的"走向"流畅，过渡效果也非常自然；缺点则是不能调整渐变的扩展范围，不如点模式灵活。

任意形状渐变没有渐变批注者，因此渐变滑块的位置不受约束，可以拖曳到对象上的任意位置。但有一个前提条件：渐变滑块不能离开对象，否则会被删除。

01 打开素材（*制作方法见198页*）。使用选择工具▶单击圆形，将其选择，如图3-301所示。

图3-301

02 单击工具栏中的◨按钮，为图形填充渐变，如图3-302和图3-303所示。

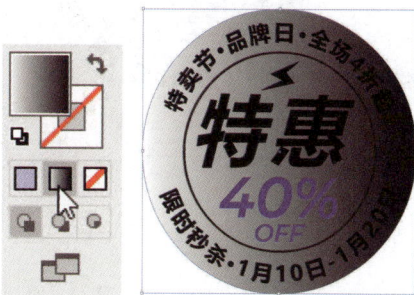

图3-302　　　图3-303

03 单击"渐变"面板中的▣按钮，如图3-304所示，切换为任意形状渐变。在"绘制"选项中选中"点"单选按钮，如图3-305所示。

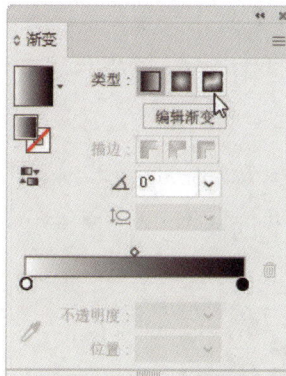 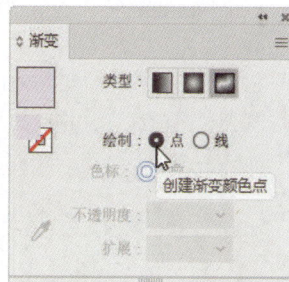

图3-304　　　　　　　　图3-305

04 选择渐变工具▣，将鼠标指针移动到图3-306所示的位置，单击，添加一个渐变滑块，如图3-307所示。

图3-306　　　　　　　　图3-307

05 通过"颜色"面板调整颜色，如图3-308和图3-309所示。也可单击"色板"面板中的色板，调整其颜色。

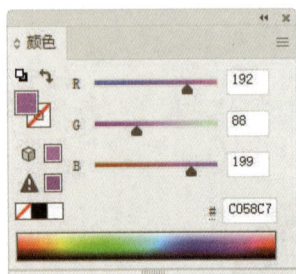

图3-308　　　　　　　　图3-309

06 在图3-310所示的几处位置单击，添加渐变滑块并调整颜色（为便于操作，可以暂时将文字隐藏）。

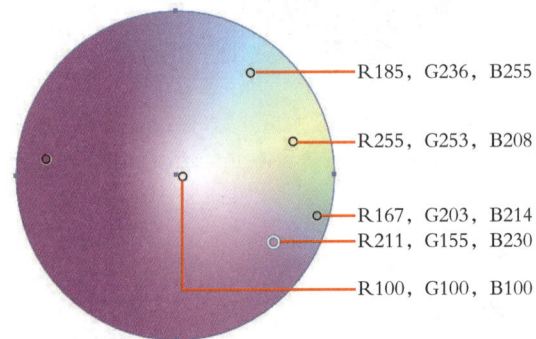

R185，G236，B255

R255，G253，B208

R167，G203，B214
R211，G155，B230

R100，G100，B100

图3-310

07 将鼠标指针放在渐变滑块上方，如图3-311所示，停留片刻会显示虚线环，拖曳其中的双圆图标，调整颜色扩展范围，如图3-312所示。

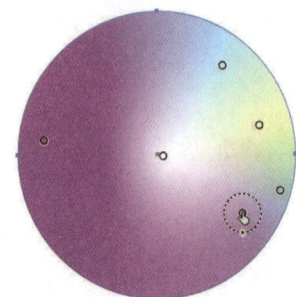

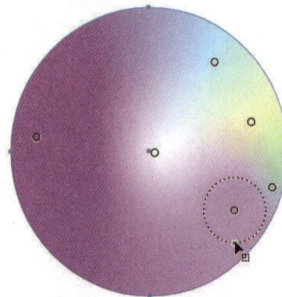

图3-311　　　　　　　　图3-312

08 在"绘制"选项中选中"线"单选按钮，如图3-313所示。在图3-314所示的位置单击，添加渐变滑块；在其右下方单击，添加第2个渐变滑块，与此同时会有一条直线将它们连接起来，如图3-315所示；移动鼠标指针并单击，创建第3个渐变滑块，这时直线会变为曲线，如图3-316所示。

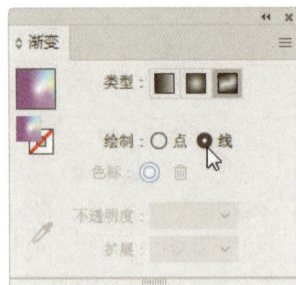

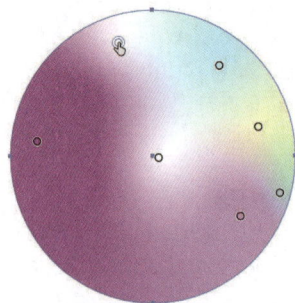

图3-313　　　　　　　　图3-314

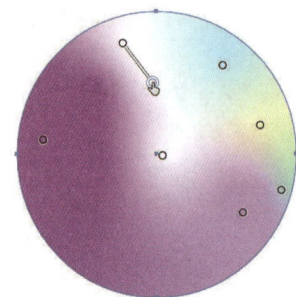

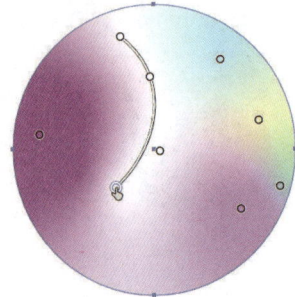

图3-315　　　　　　　　图3-316

09 继续添加渐变滑块，如图3-317和图3-318所示。通过"颜色"面板调整当前渐变滑块的颜色，如图3-319和图3-320所示。

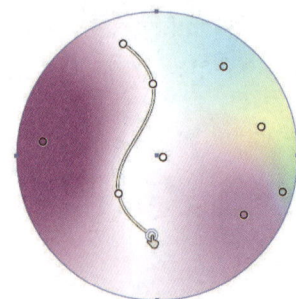

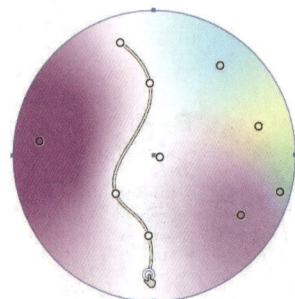

图3-317　　　　　　　　图3-318

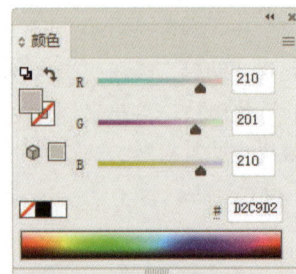

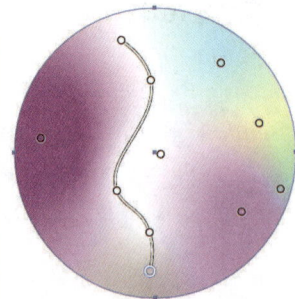

图3-319　　　　　　　　图3-320

10 分别单击曲线上的各个渐变滑块，调整颜色，如图3-321所示。按Esc键结束编辑，图3-322所示为显示文字后的效果。

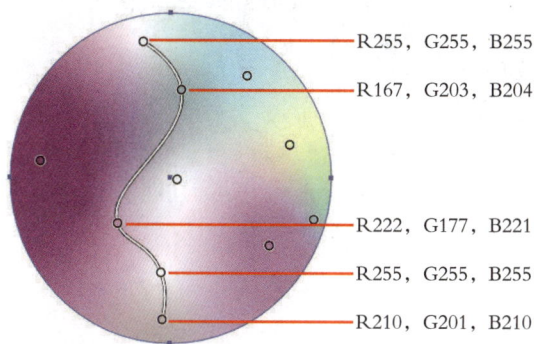

图3-321

图3-322

在描边中应用渐变▊　沿描边应用渐变▊　跨描边应用渐变▊

图3-326

在描边中应用渐变▊　沿描边应用渐变▊　跨描边应用渐变▊

图3-327

> **提示**
>
> 线性渐变和径向渐变可用于填色和描边。任意形状渐变只能用于填色。

3.8.7 将渐变应用于描边

选择对象，如图3-323所示，将描边设置为当前编辑状态，如图3-324所示，单击渐变色板，如图3-325所示，可为描边添加渐变。

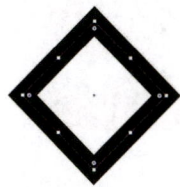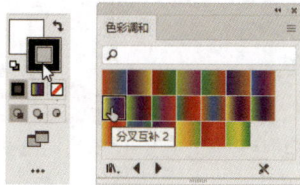

图3-323　　　图3-324　图3-325

单击"渐变"面板中的按钮，可调整描边效果，包括在描边中应用渐变▊、沿描边应用渐变▊、跨描边应用渐变▊。图3-326所示为线性渐变的不同描边效果，图3-327所示为径向渐变的不同描边效果。

3.8.8 将渐变扩展为图形

选择用渐变填充的对象，如图3-328所示，执行"对象>扩展"命令，打开"扩展"对话框，勾选"填充"复选框，在"指定"文本框中输入数值，可以将渐变扩展为相应数量的图形，如图3-329和图3-330所示。扩展得到的图形会被编为一组，可通过剪切蒙版（见158页）控制其显示范围。

图3-328　　　图3-329　　　图3-330

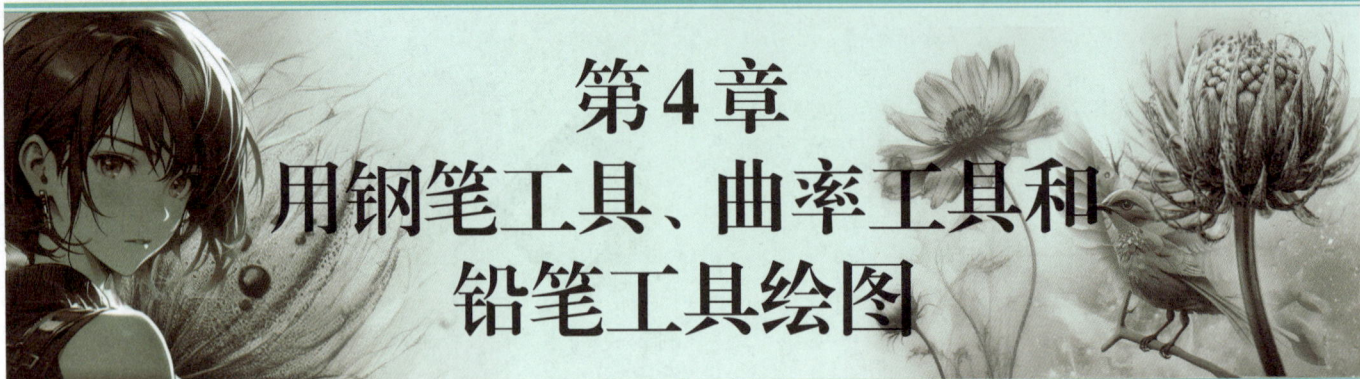

第4章
用钢笔工具、曲率工具和
铅笔工具绘图

生成式 AI | "模型（Beta）"面板•Retype（Beta）功能•上下文任务栏•尺寸工具 | ☞ **{ Illustrator 2024新功能 }** ✍

本章简介

本章首先介绍矢量图与位图、锚点和路径，然后讲解使用钢笔工具和曲率工具绘图的方法，以及怎样编辑路径和修改图形，最后介绍使用铅笔工具绘图的方法。本章的重点是钢笔工具，它是 Illustrator 中最重要的绘图工具，其绘制的曲线叫作贝塞尔曲线，是由法国的计算机图形学大师皮埃尔•贝塞尔于1962年提出的。贝塞尔曲线的出现奠定了矢量图形学的基础。

学习重点

认识路径和锚点
实战：视觉识别系统标准图形设计
实战：选取和移动锚点及路径
用直接选择工具和锚点工具修改曲线
实战：转换锚点
用钢笔工具修改路径
在轮廓模式下编辑
实战：气象类App界面设计

4.1 矢量图形概述

矢量图形用途广泛，不仅是二维计算机图形学领域，三维模型的渲染也是基于二维矢量图形技术扩展的。此外，工程制图领域的绘图仪目前仍然是直接在图纸上绘制矢量图的。

4.1.1 矢量图与位图的区别

计算机图形图像领域有两大类软件：绘制矢量图的矢量软件（Illustrator、CorelDRAW 等）和编辑图像的位图软件（Photoshop等）。矢量图是由矢量软件生成的，如图4-1所示，其基本构成单位为锚点和路径。

矢量图的优点是可以无损编辑，即无论怎样进行旋转、缩放或其他编辑，图形都保持清晰。就是说可以任意变换尺寸，或者以不同的分辨率印刷。因此，矢量图常用于图标、Logo、UI、字体设计和插画的制作。

由数码相机拍摄的照片、网络上的图片、从视频中截取的图像等属于位图，其基本构成单位为像素。与矢量图相比，位图可以完整地呈现真实世界的所有色彩和景物。但由于受到关键要素（分辨率）的制约，位图在旋转和放大时，清晰度会变差，如图4-2所示。由此可见，位图的最大缺点也是矢量图的最大优点，反之亦成立，二者是互补的。要想成为一名优秀的设计师，这两种类型的软件都需要掌握和熟练使用。

在绘制和修改图形方面，矢量软件更容易操作。在三维软件中，模型渲染运用的也是矢量技术。此外，矢量文件占用的存储空间较小。不过位图受到绝大多数软件和输出设备的支持，矢量图的应用则相对没有那么广泛。

矢量图稿

锚点
路径

为矢量图填色和描边及添加效果后制作成的矢量插画
图4-1

原图及放大400%后的图像局部（图像变得有些模糊）
图4-2

4.1.2 认识路径和锚点

矢量图形也叫矢量形状或矢量对象，是由被称作矢量的数学对象定义的直线和曲线构成的。在Illustrator中，它们叫作路径。由路径围成的封闭区域也可以用上述3种内容进行填充。下面介绍路径的组成元素。

路径由一条或多条直线或曲线组成，它们之间通过锚点连接，如图4-3所示。在开放的路径中，锚点还可以作为路径的端点，如图4-4所示。

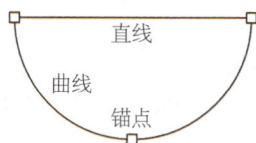

闭合的路径
图4-3

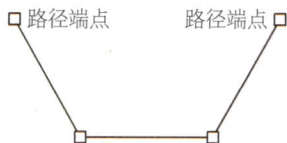

开放的路径
图4-4

锚点分为两种：平滑点和角点。使用平滑点可以创建平滑的曲线，如图4-5所示；使用角点可以构成直线和转角曲线，如图4-6和图4-7所示。

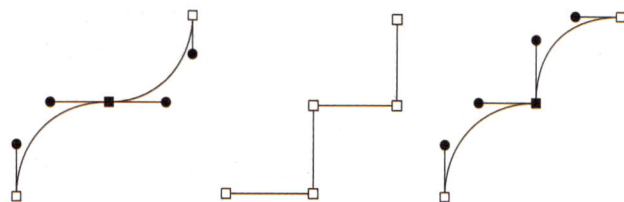

曲线（平滑点）　　直线（角点）　　转角曲线（角点）
图4-5　　　　　　　图4-6　　　　　　　图4-7

在曲线路径上，锚点具有方向线，方向线的端点是方向点，如图4-8所示。拖曳方向点、锚点或路径段本身，都能改变路径的形状。例如，拖曳方向点时，可以调整方向线的方向和长度，进而调整曲线，如图4-9所示。曲线的弧度由方向线的长度控制。方向线越长，曲线的弧度越大，如图4-10所示；反之，方向线变短，曲线的弧度会变小，如图4-11所示。

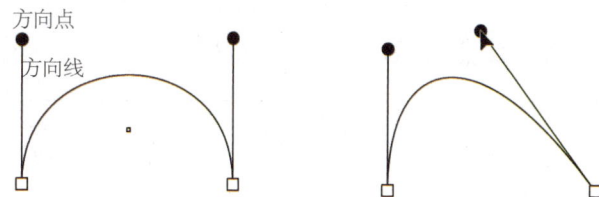

图4-8　　　　　　　　　　图4-9

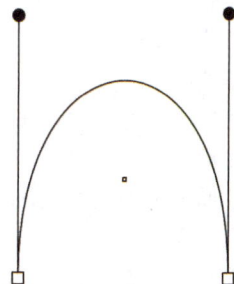

图4-10　　　　　　　　　　图4-11

4.2 用钢笔工具和曲率工具绘图

使用钢笔工具可以绘制直线、曲线和任意形状的图形。曲率工具的使用方法比钢笔工具简单，在未能熟练掌握钢笔工具之前，可作为过渡工具使用。

4.2.1 实战：绘制直线

01 选择钢笔工具 ，在画板上单击（不要拖曳鼠标），创建锚点，如图4-12所示；在另一个位置单击，创建直线

路径，如图4-13所示。按住Shift键操作，可以创建45°的整数倍方向的直线。在其他位置单击，继续绘制直线路径，如图4-14所示。

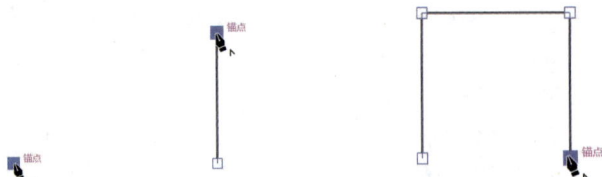
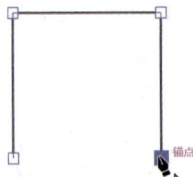

图4-12　　　　　　图4-13　　　　　　图4-14

02 按住Ctrl键在远离图形的位置单击，或者选择其他工具，可结束绘制，得到开放的路径，如图4-15所示。如果要闭合路径，可将鼠标指针放在第一个锚点上，当鼠标指针变为 形状时单击，如图4-16和图4-17所示。

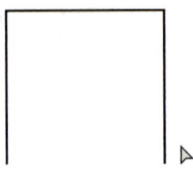
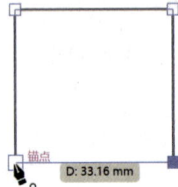

图4-15　　　　　　图4-16　　　　　　图4-17

提示

使用钢笔工具 时，在画板上单击后，不要释放鼠标左键，按住空格键并进行拖曳，可以重新定位锚点。

4.2.2 实战：绘制曲线和转角曲线

　　在Illustrator中使用钢笔工具 绘制曲线与在Photoshop、CorelDRAW、3ds Max中绘制曲线的方法并没有太大差别。普通曲线通过拖曳鼠标来绘制，只是需要注意，锚点不宜过多，否则路径会不够平滑。转角曲线（方向发生了转折的曲线）需要先调整方向线的走向，之后才能绘制出来。

01 选择钢笔工具 ，在画板上拖曳鼠标，创建平滑点，如图4-18所示。

02 在另一个位置拖曳鼠标，创建一段曲线。拖曳方向与前一条方向线相同时，创建的是"s"形曲线，如图4-19所示；如果方向相反，则创建"c"形曲线，如图4-20所示。

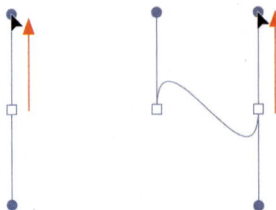
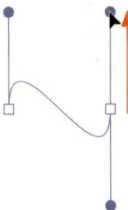
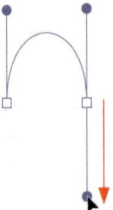

图4-18　　　　图4-19　　　　　　图4-20

03 下面使用"c"形曲线练习绘制转角曲线。将鼠标指针移动到端点处的方向点上，如图4-21所示，按住Alt键向相反方向拖曳，如图4-22所示。该操作有两个意义：一是将平

滑点转换为角点；二是让下一段曲线沿着此时方向线的指向展开。释放Alt键和鼠标左键，在下一个位置拖曳鼠标以创建平滑点，可绘制出"m"形转角曲线，如图4-23所示。

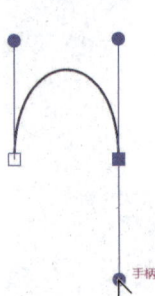
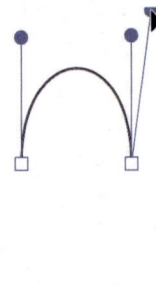
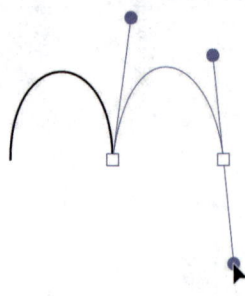

图4-21　　　　　图4-22　　　　　图4-23

4.2.3 实战：在曲线后面绘制直线

01 用钢笔工具 绘制曲线路径。将鼠标指针放在最后一个锚点上，当鼠标指针变为 形状时，如图4-24所示，单击，将平滑点转换为角点，如图4-25所示。

02 在其他位置单击（不要拖曳鼠标），即可在曲线后面绘制出直线，如图4-26所示。

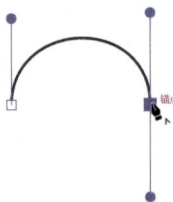
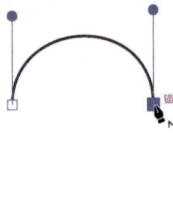
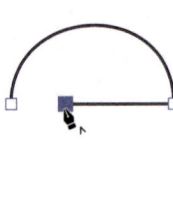

图4-24　　　　　　图4-25　　　　　　图4-26

4.2.4 实战：在直线后面绘制曲线

01 用钢笔工具 绘制直线路径。将鼠标指针放在最后一个锚点上，当鼠标指针变为 形状时，如图4-27所示，拖曳出一条方向线，如图4-28所示。

02 在其他位置拖曳鼠标，可在直线后面绘制"c"形或"s"形的曲线，如图4-29和图4-30所示。

图4-27

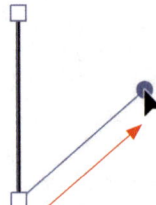

图4-28

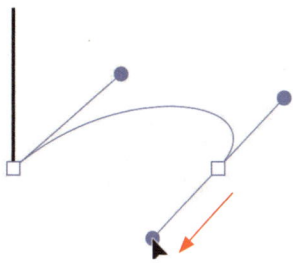
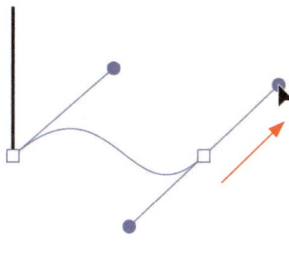

图4-29 　　　　　　　　　图4-30

4.2.5 实战：视觉识别系统标准图形设计

本实战制作视觉识别系统（Visual Identity，VI）中的标准图形，如图4-31所示。

图4-31

01 使用矩形工具▭创建一个矩形，填充为黑色，无描边，如图4-32所示。选择选择工具▶，按住Alt键和Shift键拖曳矩形，锁定水平方向复制矩形，如图4-33所示。按25下Ctrl+D快捷键，复制出一组矩形，如图4-34所示。

02 分别在整个矩形组的左、中、右位置选择两个矩形，拖曳定界框上的控制点，调整矩形的高度和宽度，如图4-35和图4-36所示。

图4-32 　　图4-33 　　图4-34

图4-35 　　　　　　　图4-36

03 使用选择工具▶选择部分矩形，单击"色板"面板中的色板，为它们填充不同的颜色，如图4-37和图4-38所示。

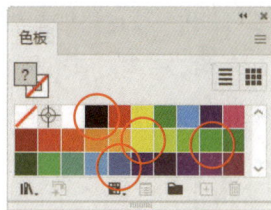

图4-37 　　　　　　　图4-38

04 选择文字工具 **T**，在矩形下方单击并输入一组数字，在"控制"面板中设置字体及大小，如图4-39所示。选择椭圆工具⬭，按住Shift键拖曳鼠标创建圆形，设置描边粗细为3 pt、颜色为黑色，无填色，如图4-40所示。

图4-39 　　　　　　　图4-40

05 选择直接选择工具▷，单击圆形右侧的锚点，如图4-41所示，按Delete键删除，如图4-42所示。将剩下的半圆形放在条码左边，作为咖啡杯的把手，如图4-43所示。

06 用钢笔工具✒绘制咖啡杯底座，如图4-44所示。操作时可以按住Shift键，以便锁定45°的整数倍方向。利用现有的条码图形，采用类似的方法，可以制作铅笔、书本、牙刷、手提袋和水龙头等。

图4-41 　　　　　　　图4-42

图4-43 　　　　　　　图4-44

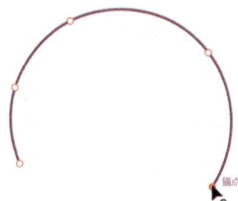
图4-52

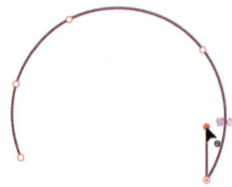
图4-53

4.2.6 实战：制作名片及立体折页（曲率工具）

使用曲率工具 可以创建、切换、编辑、添加和删除平滑点或角点，从而简化路径的创建方法，使绘图变得简单、直观。下面使用该工具制作一张名片，并以折页形式进行展示，最终效果如图4-45所示。

图4-45

01 执行"文件>从模板新建"命令，在打开的对话框中找到名片模板，如图4-46所示，单击，按Enter键将其打开，如图4-47所示。

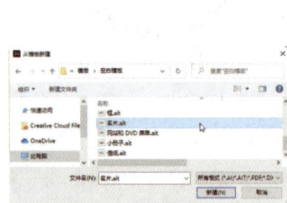
图4-46

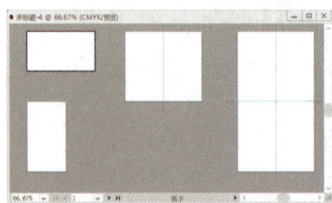
图4-47

02 下面在横向的画板上绘制卡通人物。选择曲率工具 ，将描边颜色设置为蓝色，无填色，如图4-48所示。在画板中单击，创建锚点，如图4-49所示；移动鼠标指针，在图4-50所示的位置单击；继续移动鼠标指针，画面中会出现预览橡皮筋，如图4-51所示，即创建锚点时，可基于预览效果生成曲线的工具，用它来辅助绘图。

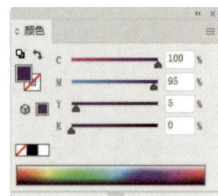
图4-48　　图4-49　　图4-50　　图4-51

03 绘制出一条弧线。按住Alt键单击最后一个锚点，将其转换为角点，如图4-52所示。在图4-53所示的位置单击，创建锚点；移动鼠标指针，在图4-54所示的位置再创建一个锚点，绘制出转角曲线。采用同样的方法绘制出图4-55所示的轮廓。

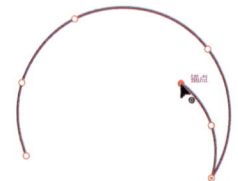
图4-54

图4-55

技术看板 **曲率工具使用技巧**

创建角点：使用曲率工具 时，在画板上双击，或者按住Alt键单击，可以创建角点。

转换锚点：在角点上双击，或按住Alt键单击，可将其转换为平滑点；双击平滑点，或按住Alt键单击，则可将其转换为角点。

移动锚点：拖曳锚点，可进行移动。

添加/删除锚点：在路径上单击，可以添加锚点；单击锚点，按Delete键可将其删除，曲线不会断开。

---

04 单击工具栏中的 按钮，互换填色和描边，如图4-56所示。使用椭圆工具 创建一个圆形，按Ctrl+[快捷键，将其调整到头发图形的后方，如图4-57和图4-58所示。再创建两个圆形，将它们放到上一个圆形的后方作为耳朵，如图4-59所示。

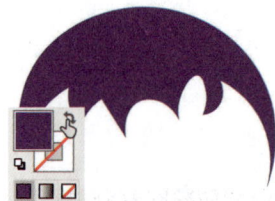
图4-56

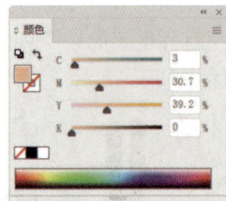
图4-57

图4-58

图4-59

05 用椭圆工具 ⬭ 和直线段工具 ╱ 制作眼睛部分，如图4-60所示。单击选择工具 ▶，按住Shift键单击眼睛上的所有图形，将它们全部选择，如图4-61所示。按Ctrl+G快捷键编组。

图4-60

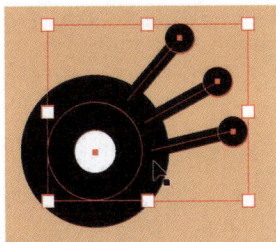

图4-61

06 选择镜像工具 ⋈，将鼠标指针放在脸部的中心位置，此时会显示中心点提示信息，如图4-62所示。按住Alt键单击，打开"镜像"对话框，选中"垂直"单选按钮，如图4-63所示；单击"复制"按钮，镜像并复制出另一只眼睛，如图4-64所示。

图4-62

图4-63

图4-64

07 用曲率工具 ✎ 绘制嘴巴，如图4-65所示。使用矩形工具 ▢ 创建一个与画板大小相同的矩形并填充颜色，如图4-66和图4-67所示。用文字工具 T 添加文字信息，如图4-68所示。

图4-65

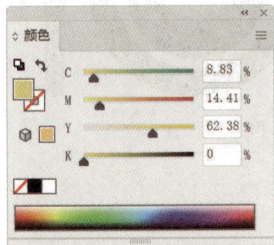

图4-66

图4-67

图4-68

08 下面制作名片折叠的立体效果。按Ctrl+A快捷键全选，选择选择工具 ▶，按住Alt键拖曳图稿，将其复制到其他画板上。拖曳定界框上的控制点，调整图形大小，如图4-69所示。拖出一个选框，将图形全部选取，如图4-70所示，按Ctrl+G快捷键编组。在"变换"面板中设置倾斜角度为-7°，使名片倾斜，如图4-71和图4-72所示。

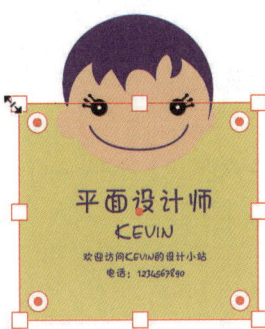

图4-69

图4-70

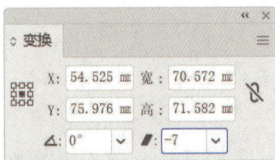

图4-71

图4-72

09 选择曲率工具 ✎，按住Alt键单击（可创建角点），绘制一个三角形，再设置其填充颜色，作为名片的后折页，按Shift+Ctrl+[快捷键将其移到后方，如图4-73和图4-74所示。

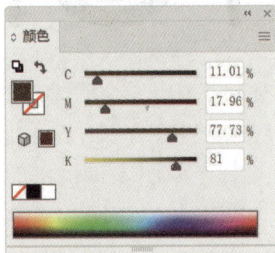

图4-73

图4-74

4.3 锚点和路径

很多时候，图形并非一次就能绘制出来，还要通过调整锚点、方向线，对路径进行修改之后，才能得到想要的效果。下面介绍锚点和路径的编辑方法。

4.3.1 实战：选取和移动锚点及路径

01 打开素材。对于填了色的图形，使用直接选择工具 ▷ 单击，可以选取所有锚点，如图4-75所示。将鼠标指针移到锚点上方，鼠标指针会变为 ▷. 形状，锚点也会随之变大，如图4-76所示，此时单击可选中该锚点。选取之后锚点会变为实心方块，未选取的则为空心方块，如图4-77所示。

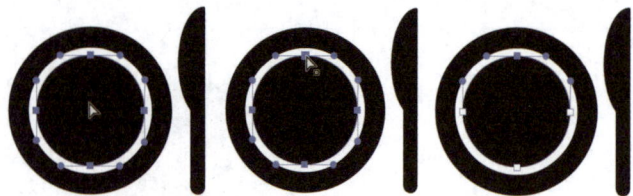

图4-75　　　　　图4-76　　　　　图4-77

02 在未选择的图形上移动鼠标指针，当检测到锚点时，会显示空心方块，鼠标指针也变为 ▷. 形状，如图4-78所示，此时单击也可选取锚点，如图4-79所示。按住Shift键单击其他锚点，可以将它们一同选取，如图4-80所示。按住Shift键单击被选中的锚点，则可取消选取该锚点。

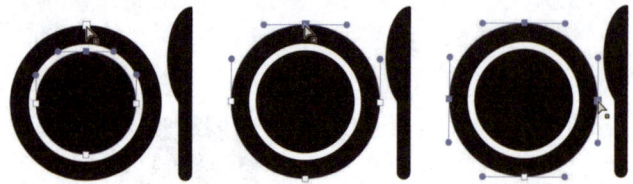

图4-78　　　　　图4-79　　　　　图4-80

03 如果需要选取多个锚点，且它们都集中于一个区域（这些锚点可以分属于不同的路径、组或对象），可以通过矩形选框，如图4-81所示，一次性地将它们全部选取，如图4-82所示。

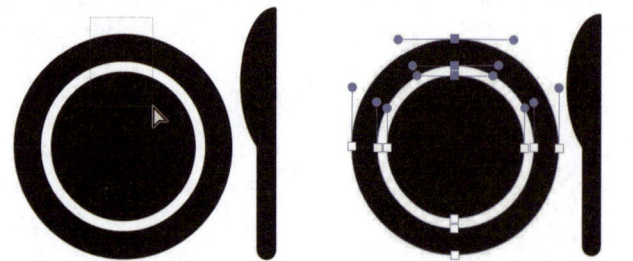

图4-81　　　　　　图4-82

04 如果要选取某段路径，将鼠标指针移动到该路径上方，当鼠标指针变为 ▷. 形状时，如图4-83所示，单击即可，如图4-84所示。按住Shift键单击其他路径段，可将其一同选中。按住Shift键单击被选取的路径段，可取消选择该路径段。

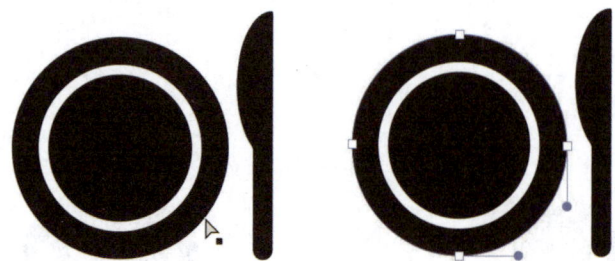

图4-83　　　　　　图4-84

05 如果要移动锚点，可拖曳该锚点，如图4-85所示。拖曳路径段，可以移动路径段，如图4-86所示。按住Alt键拖曳路径段，可以复制其所在的图形。

图4-85　　　　　　图4-86

> **提示**
> 选取锚点或路径后，按→、←、↑、↓键，可以向箭头方向一次移动1像素的距离。如果同时按方向键和Shift键，则会以原来的10倍距离移动对象。按Delete键，可将所选对象删除。

4.3.2 用整形工具移动锚点

选取锚点（或路径段），如图4-87所示，如果使用直接选择工具 ▷ 进行移动，图形整体形状的改变较大，如图4-88所示，可以用整形工具 ✎ 进行编辑，如图4-89所示。

图4-87

图4-88　　　　　图4-89

使用整形工具 ✈ 不会改变路径的整体形状。在拖曳曲线路径段时，这两个工具的差别更明显，如图4-90和图4-91所示。

用整形工具拖曳路径段　　　用直接选择工具拖曳路径段
图4-90　　　　　　　　　图4-91

4.3.3 实战：手动绘制选区（套索工具）

当图形重叠时，若想要选取其中的多个锚点，不能用直接选择工具 ▷ 通过拖曳出矩形选框的方法操作，因为这会移动对象。这种情况使用套索工具 ☊ 选取最为方便。该工具还能选取不规则区域内的锚点。

01 打开素材。选择套索工具 ☊，在需要选取的锚点外侧单击，然后按住鼠标左键围绕锚点移动，绘制一个选区，如图4-92所示；释放鼠标左键，选区内的锚点即被选中，如图4-93所示。

图4-92　　　　　图4-93

02 按住Shift键（鼠标指针变为 ▷₊ 形状），在其他锚点周围绘制选区，可以将它们一同选取，如图4-94和图4-95所示。如果要取消选择某些锚点，可以按住Alt键（鼠标指针变为 ▷₋ 形状）在这些锚点周围绘制选区。如果要取消选择所有锚点，在远离对象的位置单击即可。

图4-94　　　　　图4-95

> **提示**
>
> 编辑复杂的图形时，如果经常选择某些锚点，可以用"存储所选对象"命令（见50页）将它们的被选择状态保存，需要时调用该被选择状态即可，这样就省去了重复选择的麻烦。

03 需要选取路径段的时候，用套索工具 ☊ 在其周围绘制选区即可，如图4-96和图4-97所示。

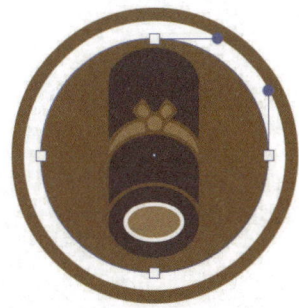

图4-96　　　　　图4-97

4.3.4 用直接选择工具和锚点工具修改曲线

直接选择工具 ▷ 和锚点工具 ∖ 都可用于修改曲线。首先，它们的共同之处在于能调整曲线的位置和形状，如图4-98～图4-100所示；其次，拖曳角点的方向点时，只影响与方向线同侧的路径段，如图4-101和图4-102所示。

原图
图4-98

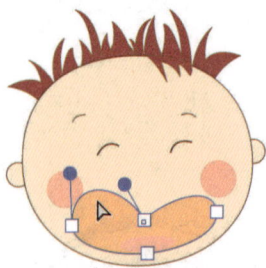
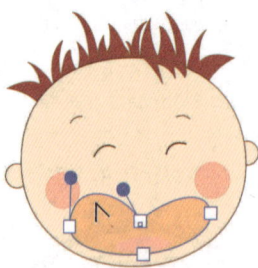

用直接选择工具调整曲线路径段
图4-99

用锚点工具调整曲线路径段
图4-100

用直接选择工具拖曳角点的方向点
图4-101

用锚点工具拖曳角点的方向点
图4-102

　　二者的不同之处体现在平滑点的处理上。当拖曳平滑点的方向点时，使用直接选择工具 ▷ 会同时调整该点两侧的路径段，如图4-103所示；而锚点工具 ⊾ 仍然只影响单侧，如图4-104所示。

用直接选择工具拖曳平滑点的方向点
图4-103

用锚点工具拖曳平滑点的方向点
图4-104

技术看板 让所选锚点的方向线都显示出来

在默认状态下，同时选取曲线路径上的多个锚点时，有些方向线是被隐藏的。单击"控制"面板中的 ☞ 按钮，可以让所选锚点的方向线全都显示出来，如下图所示。单击 ☞ 按钮，可再次将其隐藏。

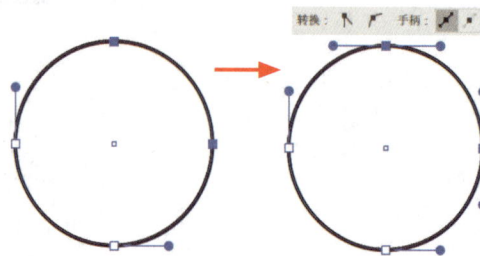

提示

执行"视图>隐藏边缘"命令，可以隐藏锚点、方向线和方向点。如果要重新显示它们，可以执行"视图>显示边缘"命令。

4.3.5 实战：转换锚点

　　使用锚点工具 ⊾ 可以让平滑点与角点互相转换。如果要同时转换多个锚点，则使用"控制"面板更方便。

01 打开素材。选择直接选择工具 ▷，单击图形，将其选取，如图4-105所示。选择锚点工具 ⊾，单击平滑点，可将其转换为角点，如图4-106所示。拖曳平滑点一侧的方向点，可将其转换成具有独立方向线的角点，如图4-107所示。

图4-105　　　　　　　图4-106　　　　　　　图4-107

02 如果想将角点转换为平滑点，单击该角点并向外拖曳，拖出方向线即可，如图4-108和图4-109所示。

图4-108　　　　　　　　　图4-109

提示

如果想将多个角点转换为平滑点，可以利用"控制"面板中的 ☞ 按钮。⊾ 按钮用来将平滑点转换为角点。

4.3.6 实时转角

　　若要将尖角处理成圆角，最简单的方法是用直接选择工具 ▷ 单击角上的锚点，显示实时转角构件后，如图4-110所示，拖曳即可，如图4-111所示。

图4-110

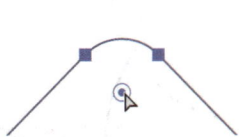

图4-111

双击实时转角构件，打开"边角"对话框，如图4-112所示。单击 ┘ 按钮和 ╭ 按钮，可以将圆角修改为反向圆角和倒角，如图4-113和图4-114所示。

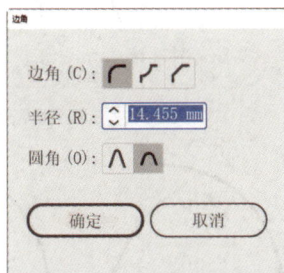

图4-112

图4-113

图4-114

提示

如果图形较多，路径也复杂，编辑时，实时转角构件会影响观察和处理锚点，执行"视图>隐藏边角构件"命令，可将其隐藏。

4.3.7 添加与删除锚点

选择添加锚点工具 ✎⁺，在路径上单击，可以添加锚点，如图4-115和图4-116所示。当该路径段为直线时，添加的是角点；为曲线路径时，则添加平滑点。如果想在每两个锚点的中间添加一个新的锚点，用直接选择工具 ▷ 选取路径，执行"对象>路径>添加锚点"命令即可，如图4-117所示。

图4-115

图4-116

图4-117

如果想删除锚点，选择删除锚点工具 ✎⁻，单击该锚点即可。路径的形状会因锚点的减少而发生改变，如图4-118和图4-119所示。如果想一次删除多个锚点，用直接选择工具 ▷ 或套索工具 ⌇ 将它们选取，执行"对象>路径>移去锚点"命令即可。

图4-118   图4-119

4.3.8 均匀分布锚点

使用直接选择工具 ▷ 选取多个锚点（这些锚点可以分属不同的路径），如图4-120所示。执行"对象>路径>平均"命令，打开"平均"对话框，如图4-121所示，设置相关选项可以让所选的多个锚点均匀分布。

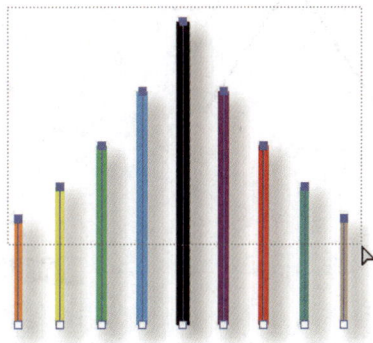

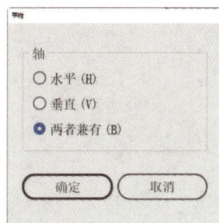

图4-120   图4-121

● 水平：锚点沿同一水平轴均匀分布，如图4-122所示。
● 垂直：锚点沿同一竖直轴均匀分布，如图4-123所示。
● 两者兼有：让所选锚点集中到一起，如图4-124所示。

图4-122   图4-123   图4-124

4.3.9 连接开放的路径（连接工具及命令）

绘图时，可以采用连接锚点的方法，将两条路径连接成一条路径，或者将一条路径上的两个端点连接起来，使其成为闭合的图形。

一般情况下，可以用直接选择工具 ▷ 选取需要连接的锚点，然后单击"控制"面板中的 ⌐ 按钮或执行"对象>路径>连接"命令进行连接。

如果路径交叉，如图4-125所示，连接后会是图4-126所示的结果。交叉区域的路径显然是多余的，还需要进一步处理，比较麻烦。对于这样的情况，用连接工具 ✄ 操作就非常容易，而且不用预先选取路径，只需在锚点上方拖曳鼠标，如图4-127所示，便可连接路径并删除交叉部分，连接后的结果如图4-128所示。

使用连接工具 ✄ 还可以自动对路径进行扩展和裁切，如图4-129和图4-130所示。

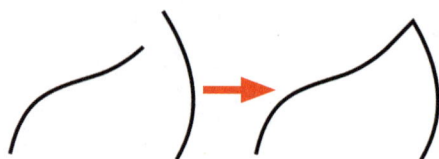

扩展短路径并连接

图4-129

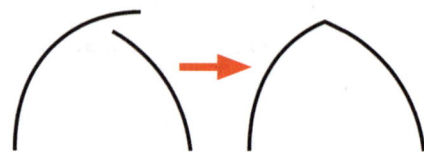

裁切长路径，扩展短路径，然后连接

图4-130

图4-125　　　　图4-126

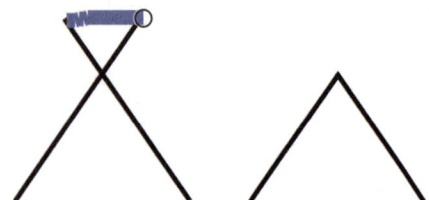

图4-127　　　　图4-128

· AI 技术 / 设计讲堂 ·

用钢笔工具修改路径

使用钢笔工具 ✎ 时，采用以下技巧操作，可在绘图的过程中选择和移动锚点、转换锚点类型，以及修改路径的形状，而不必借助其他工具。

转换锚点

绘制一段路径，将鼠标指针移动到锚点上（鼠标指针变为 ◥ 形状），如图4-131所示，单击可将其转换为角点，如图4-132所示，然后便可在其后面绘制直线，如图4-133所示，或者转角曲线，如图4-134所示。拖曳锚点，可修改曲线的形状，但不会改变锚点的属性，如图4-135所示。

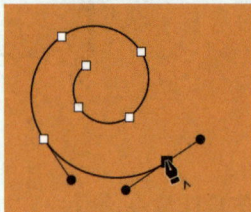 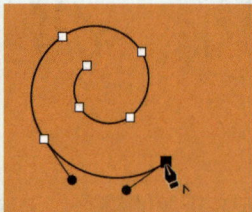 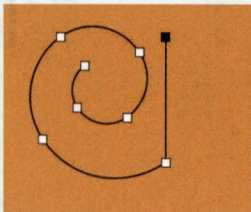 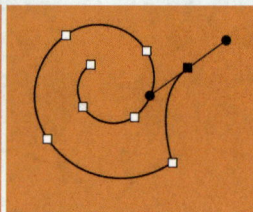 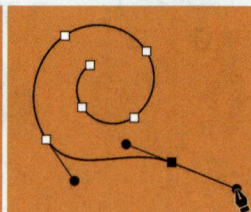

图4-131　　　　图4-132　　　　图4-133　　　　图4-134　　　　图4-135

如果最后一个锚点是角点，如图4-136所示，拖曳该角点，拉出方向线后，如图4-137所示，在后面绘制曲线即可，如图4-138所示。

处理路径段上的锚点时，也可以采用同样的方法。例如，按住Alt键（临时切换为锚点工具 ⌐）在平滑点上单击，可将其转换为角点，如图4-139和图4-140所示；按住Alt键拖曳角点，可将其转换为平滑点，如图4-141所示。

图4-136　　图4-137　　图4-138　　　　图4-139　　　　　图4-140　　　　　图4-141

调整曲线

按住Alt键（临时切换为锚点工具 ⌐）拖曳方向点，可以调整方向线一侧的曲线，如图4-142所示；按住Ctrl键（临时切换为直接选择工具 ▷）拖曳方向点，可同时调整方向线两侧的曲线，如图4-143所示。将鼠标指针放在路径段上，按住Alt键（鼠标指针变为 ▶ 形状）拖曳鼠标，可以调整曲线的形状，如图4-144所示；如果拖曳直线路径，则可将其转换为曲线。

图4-142　　　　　　　　　　图4-143　　　　　　　　　　图4-144

连接/延长路径

绘制路径的过程中，将鼠标指针放在另外一条开放式路径的端点上，当鼠标指针变为 ▶ 形状时，如图4-145所示，单击可连接这两条路径，如图4-146所示。将鼠标指针放在一条开放式路径的端点上，当鼠标指针变为 ▶ 形状时，如图4-147所示，单击，便可继续绘制路径，如图4-148所示。

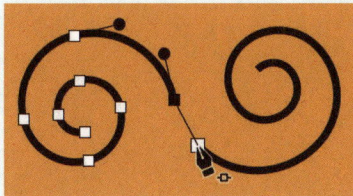

图4-145　　　　　　　图4-146　　　　　　　　图4-147　　　　　　图4-148

其他技巧

● 绘制直线：按住Shift键拖曳鼠标，可以创建45°的整数倍方向的直线。

● 结束开放路径的绘制：按住Ctrl键在远离对象的位置单击。

● 闭合路径：选择一条开放式路径，选择钢笔工具 ✒，在端点上单击；之后将鼠标指针移动到另一个端点上，当鼠标指针变为 ▶ 形状时单击，可以闭合路径。

● 重新定位锚点：在画板上单击放置锚点的时候，按住鼠标左键不放，同时按住键盘中的空格键并进行拖曳，可以重新定位锚点。

● 添加/删除锚点：选取路径后，鼠标指针在路径上时会变为 ▶ 形状，此时单击可以添加锚点；鼠标指针在锚点上时会变为 ▶ 形状，此时单击，可删除锚点。

在轮廓模式下编辑

绘图或进行编辑操作时，能看到矢量图稿的填色和描边等实际效果，如图4-149所示，这是因为图稿处于预览模式。在Illustrator中，图稿也可以显示为轮廓。在这种模式下更容易编辑锚点和路径。例如，图形的填色与锚点颜色相同或非常接近，可以执行"视图>轮廓"命令，切换到轮廓模式，让图形只显示轮廓，隐藏填色和描边，如图4-150所示。按Ctrl+Y快捷键可以在轮廓模式和预览模式之间进行切换，非常方便。

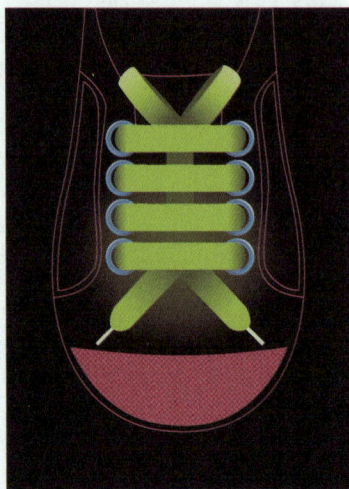

图4-149

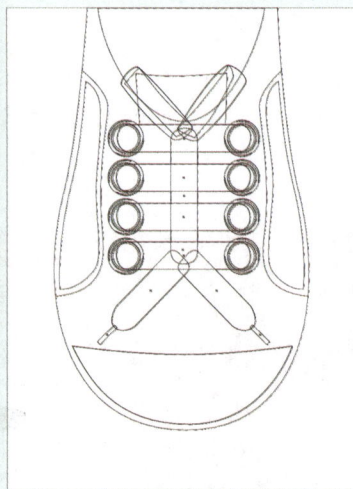

图4-150

此外，当图形堆叠在一起时，会互相遮挡，使得位于下方的对象较难选取，也容易选错，如图4-151所示。而在轮廓模式下，不存在遮挡关系，如图4-152所示。

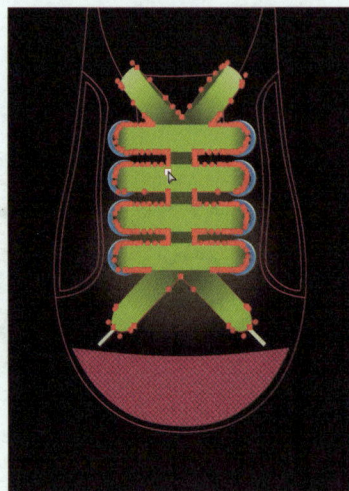

图4-151

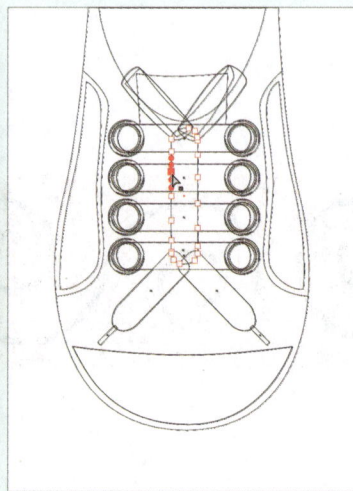

图4-152

再如，当图稿非常复杂时，例如使用了混合、3D等内存占用较多的效果，编辑时，Illustrator需要更多的时间渲染图稿，导致操作出现迟滞现象，甚至Illustrator还会闪退。在轮廓模式下编辑图稿可避免出现以上情况。

如果某些图稿需要上色，完全看不到真实效果也不行。按住Ctrl键单击无关图层前的眼睛图标👁，将其中的对象切换为轮廓模式（此时眼睛图标变为⊙图标），如图4-153所示，此时正在编辑的对象还是以实际效果显示，如图4-154所示。

当需要切换回预览模式时，再次按住Ctrl键单击 ◎ 图标即可。

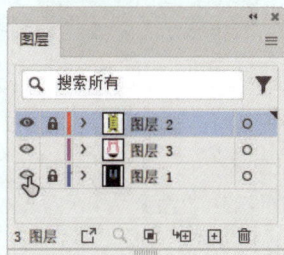

图4-153

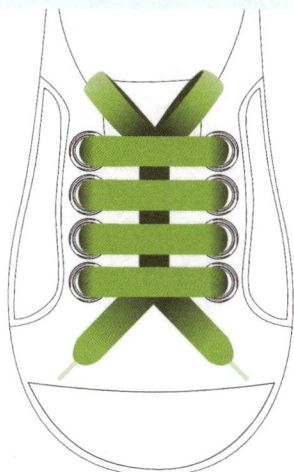

图4-154

执行"视图>使用CPU查看"命令，可以查看最清晰的图稿、显示更加平滑的路径，并缩短在高密度显示器屏幕上重绘复杂图稿所需的时间。

预览模式

预览模式+使用CPU查看

技术看板 调整锚点、方向点和定界框大小

执行"编辑>首选项>选择和锚点显示"命令，打开"首选项"对话框，可以调整锚点、方向点和定界框大小，以及方向点样式。

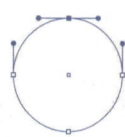

默认锚点大小

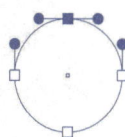

最大锚点

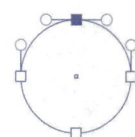

方向点为空心

4.4 编辑路径

下面介绍与路径有关的其他编辑命令和工具，它们可以对路径进行偏移、简化和平滑处理，也能将局部路径或图形擦除，或者彻底删除路径。

4.4.1 偏移路径

制作同心圆或相互保持固定距离的多个对象时，只需一个基本图形，如图4-155所示，执行"对象>路径>偏移路径"命令（或"效果>路径>偏移路径"命令），便可复制出新的图形。图4-156所示为"偏移路径"对话框。

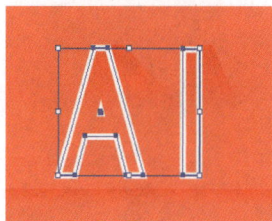

图4-155

图4-156

● 位移：用来设置新路径的偏移距离。该值为正值时，路径向外扩展，如图4-157所示；为负值时，路径向内收缩，如图4-158所示。

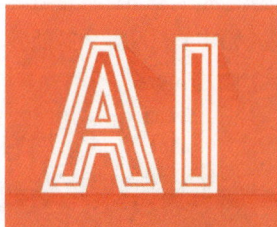

图4-157

图4-158

● 连接：用来设置拐角的连接方式，如图4-159～图4-161所示。

斜接 图4-159　　　　圆角 图4-160　　　　斜角 图4-161

● 斜接限制：用来控制角度的变化范围。该值越大，角度变化的范围越大。

4.4.2 实战：化妆品Logo设计

本实战使用旋转工具、"偏移路径"命令及混合模式设计一个化妆品Logo，如图4-162所示。

图4-162

01 按Ctrl+O快捷键，打开素材。按Ctrl+R快捷键，显示标尺，如图4-163所示。将鼠标指针移动到垂直标尺上方，向心形图形拖曳，拖出参考线，到达心形中心时会显示智能参考线，如图4-164所示。释放鼠标左键，创建参考线。

图4-163

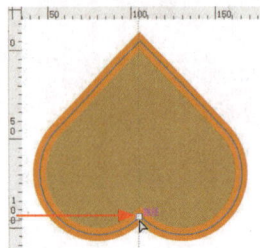
图4-164

02 选择旋转工具 ↻，按住Ctrl键单击图形，将其选择，如图4-165所示。将鼠标指针移动到参考线上，即图4-166所示的位置。

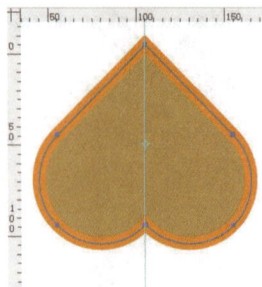
图4-165

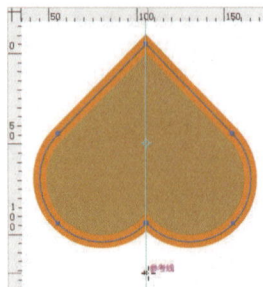
图4-166

03 释放Ctrl键。按住Alt键单击，将参考点定位到此处，在弹出的"旋转"对话框中，设置"角度"为45°，单击"复制"按钮，如图4-167所示，复制图形，如图4-168所示。

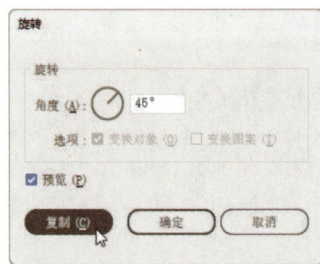
图4-167

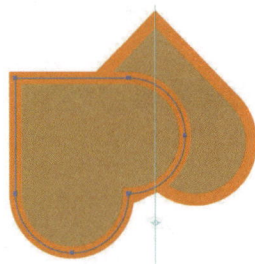
图4-168

04 连按6次Ctrl+D快捷键，继续复制图形，如图4-169所示。按Ctrl+R快捷键，隐藏标尺。按Ctrl+;快捷键，隐藏参考线。按Ctrl+A快捷键全选图形，如图4-170所示。

图4-169

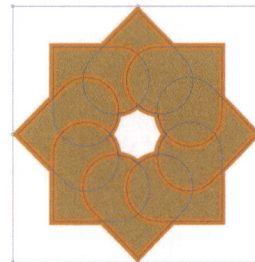
图4-170

05 执行"对象>路径>偏移路径"命令，对路径进行偏移，如图4-171和图4-172所示。

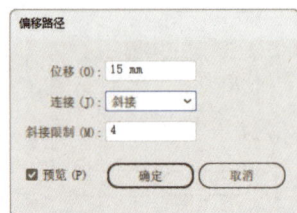
图4-171

图4-172

06 打开"透明度"面板，设置混合模式为"正片叠底"，如图4-173所示，效果如图4-174所示。

图4-173

图4-174

4.4.3 简化路径

执行"对象>路径>简化"命令可以减少多余的锚点，平滑路径，同时也能减少文件大小，增强图稿的显示效果并提高打印速度。

执行该命令后，画板中会显示一个组件。拖曳圆形滑块，可手动调整锚点数量，如图4-175所示。单击 按钮，可自动对路径进行简化处理。单击 按钮，可以打开"简化"对话框，如图4-176所示。

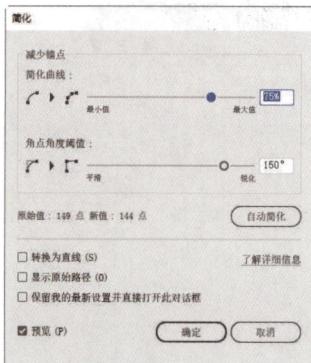

图4-175

图4-176

- 简化曲线：用来设置简化后的路径与原始路径的接近程度。该值越大，简化后的路径与原始路径的形状越接近；该值越小，路径的简化程度越高。

- 角点角度阈值：用来控制角的平滑度。如果角点处的角度小于该选项中设置的数值，将不会改变角点；如果角点处的角度大于该值，则会被简化。

- 转换为直线：用于在原始锚点间创建直线。勾选该复选框，如果角点处的角度大于"角点角度阈值"中设置的值，则会删除角点。

- 显示原始路径：勾选该复选框，可以在简化的路径背后显示原始路径，便于观察和对比图形简化前后的效果。

- 保留我的最新设置并直接打开此对话框：如果希望下次直接打开包含当前设置的对话框，可勾选该复选框。

- 预览：勾选该复选框，可以在文档窗口中预览路径简化效果。

4.4.4 平滑路径（平滑工具）

要想让路径更加平滑，除"简化"命令之外，还可以用平滑工具 来进行处理。选择路径，选择平滑工具 ，在路径上反复拖曳鼠标，效果如图4-177和图4-178所示。

图4-177   图4-178

双击平滑工具 ，可以打开"平滑工具选项"对话框，如图4-179所示。滑块越靠向"平滑"一侧，路径越平滑，锚点越少。

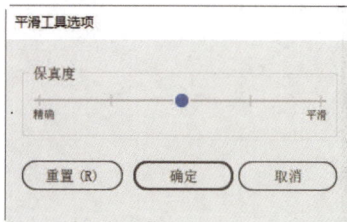

图4-179

4.4.5 将路径剪断（剪刀工具及控件）

如果需要将路径剪断，可以选择路径，然后选择剪刀工具 ，在路径上单击，会生成两个重叠的锚点，如图4-180所示，使用直接选择工具 将它们分离，如图4-181所示。

图4-180

图4-181

如果想让路径在某个锚点（也可以是多个锚点）处断开，可以用直接选择工具 ▷ 选择锚点，如图4-182所示，然后单击"控制"面板中的 ⚄ 按钮。图4-183所示为使用直接选择工具 ▷ 断开锚点后的效果。

图4-182

图4-183

4.4.6 实战：气象类App界面设计

本实战设计气象类App界面，最终效果如图4-184所示。类似汽车仪表盘的环形图灵动、活跃，具有美观和易于理解等特点，用户可通过它迅速地理解数据。

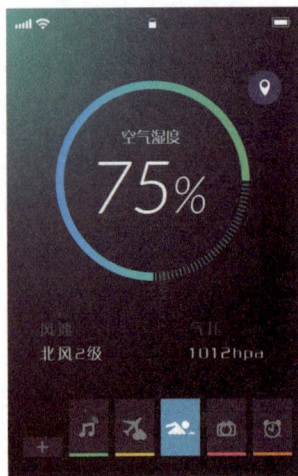
图4-184

01 打开素材。选择椭圆工具 ◯，按住Shift键拖曳鼠标创建一个圆形。单击"控制"面板中的 ⬛ 按钮，让图形居中对齐，如图4-185所示。

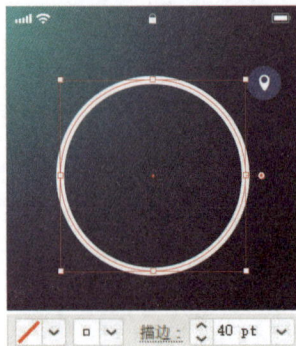
图4-185

02 选择剪刀工具 ✂，将鼠标指针移动到图4-186所示的锚点上，单击，将路径剪开。在图4-187所示的锚点上单击，将此处也剪开。

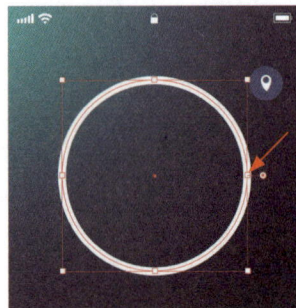
图4-186

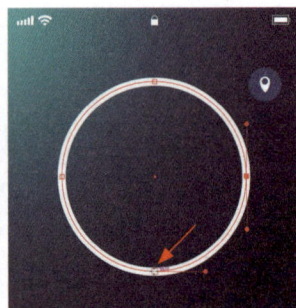
图4-187

03 使用选择工具 ▶ 单击左上方的路径段，如图4-188所示，使用图4-189所示的渐变进行描边，效果如图4-190所示。

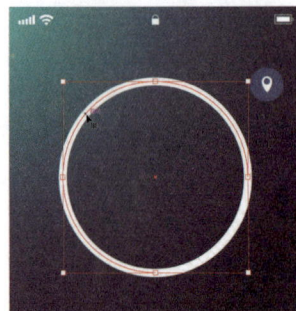
图4-188

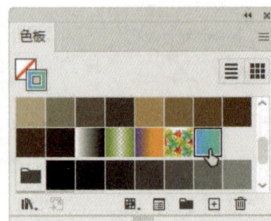
图4-189

图4-190

04 选择右下角的路径段，使用图4-191所示的色板进行描边，效果如图4-192所示。

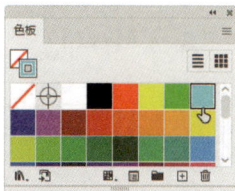
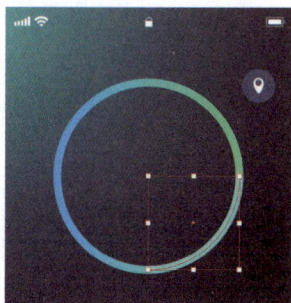

图4-191　　　　　图4-192

05 在"描边"面板中勾选"虚线"复选框并设置相关参数，如图4-193所示，创建虚线，如图4-194所示。

图4-193　　　　　图4-194

06 使用文字工具 T 添加空气湿度等信息，如图4-195所示，应用效果如图4-196所示。

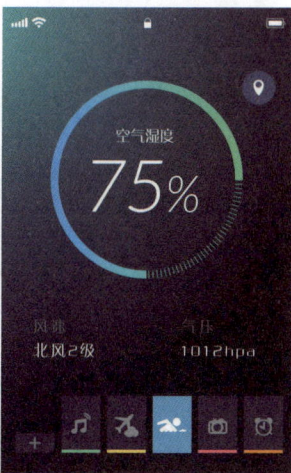

图4-195　　　　　图4-196

4.4.7 实战：制作玻璃裂纹效果（美工刀工具）

使用美工刀工具 可以对图形进行裁剪。开放的路径被裁剪后会闭合。用该工具裁剪渐变图形时，如果渐变的角度

为0°，则每裁剪一次，都会自动调整渐变角度，使之始终保持为0°，因此，图形的颜色会发生改变。下面就利用这一规律制作玻璃裂纹效果。

01 打开素材，选择美工刀工具 （无须选取对象），在玻璃字上拖曳鼠标。鼠标指针经过的路线即美工刀工具 的裁剪线，如图4-197所示，裁剪后的玻璃文字会产生裂纹，如图4-198所示。

图4-197　　　　　图4-198

02 用美工刀工具 分割玻璃板。图4-199中的红色线条为裁剪线。每条裁剪线都会分割出玻璃板的一部分，使其形成单独的图形，如图4-200所示，可以单独移动它们。

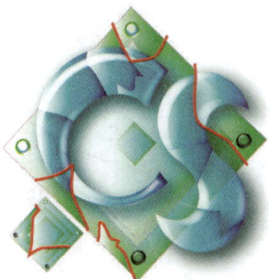

图4-199　　　　　图4-200

03 文字"CS"是由两层文字叠加而成的，裁剪前后颜色变化较大。选择直接选择工具 ，按住Shift键选择文字的部分图形，按Delete键删除，使文字的颜色变浅，如图4-201和图4-202所示。选择玻璃板边角处的图形，对其进行移动或删除，如图4-203所示。

图4-201

图4-202   图4-203

4.4.8 对图形进行剪切（"分割下方对象"命令）

使用美工刀工具 🔪 裁剪图形时，用手移动鼠标可控性较差，图形往往被裁剪得不够规整。如果想得到整齐的裁剪效果，可以用钢笔工具 🖊 或其他绘图工具在图形上方绘制出相应形状的路径，如图4-204所示，然后执行"对象>路径>分割下方对象"命令，剪切该路径下面的图形。图4-205所示为剪切后用编组选择工具 ▷ 将路径移开的效果。

图4-204   图4-205

4.4.9 擦除路径（路径橡皮擦工具）

选择图形，如图4-206所示。选择路径橡皮擦工具 ✏️，在路径上方拖曳鼠标，可以擦除路径，如图4-207所示。闭合的路径被擦除部分后会变为开放的路径。擦除不连续的部分后，剩余的部分会变成各自独立的路径。

图4-206   图4-207

4.4.10 擦除图形（橡皮擦工具）

当需要进行大面积擦除时，用橡皮擦工具 ◆ 操作要比用路径橡皮擦工具 ✏️ 方便。除路径之外，还可以用它擦除复合路径、实时上色组内的路径和剪切路径。该工具可擦除图形的任何区域，而不管它们是否属于同一对象或是否位于同一图层。

选择橡皮擦工具 ◆，不必选择对象，直接在图形上方拖曳鼠标即可，如图4-208和图4-209所示。如果只想擦除某个图形，不想破坏其他对象，可先将其选择，再进行擦除。

图4-208   图4-209

按]键和[键可调整工具的覆盖范围，如图4-210所示；按住Alt键可以拖曳出一个矩形选框，并擦除选框内的图形，如图4-211所示；按住Shift键拖曳，可以将擦除角度限制为垂直、水平或对角线方向。

图4-210   图4-211

4.4.11 将图形分割为网格

网格是设计工作中非常重要的辅助工具。用网格限定图文信息位置，可以使版面充实、规整，如图4-212所示。尤其是制作信息量较大的促销单、杂志、书籍时，使用网格可以迅速地制作出漂亮的版面。为避免排版过于规律而造成单调的视觉印象，可以对网格的大小或色彩进行变化处理，以增加趣味。

图4-212

创建一个矩形（其他形状也可以），执行"对象>路径>分割为网格"命令，打开"分割为网格"对话框，如图4-213所示，设置网格的大小、数量及间距，将当前图形分割为网格，如图4-214所示。

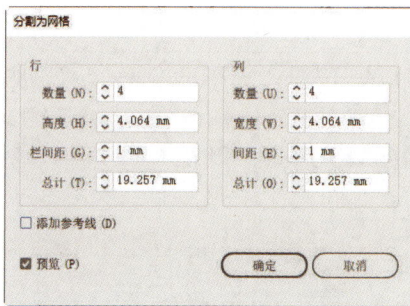

图4-213

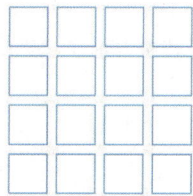

图4-214

- "列"选项组："数量"选项用来设置矩形的列数；"宽度"选项用来设置单个网格的宽度；"间距"选项用来设置列与列的间距；"总计"选项用来设置矩形的总宽度，增大该值时，Illustrator会增大每个矩形的宽度，从而达到增大整个矩形宽度的目的。
- 添加参考线：勾选该复选框后，会以阵列的矩形为基准创建类似参考线状的网格，如图4-215所示。

- "行"选项组："数量"选项用来设置矩形的行数；"高度"选项用来设置单个网格的高度；"栏间距"选项用来设置行与行的间距；"总计"选项用来设置矩形的总高度，增大该值时，Illustrator会增大每个矩形的高度，从而达到增大整个矩形高度的目的。图4-216所示是设置"总计"为20mm时的网格，图4-217所示是设置该值为30mm时的网格，此时每个矩形的高度都增大了，但行与行的间距没有变。

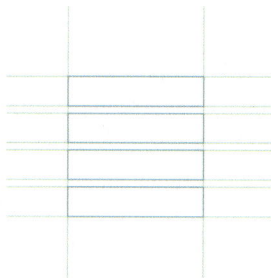

图4-215   图4-216   图4-217

4.4.12 删除路径

选择直接选择工具 ▷ ，单击路径段，按Delete键可将其删除。再按一下Delete键，可将其余路径全部删除。

4.4.13 清理游离点和其他多余对象

使用钢笔工具 ✒ 绘图，在画板上单击，不做任何操作，又切换为其他工具时，会留下单个锚点（称为"游离点"）。此外，删除路径和锚点时，若没有完全删除，也会残留一些游离点。游离点很难被发现，也不容易被选取，有时会影响图形的编辑。执行"选择>对象>游离点"命令可将其选取，按Delete键可将其删除。

对于未上色的对象，即没有设置填色和描边的对象（蒙版图形除外），以及创建的空文本框或文本路径（会妨碍文字类工具的使用），可以执行"对象>路径>清理"命令来进行清理。

提示

选择文字工具 T ，在画板上单击，不做任何操作，又选择其他工具，会创建空的文本框或文本路径。

4.5 用铅笔工具绘图

使用铅笔工具可以手动绘制路径，就像用铅笔在纸上绘画一样方便。该工具适用于绘制比较随意的图形，在快速创建素描效果或手绘效果时很有用。

4.5.1 实战：美味拉面海报

选择铅笔工具 ✐，拖曳鼠标可以绘制开放的路径；将鼠标指针移动到路径的起点并放开鼠标左键，可绘制闭合路径。如果想绘制出45°整数倍方向的直线，可以按住Shift键拖曳鼠标；按住Alt键操作，能像使用直线段工具 ╱ 那样拉出直线。

01 按Ctrl+O快捷键，打开素材，如图4-218所示。选择铅笔工具 ✐，设置描边颜色为图4-219所示的渐变色。在"描边"面板中设置描边粗细为5 pt，单击圆头端点按钮 ⊂ 和圆角连接按钮 ⊏，如图4-220所示，使路径边缘成为圆角。

02 绘制卡通人的头部轮廓，如图4-221所示。如果轮廓绘制得不准确，可以将鼠标指针放在路径上，拖曳鼠标修改路径。如果路径不够光滑，可以用平滑工具 ✐ 处理。

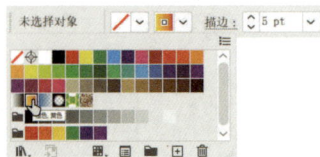

图4-218　　　　图4-219

图4-220　　　　图4-221

03 分别绘制卡通人的手和桌面，如图4-222和图4-223所示。绘制桌面的时候可以按住Shift键操作。

图4-222

图4-223

04 绘制大碗面条。操作时处理好遮挡关系，先绘制底层的一组图形，之后依次绘制上层的图形，如图4-224～图4-228所示。

图4-224　　　　　图4-225　　　　　图4-226

图4-227　　　　　图4-228

技术看板　改变鼠标指针显示状态

使用铅笔工具 ✐、钢笔工具 ✒、曲率工具 ✐、画笔工具 ✐、平滑工具 ✐、路径橡皮擦工具 ✐、美工刀工具 ✐、连接工具 ✐ 时，鼠标指针均有两种显示状态。默认显示为工具图标，按Caps Lock键则变为"✛"状，这种状态便于对齐锚点。

✏＊　✒＊　✐＊　✐＊　✐　　　✛

默认的鼠标指针形状　　　　　　　　按Caps Lock键后

05 使用选择工具 ▶ 拖曳出选框，如图4-229所示，将这些路径选择。执行"对象>路径>轮廓化描边"命令，将路径转换为轮廓。设置描边颜色为黑色、粗细为1 pt，如图4-230所示。

图4-229　　　　　　　图4-230

4.5.2 铅笔工具选项

使用铅笔工具 ✏ 绘图时，会自动创建锚点。锚点的多少、路径的长度和复杂程度均由"铅笔工具选项"决定。双击铅笔工具 ✏，可以打开"铅笔工具选项"对话框，如图 4-231 所示。

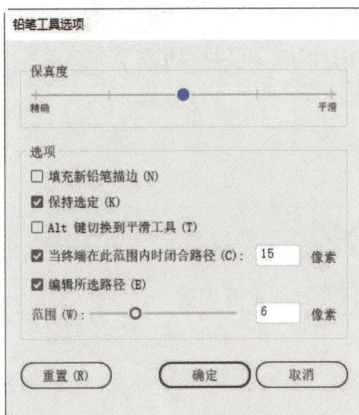

图4-231

● 保真度：决定必须将鼠标指针移动多远距离才会向路径中添加锚点。

● 填充新铅笔描边：勾选该复选框，将对新绘制的路径应用铅笔描边。

● 保持选定：勾选该复选框，绘制完路径时，路径自动处于被选择状态。

● 编辑所选路径：勾选该复选框，使用铅笔工具 ✏ 可以修改所选路径。

● Alt 键切换到平滑工具：勾选该复选框，使用铅笔工具 ✏ 或画笔工具 ✏ 时，按住 Alt 键可切换为平滑工具 ✏。

● 当终端在此范围内时闭合路径：勾选该复选框，如果所绘制路径的两个端点极为贴近，并且彼此的距离在一定的预定义的像素数之内，则会显示路径闭合图标，松开鼠标左键后，路径会自动闭合。在右侧可以设置预定义的像素数。

● 范围：决定鼠标指针与现有路径必须达到多近的距离，才能使用铅笔工具 ✏ 编辑路径。该选项仅在勾选了"编辑所选路径"复选框时才可用。

4.5.3 修改、延长和连接路径

铅笔工具 ✏ 不仅可以用于绘制路径，也能用于修改、延长和连接现有的路径。

● 修改路径：将鼠标指针移到路径上，当鼠标指针旁边的小"＊"消失时，表示鼠标指针与路径足够近了，此时拖曳鼠标，可以修改路径形状，如图 4-232 和图 4-233 所示。

图4-232　　　　　　　　　图4-233

● 延长路径：将鼠标指针放在路径端点上，当鼠标指针变为 ✏ 形状时，向外拖曳鼠标可以延长路径，如图 4-234 和图 4-235 所示。

图4-234　　　　　　　　　图4-235

● 连接路径：选择两条路径，拖曳一条路径的端点至另一条路径的端点上，可以将它们连接，如图 4-236 和图 4-237 所示。

图4-236　　　　　　　　　图4-237

第5章
改变对象形状

生成式AI | "模型（Beta）"面板 • Retype（Beta）功能 • 上下文任务栏 • 尺寸工具 | ☞ { **Illustrator 2024新功能** } ☜

本章简介

本章介绍怎样通过改变对象的形状制作各种效果，涉及扭曲与变形、图形组合方法等。其中较有特色的是操控变形的工具、液化类工具、封套扭曲和混合。液化类工具的变形能力最强；操控变形的工具和封套扭曲的灵活度及可控性较好；混合功能在制作特效时应用较多，其不仅可以在原始对象之间生成新的、变形的对象，还能让颜色产生融合及过渡效果。

学习重点

定界框、中心点和参考点
实战：用"分别变换"命令制作蒲公英
单独变换图形、图案、描边和效果
实战：矛盾空间图形（形状生成器工具）
"路径查找器"面板
编辑封套内容
实战：酒吧Logo设计
实战：制作Cool特效字（混合+复合路径）
实战：用缠绕功能制作穿插文字

5.1 初识Illustrator

在 Illustrator 中对图稿进行移动、旋转、镜像、缩放和倾斜等都属于变换操作，可以用工具、命令和面板来完成。

· AI技术 / 设计讲堂 ·

定界框、中心点和参考点

使用选择工具 ▶ 单击对象时，所选对象周围会出现定界框，定界框上的小方块是控制点，如图5-1所示。如果选择的是一个单独的对象，其中心还会显示 ■ 状的中心点。

使用旋转工具 ↻、镜像工具 ◁▷、比例缩放工具 ⬚ 和倾斜工具 ◩ 进行变换操作时，对象中心会出现一个标靶状参考点 ⊕，如图5-2所示，它是变换的基准点。图5-3和图5-4所示分别为参考点 ⊕ 在默认位置及定界框左下角时的缩放效果。在其他位置单击，可重新定义参考点。如果要将参考点 ⊕ 恢复到对象中心位置，双击旋转工具 ↻ 等变换工具，弹出对话框后，单击"取消"按钮即可。

旋转对象，定界框也会随之旋转，如图5-5所示。执行"对象>变换>重置定界框"命令，可以重置定界框，如图5-6所示。

图5-1

图5-2

图5-3

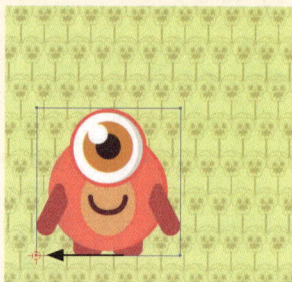

图5-4

所选对象所在图层的颜色决定了定界框的颜色。因此，选择不同图层的对象时，其定界框的颜色也不同，如图5-7所示。如果定界框的颜色与图稿颜色接近，不容易分辨，可以通过修改图层颜色（见45页）来改变定界框的颜色。如果定界框妨碍了视线，可以执行"视图>隐藏定界框"命令将其隐藏。需要注意的是，当定界框被隐藏时，不能直接对所选对象进行旋转和缩放等变换操作。执行"视图>显示定界框"命令，可以重新显示定界框。

图5-5

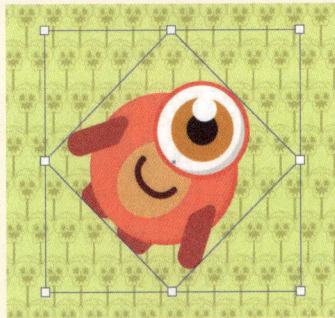

图5-6

图5-7

5.1.1 旋转（旋转工具）

选择对象，如图5-8所示，使用旋转工具 ⟳ 进行拖曳，可以旋转对象，如图5-9所示。按住Shift键操作，可将旋转角度限制为45°的整数倍。如果要进行小角度旋转，可在远离参考点的位置拖曳鼠标。如果要精确定义旋转角度，可以双击旋转工具 ⟳，或执行"对象>变换>旋转"命令，打开"旋转"对话框进行设置。

图5-8

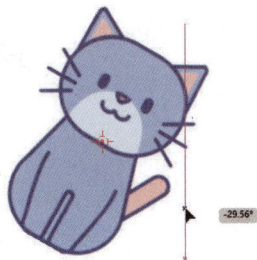

图5-9

5.1.2 缩放（比例缩放工具）

选择对象，如图5-10所示，选择比例缩放工具 ⬚，拖曳定界框边角处的控制点，可向任意方向自由缩放对象，如图5-11所示。拖曳边定界框中央的控制点，可以向水平或垂直方向缩放对象，如图5-12所示。按住Shift键操作可等比缩放。如果要进行小幅度的缩放，可在远离参考点的位置拖曳鼠标。如果要精确缩放，可以双击比例缩放工具 ⬚ 或执行"对象>变换>缩放"命令，在打开的对话框中进行操作。在

"比例缩放"选项组中选中"等比"单选按钮并输入百分比值，可进行等比缩放。选中"不等比"单选按钮，则可以分别指定"水平"和"垂直"缩放比例。

图5-10

图5-11

图5-12

5.1.3 镜像（镜像工具）

选择对象，选择镜像工具 ⋈，在画板上单击，如图5-13所示，确定镜像轴上的一点（不可见）；在另一个位置单击，确定镜像轴的第二个点，指定镜向轴，对象会基于指定的轴翻转，如图5-14和图5-15所示。

图5-13

图5-14

图5-15

按住Shift键操作，可以将旋转角度限制为45°的整数倍。如果要准确定义镜像轴和旋转角度，可以双击镜像工具 ⋈，或执行"对象>变换>镜像"命令，打开"镜像"对话框进行设置。

5.1.4 实战：运动品牌Logo设计（倾斜工具）

倾斜工具 能以对象的参考点为基准，将其向各个方向倾斜。本实战使用该工具扭曲文字和图形，制作运动品牌Logo，最终效果如图5-16所示。

图5-16

01 打开素材，如图5-17所示。按Ctrl+A快捷键全选，执行"对象>变换>倾斜"命令，或双击倾斜工具 ，打开"倾斜"对话框，设置"倾斜角度"为17°，选中"水平"单选按钮，对文字进行倾斜处理，如图5-18和图5-19所示。使用钢笔工具 按照数字的轮廓绘制一条闭合的路径，设置填充颜色为深蓝色，无描边。按Shift+Ctrl+[快捷键将其移至底层，如图5-20所示。

图5-17　　　　　　　　　图5-18

图5-19　　　　　图5-20

02 选择星形工具 ，在画板上单击，打开"星形"对话框，设置相关参数，创建五角星，如图5-21和图5-22所示。

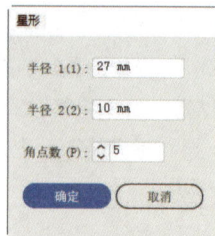

图5-21　　　　　　　　图5-22

03 保持图形处于选择状态。双击倾斜工具 ，在打开的对话框中设置"倾斜角度"为39°，如图5-23和图5-24所示。

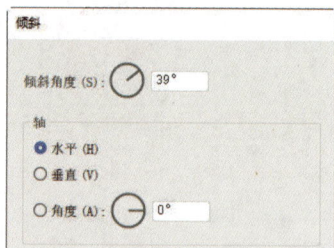

图5-23　　　　　　　　　图5-24

04 修改图形的填充颜色，设置描边粗细为4 pt。单击"描边"面板中的 按钮，使描边位于路径内侧，如图5-25和图5-26所示。

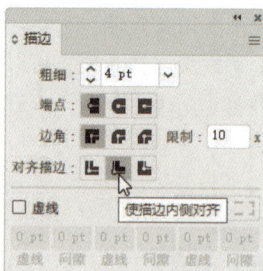

图5-25　　　　　　　　图5-26

05 将图形移动到数字"3"的左上方。按两次Ctrl+[快捷键，将其向下移动两层，如图5-27所示。选择直接选择工具 ，在五角星图形上单击，显示锚点后拖曳锚点以修改图形，如图5-28所示。

图5-27　　　　　　　　图5-28

06 使用钢笔工具 绘制两个飘带图形。设置描边粗细为4 pt，单击 按钮，使描边位于路径内侧，如图5-29所示。使用选择工具 选择数字"65"，按Shift+Ctrl+]快捷键，将其移至顶层，如图5-30所示。

图5-29　　　　　图5-30

技术看板 倾斜技巧

● 选择对象后，选择倾斜工具 ，向左、右拖曳鼠标（按住Shift键可保持其原始高度）可沿水平轴方向倾斜对象；向上、下拖曳鼠标（按住Shift键可保持其原始宽度），可沿竖直轴方向倾斜对象。

● 如果要按照精确的参数值倾斜对象，可以执行"对象>变换>倾斜"命令，打开"倾斜"对话框。首先选择沿哪条轴（"水平""垂直"或指定轴的"角度"）倾斜对象，然后在"倾斜角度"文本框内输入倾斜的角度，单击"确定"按钮，即可按照指定的轴和角度倾斜对象。如果单击"复制"按钮，则可倾斜并复制对象。

───────────── 提示 ─────────────

使用旋转工具 、镜像工具 、比例缩放工具 和倾斜工具 时，按住Alt键单击，可以将单击点设置为参考点，同时打开对应的对话框。如果在拖曳鼠标时按住Alt键，则可以复制对象，并对副本对象进行旋转、镜像、缩放和倾斜操作。

5.1.5 实战：使用选择工具变换对象

使用选择工具 可以对对象进行旋转、翻转和缩放等操作。

01 打开素材。使用选择工具 单击对象。将鼠标指针放在定界框顶边中央的控制点上，如图5-31所示，向图形另一侧拖曳，可以翻转对象，如图5-32所示。拖曳时按住Alt键，可在原位翻转，如图5-33所示。

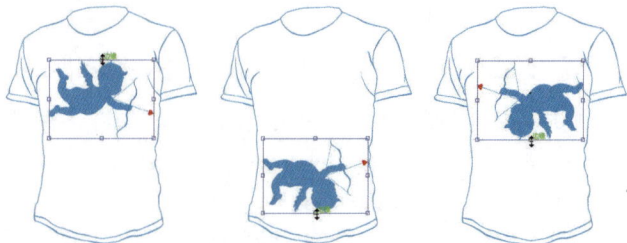

图5-31　　　　图5-32　　　　图5-33

02 按Ctrl+Z快捷键撤销操作。将鼠标指针放在控制点上，当鼠标指针变为 、 、 、 形状时进行拖曳，可以拉伸对象，如图5-34所示。按住Shift键操作，可进行等比缩放，如图5-35所示。

03 将鼠标指针放在定界框外，当鼠标指针变为 形状时拖曳，可以旋转对象，如图5-36所示。按住Shift键操作，可以将旋转角度限制为45°的整数倍。

图5-34　　　　图5-35　　　　图5-36

5.1.6 拉伸、透视扭曲和扭曲（自由变换工具）

自由变换工具 是多用途工具，在进行移动、旋转和缩放时，与使用选择工具 的操作方法相同。除此之外，它还可以进行拉伸、透视扭曲和扭曲操作。图5-37所示为使用该工具将Logo贴在包装盒上的效果。

图5-37

拉伸

选择对象，如图5-38所示。选择自由变换工具 ，打开临时面板，如图5-39所示。单击自由变换按钮 ，拖曳定界框边中央的控制点，可以沿水平（鼠标指针为 形状）或垂直方向（鼠标指针为 形状）拉伸对象，如图5-40和图5-41所示。拖曳边角的控制点（鼠标指针为 形状或 形状），可向任意方向拉伸对象，如图5-42所示。

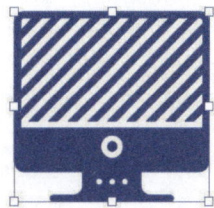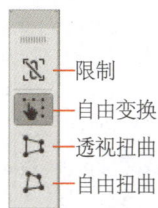

图5-38　　　　图5-39　　　　图5-40

图5-41　　　　　图5-42

单击限制按钮，再拖曳鼠标，可进行等比缩放。按住Alt键操作，会以中心点为基准进行等比缩放。

透视扭曲

单击透视扭曲按钮，拖曳定界框边角处的控制点（鼠标指针变为形状或形状），可以进行透视扭曲，如图5-43和图5-44所示。

图5-43　　　　　图5-44

扭曲/旋转/移动

单击自由扭曲按钮，拖曳定界框边角处的控制点（鼠标指针变为形状或形状），可自由扭曲对象，如图5-45所示。单击之后，按住Alt键拖曳，可创建对称的倾斜效果，如图5-46所示。

图5-45　　　　　图5-46

无论单击哪个按钮，在定界框外拖曳（鼠标指针变为、、、或等形状）时，都能旋转对象。在对象内部（鼠标指针变为形状）拖曳，可移动对象。

技术看板 用按键配合自由变换

旋转时，按住Shift键，可以将旋转角度限制为45°的整数倍。移动时，按住Shift键，可以沿水平或垂直方向移动对象。此外，不使用临时面板中的按钮，通过相应的按键也可进行变换。例如，在边角处的控制点上单击，之后拖曳时，按住Ctrl键，可以倾斜对象；按住Ctrl键和Alt键，可进行对称倾斜；按住Ctrl键、Alt键和Shift键，可进行透视扭曲。

5.1.7 实战：用"再次变换"命令制作立体字

进行移动、缩放、旋转、镜像和倾斜操作后，保持对象处于选择状态，执行"对象>变换>再次变换"命令，可以再进行一次变换。当需要将同一变换操作重复数次时，该方法非常有效。

01 打开素材，如图5-47所示。选择选择工具，单击文字，将其选择，如图5-48所示。

02 按住Alt键向左下角拖曳以进行复制，如图5-49所示。不要取消选择，连续执行10次"对象>变换>再次变换"命令，或按10次Ctrl+D快捷键，可生成立体字效果，如图5-50所示。

图5-47　　　　　　　　图5-48

图5-49　　　　　　　　图5-50

5.1.8 实战：用"分别变换"命令制作蒲公英

使用"分别变换"命令可以同时进行移动、旋转和缩放操作，并能复制对象。本实战用此命令制作蒲公英。

01 新建文档。选择直线段工具，按住Shift键绘制一条直线，设置描边颜色为红色、粗细为1 pt，无填色，如图5-51所示。选择椭圆工具，按住Shift键创建圆形，设置填充为红色，无描边，如图5-52所示。按Ctrl+A快捷键全选，按Ctrl+G快捷键编组。

图5-51　　　　　　　　图5-52

02 保持图形处于选择状态。选择旋转工具 ↻，按住Alt键在直线的端点上单击，定位参考点，如图5-53所示；释放鼠标左键，弹出"旋转"对话框，设置"角度"为15°；单击"复制"按钮，复制图形，如图5-54和图5-55所示。

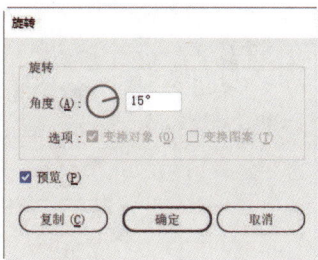

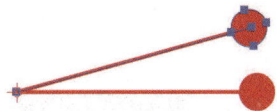

图5-53　　　　　　　　　　　图5-54

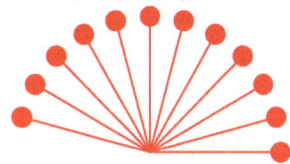

图5-55

03 连按10下Ctrl+D快捷键进行复制，如图5-56所示。使用选择工具 ▶ 单击右侧底部的图形，按Delete键将其删除，如图5-57所示。按Ctrl+A快捷键全选，按Ctrl+G快捷键编组。

图5-56　　　　　　　　　　　图5-57

04 选择极坐标网格工具 ⊛，在画板上单击，弹出"极坐标网格工具选项"对话框，如图5-58所示。设置"宽度"和"高度"均为200 mm、径向分隔线"数量"为4，创建图5-59所示的网格图形。

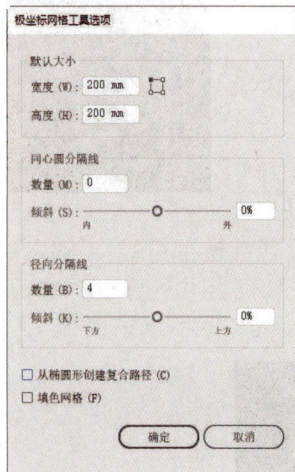

图5-58　　　　　　　　　　　图5-59

05 将前面绘制的图形移动到极坐标网格上方，与网格的顶点对齐时，会显示智能参考线，如图5-60所示。保持图

形处于选择状态，选择旋转工具 ↻，将鼠标指针放在网格中心，捕捉到中心点后，也会出现智能参考线，如图5-61所示。

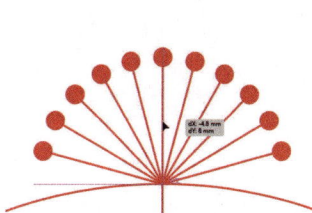 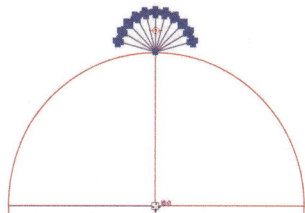

图5-60　　　　　　　　　　　图5-61

06 按住Alt键单击，弹出"旋转"对话框，设置"角度"为30°，如图5-62所示，单击"复制"按钮。连按11下Ctrl+D快捷键，继续复制图形，如图5-63所示。

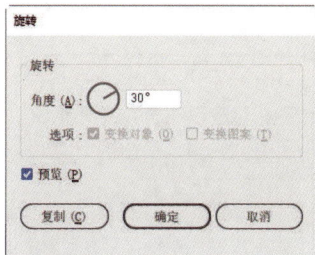 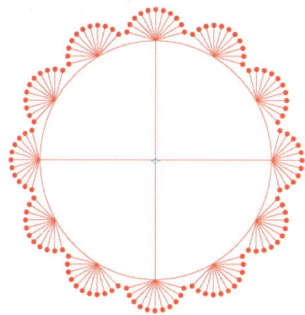

图5-62　　　　　　　　　　　图5-63

07 使用编组选择工具 ▷ 单击十字线路径，按Delete键将其删除，如图5-64所示。按Ctrl+A快捷键全选，按Ctrl+G快捷键编组。保持图形处于选择状态，执行"对象>变换>分别变换"命令，打开"分别变换"对话框，设置缩放比例为75%、旋转角度为45°，单击参考点定位器 ▦ 中间的小方块，将参考点定位至图形中心，如图5-65所示。单击"复制"按钮，如图5-66所示。之后连按8下Ctrl+D快捷键，继续复制图形，如图5-67所示。

 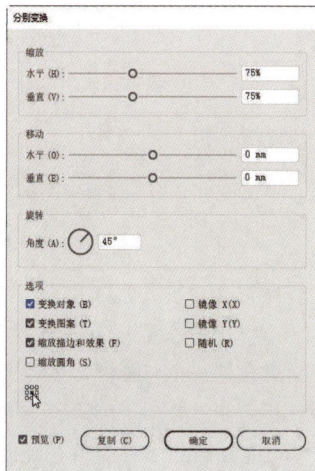

图5-64　　　　　　　　　　　图5-65

图5-66

图5-67

5.1.9 实战:用"变换"效果制作分形图案

分形图案是数学、计算机与艺术的完美结合,被广泛应用于服装面料、工艺品装饰、包装、书刊装帧、商业广告、网页等设计领域。本实战使用"变换"效果制作此类图案,最终效果如图5-68所示。与"分别变换"命令相比,"变换"效果可以修改和删除,因而更具灵活性。

图5-68

01 按Ctrl+N快捷键,打开"新建文档"对话框,创建一个RGB颜色模式的文档。为便于观察效果,可以使用矩形工具 创建一个与画板大小相同的矩形并填充为黑色,然后在 图标右侧单击,将矩形所在图层锁定,如图5-69所示。

02 选择椭圆工具 ,在画板上单击,弹出"椭圆"对话框,设置相关参数,如图5-70所示,创建一个圆形,设置描边为渐变,如图5-71和图5-72所示。执行"效果>扭曲和

变换>变换"命令,打开"变换效果"对话框,设置相关参数,如图5-73所示,图形效果如图5-74所示。

图5-69

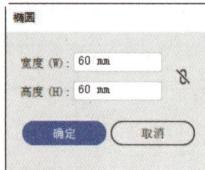
图5-70

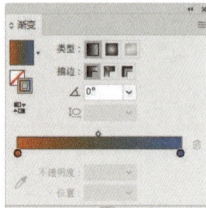
图5-71

图5-72

图5-73

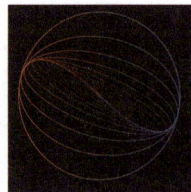
图5-74

03 单击选择工具 ,按住Alt键拖曳圆形以进行复制。双击"外观"面板中的"变换"属性,如图5-75所示,打开"变换效果"对话框,修改相关参数,如图5-76和图5-77所示。

图5-75

图5-76

图5-77

04 分别用多边形工具 、星形工具 创建图形,并添加"变换"效果,制作出其他图案。其中,圆角图案是通过拖曳实时转角构件创建的,如图5-78~图5-80所示。

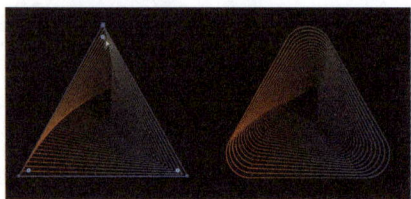
图5-78

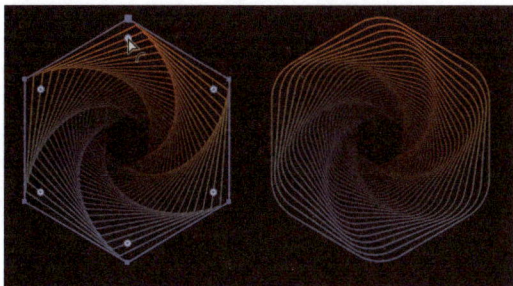

图5-79

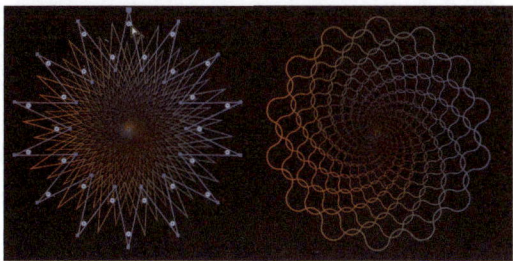

图5-80

5.1.10 "变换"面板

选择对象后,在"变换"面板的选项中输入数值,如图5-81所示,按Enter键,可以进行移动、旋转、缩放和倾斜操作。此外,选择面板菜单中的命令,如图5-82所示,可以对图案、描边等单独应用变换(*具体方法见5.1.11小节*)。

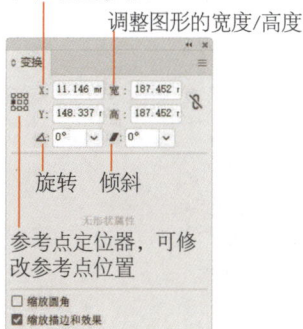

图5-81   图5-82

5.1.11 单独变换图形、图案、描边和效果

通过设置参数进行精确变换时,可在相应的对话框中勾选一个或多个复选框,对描边、图案、效果和图形中的一种或多种属性应用变换。例如,图5-83所示的圆形包含填充图案、颜色描边和投影效果,对它进行缩放时,可以设置以下选项,如图5-84所示。

图5-83   图5-84

● 比例缩放描边和效果:勾选该复选框,描边和效果会与对象一同缩放(图案保持原有比例),如图5-85所示。取消勾选,则仅缩放对象,描边、效果和图案的比例保持不变,如图5-86所示。

图5-85   图5-86

● 变换对象/变换图案:勾选"变换对象"复选框,仅缩放对象;勾选"变换图案"复选框,仅缩放图案,对象、描边和效果不变,如图5-87所示;如果两项都勾选,则同时缩放对象和图案,描边和效果的比例保持不变,如图5-88所示。

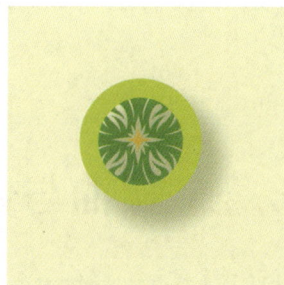

图5-87   图5-88

使用变换工具操作时,如果只想变换图案而不影响对象,可按住鼠标左键及~键并进行拖曳。此时虽然对象的定界框显示为变换的形状,但释放鼠标左键时,定界框又恢复为原样,只留下变换的图案。

5.1.12 实战:用全局编辑功能修改Logo

在设计工作中,有些图形(如徽标、Logo)需要创建多个副本,便于在文档或多个画板中使用。通过全局编辑功能,可以一次性修改所有副本,而无须逐个编辑。需要注意的是,图像、文本对象、剪切蒙版、链接对象和第三方增效工具不支持全局编辑。

01 打开素材，如图5-89所示。使用选择工具 ▶ 单击Logo。按住Alt键拖曳进行复制，并调整Logo的大小和角度，如图5-90所示。

图5-89　　　　图5-90

02 选择一个对象（不能选择多个对象，否则全局编辑不起作用），如图5-91所示，执行"选择>启动全局编辑"命令，将其他副本对象同时选择，如图5-92所示。如果想排除某个对象，可以按住Shift键单击它。

图5-91　　　　图5-92

> **提示**
>
> 如果要进一步筛选对象，可以在"属性"面板中单击"启动全局编辑"按钮右侧的下拉按钮，打开下拉菜单。勾选"外观"复选框，可以查找具有相同外观的对象，例如填充、描边。勾选"大小"复选框，可以查找大小相同的对象。如果文档中包含多个画板，可以指定在哪个画板上进行查找。

03 执行"效果>风格化>投影"命令，添加投影，如图5-93所示。所有副本对象也都会被添加此投影，如图5-94所示。在其他区域单击或按Esc键，结束编辑。

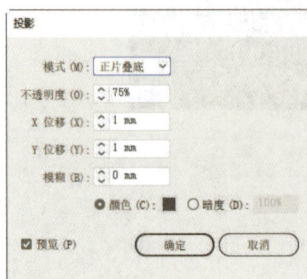

图5-93　　　　图5-94

5.2 扭曲与变形

相对于变换功能，扭曲和变形对图稿的改动更大，能表现更多的效果。下面介绍怎样使用液化类工具等。

5.2.1 液化类工具

图5-95所示为液化类工具。使用时，无须选择对象，在对象上拖曳鼠标即可，如图5-96所示。在对象上单击时，按住鼠标左键，停留的时间越长，变形效果越强。这些工具不能用于处理链接的文件或包含文本、图形或符号的对象。

图5-95

原图稿　　变形工具处理结果　　旋转扭曲工具处理结果　　缩拢工具处理结果

膨胀工具处理结果　　扇贝工具处理结果　　晶格化工具处理结果　　皱褶工具处理结果

图5-96

- 变形工具 ▤：适合创建比较随意的变形效果。
- 旋转扭曲工具 ▤：可创建旋涡状的效果。
- 缩拢工具 ▤：可以通过向十字线方向移动控制点的方式收缩对象，使其向内收缩。
- 膨胀工具 ▤：可创建与缩拢工具相反的膨胀效果。
- 扇贝工具 ▤：可以在对象的轮廓中添加随机弯曲的细节，创建类似贝壳表面纹路的效果。
- 晶格化工具 ▤：可以在对象的轮廓中添加随机锥化的细节，生成与扇贝工具相反的效果（扇贝工具产生向内的弯曲，而晶格化工具产生向外的尖锐凸起）。
- 皱褶工具 ▤：可以在对象的轮廓中添加类似皱褶的细节，从而产生不规则的起伏。

5.2.2 实战：制作奇异水珠

本实战首先定义一个由圆形组成的画笔（见239页），然后通过创建混合制作出球体，最后使用液化类工具进行扭曲，最终效果如图5-97所示。

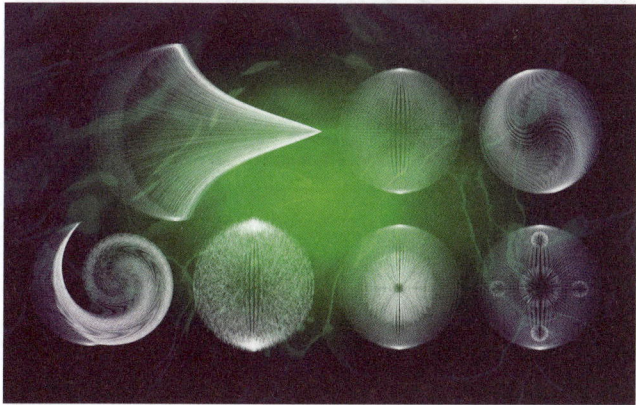

图5-97

01 按Ctrl+N快捷键，创建A4纸大小的文档（方向为横向）。使用矩形工具 ▤ 创建一个与画板大小相同的矩形，设置填色为黑色，无描边。在眼睛图标 ◉ 右侧单击，将该图层锁定，如图5-98所示。单击 ⊞ 按钮，创建一个图层，如图5-99所示。

图5-98

图5-99

02 选择椭圆工具 ◯，在画板上单击，参数设置如图5-100所示，创建一个圆形，设置描边粗细为0.5 pt、颜色为白色，无填色，如图5-101所示。

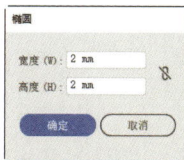

图5-100

图5-101

03 单击选择工具 ▶，按住Alt键拖曳图形进行复制，如图5-102所示。连按23次Ctrl+D快捷键，继续复制图形，如图5-103所示。

图5-102　　　图5-103

04 按Ctrl+A快捷键全选。单击"画笔"面板中的 ⊞ 按钮，弹出"新建画笔"对话框，选中"图案画笔"单选按钮，如图5-104所示。单击"确定"按钮，弹出"图案画笔选项"对话框，参数设置如图5-105所示，单击"确定"按钮，将圆形定义为画笔。

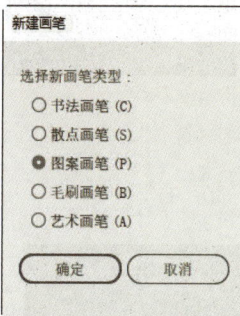

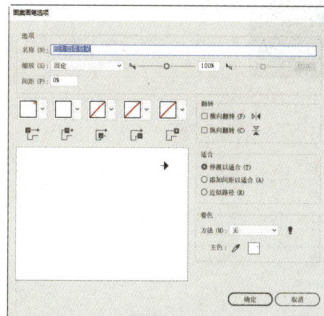

图5-104　　　　　图5-105

05 选择椭圆工具 ◯，在画板上单击，创建一个直径为120 mm的圆形，如图5-106和图5-107所示。

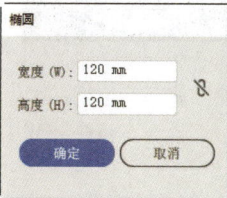

图5-106　　　图5-107

06 选择直接选择工具 ▷，单击图5-108所示的锚点，按Delete键删除，得到半圆形路径，如图5-109所示。单击新创建的画笔，如图5-110所示，用它为路径描边，如图5-111所示。

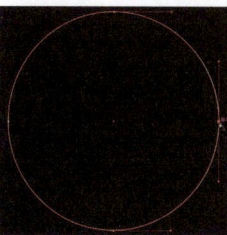

图5-108　　　图5-109

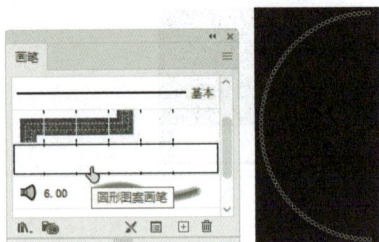

图5-110　　　　　　图5-111

07 选择镜像工具 ▷◁，按住Alt键，在图5-112所示的位置单击，弹出"镜像"对话框，选中"垂直"单选按钮，如图5-113所示，单击"复制"按钮，复制图形。用选择工具 ▶ 调整图形位置，如图5-114所示。

图5-112　　　　图5-113　　　　　　图5-114

08 选择这两个图形，按Alt+Ctrl+B快捷键创建混合。双击混合工具 🏷，打开"混合选项"对话框，设置参数，如图5-115所示，图形效果如图5-116所示。

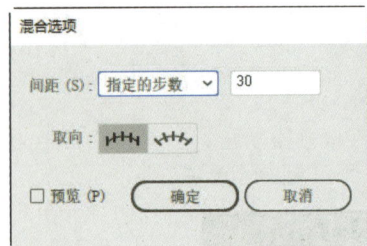

图5-115　　　　　　　图5-116

09 执行"对象>扩展"命令，打开"扩展"对话框，勾选"对象"复选框，如图5-117所示，将混合对象扩展为图形。设置描边为0.25 pt，如图5-118所示。

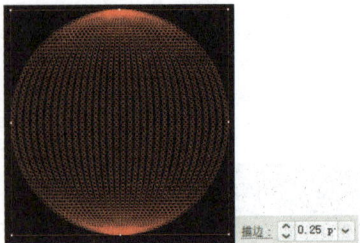

图5-117　　　　图5-118

10 双击晶格化工具 ▦，打开"晶格化工具选项"对话框。调整画笔大小并将"细节"设置为1，如图5-119所示。将鼠标指针放在图形上，如图5-120所示，连续单击，对图形进

行变形处理，效果如图5-121所示。单击选择工具 ▶，按住Alt键拖曳图形进行复制，用旋转扭曲工具 🌀、皱褶工具 ▦、缩拢工具 ✳、扇贝工具 ▤和晶格化工具 ▦做出更多效果。

图5-119

> **提示**
>
> 使用液化类工具时，也可以按住Alt键在画板空白处拖曳鼠标，调整画笔的大小。

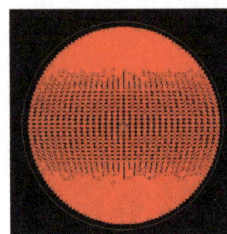
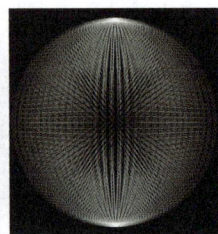

图5-120　　　　　　图5-121

5.2.3 液化类工具选项

双击任意液化类工具，都可以打开"变形工具选项"对话框，如图5-122所示。

图5-122

● 宽度/高度：用来设置使用工具时画笔的大小。

● 角度/强度：用来设置画笔的方向和扭曲速度。

● 使用压感笔：当计算机配置了数位板和压感笔时，该项可用。勾选该复选框后，可通过压感笔的压力控制扭曲强度。

- 细节：设置引入对象轮廓的各点的间距（该值越大，间距越小）。
- 简化：勾选该复选框，可以减少多余的锚点，但不会影响图形的整体外观，适用于变形工具、旋转扭曲工具、缩拢工具和膨胀工具。
- 显示画笔大小：勾选该复选框，将在画板中显示画笔的形状和大小。
- 重置：单击该按钮，可以恢复为默认参数设置。

5.2.4 实战：修改河马动作（操控变形工具）

使用操控变形工具 📌 可以对图稿的局部进行自由扭曲。本实战使用该工具让河马的手臂弯曲，使其摆出不同的姿态，如图5-123和图5-124所示。

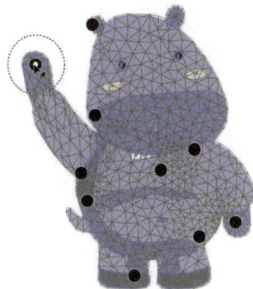

图5-123　　　　　　图5-124

5.3 组合图形

在 Illustrator 中，将简单的图形组合，可以构建出复杂的图形，这比使用钢笔工具等绘制要容易得多。

5.3.1 实战：制作挂牌（复合路径）

如果想在图形内部挖出一个孔洞，如图5-125～图5-127所示，用"对象>复合路径>建立"命令操作最为方便。

图5-125　　　　图5-126　　　　图5-127

复合路径由一个或多个简单的图形组合而成，这些图形被自动编组，重叠处呈孔洞状，所有对象都可单独编辑，通过"对象>复合路径>释放"命令可以将其释放。因此，这是一种非破坏性的图形组合功能。

5.3.2 实战：矛盾空间图形（形状生成器工具）

使用形状生成器工具 ⬒ 可以快速合并图形或删除图形

中多余的部分。本实战使用该工具制作矛盾空间图形，如图5-128所示。

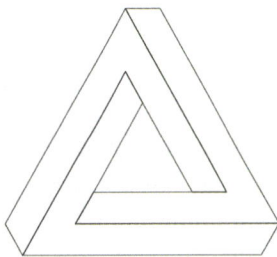

图5-128

01 按Ctrl+N快捷键，打开"新建文档"对话框，使用其中的预设创建A4纸大小的文档。选择直线段工具 ✏，按住Shift键拖曳鼠标创建直线。设置描边为黑色，无填色。选择选择工具 ▶，按住Alt键拖曳直线，进行复制，如图5-129所示。按Ctrl+D快捷键，继续复制直线，如图5-130所示。

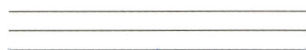

图5-129　　　　　　图5-130

02 按住Shift键单击上面的两条直线，将这3条直线一同选择。选择旋转工具 ↻，将鼠标指针放在中心点上，如图5-131所示，按住Alt键单击，弹出"旋转"对话框，设置"角度"为120°，单击"复制"按钮，如图5-132所示，旋转并复

制图形，如图5-133所示。采用同样的方法，继续复制图形，结果如图5-134所示。

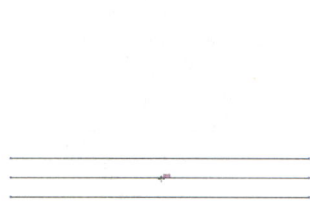

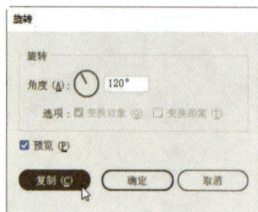

图5-131 图5-132

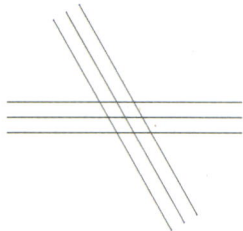

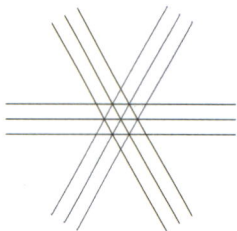

图5-133 图5-134

03 使用选择工具 ▶ 拖曳出一个选框，将水平直线全部选择，向下拖曳，如图5-135和图5-136所示。

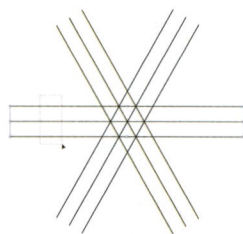

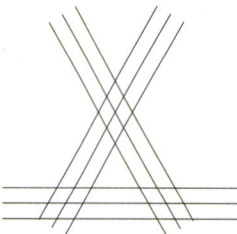

图5-135 图5-136

04 按Ctrl+K快捷键，打开"首选项"对话框，切换到"智能参考线"设置面板，将"对齐容差"选项设置为1 pt，如图5-137所示。选择直线段工具 ∕，将鼠标指针放在直线的交叉点上，当显示智能参考线（即显示"交叉"二字时），如图5-138所示，按住Shift键拖曳鼠标创建直线，如图5-139和图5-140所示。采用同样的方法，在图形下方创建两条直线，如图5-141所示。

05 按Ctrl+A快捷键全选，单击"路径查找器"面板中的 按钮，对图形进行分割，如图5-142所示。按Shift+Ctrl+G快捷键取消编组。选择选择工具 ▶，单击多余的图形，按Delete键删除，如图5-143所示。

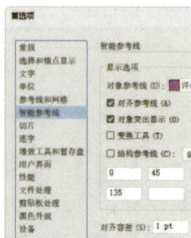

图5-137 图5-138 图5-139

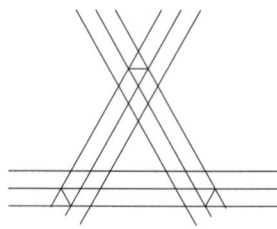

图5-140 图5-141

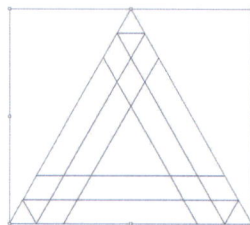

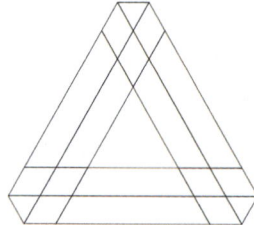

图5-142 图5-143

06 按Ctrl+A快捷键全选。选择形状生成器工具 ，将鼠标指针移动到图形上，当鼠标指针变为 ▶ 形状时，如图5-144所示，将其向邻近的图形拖曳，合并图形，如图5-145所示。合并出另外两个图形，如图5-146和图5-147所示。

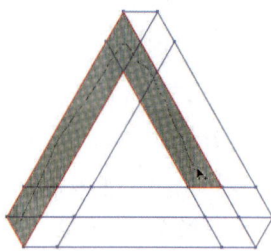

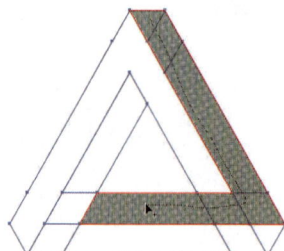

图5-144 图5-145

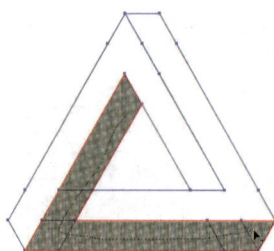

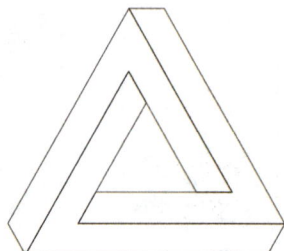

图5-146 图5-147

> **提示**
>
> 按住Alt键（鼠标指针变为 ▶ 形状）单击边缘，可删除边缘。按住Alt键单击图形（也可是多个图形的重叠区域），则可删除图形。

07 分别选择这3个图形，设置它们的颜色为从深红色到浅红色，如图5-148~图5-150所示。

图5-148　　　　图5-149　　　　图5-150

08 选择深红色图形，如图5-151所示。单击工具栏中的内部绘图按钮 ◎（见159页），如图5-152所示。使用矩形工具 ▦ 创建一个矩形，该矩形会位于深红色图形内部。单击工具栏中的渐变按钮▣，为它填充渐变，如图5-153所示。

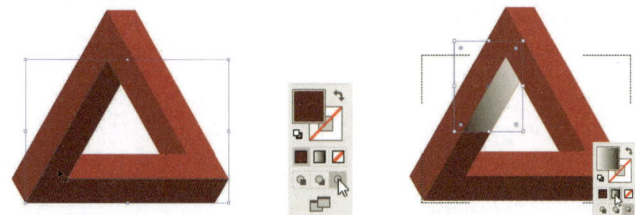

图5-151　　　　图5-152　　　图5-153

09 选择渐变工具▣，拖曳鼠标，调整渐变方向，如图5-154所示。在"透明度"面板中设置混合模式为"正片叠底"，将其作为图形上的阴影，如图5-155所示。单击正常绘图按钮◙，结束编辑。

图5-154　　　　图5-155

10 采用同样的方法，在另外两个图形内部制作阴影效果，如图5-156和图5-157所示。

图5-156　　　　图5-157

11 选择直线段工具／，绘制一段直线，设置颜色为白色，并调整宽度，如图5-158所示。设置混合模式为"叠

加"，在图形边缘创建高光效果，如图5-159和图5-160所示。采用同样的方法，在另外两个侧面也绘制高光效果，如图5-161所示。

图5-158　　　　图5-159

图5-160　　　　图5-161

技术看板 矛盾空间图形

矛盾空间中出现的同视觉空间毫不相干的矛盾图形，称为矛盾空间图形。矛盾空间是创作者刻意违背透视原理，利用平面的局限性及错视凭空制造出来的空间。由于这种空间存在不合理性，但又不容易找到矛盾所在，所以会引发人们的遐想。以下是一些常见的矛盾空间图形。

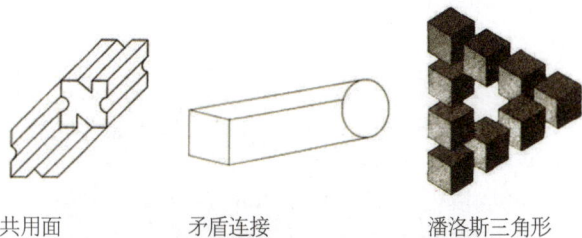

共用面　　　　矛盾连接　　　　潘洛斯三角形

《相对性》——埃舍尔作品

形状生成器工具选项

双击形状生成器工具 ，可以打开"形状生成器工具选项"对话框，如图5-162所示。

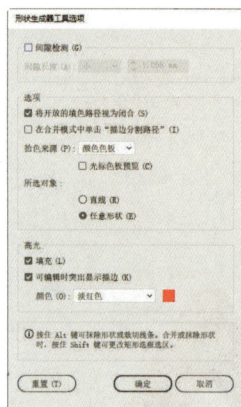

图5-162

- 间隙检测/间隙长度：勾选"间隙检测"复选框，可在"间隙长度"下拉列表中设置间隙长度，包括小（3 点）、中（6 点）和大（12 点）3种。如果想要定义精确的间隙长度，可选择该下拉列表中的"自定"选项，然后自定义间隙数值，此后 Illustrator 仅会查找接近指定间隙长度值的间隙，例如，如果设置间隙长度为 12 点，然而需要合并的形状包含 3 点的间隙，则 Illustrator 可能无法检测此间隙。因此应确保间隙长度值与实际间隙长度接近（大概接近）。

- 将开放的填色路径视为闭合：勾选此复选框，会为开放的路径创建一个不可见的边缘以封闭图形，单击图形内部时，会创建一个形状。

- 在合并模式中单击"描边分割路径"：勾选此复选框，在进行合并图形操作时，单击描边可分割路径。在分割路径时，鼠标指针会变为 ▷* 形状。

- 拾色来源/光标色板预览：在"拾色来源"下拉列表中选择"颜色色板"选项，可以从颜色色板中选择颜色来给对象上色，此时勾选"光标色板预览"复选框，可预览和选择颜色。选择"图稿"选项，则从当前图稿所用的颜色中选择颜色。

- 填充：勾选此复选框，当鼠标指针位于可合并的路径上方时，路径区域会以灰色突出显示。

- 可编辑时突出显示描边/颜色：勾选"可编辑时突出显示描边"复选框后，当鼠标指针位于图形上方时，Illustrator 会突出显示可编辑的描边。在"颜色"下拉列表中可以修改显示颜色。

- 重置：单击该按钮，可以恢复为 Illustrator 默认的参数设置。

5.3.3 Shaper工具

Shaper工具 能识别用户的手势，并根据手势生成实时形状。例如，在画板中画一个歪歪扭扭的方框，它会"善解人意"地将其变成规规矩矩的正方形。此外，矩形、圆形、椭圆、三角形、多边形和直线，也都能用它轻松地绘制出来，如图5-163所示。

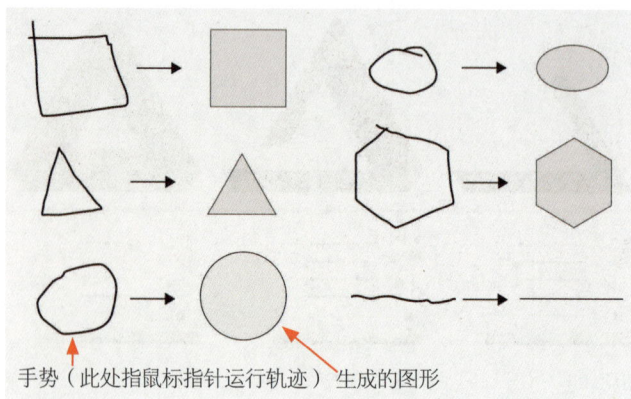

手势（此处指鼠标指针运行轨迹） 生成的图形

图5-163

> **提示**
>
> "手势"即用户在多点触控设备上进行点按、拖曳和滑动等操作，或者使用鼠标时在画板上留下的运行轨迹。如果使用数位板绘图，则是指压感笔的运行轨迹。

组合形状

使用Shaper工具 绘制的是可编辑的实时形状。当多个图形堆叠在一起时，可以通过以下4种方法进行组合或分割，如图5-164所示（黑色折线代表鼠标指针运行轨迹）。

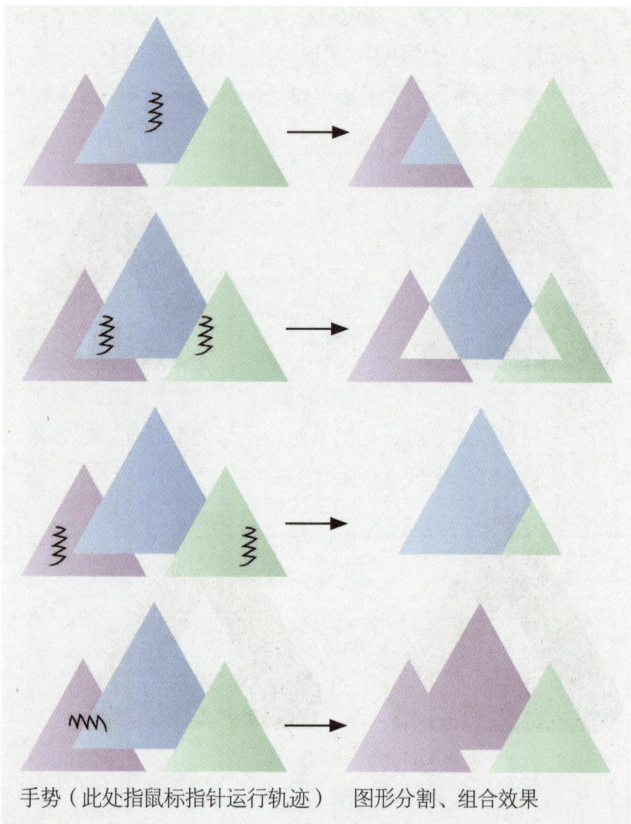

手势（此处指鼠标指针运行轨迹） 图形分割、组合效果

图5-164

编辑Shaper组中的形状

对多个图形进行编组，它们便成为一个Shaper组。选择Shaper工具，单击Shaper组，会显示定界框及箭头构件，如图5-165所示。单击其中一个形状，则会进入表面选择模式，如图5-166所示，此时可修改其填充颜色，如图5-167所示。

图5-165

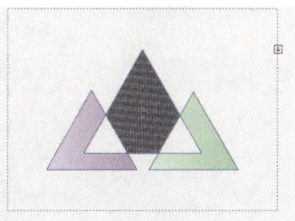

图5-166

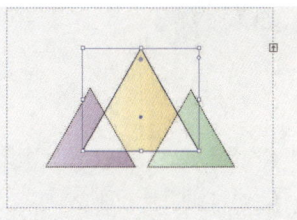

图5-167

双击任意形状（或单击定界框上的⊡图标），可进入构建模式，如图5-168所示。此时可以对形状进行修改。例如，调整其大小或进行旋转，如图5-169所示。如果将该形状拖出定界框，则会将其从Shaper组中释放，如图5-170所示。

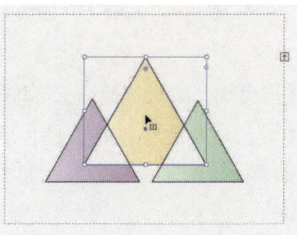

图5-168

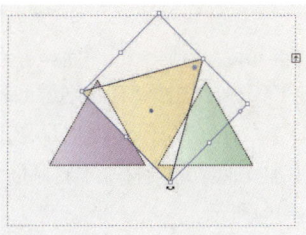

图5-169

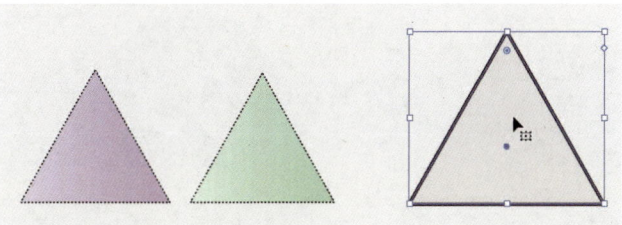

图5-170

5.3.4 实战：制作扁平化图标

本实战使用绘图工具和Shaper工具制作扁平化图标，

最终效果如图5-171所示。扁平化风格图标抛弃了高光、阴影、渐变、浮雕等营造立体感和质感的要素，通过抽象、简化的设计，让信息以更加简单的方式展示出来。

图5-171

01 创建一个A4纸大小、横向的RGB颜色模式的文档。使用矩形工具创建一个与画板大小相同的矩形并将其锁定，如图5-172和图5-173所示。

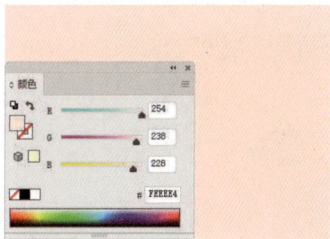

图5-172

图5-173

02 单击⊞按钮，创建一个图层，如图5-174所示。使用Shaper工具绘制两个圆形，如图5-175所示。

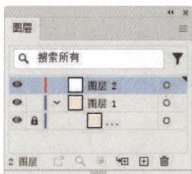

图5-174

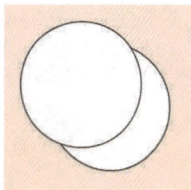

图5-175

03 在图5-176所示的位置以折线的形式拖曳鼠标，分割出一个月牙图形，如图5-177所示。取消描边，如图5-178所示。

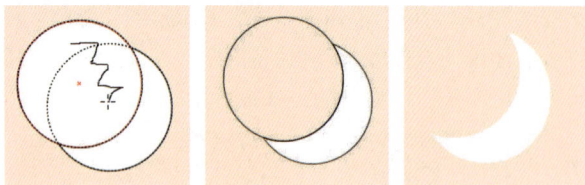

图5-176　　　　　　图5-177　　　　　　图5-178

04 使用Shaper工具 ✐ 绘制三角形山峰并填充渐变，如图5-179~图5-182所示。

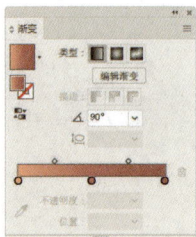 

图5-179　　　　　　图5-180

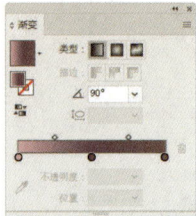 

图5-181　　　　　　图5-182

05 绘制一个矩形，按Shift+Ctrl+[快捷键将其移至底层。为它填充渐变颜色，如图5-183和图5-184所示。

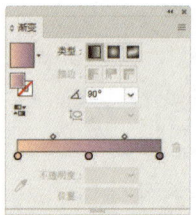 

图5-183　　　　　　图5-184

06 绘制一个圆形，设置描边颜色为白色并调整粗细，如图5-185和图5-186所示。

图5-185　　　　　　图5-186

07 按Ctrl+C快捷键复制圆形。按Ctrl+A快捷键全选，按Ctrl+7快捷键创建剪切蒙版，将圆形外的图形隐藏，如图5-187所示。单击"图层1"，如图5-188所示，按Ctrl+F快捷键，将圆形粘贴到该图层中，使之位于剪切蒙版的下方，如图

5-189和图5-190所示。

 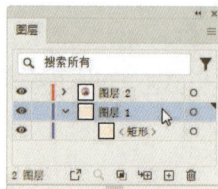

图5-187　　　　　　图5-188

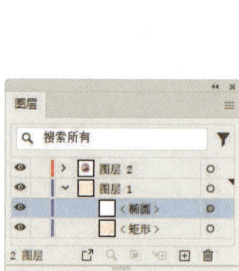 

图5-189　　　　　　图5-190

08 使用钢笔工具 ✐ 绘制阴影并填充渐变颜色，按Ctrl+[快捷键将其调整到圆形下方，如图5-191和图5-192所示。

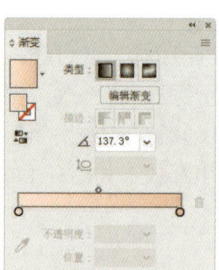 

图5-191　　　　　　图5-192

09 单击 ⊞ 按钮创建图层。将其拖曳到"图层2"上方，如图5-193所示。使用星形工具 ✿ 创建几颗小星星。还可以添加其他图形素材来丰富画面，如狮子、大象、小鹿等，如图5-194所示。

图5-193　　　　　　图5-194

5.3.5 "路径查找器"面板

图5-195所示为"路径查找器"面板。当多个图形堆叠

时，如图5-196所示，将它们一同选择后，可以通过该面板进行组合和分割。

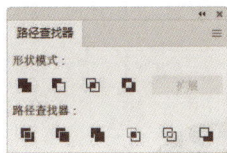 

图5-195　　　　　　　图5-196

● 联集：用于将所选对象合并。合并后，轮廓及重叠的部分融合在一起，顶层对象的颜色决定了合并后的对象的颜色，如图5-197所示。

● 减去顶层：用底层的图形减去它上面的图形，保留底层图形的填色和描边，如图5-198所示。

图5-197　　　　　　　图5-198

● 交集：只保留图形的重叠部分。重叠处显示为顶层图形的填色和描边，如图5-199所示。

● 差集：只保留图形的非重叠部分，重叠部分被挖空，最终的图形显示为顶层图形的填色和描边，如图5-200所示。

图5-199　　　　　　　图5-200

● 分割：对重叠区域进行分割，使之成为单独的图形。分割后的图形可保留原图形的填色和描边，且被自动编组，如图5-201所示。

● 修边：将图形的重叠部分删除，保留原图形的填色，无描边，如图5-202所示。

图5-201　　　　　　　图5-202

● 合并：用于将所选对象合并。不同颜色的图形合并后，顶层的图形保持形状不变，与底层图形重叠的部分被删除，如图5-203所示。

● 裁剪：只保留图形的重叠部分，无描边，并显示为底层图形的颜色，如图5-204所示。

图5-203　　　　　　　图5-204

● 轮廓：只保留图形的轮廓，轮廓的颜色为它自身的填色，如图5-205所示。

● 减去后方对象：用顶层的图形减去它下面的所有图形，保留顶层图形的非重叠部分及描边和填色，如图5-206所示。

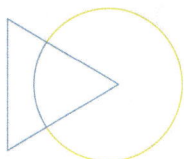

图5-205　　　　　　　图5-206

5.3.6 实战：Logo设计

本实战使用绘图功能和"路径查找器"面板制作猴脸Logo，最终效果如图5-207所示。

图5-207

01 选择圆角矩形工具，拖曳鼠标创建圆角矩形（拖曳过程中可以按↑键和↓键调整圆角大小），作为猴子脸部，如图5-208所示。再创建一个小的圆角矩形，作为猴子的左耳，如图5-209所示。

 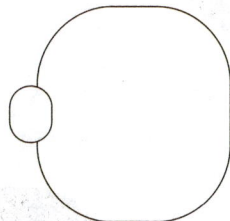

图5-208　　　　　　　图5-209

02 单击选择工具，按住Alt+Shift快捷键拖曳此圆角矩形，进行复制，作为右耳，如图5-210所示。按Ctrl+A快捷键全选，单击"路径查找器"面板中的按钮，将它们合并成一个图形，如图5-211和图5-212所示。将填色设置为黑色，无描边，如图5-213所示。

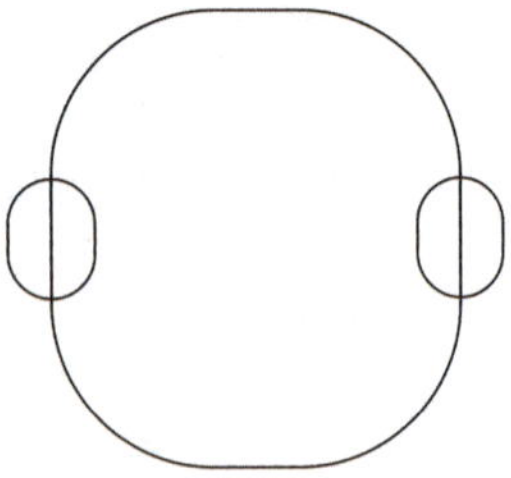

图5-210

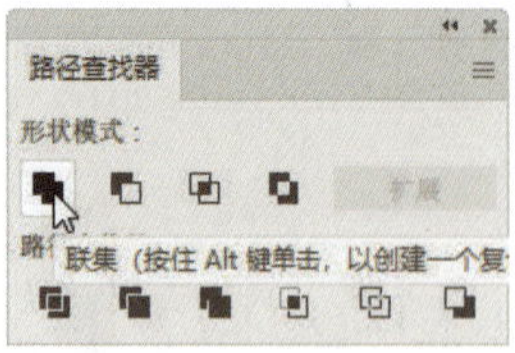

图5-211

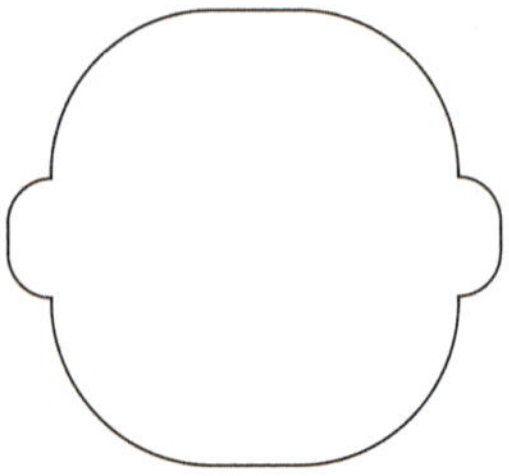

图5-212

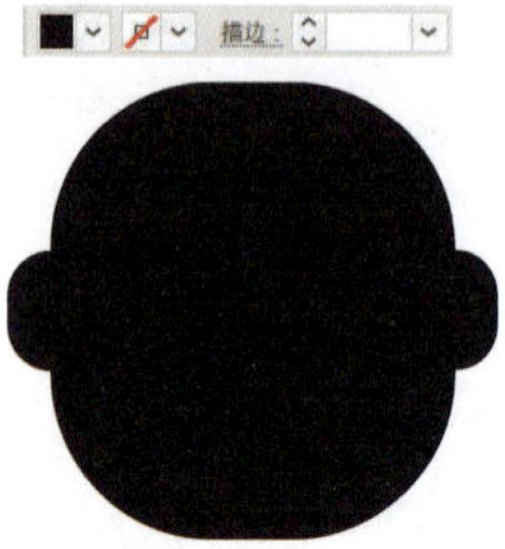

图5-213

03 创建一个白色的圆角矩形，如图5-214所示。选择椭圆工具，按住Shift键拖曳鼠标，创建一个白色的圆形，如图5-215所示。单击选择工具，按住Alt+Shift快捷键拖曳圆形，将其复制到右侧，如图5-216所示。

图5-214

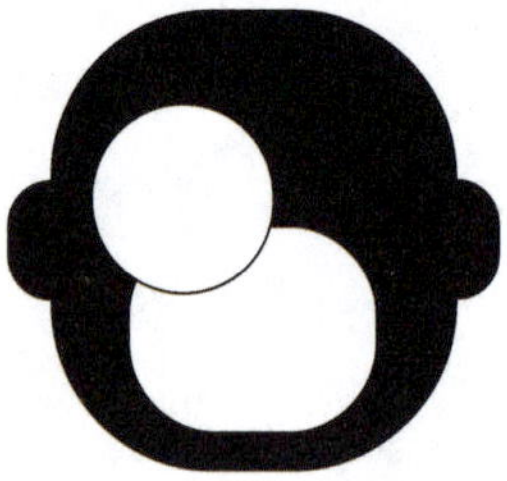

图5-215

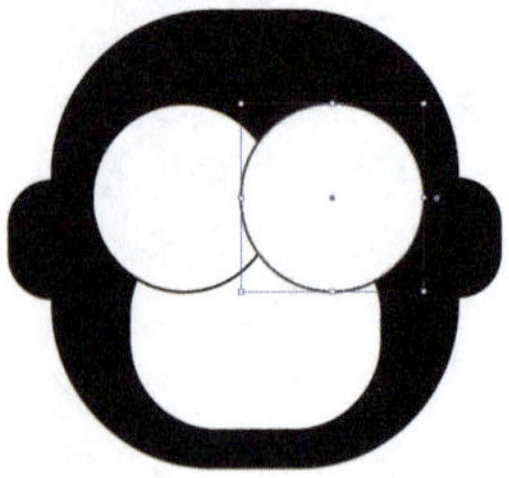

图5-216

04 按Ctrl+A快捷键全选，单击“路径查找器”面板中的按钮，如图5-217所示，用猴脸图形减去前方的其他图形，效果如图5-218所示。

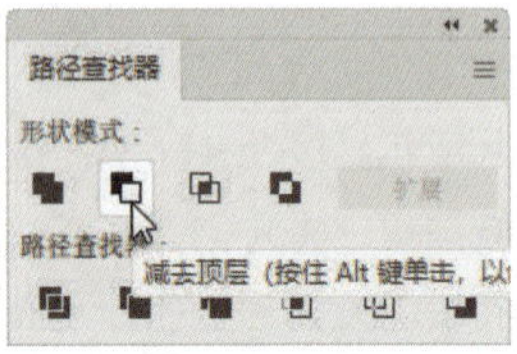

图5-217

图5-218

05 绘制一个黑色的圆形和黑色的椭圆形，如图5-219所示。选择镜像工具，按住Ctrl+Shift键，将这两个图形选取，并将鼠标指针移动到图5-220所示的锚点上，按住Alt键单击，打开“镜像”对话框，选中“垂直”单选按钮，单击“复制”按钮，如图5-221所示，镜像复制图形，如图5-222所示。

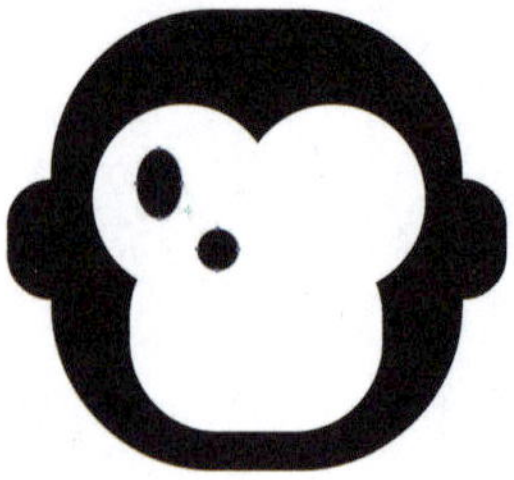

图5-219

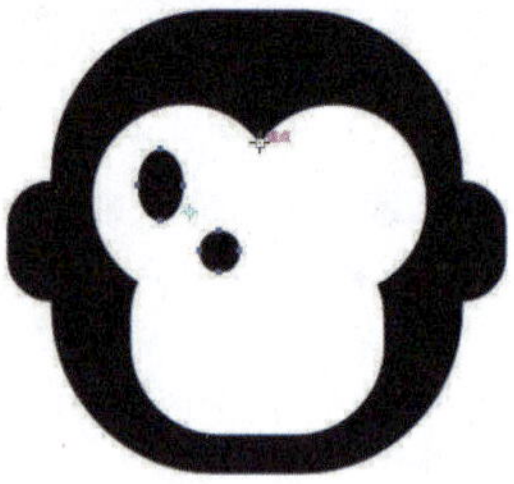

图5-220

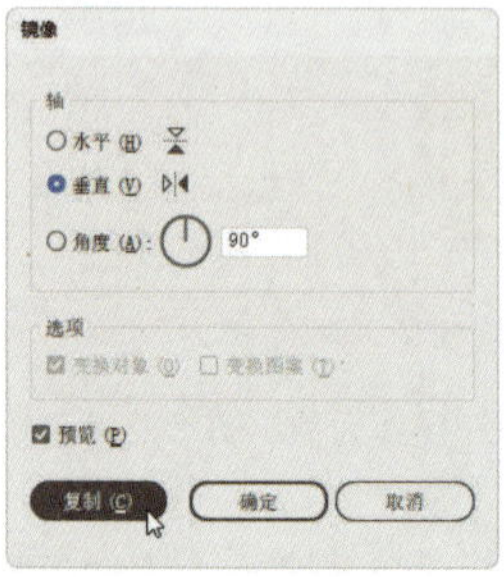

图5-221

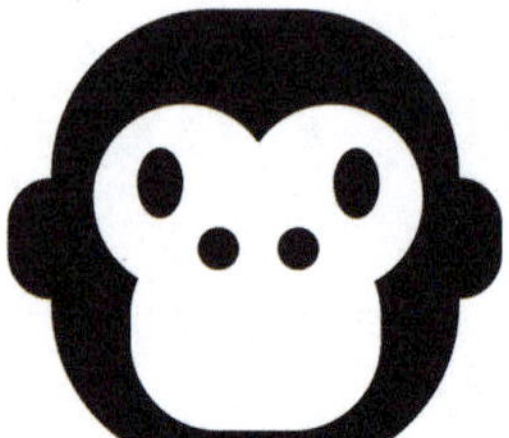

图5-222

06 创建一个椭圆形，作为嘴巴，如图5-223所示。选择直接选择工具，在图5-224所示的锚点上单击，按Delete键删除锚点，断开路径，如图5-225所示。执行“对象>扩展”命令，将路径扩展为图形，如图5-226所示。

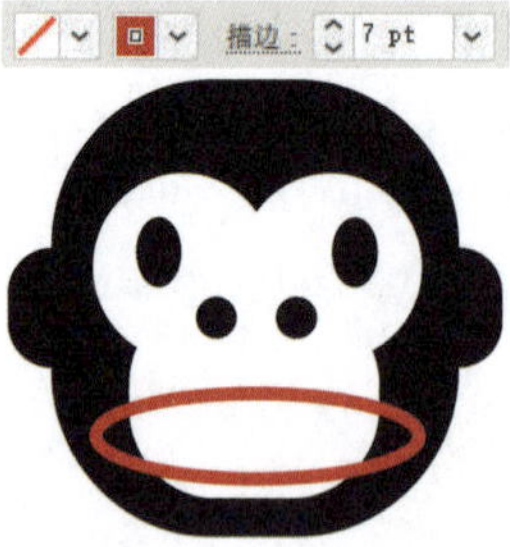

图5-223

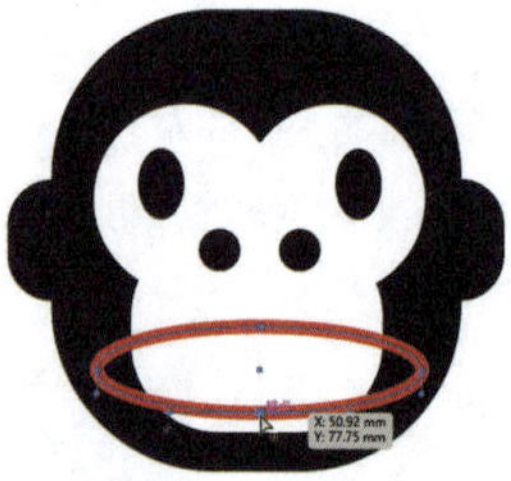

图5-224

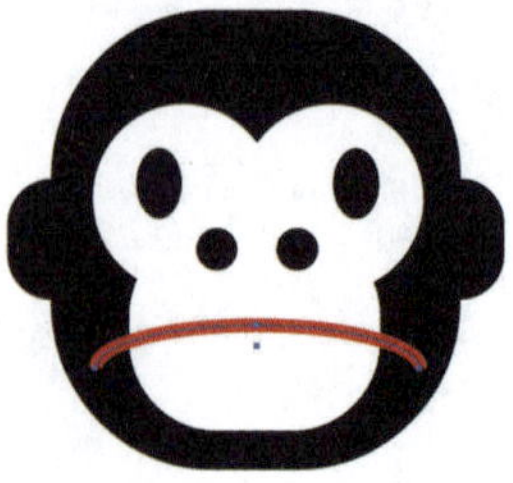

图5-225

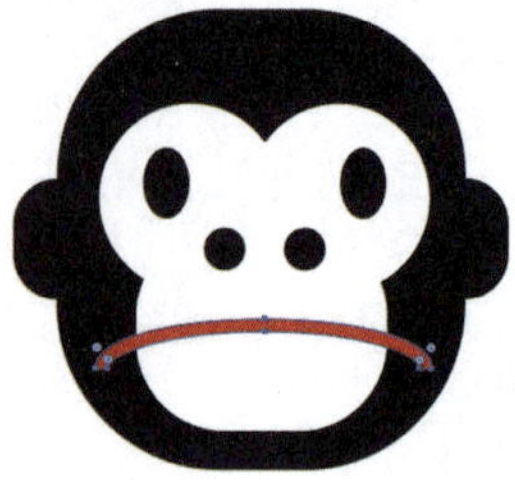

图5-226

07 按Ctrl+A快捷键全选，单击“路径查找器”面板中的按钮，将所有对象合并成一个图形，如图5-227和图5-228所示。

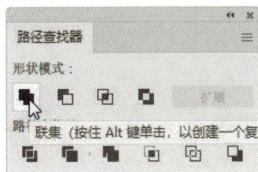

图5-227　　　　　　　　图5-228

5.3.7 实战：复合形状

使用"路径查找器"面板时，如果按住Alt键单击"形状模式"选项组中的按钮，可以创建复合形状，且不会真正地修改和破坏图形，如图5-229～图5-231所示。

图5-229　　　　图5-230　　　　图5-231

复合形状采用底层对象的填色和透明度属性。用直接选

择工具 或编组选择工具 选择各个对象，可以对其进行编辑（编辑锚点，改变填色、样式或透明度等）；也可以按住Alt键单击"形状模式"选项组中的其他按钮，修改形状模式，如图5-232和图5-233所示。

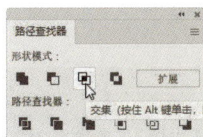

图5-232　　　　　　　图5-233

单击"路径查找器"面板中的"扩展"按钮，可以将复合形状扩展，并删除多余的路径。如果想释放复合形状，即恢复原有的图形，可以打开"路径查找器"面板菜单，执行"释放复合形状"命令。

> **提示**
>
> 图形、路径、编组对象、混合对象、文本、封套扭曲对象、变形对象、复合路径、其他复合形状等都可以用来创建复合形状。由于要保留原始图形，因此，复合形状生成的文件要比复合路径生成的文件大，并且在显示包含复合形状的文件时，计算机要一层一层地从原始对象读起，屏幕的刷新速度会变慢。如果要制作简单的挖空效果，最好用复合路径。

5.4 封套扭曲

封套扭曲是一种灵活度高、可控性强的变形功能，它能将对象封装到一个图形内，使其按照这个图形的外观产生扭曲。封套扭曲有 3 种创建方法，下面逐一介绍。

5.4.1 用变形方法创建封套扭曲

封套扭曲，即利用封套（图形）来扭曲对象（被扭曲的对象称为封套内容）。封套类似于一种容器，封套内容则类似于容器里的东西，如水。例如，将水装进圆玻璃瓶，水呈现的形态是圆形的，与玻璃瓶一模一样；装进方玻璃瓶时，水呈现的形态又会变为方形。

Illustrator提供了15种预设的封套。选择对象，执行"对象>封套扭曲>用变形建立"命令，打开"变形选项"对话框，可在"样式"下拉列表中选择扭曲样式，如图5-234所示。图5-235和图5-236所示为用"旗帜"样式扭曲的文字及Logo效果。提高"弯曲"值，能增强扭曲效果。调整"水平"和"垂直"参数，可以创建水平和垂直方向的透视扭曲效果。

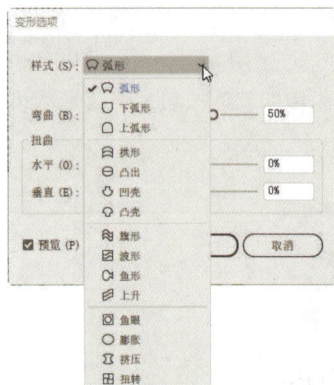

图5-234

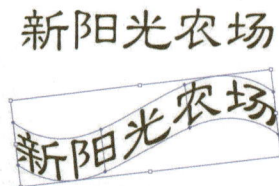

图5-235

图5-236

> **提示**
>
> 除图表、参考线和链接对象外，其他对象均可进行封套扭曲。通过"用变形建立"命令扭曲对象以后，选择对象，执行"对象>封套扭曲>用变形重置"命令，可以打开"变形选项"对话框重新修改变形参数，也可选择用其他样式来扭曲对象。

5.4.2 实战：VI应用系统之旗帜效果（用网格创建）

VI应用系统由基础设计系统和应用设计系统两部分组成。基础设计系统包括企业Logo、企业机构简称、标准字体、标准色、辅助图形等；应用设计系统则是基础设计系统在视觉项目中的应用，如企业Logo在办公用品、产品、包装、标识、环境、交通工具、制服、展示陈列设计等方面的应用。本实战用网格建立封套扭曲，制作一面印有企业Logo的旗帜。

01 打开素材，如图5-237所示。按Ctrl+A快捷键全选，按Ctrl+G快捷键编组。执行"对象>封套扭曲>用网格建立"命令，打开"封套网格"对话框，设置网格数目，如图5-238所示，创建变形网格，如图5-239所示。

图5-237

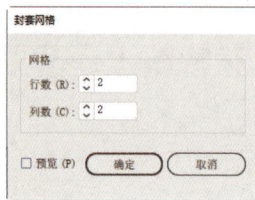

图5-238

图5-239

02 选择直接选择工具 ▷，单击网格，选择之后进行拖曳，调整网格点位置，拖曳方向点，调整曲线形状，进而扭曲对象，如图5-240所示。

图5-240

03 采用同样的方法，拖曳右侧的网格点和方向点，将旗帜的整体轮廓调整好，如图5-241所示。

图5-241

04 处理网格内部，如图5-242所示。网格线也可以编辑，即拖曳网格线可进行移动。最终效果如图5-243所示。

图5-242

图5-243

技术看板 **重新设置网格**

通过网格建立封套
扭曲后，使用选择
工具 ▶ 选择对象，
可以在"控制"面
板中修改网格线的
行数和列数，也可
以单击"重设封套
形状"按钮，将网
格参数恢复为默认
设置。

5.4.3 实战：制作艺术咖啡杯（用顶层对象创建）

本实战用顶层对象创建封套扭曲，制作一个镂空的艺术
咖啡杯，如图5-244所示。

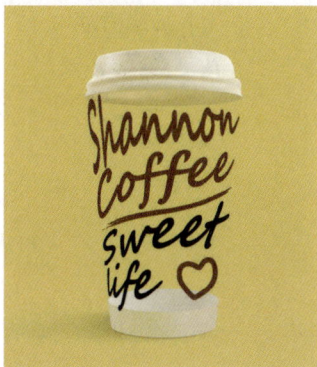

图5-244

01 按Ctrl+O快捷键，打开素材，如图5-245所示。在 👁 图标
右侧单击，将其锁定，如图5-246所示。单击 ⊞ 按钮，新
建一个图层，如图5-247所示。

图5-245   图5-246   图5-247

02 使用钢笔工具 ✒ 绘制图形，如图5-248所示。再绘制一条
曲线，如图5-249所示。

图5-248   图5-249

03 单击选择工具 ▶，按住Alt键拖曳曲线，进行复制，如图
5-250所示。按Ctrl+A快捷键全选。选择形状生成器工具
🖱，在图5-251所示的3个区域单击，将图形分割成3块。

图5-250   图5-251

04 使用选择工具 ▶ 将杯子图形外的多余路径选取，按Delete
键删除，如图5-252所示。按Ctrl+C快捷键，复制曲线。
输入文字"Shannon""Coffee""Sweet life"（Sweet和life两个
单词之间用Enter键换行），如图5-253所示。

图5-252

图5-253

05 选择这3组文字,如图5-254所示,按Shift+Ctrl+[快捷键将它们调整到底层,如图5-255所示。

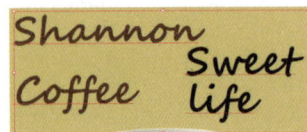

图5-254

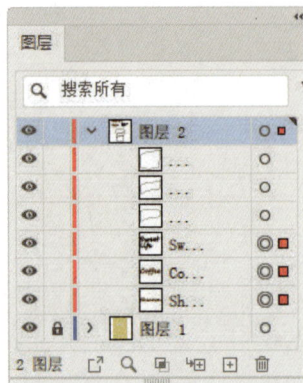

图5-255

06 选择选择工具▶,按住Shift键单击文字"Shannon"及最上方的图形,如图5-256所示。执行"对象>封套扭曲>用顶层对象建立"命令,通过图形扭曲文字,如图5-257所示。

图5-256

图5-257

07 采用同样的方法,通过中间的图形扭曲文字"Coffee";通过下方的图形扭曲文字"Sweet life",如图5-258和图5-259所示。

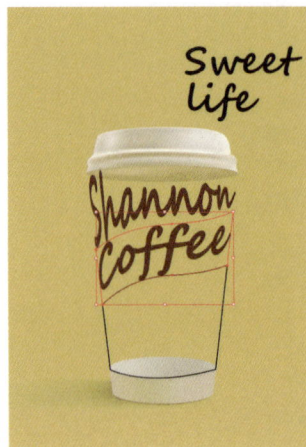

图5-258

图5-259

08 按Ctrl+F快捷键粘贴曲线。将其适当缩小并用直接选择工具▷进行调整,如图5-260所示。执行"窗口>画笔库>矢量包>颓废画笔矢量包"命令,打开该画笔库,选择图5-261所示的画笔,用它为路径描边。

图5-260

图5-261

09 使用选择工具▶单击文字"Sweet life",将其选择,单击"控制"面板中的按钮,进入封套扭曲内容编辑状态。修改文字的大小和间距,如图5-262和图5-263所示。

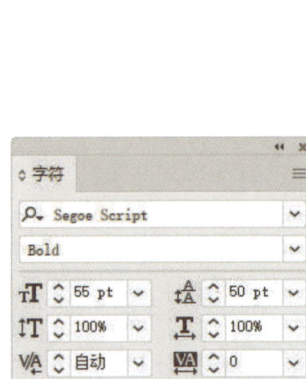

图5-262

图5-263

10 单击"控制"面板中的按钮,结束编辑。用斑点画笔工具绘制一个心形,放在杯子右下角空白的位置,如

图5-264所示。

图5-264

5.4.4 编辑封套内容

创建封套扭曲后，所有封套对象会合并到同一个图层上，封套和封套内容可以分别编辑、修改。例如，使用选择工具▶选择对象，单击"控制"面板中的编辑内容按钮，暂时释放封套扭曲，如图5-265和图5-266所示。此后便可单独编辑封套内容，如图5-267所示。编辑完成后，单击编辑封套按钮，可恢复封套扭曲。

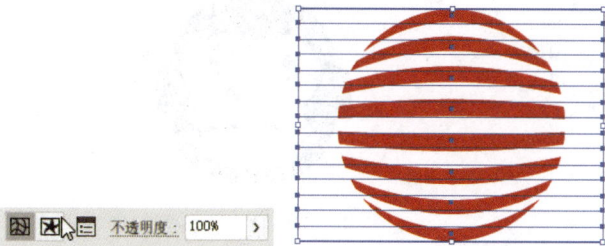

图5-265　　图5-266

图5-267

需要编辑封套时，使用选择工具▶选择封套扭曲对象，直接进行编辑即可。例如，使用直接选择工具▷拖曳上、下方的锚点，将图形变为蝴蝶结状，如图5-268和图5-269所示。

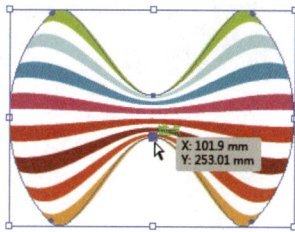

图5-268　　　　　　图5-269

5.4.5 设置封套选项

封套选项决定以何种形式扭曲对象，以便使之更适合封套。选择封套扭曲对象，单击"控制"面板中的按钮，或执行"对象>封套扭曲>封套选项"命令，打开"封套选项"对话框即可进行设置，如图5-270所示。

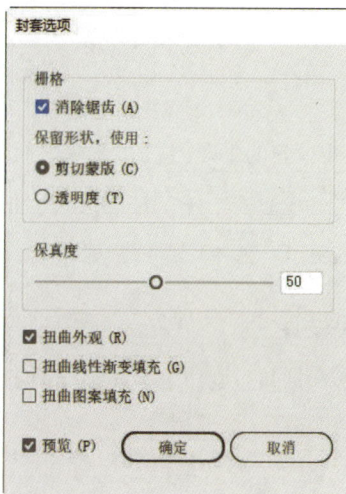

图5-270

- 消除锯齿：勾选此复选框，将使对象的边缘更加平滑。但这会增加处理时间。

- 剪切蒙版/透明度：用非矩形封套扭曲对象时，选中"剪切蒙版"单选按钮，可在网格上使用剪切蒙版；选中"透明度"单选按钮，则对网格应用 Alpha 通道。

- 保真度：用于指定封套内容在变形时适合封套图形的程度。该值越大，封套内容的扭曲效果越接近于封套的形状，但会产生更多的锚点，同时也会增加处理时间。

- 扭曲外观：如果封套内容添加了效果或图形样式等外观属性，勾选此复选框，可以使外观与对象一起扭曲。

- 扭曲线性渐变填充：如果被扭曲的对象填充了线性渐变，如图5-271所示，勾选此复选框，可以将线性渐变与对象一起扭曲，如图5-272所示。图5-273所示为未勾选该复选框时的扭曲效果。

图5-271

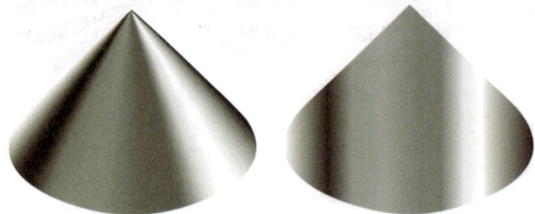

图5-272   图5-273

- 扭曲图案填充：如果被扭曲的对象填充了图案，勾选该复选框可以使图案与对象一起扭曲，如图5-274所示。图5-275所示为未勾选该复选框时的扭曲效果。

图5-274

图5-275

5.4.6 释放/扩展封套扭曲

选择封套扭曲对象，执行"对象>封套扭曲>释放"命令，可以释放封套扭曲，恢复图形形状。如果封套扭曲是使用"用变形建立"命令或"用网格建立"命令制作的，还会释放出一个以单色填充的网格对象。如果要将封套扭曲对象扩展为普通的图形，可以执行"对象>封套扭曲>扩展"命令。

5.5 混合

混合是一种非常有趣的功能，它能在两个或多个对象之间生成一系列的中间对象，产生从形状到颜色的全面融合和过渡效果。用于创建混合的对象既可以是图形、路径和混合路径，也可以是使用渐变和图案填充的对象。

5.5.1 实战：酒吧Logo设计

本实战使用混合工具🖦和形状生成器工具🖘制作酒吧Logo，最终效果如图5-276所示。

图5-276

01 打开素材。选择直线段工具 ╱，按住Shift键拖曳鼠标创建一条竖线，如图5-277和图5-278所示。

图5-277

图5-278

02 单击选择工具 ▶，按住Alt+Shift快捷键拖曳竖线，进行复制，如图5-279和图5-280所示。选择混合工具🖦，将鼠标指针移动到路径端点，捕捉到锚点后，鼠标指针会变为🖦形状，如图5-281所示；单击，将鼠标指针移动到另一个路径的端点，鼠标指针变为🖦形状时单击，如图5-282所示，创建混合。

03 执行"对象>混合>混合选项"命令，或双击混合工具🖦，打开"混合选项"对话框，参数设置如图5-283所示，效果如图5-284所示。

图5-279　　　　　图5-280

图5-281　　　　　图5-282

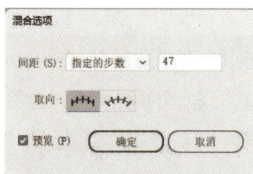

图5-283　　　　　图5-284

> **提示**
>
> 在"间距"下拉列表中，选择"平滑颜色"选项，可自动生成合适的混合步数，以创建平滑的颜色过渡效果；选择"指定的步数"选项，可以在右侧的文本框中输入混合步数；选择"指定的距离"选项，可以输入由混合生成的中间对象的间距。

04 执行"对象>扩展"命令，打开"扩展"对话框，如图5-285所示，将由混合生成的竖线扩展为矢量图形。按Ctrl+[快捷键将其移至猴脸后方，如图5-286所示。

图5-285　　　　　图5-286

05 按Ctrl+A快捷键全选。选择形状生成器工具 ，按住Alt键在猴脸图形之外的竖线上拖曳鼠标，将其删除，如图5-287～图5-290所示。

图5-287　　　　　图5-288

图5-289　　　　　图5-290

06 使用选择工具 单击猴脸图形，如图5-291所示，按Delete键将其删除，如图5-292所示。

图5-291　　　　　图5-292

07 执行"窗口>色板库>渐变>色彩调和"命令，打开"色彩调和"面板，使用图5-293所示的渐变为图形描边，如图5-294所示。

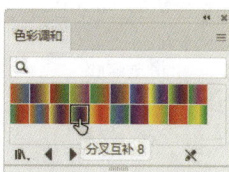
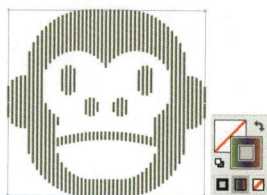

图5-293　　　　　图5-294

08 将渐变的角度设置为90°，如图5-295和图5-296所示。

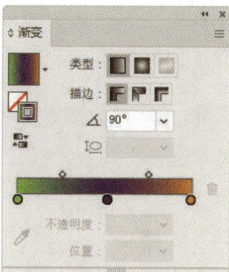

图5-295　　　　　图5-296

5.5.2 实战：制作Cool特效字（混合+复合路径）

使用多个图形创建混合时，用混合工具 操作很难正确地捕捉锚点，这会造成混合效果发生扭曲。为避免出现这种情况，可以使用命令来创建混合。本实战就用此方法，使用24个图形创建混合，制作Cool特效字，效果如图5-297所示。

图5-297

图5-306　　　　　　　图5-307

01 按Ctrl+N快捷键，打开"新建文档"对话框。使用"图稿和插图"选项卡中的预设创建一个大小为101.6 mm×197.56 mm的RGB颜色模式的文件。

02 使用椭圆工具 ◯ 创建几个图形，如图5-298所示。在 ◉ 图标右侧单击，将图层锁定，如图5-299所示。单击 ⊞ 按钮，新建一个图层，如图5-300所示。

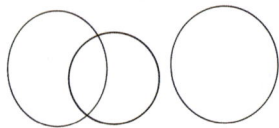  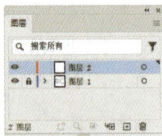

图5-298　　　　　图5-299　　　　　图5-300

图5-308

07 拖曳出一个选框，选择这3组图形，执行"对象>混合>建立"命令，或按Alt+Ctrl+B快捷键，创建混合，如图5-309所示。

03 选择钢笔工具 ✒，以这几个图形为基准，绘制一条路径（Cool形），如图5-301所示。在"图层1"的 ◉ 图标上单击，将该图层隐藏，如图5-302所示。

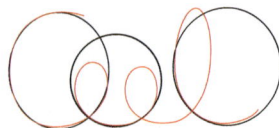 

图5-301　　　　　　　图5-302

图5-309

04 选择椭圆工具 ◯，按住Shift键创建圆形，为其填充线性渐变，如图5-303和图5-304所示。单击选择工具 ▶，按住Alt键拖曳圆形进行复制，调整各圆形大小，如图5-305所示。

08 双击混合工具 🖿，打开"混合选项"对话框，设置参数，如图5-310所示，效果如图5-311所示。

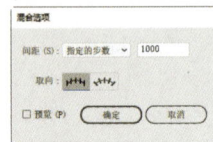 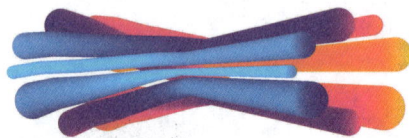

图5-310　　　　　图5-311

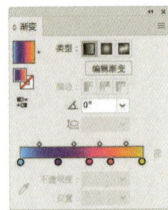  

图5-303　　　　图5-304　　　　图5-305

09 按Ctrl+A快捷键，选择路径与混合对象，如图5-312所示，执行"对象>混合>替换混合轴"命令，用路径替换混合轴，让混合对象按此路径扭曲，如图5-313所示。

05 拖曳出一个选框，将这些圆形选取，如图5-306所示。执行"对象>复合路径>建立"命令，将它们创建为复合路径，如图5-307所示。

06 按住Alt键拖曳图形进行复制，然后将中间的那组图形调小，如图5-308所示。

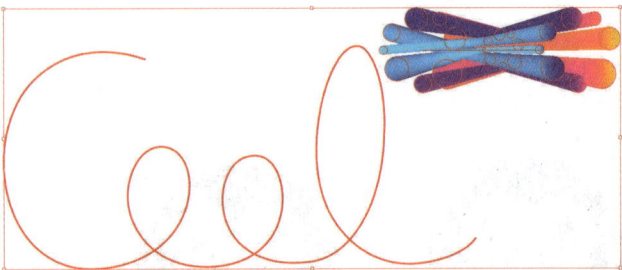

图5-312

图5-313

10 使用编组选择工具 ▷ 选择路径末端的混合图形，如图5-314所示。单击选择工具 ▶，按住Alt+Shift快捷键拖曳控制点，将图形等比缩小，与此同时，混合对象的末端也会变细，如图5-315所示。

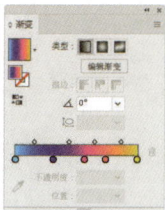 

图5-314　　　图5-315

11 使用矩形工具 □ 创建一个与画板大小相同的矩形，为其填充与图形相同的渐变，单击任意类型的渐变按钮，如图5-316~图5-318所示。

图5-316　　　图5-317

图5-318

5.5.3 实战：制作蝴蝶飞效果（替换混合轴）

创建混合后，会生成一条用于连接对象的路径，即混合轴。混合轴是一条直线路径，可以添加或拖曳锚点来改变该路径形状；也可以用其他路径替换混合轴。

使用曲线替换混合轴时，单击"混合选项"对话框中的对齐页面按钮 ⟲⟲⟲，可以让对象在垂直方向上与页面保持一致，如图5-319和图5-320所示。单击对齐路径按钮 ⟲⟲⟲，则可让对象保持垂直于路径，如图5-321所示。图5-322所示为使用此方法创建的混合效果，能让蝴蝶围绕轴旋转，表现出向心力。

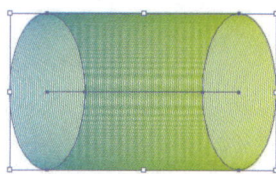 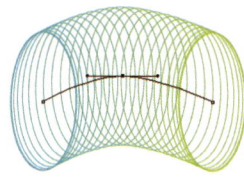

原始混合对象　　　　用曲线替换混合轴并单击 ⟲⟲⟲ 按钮
图5-319　　　　　　　图5-320

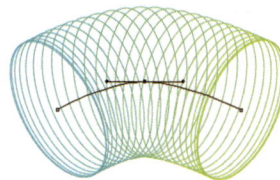

单击 ⟲⟲⟲ 按钮
图5-321

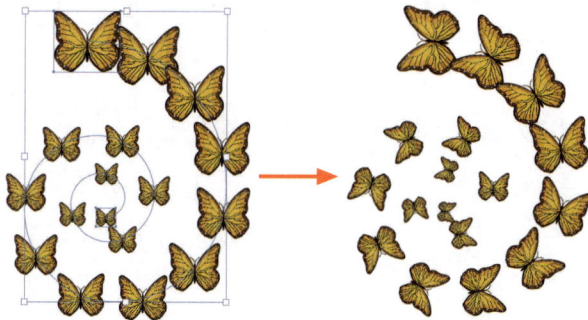

图5-322

5.5.4 反向堆叠/反向混合轴

创建混合后，如图5-323所示，执行"对象>混合>反向堆叠"命令，可以颠倒对象的堆叠顺序，让后面的图形排到前面，如图5-324所示。执行"对象>混合>反向混合轴"命令，可颠倒混合轴上的混合顺序，如图5-325所示。

图5-323

图5-324   图5-325

5.5.5 扩展/释放混合对象

创建混合后，原始对象之间生成的新图形不具有自身的锚点，无法选择，也不能修改。如果要编辑这些图形，可以选择混合对象，如图5-326所示，执行"对象>混合>扩展"命令，将它们扩展出来，如图5-327所示。这些图形会被自

动编组，可以用编组选择工具 ⯈ 选择其中的任意对象单独进行修改。

图5-326

图5-327

选择混合对象，执行"对象>混合>释放"命令，可以取消混合，释放原始对象，并删除由混合生成的新图形。此外，还会释放出一条无填色、无描边的混合轴（路径）。

5.6 缠绕功能

使用缠绕功能可以让文字、图形等交织在一起，创建出复杂而有序的图案，在视觉上形成层次感和有趣的效果。

5.6.1 实战：用缠绕功能制作穿插文字

本实战用缠绕功能制作互相穿插的特效文字，最终效果如图5-328所示。

01 选择文字工具 T，在画板上单击并输入文字"大"。使用选择工具 ▶ 将文字选择，在"字符"面板中选择字体并调整文字大小，在"颜色"面板中调整文字颜色，如图5-329~图5-331所示。

图5-328

图5-329

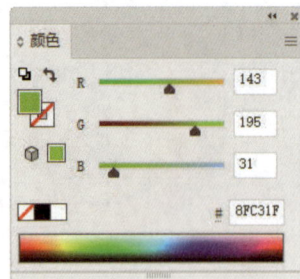

图5-330

图5-331

02 选择文字工具 **T**，在画板上单击并输入文字"美"。切换为选择工具 ▶，在"颜色"面板中修改文字颜色，如图5-332和图5-333所示。

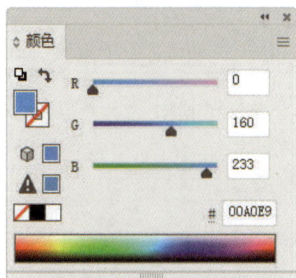

图5-332　　　　　　　　图5-333

03 使用选择工具 ▶ 将两个文字移动到一起，如图5-334所示，按Ctrl+A快捷键全选，执行"对象>缠绕>建立"命令，创建缠绕效果。

图5-334

04 分别在图5-335和图5-336所示的两处位置拖曳鼠标，定义缠绕范围，图5-337所示为文字缠绕后的效果。再加一些文字和图形，效果如图5-338所示。

图5-335　　　　　　　　图5-336

图5-337　　　　　　　　图5-338

5.6.2 编辑缠绕对象

执行"对象>缠绕>建立"命令后，鼠标指针会变为 ✑ 形状，此时在图形相交处拖曳，可以制作缠绕效果；按住Shift键拖曳，可以创建矩形选区。

如果有两个以上的重叠路径交织在一起，将鼠标指针移动到封闭区域上方，可以查看突出显示的边界；之后单击鼠标右键，打开上下文菜单，执行"置于顶层""前移一层""后移一层""置于底层"命令可以改变交织顺序，如图5-339所示。

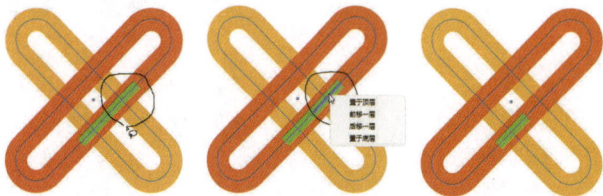

3条路径交织在一起　在路径上单击鼠标右键　执行"置于底层"命令
图5-339

如果切换为其他工具，或者有撤销操作的行为，则需要执行"对象>缠绕>编辑"命令恢复缠绕状态，才能继续进行编辑。

5.6.3 释放缠绕效果

执行"对象>缠绕>释放"命令，可以释放缠绕效果，将图形恢复为原样。

第6章
不透明度、混合
模式与蒙版

本章简介

本章介绍Illustrator中与制作合成效果有关的功能，即不透明度、混合模式、不透明度蒙版和剪切蒙版。它们能增加图形和图像的复杂程度和视觉效果，更好地表现创意。

学习重点

调整填色和描边的不透明度
调整填色和描边的混合模式
不透明度蒙版的原理
实战：制作饮品Logo
剪切蒙版的效果及操作
用内部绘图方法创建蒙版
实战：游戏类App界面设计

6.1 不透明度与混合模式

当对象堆叠在一起时会互相遮挡，通过调整不透明度，可以让位于下方的对象透出来。调整混合模式，则对象在透出的同时，还可生成特殊的颜色混合效果。

6.1.1 调整不透明度

当对象堆叠在一起时，上层对象会将位于其下方的对象遮挡住，如图6-1所示。选择上层对象，在"透明度"面板的"不透明度"文本框中调整参数，如图6-2所示，可以使对象呈现透明效果。如果想更好地观察透明程度，可以执行"视图>显示透明度网格"命令，显示透明度网格，如图6-3所示。

图6-1   图6-2   图6-3

> *提示*
>
> 不透明度以百分比为单位，100%代表完全不透明、0%为完全透明、50%代表半透明。数值越小，透明度越高。

6.1.2 调整混合模式

默认状态下，Illustrator中的对象使用"正常"模式显示。例如，图6-4所示为"正常"

模式下的图稿，如果将条纹图像放在海报上层，它便会将海报遮挡，如图6-5所示。选择位于上层的条纹图像，单击"透明度"面板中的 ✓ 按钮打开下拉列表，选择一种混合模式，可让其与下层对象混合，不同混合模式的效果如图6-6所示。

图6-4

图6-5

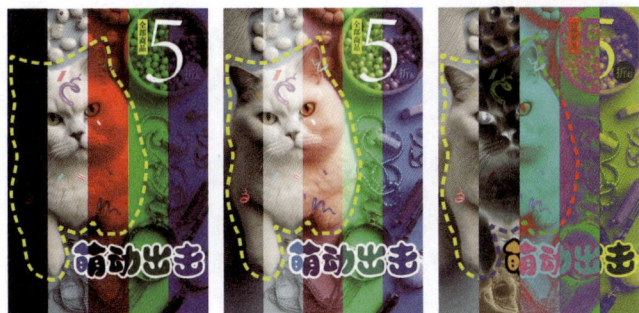

颜色加深   柔光   差值

图6-6

Illustrator包含16种混合模式，分为6组，如图6-7所示，每组的混合模式都有着相近的用途。其中"差值""排除""色相""饱和度""混色""明度"混合模式不能用于与专色混合。

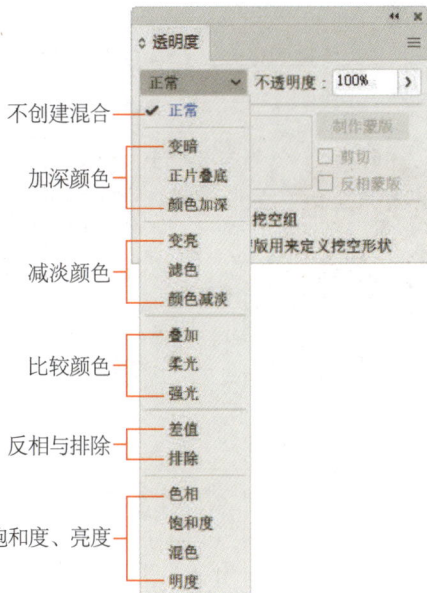

图6-7

提示

将鼠标指针放在混合模式框上，双击，然后滚动鼠标滚轮，可依次切换各个混合模式。

提示

在图层的选择列单击，可在"透明度"面板中修改混合模式。此后，添加到该图层中的对象都会受到图层混合模式的影响，这种方法也可以用于设置图层的整体不透明度，如右图所示。

6.1.3 调整组的不透明度/挖空组

打开"透明度"面板菜单，执行"显示选项"命令，可以让隐藏的选项显示出来，如图6-8所示。

图6-8

对于已编组的对象，可以通过不同的方式设置不透明度。例如，将图6-9所示的3个圆形编组后，使用选择工具▶将其选择，修改不透明度时，组中的所有对象会被视为一个整体，如图6-10所示。

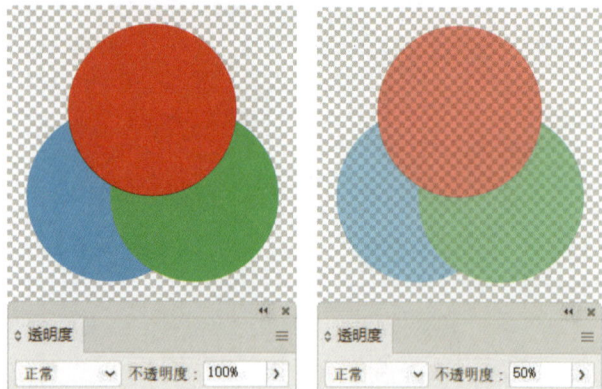

图6-9   图6-10

　　如果不想改变组的整体不透明度，而是单独选择其中的图形进行调整，则得到的效果会发生变化。例如，使用编组选择工具▷单击红色圆形，修改其不透明度，效果如图6-11所示。将另外两个圆形的不透明度也分别进行调整，效果如图6-12所示。在这种状态下，如果不希望相互重叠的地方穿透显示，可以使用选择工具▶单击组，再勾选"透明度"面板中的"挖空组"复选框，如图6-13和图6-14所示。

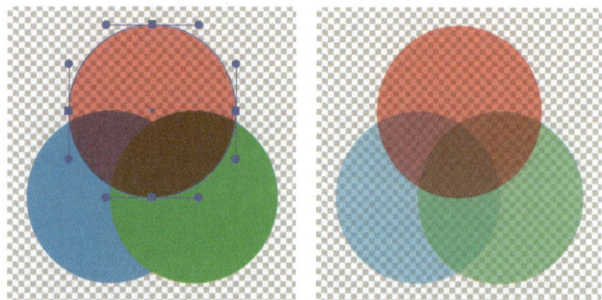

图6-11   图6-12

图6-13

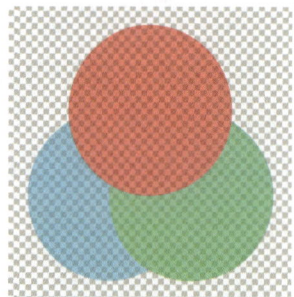

图6-14

6.1.4 调整填色和描边的不透明度

　　选择对象，如图6-15所示，调整不透明度时，会同时

影响其填色和描边，如图6-16所示。如果只想调整填色的不透明度，可以打开"外观"面板，单击"填色"属性前方的 〉按钮展开列表，选择"不透明度"选项并进行调整，如图6-17和图6-18所示。如果想修改描边的不透明度，可以展开"描边"属性，再按照同样的流程操作。

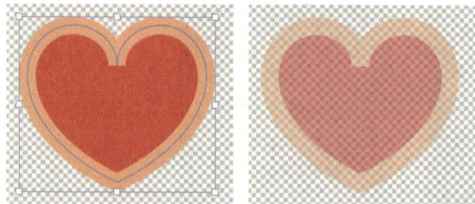

图6-15   图6-16

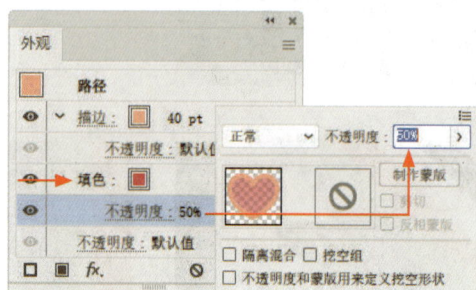

图6-17

图6-18

6.1.5 调整填色和描边的混合模式

　　需要单独调整填色（或描边）的混合模式时，选择对象，如图6-19所示，在"外观"面板中选择"填色"（或"描边"）属性，如图6-20所示，然后在"透明度"面板中修改混合模式即可，如图6-21和图6-22所示。

图6-19

图6-20

图6-21

图6-22

6.1.6 隔离混合

选择组或图层并设置混合模式后，勾选"透明度"面板中的"隔离混合"复选框，将混合模式与已定位的组或图层隔离，这样其下方的对象就不会受影响。例如，图6-23所示的星形和圆形为编组对象，设置混合模式时，对其下方的条纹也产生了影响。勾选"隔离混合"复选框后，条纹将不受影响，如图6-24所示。

图6-23

图6-24

6.1.7 实战：VI应用系统之服饰效果

本实战使用混合模式，将运动品牌Logo贴在服装上，如图6-25和图6-26所示。

图6-25

图6-26

01 打开人像素材。执行"文件>置入"命令，打开"置入"对话框，将运动品牌Logo嵌入该文档，如图6-27所示。

图6-27

02 打开"透明度"面板，设置混合模式为"颜色加深"，如图6-28和图6-29所示。

图6-28

图6-29

03 执行"对象>封套扭曲>用网格建立"命令，打开"封套网格"对话框，设置网格行数和列数，如图6-30所示，创建封套网格，如图6-31所示。

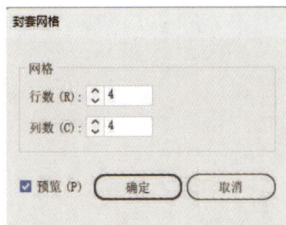

图6-30

图6-31

04 使用直接选择工具 ▷ 拖曳网格、网格点及网格线上的方向点，调整网格形状，如图6-32所示。

图6-32

6.2 不透明度蒙版

不透明度蒙版是制作合成效果的常用功能，它能使图稿的特定区域产生透明效果。例如，让图片逐渐地融入背景，或者将文字用作蒙版来创建有趣的文字渐变效果。

· AI 技术 / 设计讲堂 ·

不透明度蒙版的原理

与不透明度一样，不透明度蒙版也可用于调节对象的透明度，但其功能更强大。其原理是，蒙版对象位于被遮盖对象的上方，对其形成遮挡时，Illustrator会通过蒙版对象中的黑、白、灰色来控制下方对象的显示程度。其中，白色所对应的对象是完全显示的，也就是说，这一区域的不透明度是100%；黑色会完全遮挡下方对象，相当于将该对象的不透明度设置为0%；在蒙版对象中，灰色的遮挡程度没有黑色强，因此，其下方对象就会呈现一定的透明效果（灰色越深，透明度越高），也就是说灰色区域所覆盖对象的不透明度在1%到99%之间。

图6-33所示展示了上面所说的几种情况。从中可以看出，不透明度蒙版能让图稿表现出丰富的透明效果，这是用"不透明度"选项实现不了的，因为它无法分区域调节。

创建不透明度蒙版后，"透明度"面板中会出现两个缩览图，左侧是被蒙版遮盖的图稿，右侧是蒙版对象。默认情况下，其缩览图周围有一个蓝色的矩形框，这表示图稿处于编辑状态，此时可以对图稿进行编辑，例如修改其填色和描边等。如果要编辑蒙版，可单击右侧的蒙版对象缩览图，等周围出现蓝色矩形框后，再进行操作。

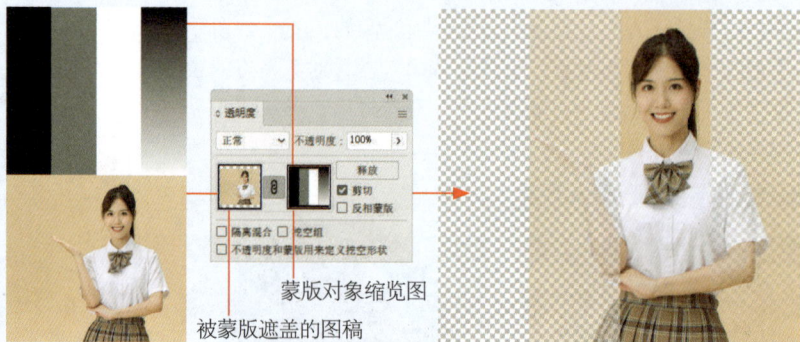

蒙版对象缩览图

被蒙版遮盖的图稿

图6-33

6.2.1 实战：制作饮品Logo

不透明度蒙版的来源很广泛，任何着色对象或位图都可作为蒙版使用。本实战用不透明度蒙版制作饮品Logo，最终效果如图6-34所示。

图6-34

01 打开素材，如图6-35所示。这是第7章的实例。使用矩形工具创建一个矩形（将图稿覆盖）。单击工具栏中的按钮，如图6-36所示，填充黑白渐变。

图6-35

图6-36

02 取消描边。在"渐变"面板中调整渐变角度并移动渐变滑块，如图6-37和图6-38所示。

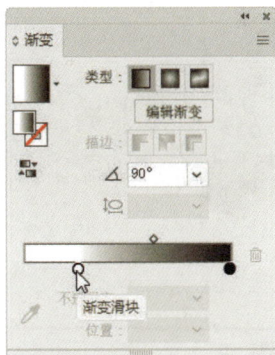

图6-37

图6-38

03 保持矩形处于选择状态。执行"效果>像素化>铜版雕刻"命令,让渐变为网点,如图6-39和图6-40所示。

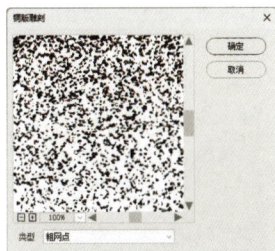

图6-39

图6-40

04 使用选择工具 ▶ 拖曳出一个选框,将矩形与Logo选择,如图6-41所示,单击"透明度"面板中的"制作蒙版"按钮,创建不透明度蒙版,如图6-42和图6-43所示。

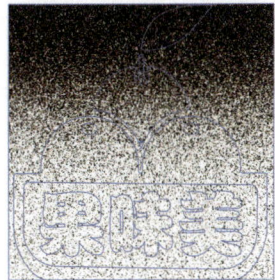

图6-41

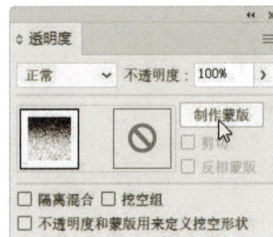

图6-42

图6-43

> **提示**
>
> 新创建的不透明度蒙版为剪切模式,即蒙版对象外的内容都被隐藏。如果取消勾选"透明度"面板中"剪切"复选框,则可在遮盖对象的同时,让蒙版对象外的内容显示出来。

技术看板 **使用透明度创建挖空形状**

在"透明度"面板中,勾选"不透明度和蒙版用来定义挖空形状"复选框可以创建与指定对象不透明度成比例的挖空效果。在具有较高不透明度的蒙版区域中,挖空效果较强;在具有较低不透明度的区域中,挖空效果较弱。例如,如果使用渐变蒙版对象作为挖空对象,则会逐渐挖空底层对象,就好像被渐变遮住了一样,此时可以使用矢量图形和位图来创建挖空形状。该技巧对于使用除"正常"混合模式以外的混合模式的对象最为有用。

原始图稿

文字"PEARS"设置了"变暗"混合模式并勾选了"挖空组"复选框

勾选"不透明度和蒙版用来定义挖空形状"复选框

如果要使用不透明度蒙版来创建挖空形状,可以选择不透明度蒙版对象,然后将其与要挖空的对象编组。

6.2.2 取消链接/重新链接

创建不透明度蒙版后,在"透明度"面板中,蒙版对象与被遮盖的图稿之间有一个 🔗 图标,如图6-44所示。它表示这两个对象处于链接状态,不管是移动、旋转、缩放,还是变形、扭曲,它们都会同时变换,以确保遮盖区域不变。单击 🔗 图标可以取消链接,此后可单击图稿缩览图(或蒙版对象缩览图),对图稿(或蒙版)单独进行处理,如图6-45所示(移动蒙版)。需要重新建立链接时,在原 🔗 图标处单击即可。

图6-44

图6-45

图6-46

6.2.3 停用/激活不透明度蒙版

创建不透明度蒙版后，如果想单独查看图稿对象，可以按住Shift键单击蒙版对象缩览图，显示红色的"×"后，表示蒙版已被停用，如图6-46所示。按住Shift键再次单击，可恢复蒙版。

6.2.4 反相/释放不透明度蒙版

在"透明度"面板中勾选"反相蒙版"复选框，可以使蒙版对象的亮度值反相，使蒙版的遮盖范围发生反转，如图6-47所示。

如果想释放不透明度蒙版，让对象恢复原状，单击"透明度"面板中的"释放"按钮即可。

图6-47

6.3 剪切蒙版

前面介绍的不透明度蒙版可以让对象呈现透明效果。下面讲解 Illustrator 中的另一种蒙版——剪切蒙版。它利用蒙版图形控制对象的显示范围。

⟵————————— ·AI技术/设计讲堂· —————————⟶

剪切蒙版的效果及操作

在对象上方放置一个图形，如图6-48所示，通过剪切蒙版可以让对象只在图形内部显示，如图6-49所示。在"图层"面板中，蒙版图形和被蒙版遮盖的对象称为"剪切组"，如图6-50所示。

创建剪切蒙版时，用不同的方法操作，会出现不同的结果。图6-51所示是用"对象>剪切蒙版>建立"命令创建的剪切蒙版效果。可以看到，蒙版只遮盖所选对象，不影响其他对象。如果通过单击"图层"面板中的◙按钮来创建剪切蒙版，则蒙版图形会遮盖同一图层中的所有对象。

图6-48

图6-49

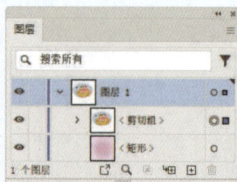

图6-50

图6-51

用作剪切蒙版的图形只能是矢量对象，图像类对象不可以，但所有对象都可以被剪切蒙版隐藏。创建剪切蒙版后，所有对象都是可编辑的。例如，使用编组选择工具 ▶ 选择蒙版图形后，可以进行移动、缩放或其他变换、变形操作；也可以使用直接选择工具 ▶ 或其他工具修改路径形状。如果要编辑被蒙版遮盖的对象，执行"对象>剪切蒙版>编辑内容"命令，选择该对象，直接进行编辑即可。

· AI技术／设计讲堂 ·

用内部绘图方法创建蒙版

工具栏中有3个绘图模式按钮，如图6-52所示。其中的内部绘图按钮 ◎ 可以用来创建剪切蒙版。操作方法非常简单，选择矢量对象，如图6-53所示，单击 ◎ 按钮，当对象周围出现虚线框时，如图6-54所示，绘制图形或路径，所创建的对象将只在该矢量对象内部显示，如图6-55所示。如果想编辑被遮盖的对象，单击"控制"面板中的 ◎ 按钮，蒙版内的对象就会被选择，如图6-56所示。如果要编辑蒙版对象，单击 ◻ 按钮即可。

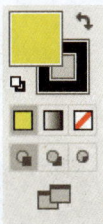 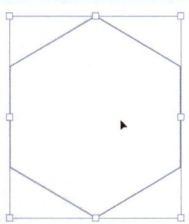 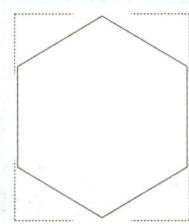  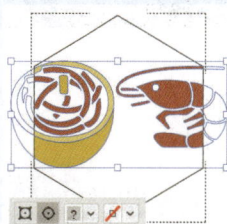

图6-52　　图6-53　　　　图6-54　　　　图6-55　　　　图6-56

正常绘图按钮 ◎：正常绘图模式是默认的绘图模式，即新创建的对象位于上一个对象的上方，重叠的时候会对其形成遮挡。

背面绘图按钮 ◎：背面绘图模式分两种情况。如果想将对象绘制在一个图层的底层，可单击该图层，然后单击 ◎ 按钮，再进行绘图；如果想将对象绘制在某个对象下方，则先单击该对象，再单击 ◎ 按钮，进行绘图。

6.3.1 实战：制作金属质感的图标

本实战制作一个金属质感的图标，最终效果如图6-57所示。涉及渐变、混合模式等功能，如图6-58所示。

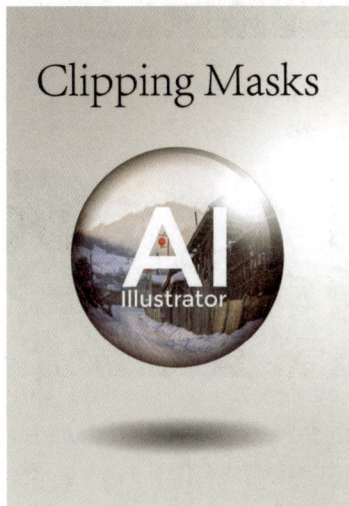

图6-57

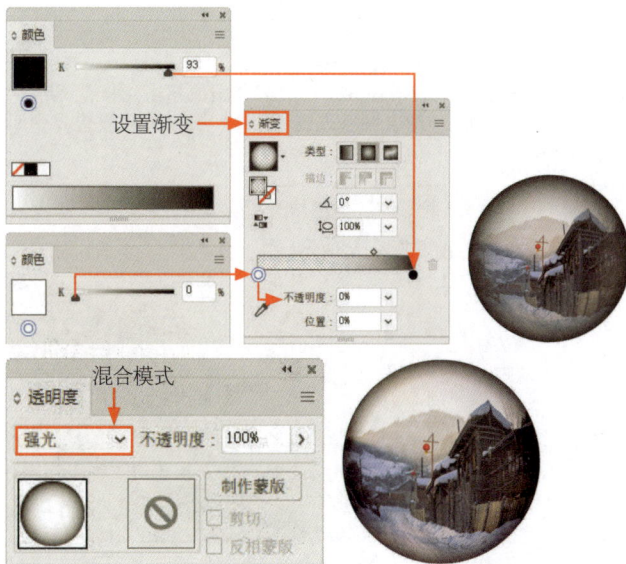

图6-58

6.3.2 实战：制作三棱锥反射效果

本实战制作几个三棱锥，把它们放在群山之间，通过镜面反射显示周围的景物，以表现宏大的场景，如图6-59所示。

图6-59

01 打开素材，如图6-60所示。使用选择工具▶单击图像，按Ctrl+C快捷键复制图像，按Ctrl+F快捷键粘贴图像。

图6-60

提示

由于图像比例与画板不一致，导致部分图像超出画板范围。执行"对象>画板>适合图稿边界"命令，可以将画板边界调整到图稿边缘处。

---

02 执行"效果>模糊>高斯模糊"命令，对图像进行模糊处理，如图6-61和图6-62所示。

图6-61　　　　　　　　图6-62

03 使用矩形工具▭创建一个与图像大小相同的矩形，并为其填充渐变，如图6-63所示。按住Shift键在选择列单击，将模糊后的图像选择，如图6-64所示。单击"透明

度"面板中的"制作蒙版"按钮，创建不透明度蒙版，使远山呈现模糊效果，而近景仍然清晰，如图6-65和图6-66所示。

图6-63

图6-64

图6-65　　　　　　　图6-66

04 新建一个图层。使用钢笔工具✐绘制3个三角形，分别用于制作三棱锥的正面、侧面和顶面，如图6-67和图6-68所示。

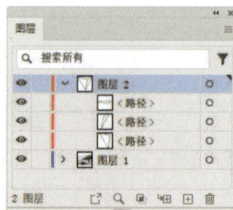
图6-67　　　　　　图6-68

05 选取正面的三角形，如图6-69所示，按Ctrl+B快捷键，在其下方粘贴图像，如图6-70所示。

图6-69　　　　　　　　图6-70

06 按住Shift键单击正面的三角形，将其一同选取，按Ctrl+7快捷键创建剪切蒙版。在剪切组的名称上双击，显示文本框后，修改名称为"正面"，如图6-71和图6-72所示。

图6-71 图6-72

07 单击选择列以选择图像，如图6-73所示。使用选择工具 ▶ 调整其位置，如图6-74所示。

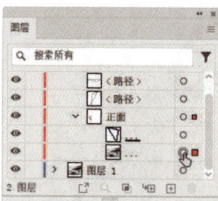

图6-73 图6-74

08 在正面的三角形的选择列上单击，如图6-75所示，按Ctrl+C快捷键复制图形，按Ctrl+B快捷键粘贴图形，如图6-76所示。

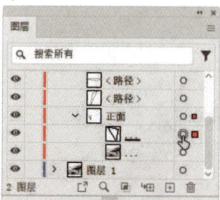

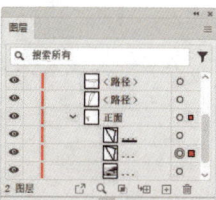

图6-75 图6-76

09 设置填充为渐变并修改混合模式，如图6-77所示。渐变会对下方的图像产生影响，使其亮度产生变化，看上去像是被镜面反射的图像一样，如图6-78所示。

图6-77 图6-78

10 将图像拖曳到 按钮上进行复制，如图6-79所示，然后将其拖曳到侧面的三角形下方，如图6-80所示。

11 选择图6-81所示的两个对象，按Ctrl+7快捷键创建剪切蒙版，修改名称为"侧面"，如图6-82所示。创建不透

明度蒙版，制作出侧面三角形的反射效果（可以调整图像位置），如图6-83和图6-84所示。

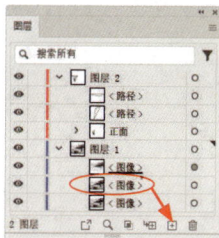

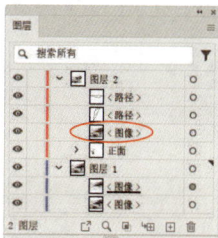

图6-79 图6-80

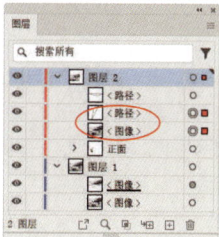

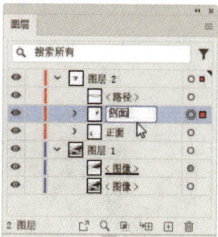

图6-81 图6-82

图6-83 图6-84

12 将图像拖曳到 按钮上进行复制，如图6-85所示，之后将其拖曳到顶面的三角形下方，如图6-86所示。通过剪切蒙版和不透明度蒙版制作出反射的图像，如图6-87和图6-88所示。

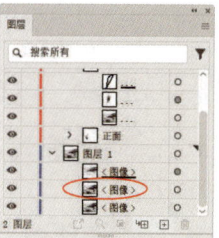

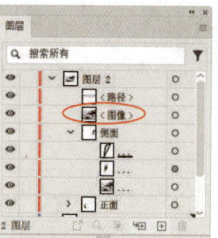

图6-85 图6-86

图6-87 图6-88

13 将"图层2"拖曳到 ⊞ 按钮上进行复制，如图6-89所示。用选择工具 ▶ 调整三棱锥的大小和位置（包括反射图像的位置）。修改正面三角形的不透明度蒙版的参数，如图6-90和图6-91所示。

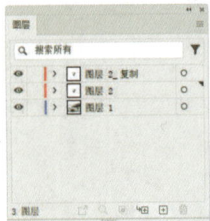

图6-89　　　　　图6-90

图6-91

14 再复制两个图层。调整三棱锥的大小和位置。将最远处三棱锥的不透明度调整为70%，让它呈现若隐若现的效果，如图6-92所示。

图6-92

技 术 看 板 从对象的重叠区域创建剪切蒙版

选取两个或多个互相重叠的对象，按Ctrl+G快捷键编组，再与下方的其他对象创建剪切蒙版，可以用重叠区域遮盖对象。

选取两个圆形并编组　　　与下方的小熊创建剪切蒙版

6.3.3 在剪切蒙版中添加/减少对象

在图层上单击，如图6-93所示，再单击"图层"面板中的 ◪ 按钮，可为其创建剪切蒙版，该图层中的第一个对象会作为蒙版遮盖图层内的其他对象，如图6-94所示。此后在该图层中新创建对象，或者将其他对象拖入该图层时，蒙版便会对其形成遮盖。将对象移出该图层，可将其从蒙版中释放出来。

图6-93

图6-94

6.3.4 释放剪切蒙版

选择剪切蒙版组，执行"对象>剪切蒙版>释放"命令，或单击"图层"面板中的 ◪ 按钮，可以释放剪切蒙版，让被遮盖的对象重新显现。由于无论蒙版对象属性如何，创建剪切蒙版后，都会变成一个无填色和描边的对象，因此，释放出来的蒙版对象也无填色和描边。

6.3.5 实战：游戏类App界面设计

本实战用剪切蒙版制作游戏类App界面，最终效果如图6-95所示。

图6-95

01 新建一个A4大小的RGB颜色模式的文档。使用矩形工具▣创建一个与画板大小相同的矩形并填充图6-96所示的颜色。在图6-97所示的位置单击，将图层锁定。新建一个图层，如图6-98所示。

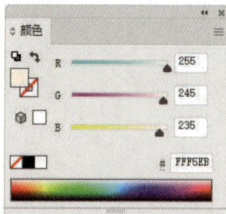
图6-96

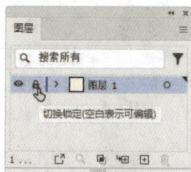
图6-97

图6-98

02 创建一个矩形，填充为白色，无描边。在"属性"面板中设置图形的大小和圆角尺寸，如图6-99和图6-100所示。

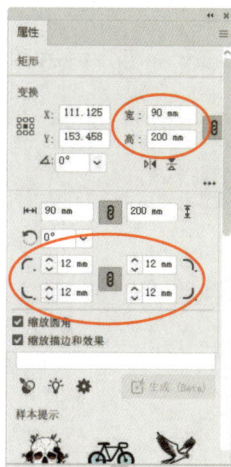
图6-99

图6-100

03 按Ctrl+C快捷键复制圆角矩形，按Ctrl+F快捷键粘贴，拖曳扩展点，将图形调小。单击"属性"面板中的 ᵇ 按钮，解除4个角的圆角锁定，设置参数，只让左下角出现圆角，如图6-101和图6-102所示。

图6-101

图6-102

04 修改填充颜色，如图6-103和图6-104所示。按Ctrl+F快捷键，再次粘贴圆角矩形，如图6-105所示。

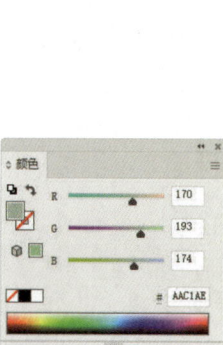
图6-103

图6-104

图6-105

05 单击"图层"面板底部的 ▣ 按钮，创建剪切蒙版，将手机屏幕（即圆角矩形）外的图形隐藏，如图6-106和图6-107所示。

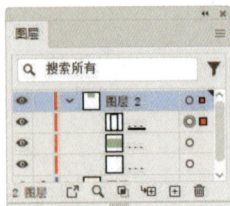

图6-106　　　　图6-107

06 在"图层2"的选择列上单击，执行"效果>风格化>投影"命令，为"图层2"中的对象添加投影，参数设置如图6-108所示，效果如图6-109所示。

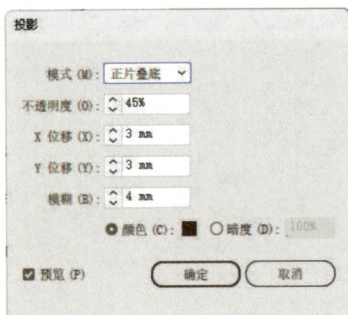
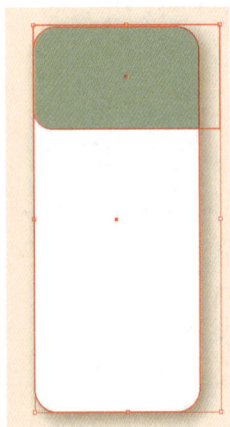

图6-108　　　　　　图6-109

提示

此投影不能添加到手机屏幕上，因为剪切蒙版会遮盖投影，所以只能添加到图层上。

---

07 将"图层2"锁定，如图6-110所示。新建"图层3"，如图6-111所示。

图6-110　　　　图6-111

08 执行"文件>置入"命令，置入一幅图像，如图6-112所示。使用椭圆工具 ⬭ 在它上方创建一个圆形，如图6-113

所示。

图6-112　　　　图6-113

09 单击选择工具 ▶，按住Shift键单击下方的图像，将其与圆形一同选择，如图6-114所示，按Ctrl+7快捷键创建剪切蒙版，效果如图6-115所示。

图6-114　　　　图6-115

10 再置入一幅图像，如图6-116所示。按Ctrl+F快捷键粘贴圆角矩形并调整其大小，如图6-117和图6-118所示。

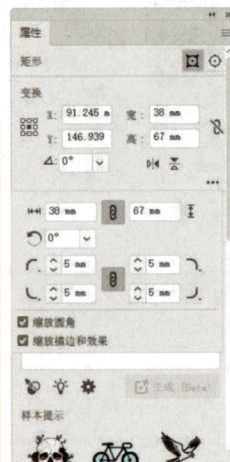

图6-116　　　　图6-117　　　　图6-118

11 将此圆角矩形与后方的图像一同选择，按Ctrl+7快捷键创建剪切蒙版，如图6-119和图6-120所示。

图6-119　　　　图6-120

12 单击选择工具 ▶，按住Alt+Shift快捷键向下拖曳图形进行复制，如图6-121所示。置入一幅图像，如图6-122所示。

图6-121　　　　图6-122

13 将此图像所在的子图层拖曳到剪切组中，如图6-123～图6-125所示。将圆角矩形的高度调小一些，效果如图6-126所示。

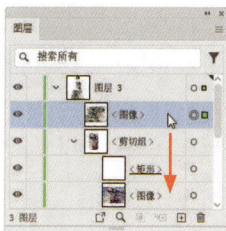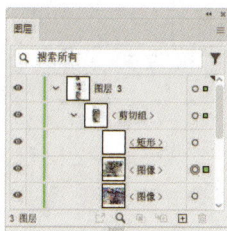

图6-123　　　　图6-124

图6-125　　　　图6-126

14 复制剪切组并重新置入图像，效果如图6-127所示。最后添加一些手机界面元素，效果如图6-128所示。

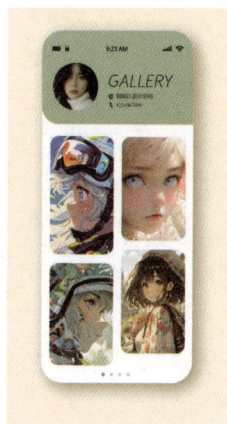

图6-127　　　　图6-128

第7章
效果、外观与透视图

生成式 AI | "模型（Beta）"面板 • Retype（Beta）功能 • 上下文任务栏 • 尺寸工具 | ☞ **{ Illustrator 2024新功能 }**

7.1 效果

在 Illustrator 中要想制作特效，一定离不开效果。通过"效果"菜单可以添加和使用效果，其具有可修改、可删除的特点。

· AI技术/设计讲堂 ·
效果的种类与使用方法

效果的种类

"效果"菜单中有两种类型的效果，分别是Illustrator效果和Photoshop效果，如图7-1所示。Illustrator效果是矢量效果，主要用于矢量对象，但也可以编辑位图（即图像）的填色和描边。其中的"3D""SVG滤镜""变形"效果组，以及"变换""投影""羽化""内发光""外发光"等效果对矢量图和位图通用。Photoshop效果是栅格效果（与Photoshop滤镜相同），矢量对象和位图都可以使用。

需要注意的是，对链接的图像应用效果时，效果将只被应用到原始图像在Illustrator中的副本上。如果要对原始图像应用效果，必须先将其嵌入文档。

图7-1

使用效果

选择对象，执行"效果"菜单中的命令，弹出相应的对话框，设置参数并单击"确定"按钮，即可应用效果。执行效果命令，如执行"风格化>投影"命令后，菜单顶部会显示"应用'投影'"和"投影"两个命令，如图7-2所示。执行"应用'投影'"命令，可以按照上次的参数设置应用效果；执行"投影"命令，则会弹出"投影"对话框，以便自定义参数。

图7-2

修改和删除效果

"外观"面板中保存了为对象添加的效果*（见177页）*。通过该面板可以修改效果参数、调整效果顺序、复制效果，以及将效果删除。

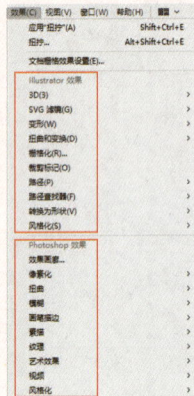

本章简介

本章介绍Illustrator中与特效有关的功能。其中，效果能改变对象的外观，添加后可在"外观"面板中进行编辑和管理。图形样式是一种或多种效果的集合，可以将效果快速应用于对象。在各种效果中，3D效果最为亮眼，它能通过挤压、绕转和旋转2D图形，使其产生3D效果，还能调整模型的角度、透视、光照和材质，特别适合制作包装效果图。本章的结尾部分还会介绍怎样在透视状态下绘制3D图稿，从而在平面上表现真实的立体场景。

学习重点

效果的种类与使用方法
材质
光照
渲染3D对象
实战：制作陶瓷材质的卡通模型
实战：为图层（或组）添加外观
实战：复制外观
"图形样式"面板及使用技巧
实战：制作回转艺术字（创建图形样式）

7.1.1 SVG滤镜

SVG滤镜是一系列用于描述各种数学运算的XML属性，生成的效果会应用于目标对象而不是原始图形。Illustrator 提供了一组默认的SVG效果，可以应用这些效果的默认属性，也可以编辑XML代码自定义效果，或者写入新的SVG效果。

7.1.2 变形

"变形"效果组中包含15种效果，可以扭曲路径、文本、外观、混合及位图。这些效果与Illustrator预设的封套扭曲样式相同 *（见141页）*。

7.1.3 扭曲和变换

"扭曲和变换"效果组中包含7种效果，能对矢量对象进行扭曲变形。

● "变换"效果：通过重设大小、移动、旋转、镜像和复制等方法改变对象的形状，如图7-3和图7-4所示。

选择头发图形　　　　　　添加"变换"效果

图7-3　　　　　　　　　　图7-4

● "扭拧"效果：随机地向内或向外弯曲和扭曲路径段，如图7-5所示。

● "扭转"效果：旋转对象，如图7-6所示。

图7-5　　　　　　　　　　图7-6

● "收缩和膨胀"效果：将线段向内弯曲（收缩），并向外拉出矢量对象的锚点，如图7-7所示；或者将线段向外弯曲（膨胀），同时向内

拉入锚点，如图7-8所示。

图7-7　　　　　　　　　　图7-8

● "波纹效果"效果：将矢量对象的路径段变换为由同样大小的尖峰和凹谷形成的锯齿和波形数组，如图7-9所示。

● "粗糙化"效果：将矢量对象的路径段变形为由大小不一的尖峰和凹谷形成的锯齿数组，如图7-10所示。

图7-9　　　　　　　　　　图7-10

● "自由扭曲"效果：拖曳定界框4角的控制点可自由扭曲对象，如图7-11和图7-12所示。

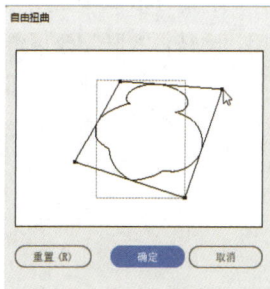 

图7-11　　　　　　　　　　图7-12

7.1.4 栅格化

执行"效果>栅格化"命令，可以让矢量对象呈现位图的外观，但不改变其矢量结构。

7.1.5 裁剪标记

选择对象，执行"对象>创建裁切标记"命令，可以围绕对象创建可编辑的裁切标记。裁切标记可以指示纸张的裁切位置，打印名片时非常有用。

7.1.6 路径

　　"路径"效果组中包含3种效果，可以编辑路径和描边。

- "偏移路径"效果：相对对象的原始路径偏移并复制出新的路径，如图7-13和图7-14所示。

原图形　　　　　　向外偏移路径

图7-13　　　　　　图7-14

- "轮廓化对象"效果：让图像或图形变为轮廓。
- "轮廓化描边"效果：将对象的描边转换为轮廓。

7.1.7 路径查找器

　　"路径查找器"效果组与"路径查找器"面板（见138页）的用途相同，可用于组合对象。使用"路径查找器"效果组的好处是不会给对象造成实质性的破坏，但只能处理组、图层和文本。

7.1.8 转换为形状

　　"转换为形状"效果组中包含"矩形""圆角矩形"和"椭圆"3种效果，能将矢量对象转换为这3种形状的图形。

7.1.9 风格化

　　"风格化"效果组中包含6种效果，可以为对象添加发光、投影、涂抹和羽化等外观样式。

- "内发光"效果：在对象内部创建发光效果，如图7-15和图7-16所示。

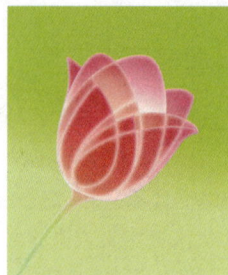

原图形　　　　　　"内发光"效果

图7-15　　　　　　图7-16

- "圆角"效果：将矢量对象的边角控制点转换为平滑的曲线，使图形中的尖角变为圆角，如图7-17所示。
- "外发光"效果：在对象的边缘产生向外发光的效果，如图7-18所示。

"圆角"效果　　　　"外发光"效果

图7-17　　　　　　图7-18

- "投影"效果：为对象添加投影，创建立体效果，如图7-19所示。
- "涂抹"效果：将图形创建为类似素描的手绘效果，如图7-20所示。

"投影"效果　　　　"涂抹"效果

图7-19　　　　　　图7-20

- "羽化"效果：柔化对象的边缘，使对象产生从内部到边缘逐渐透明的效果，如图7-21所示。

"羽化"效果

图7-21

7.1.10 实战：制作柔性透明字

本实战使用效果和液化类工具制作一组具有透明效果的变形字，最终效果如图7-22所示。

图7-22

01 打开素材，如图7-23所示。使用选择工具 ▸ 单击文字，执行"效果>风格化>内发光"命令，在打开的对话框中设置参数，如图7-24所示，效果如图7-25所示。

图7-23

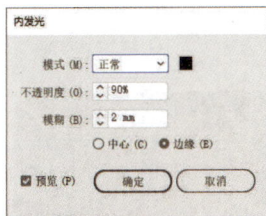

图7-24

图7-25

02 执行"效果>风格化>投影"命令，为文字添加投影，如图7-26和图7-27所示。

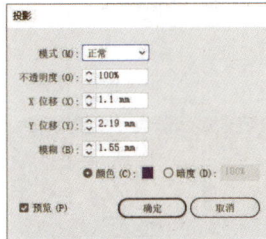

图7-26

图7-27

03 双击缩拢工具 ✺，打开"收缩工具选项"对话框，设置参数，如图7-28所示。在文字上单击，对其进行收缩处理，如图7-29和图7-30所示。

04 在"透明度"面板中设置混合模式为"正片叠底"，使文字产生透明效果，如图7-31和图7-32所示。

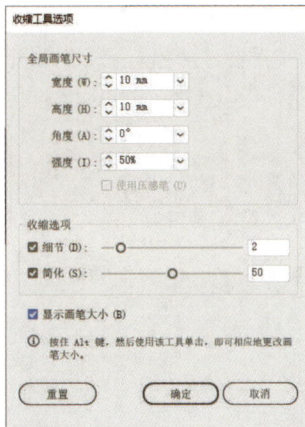

图7-28

图7-29

图7-30

图7-31

图7-32

7.1.11 实战：制作彩色马赛克效果的Logo

本实战制作马赛克效果的Logo，最终效果如图7-33所示。马赛克效果趣味性强，不同颜色的文字具有不同的表现效果。

图7-33

01 按Ctrl+O快捷键，打开文字图形，如图7-34所示。使用选择工具 ▶ 选择文字，执行"对象>栅格化"命令，打开"栅格化"对话框。在"背景"选项组中选中"透明"单选按钮，其他参数设置如图7-35所示，单击"确定"按钮，将图形转换为图像。

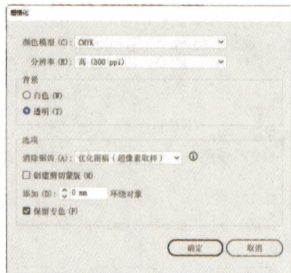

图7-34   图7-35

02 执行"对象>创建对象马赛克"命令，打开对话框。在"拼贴数量"选项组中设置"宽度"为60 mm、"高度"为20 mm，勾选"删除栅格"复选框（即删除原图像），如图7-36所示。单击"确定"按钮，基于当前图像生成一个马赛克拼贴状的矢量图形，如图7-37所示。

图7-36   图7-37

03 选择魔棒工具 ✐，在"魔棒"面板中，设置"容差"为20，如图7-38所示。在靠近文字的背景上单击，将白色图形选择，如图7-39所示，按Delete键将其删除。

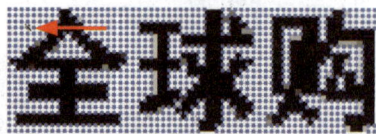

图7-38   图7-39

04 使用选择工具 ▶ 单击文字图形，为其填充默认的渐变，如图7-40和图7-41所示。

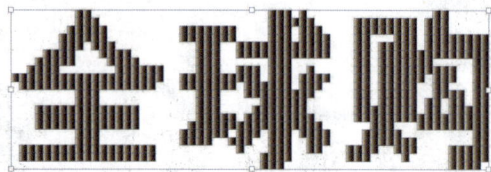

图7-40   图7-41

05 选择渐变工具 ▣，将鼠标指针移到文字的最左侧，按住Shift键拖曳，重新填充渐变，如图7-42所示。修改渐变颜色，如图7-43所示。设置描边颜色为黑色、粗细为1.5 pt，如图7-44所示。

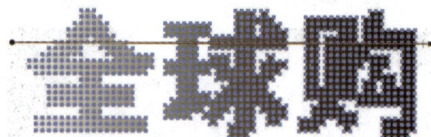

图7-42

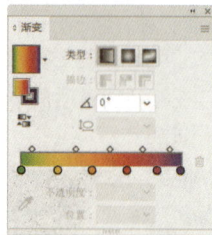

图7-43   图7-44

06 用矩形工具 ▢ 创建矩形，按Shift+Ctrl+[快捷键，将其移至底层作为背景。为其填充渐变，如图7-45所示。拖曳实时转角构件，将4个角调整为圆角，如图7-46所示。

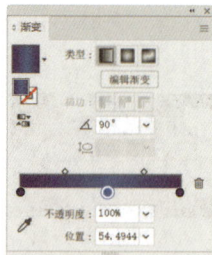

图7-45   图7-46

07 选择选择工具 ▶，单击文字，如图7-47所示。按Ctrl+C快捷键复制，按Ctrl+B快捷键将其粘贴到后方。设置描边颜色为白色、粗细为30 pt，如图7-48所示。

图7-47   图7-48

08 执行"效果>风格化>圆角"命令，将边缘改为圆角，如图7-49和图7-50所示。

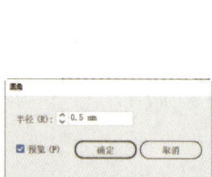

图7-49   图7-50

7.2 3D效果

"效果 >3D和材质"子菜单中包含"凸出和斜角""绕转""膨胀""旋转"等效果，可以创建逼真的3D图形，并可使用光线追踪技术进行渲染。

7.2.1 凸出和斜角

"凸出和斜角"效果与"3D和材质"面板中的凸出按钮作用相同，可沿对象的z轴进行凸出并拉伸，从而创建3D效果。图7-51所示为该效果的参数选项。其中的"旋转"选项适用于所有3D效果。

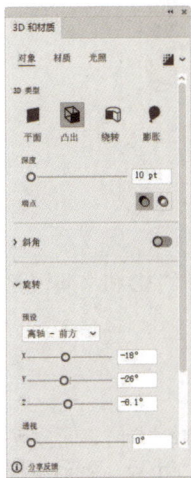

图7-51

● 深度：设置对象的深度（范围为0至2000），效果如图7-52和图7-53所示。

"深度"为5 mm　图7-52

"深度"为15 mm　图7-53

● 端点：单击●按钮，可以创建实心立体模型；单击●按钮，可以创建空心立体模型。

● 斜角：单击"斜角"选项右侧的●●按钮，可以为3D对象添加斜角，如图7-54所示。

经典　　　　圆角

凸　　　　阶梯

圆形轮廓　　方形轮廓

图7-54

● 旋转：调整对象的观察角度。使用"预设"下拉列表中的选项，可根据方向、轴和等角应用旋转预设，也可在X（垂直旋转）、Y（水平旋转）、Z（在圆形方向上旋转）选项中设置参数。部分效果如图7-55和图7-56所示。

离轴-左方　　　　离轴-右方

图7-55　　　　　图7-56

● 透视：调整透视角度，可以创建近大远小的透视效果，使3D对象的立体感更加真实。较小的镜头角度类似于长焦镜头，效果如图7-57所示；较大的镜头角度类似于广角镜头，效果如图7-58所示。

图7-57　　　　　　图7-58

7.2.2　绕转

"绕转"效果与"3D和材质"面板中的绕转按钮作用相同，能让图形沿自身的 y 轴做圆周运动，从而生成3D效果。图7-59所示为用于绕转的路径。图7-60所示为"绕转"效果的参数选项。

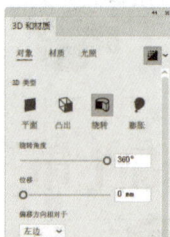

图7-59　　　　　　图7-60

● 绕转角度：用来设置绕转的度数，默认为360°，如图7-61所示。若小于该角度，模型上会出现断面，如图7-62所示（300°）。

图7-61　　　　　　图7-62

● 位移：用来设置绕转对象与 y 轴的距离。该值越大，对象离 y 轴越远。

● 偏移方向相对于：用来设置对象绕着转动的轴，包括"左边"和"右边"两个选项。例如，用于绕转的图形是最终对象的左半部分，则应选择"右边"选项。

7.2.3　膨胀

"膨胀"效果与"3D和材质"面板中的膨胀按钮作用相同，可以向路径增加厚度，从而创建膨胀扁平的3D效果。

7.2.4　旋转

"旋转"效果与"3D和材质"面板中的平面按钮作用相同，能创建扁平的3D对象，并在三维空间中以各种角度进行旋转，如图7-63所示。

图7-63

7.2.5　材质

创建3D对象时，Illustrator会为其添加"3D和材质"面板中的"基本材质"。

预设材质

制作布料、金属、石材、木材等类型的对象时，可以使用Adobe Substance材质，如图7-64所示，以更好地模拟质感和纹理。图7-65所示为部分材质的应用效果。

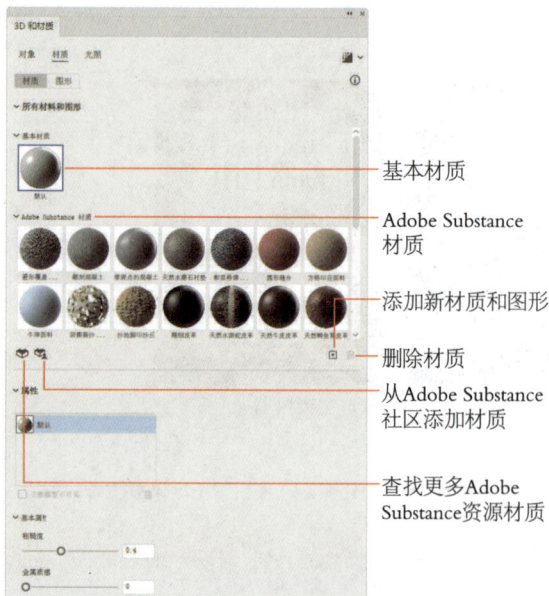

基本材质

Adobe Substance
材质

添加新材质和图形

删除材质

从Adobe Substance
社区添加材质

查找更多Adobe
Substance资源材质

图7-64

图7-65

将图稿贴在 3D 对象表面

在"3D和材质"面板中，单击"材质"选项卡，选择一个图稿，可以将其贴在3D对象表面，如图7-66所示。其原理与使用3D类软件（如Cinema 4D、3ds Max）在模型表面贴图相同。

图7-66

将图稿创建为材质

将图稿拖曳到"您的图形"列表中，可将其创建为材

质，如图7-67所示。

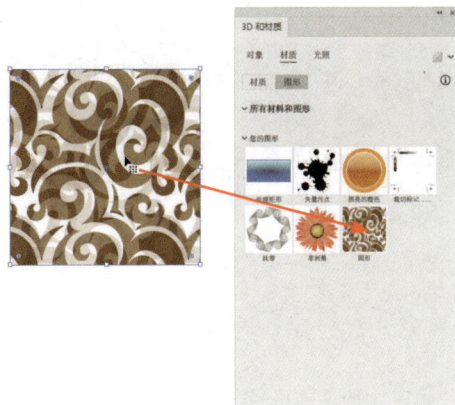

图7-67

7.2.6 光照

"3D和材质"面板中包含"光照"选项卡，如图7-68所示。光可以照亮3D对象，从而创建反射效果并生成阴影，让3D效果更加真实。

图7-68

光源位置

光源的位置包括"标准""扩散""左上""右"，单击相应的按钮即可切换，效果如图7-69所示。通过"旋转"选项（取值范围为-180°到180°），可以旋转对象周围的

光线焦点。通过"高度"选项，可以控制光源的高度，如果光源较低则阴影较短。

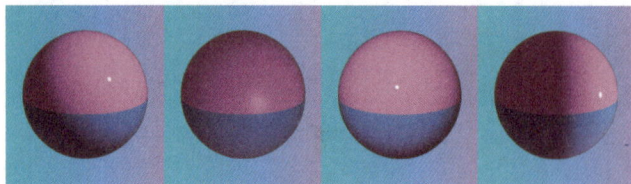

标准　　　扩散　　　左上　　　右

图7-69

光照强度

光照强度在"强度"选项中设置。如果光照太强，可以提高"软化度"参数，让光线扩散，防止过曝导致对象表面的细节不够清晰，如图7-70所示。

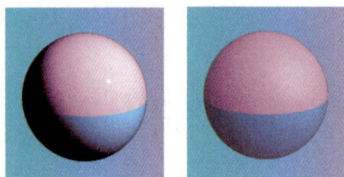

"强度"为200%　　"强度"为200%
"软化度"为40%　　"软化度"为100%

图7-70

光的颜色及环境光

如果想修改光的颜色，可以单击"颜色"选项右侧的色板，如图7-71所示，打开"拾色器"对话框进行设置。如果想让背景颜色在3D对象表面产生反射，可以勾选"环境光"复选框并设置"强度"值，如图7-72所示。

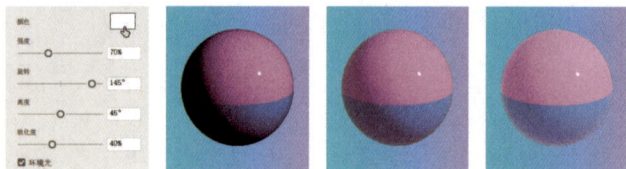

单击色板　　勾选"环境光"，　勾选"环境光"，　勾选"环境光"，
　　　　　　"强度"值为　　"强度"值为　　"强度"值为
　　　　　　0%　　　　　100%　　　　200%

图7-71　　图7-72

阴影

单击"暗调"选项右侧的 ⚫ 按钮，可以为3D对象添加阴影，如图7-73所示。在该选项组中可以设置阴影的位置、阴影与对象的距离，以及阴影边缘的柔和度。

阴影位于对象背面　　　阴影位于对象下方

图7-73

7.2.7 渲染3D对象

将3D效果应用于矢量图以后，单击"3D和材质"面板中的 ▦ 按钮，如图7-74所示，可以采用光线追踪方法进行渲染。光线追踪是主流的3D渲染方法，可追踪光线在对象表面反射的路径，以创建逼真的3D图形。光线追踪需要更多的渲染时间。要禁用光线追踪和渲染，再次单击 ▦ 按钮即可。

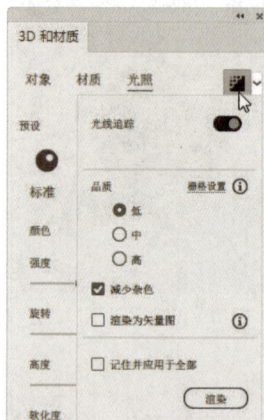

图7-74

- 品质："中""低"品质用于调试参数。参数调好后，选中"高"单选按钮并勾选"减少杂色"复选框，可以得到最佳品质的渲染效果。
- 渲染为矢量图：勾选此复选框，可以渲染出模型的矢量结构图，如图7-75和图7-76所示。执行"对象 > 扩展外观"命令，可以将结构图从模型中分离出来。

默认3D效果　　　　　矢量结构图

图7-75　　　　　　图7-76

- 记住并应用于全部：勾选此复选框，将保存当前渲染设置，渲染其他3D对象时仍可以使用此设置。

7.2.8 导出3D对象

　　需要导出3D对象时，将其选择，打开"资源导出"面板，从"格式"下拉列表中选择文件的导出格式，单击"导出"按钮即可。如果想在其他3D软件中编辑此模型，可以选择GLTF、USDA和OBJ等3D格式，如图7-77所示。PNG、JPG等为图像格式。

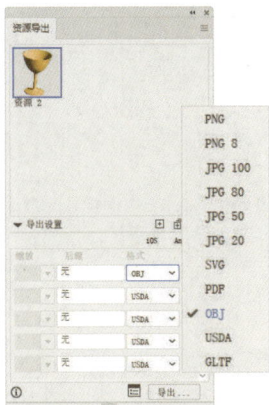

图7-77

7.2.9 实战：制作陶瓷材质的卡通模型

　　本实战使用3D功能制作一个陶瓷材质的可爱的卡通立体模型，最终效果如图7-78所示。

图7-78

01 打开矢量图稿，如图7-79所示。选择椭圆工具○，按住Shift键拖曳鼠标，创建一个圆形。按Shift+Ctrl+[快捷键，将其移至底层。执行"窗口>色板库>渐变>蜡笔"命令，打开"蜡笔"面板，单击图7-80所示的渐变，为圆形填充渐变，如图7-81所示。

图7-79　　　　　图7-80

图7-81

02 单击"渐变"面板中的按钮，切换为径向渐变。单击按钮，反转渐变颜色的顺序，如图7-82和图7-83所示。

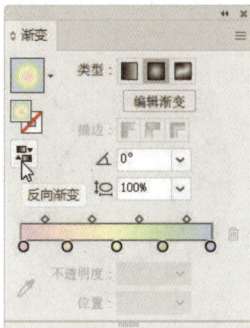

图7-82　　　　　图7-83

03 单击选择工具▶，按住Shift键单击图7-84所示的各个图形，将它们一同选择，按Ctrl+G快捷键编组，这样在制作3D效果时，它们将被视为同一个对象。

图7-84

04 打开"3D和材质"面板，单击膨胀按钮创建3D对象，如图7-85和图7-86所示。

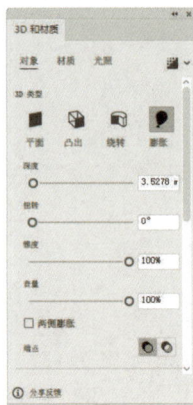

图7-85　　　　　　图7-86

05 设置"材质"和"光照"参数，如图7-87和图7-88所示。单击面板右上角的▦按钮进行渲染，得到的效果如图7-89所示。

 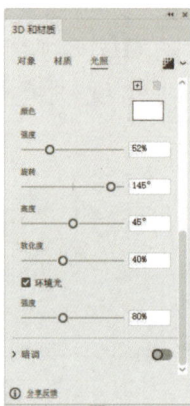

图7-87　　　图7-88　　　图7-89

06 单击选择工具▶，按住Shift键单击两个白色圆形，将它们一同选择，如图7-90所示，在"透明度"面板中设置混合模式为"柔光"，如图7-91和图7-92所示。

 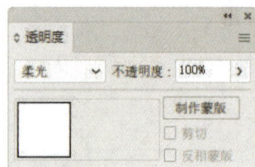

图7-90　　　　图7-91

图7-92

07 选择腮红，如图7-93所示，执行"效果>风格化>羽化"命令，让图形边缘变得柔和一些，如图7-94和图7-95所示。

图7-93　　　　　　图7-94

图7-95

08 单击选择工具▶，按住Shift键单击两只手，将它们一同选择，如图7-96所示，单击膨胀按钮🐷，将其创建为3D对象，单击▦按钮进行渲染，如图7-97所示，效果如图7-98所示。

图7-96　　　　图7-97　　　　图7-98

09 保持两只手处于选择状态。执行"效果>风格化>投影"命令，添加投影，如图7-99和图7-100所示。

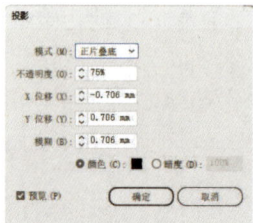 

图7-99　　　　　　图7-100

7.3 外观属性

添加到对象上的填色、描边、透明度和各种效果统称外观属性。外观属性能改变对象的外观，但并不会真正修改其基础结构，因而，可随时修改参数或者删除效果，将对象恢复为原始状态。

· AI技术/设计讲堂 ·

"外观"面板及使用技巧

"外观" 面板

图7-101所示为添加了3D效果的文字。将其选择，"外观"面板中会显示它的外观属性。双击任意效果，如图7-102所示，会打开相应的面板或对话框，可以修改效果的参数，如图7-103和图7-104所示。

将外观属性拖曳到⊞按钮上，可进行复制；拖曳到🗑按钮上，可将其删除。与图层类似，"外观"面板中的各个效果也是按应用顺序上下堆叠的，这样的结构称为堆栈。通过拖曳可以调整它们的堆叠顺序，从而改变对象的整体外观。

图7-101

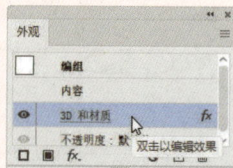

图7-102

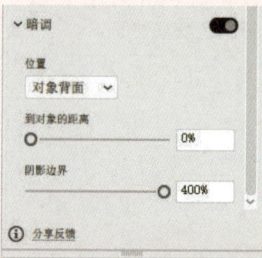

图7-103

图7-104

- 所选对象的缩览图：当前选择的对象的缩览图。其右侧的名称标识了对象的类型，如路径、文字、编组、图像和图层等。
- 描边/填色：显示并可修改对象的描边属性（描边颜色、粗细和类型）和填充内容。
- 不透明度：单击该名称，将打开透明度下拉面板，可以修改对象的不透明度、混合模式，以及制作不透明度蒙版。
- 眼睛图标👁：单击眼睛图标👁，可以隐藏对应属性。如果要重新将其显示出来，在原眼睛图标处单击即可。
- 添加新描边□/添加新填色■：单击相应的按钮，可以为对象添加一个描边或填色属性。
- 添加新效果fx：单击该按钮，可在打开的下拉菜单中选择效果。
- 清除外观◎：单击该按钮，可清除所选对象的外观属性，使其变为无描边、无填色的状态。

外观使用技巧

当需要给多个对象添加相同的效果时，通常会先将它们一同选择，再统一应用效果。如果在后面的编辑过程中又有其他对象要使用这种效果，可以将其创建为图形样式（*见180页*），再为其他对象使用这一样式；也可以用吸管工具 🖊 从现有的对象上复制外观（*见178页*）；还可以为图层和组添加效果，再将对象创建到、移入或编入对应的图层或组中，这样它便拥有与图层或组相同的外观（*见7.3.1小节*）。

7.3.1 实战：为图层（或组）添加外观

图7-105所示为本实战使用的素材。在图层（或组）的选择列上单击，可为其添加效果，如图7-106和图7-107所示，该图层或组中的对象都会具有此效果，如图7-108所示。而且以后加入该图层或组的对象也会自动添加此效果。将对象从该图层中移出，它将失去效果。因为效果属于图层，而不属于其中的单个对象。

图7-105

图7-106

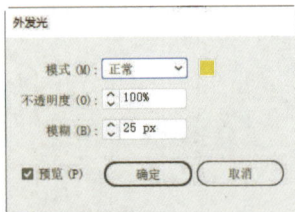

图7-107

图7-108

7.3.2 实战：复制外观

下面介绍4种复制外观属性的方法。

01 使用选择工具 ▶ 单击云朵图形，如图7-109所示。将"外观"面板顶部的缩览图拖曳到另一个对象上，可将云朵的外观复制给该对象，如图7-110所示。

图7-109

图7-110

02 选择吸管工具 ✐，在心形上单击，可复制它的外观并应用到所选对象（云朵）上，如图7-111所示。

图7-111

03 在画板外单击，取消选择。选择吸管工具 ✐，在猫咪图形上单击，拾取它的填色和描边属性，如图7-112所示；按住Alt键（鼠标指针变为 ✐ 形状）单击心形，可将拾取的属性应用给它，如图7-113所示。

图7-112

图7-113

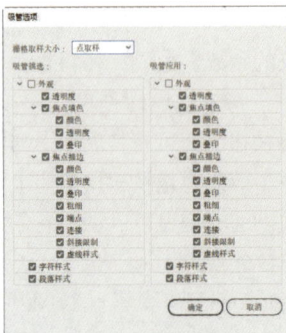
7.3.3 实战：古典艺术字（多重描边及填色）

本实战通过多重描边、多重填色等技巧制作一款古典艺术字，最终效果如图7-114所示。

图7-114

01 创建一个A4纸大小的文档。使用矩形工具 ▢ 创建一个与画板大小相同的矩形，为其填色并将其锁定，如图7-115～图7-117所示。

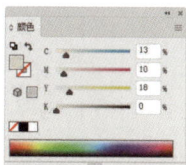
图7-115

图7-116

图7-117

02 使用文字工具 **T** 输入文字，设置描边粗细为4 pt、颜色为深棕色，如图7-118和图7-119所示。

图7-118

图7-119

03 拖曳鼠标，将"1"选择，如图7-120所示；将字符间距设置为-150，如图7-121所示。

图7-120

图7-121

04 分别选择"9"和"8"并调整字符间距，如图7-122和图7-123所示。

图7-122

图7-123

05 单击3下"外观"面板中的□按钮，添加3个描边，如图7-124所示。修改顶层描边的颜色和宽度，如图7-125和图7-126所示。

图7-124

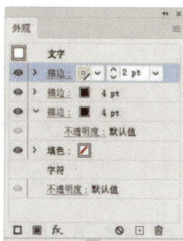
图7-125

图7-126

06 选择图7-127所示的描边属性。单击面板底部的 *fx* 按钮，打开下拉菜单，执行"扭曲和变换>变换"命令，为描边添加该效果，如图7-128和图7-129所示。

图7-127

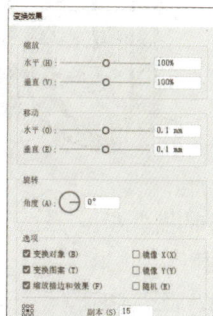
图7-128

图7-129

07 单击两次面板底部的■按钮，添加两个填色属性，并设置为与背景相同的颜色，如图7-130所示。选择位于上方的填色，如图7-131所示。

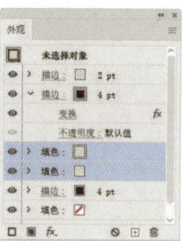
图7-130

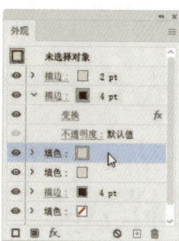
图7-131

08 执行"窗口>色板库>图案>基本图形>基本图形_线条"命令，打开图案库。选择图7-132所示的图案，为文字填充该图案，如图7-133所示。

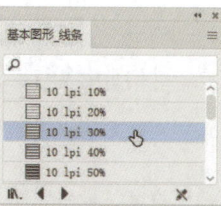
图7-132

图7-133

179

09 执行"对象>变换>分别变换"命令，打开"分别变换"对话框。只勾选"变换图案"复选框，调整缩放和角度参数，如图7-134所示，缩小和旋转对象，如图7-135所示。

图7-138

图7-134　　　　　图7-135

10 单击图7-136所示的描边属性。单击面板底部的 *fx.* 按钮，打开下拉菜单，执行"扭曲和变换>变换"命令，为描边添加该效果，如图7-137和图7-138所示。

7.3.4 删除与扩展外观

选择对象，如果要删除其外观，在"外观"面板中将对应属性拖曳到 🗑 按钮上即可，如图7-139和图7-140所示。如果只想保留填色和描边，而删除其他外观，打开面板菜单，执行"简化至基本外观"命令即可。如果要删除所有外观，让对象变为无填色、无描边的状态，单击 🚫 按钮即可。

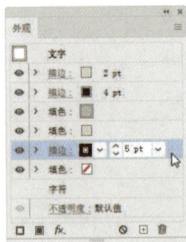

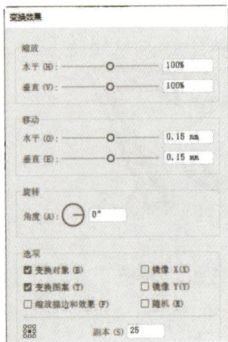

图7-139

图7-136　　　图7-137

图7-140

执行"对象>扩展外观"命令，对象的外观会扩展为各自独立的对象并自动编组。

7.4 图形样式

将对象的外观属性（填色、描边、不透明度、效果等）保存到"图形样式"面板后，可以得到图形样式。Illustrator 中的图形样式与 Photoshop 中的样式用途类似，也就是说，选择其他对象，单击某个样式，便可为其添加与此样式相同的外观效果。

·**AI技术/设计讲堂**·

"图形样式"面板及使用技巧

"图形样式"面板

"图形样式"面板中保存了许多图形样式，也可用于创建、重命名和应用外观属性。在样式的缩览图上单击鼠标右键，可查看大缩览图，如图7-141所示。如果想同时查看缩览图和样式名称，可以打开面板菜单，执行"小列表视图"或"大列表视图"命令，如图7-142所示。如果想修改样式的名称，双击它，打开"图形样式选项"对话框进行设置即可，如图7-143所示。

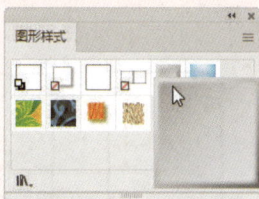
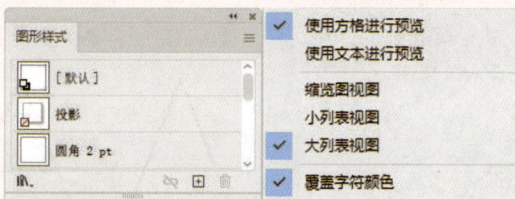
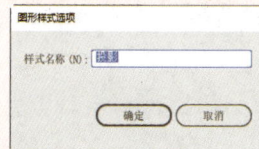

图7-141　　　　　　　　　　图7-142　　　　　　　　　　　　　　　图7-143

- 默认 ⬚：单击该样式，可以为所选对象设置默认的基本样式，即黑色描边、白色填色。
- 图形样式库菜单 ⟍：单击该按钮，可打开图形样式库。
- 断开图形样式链接 ⟍：断开当前对象使用的样式与面板中样式的链接。
- 新建图形样式 ⊞：选择对象，单击该按钮，可将所选对象的外观属性保存到"图形样式"面板中。将面板中的某个样式拖曳到⊞按钮上，可复制该样式。
- 删除图形样式 🗑：选择面板中的图形样式，单击该按钮可将其删除。

图形样式使用技巧

选择对象，单击"图形样式"面板中的样式，即可为对象添加该样式，如图7-144所示。如果再单击其他样式，则会替换之前的样式，如图7-145所示。按住Alt键单击，可在现有的样式上追加新的样式，如图7-146所示。未选择对象时，也可添加图形样式。操作方法是将样式从"图形样式"面板中拖曳到对象上。如果对象是由多个图形组成的，还可以为它们添加不同的样式。

图7-144　　　　　　　　　　　　　　图7-145　　　　　　　　　　　　　　图7-146

在Illustrator中，组和图层也可以添加图形样式。在图层的选择列上单击，如图7-147所示，然后单击任意图形样式，如图7-148所示，便可将其应用于该图层，此后所有在该图层中创建的或移入此图层的对象，都会自动添加这一图形样式，如图7-149所示。如果将对象从该图层中移出，则会自动删除对象的图形样式。

图7-147　　　　　　　　　　图7-148　　　　　　　　　　图7-149

7.4.1 实战：制作回转艺术字（创建图形样式）

本实战制作一组回转艺术字，最终效果如图7-150所示。本小节介绍怎样将对象的外观保存为图形样式，并应用于其他对象。

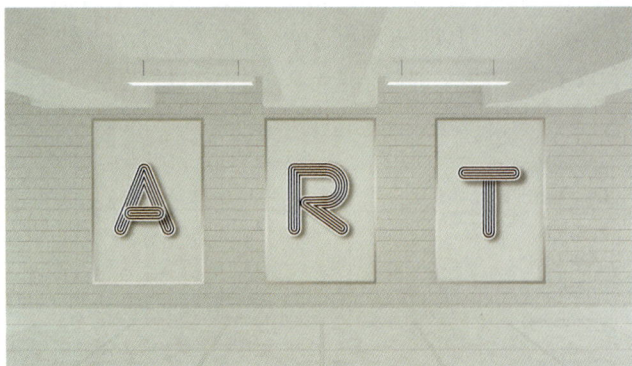

图7-150

01 按Ctrl+N快捷键，打开"新建文档"对话框，使用其中的预设创建一个A4纸大小的文档（方向设置为横向）。选择矩形工具，在画板上单击，弹出"矩形"对话框，输入参数值，如图7-151所示，单击"确定"按钮，创建一个矩形。设置描边粗细为2 pt，无填色，单击圆头端点按钮 和圆角连接按钮，如图7-152和图7-153所示。

图7-151

图7-152

图7-153

02 单击选择工具，按住Alt键并拖曳矩形进行复制，复制2次，如图7-154所示。

图7-154

03 选择钢笔工具，按住Ctrl键单击第1个矩形，将其选择。将鼠标指针放在顶部路径段的中央位置，当出现提示信息时单击，添加锚点，如图7-155所示。再在其左、右两个锚点上单击，如图7-156所示，将它们删除，得到一个三角形，如图7-157所示。在图形底边上单击，如图7-158所示。

图7-155

图7-156

图7-157

图7-158

04 按Delete键将底边删除，如图7-159所示。选择钢笔工具，按住Shift键绘制一段直线，完成文字"A"的制作，如图7-160所示。选择第2个矩形，使用钢笔工具在路径上单击，添加两个锚点，如图7-161所示。按住Ctrl键（临时切换为直接选择工具）拖曳下方锚点，如图7-162所示。

图7-159

图7-160

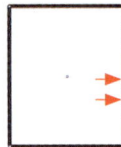
图7-161

图7-162

05 按住Ctrl键拖曳出一个选框，将图7-163所示的两个锚点选择。拖曳实时转角构件，将这段路径调成曲线，如图7-164所示。放开Ctrl键，在图形底部的路径段上单击，如图7-165所示，按Delete键将其删除，完成文字"R"的制作，如图7-166所示。

图7-163

图7-164

图7-165

图7-166

06 选择第3个矩形。使用钢笔工具在其下方的两个锚点上单击，删除锚点，如图7-167和图7-168所示。绘制一条直线，组成文字"T"，如图7-169所示。

图7-167

图7-168

图7-169

07 绘制一条直线，属性设置如图7-170所示。单击"外观"面板中的添加新描边按钮，添加描边属性，并修改描边粗细为12 pt，如图7-171所示。继续添加描边属性，如图7-172所示。

图7-170

图7-171

图7-172

08 单击"图形样式"面板中的按钮，将该图形的外观保存为图形样式。将文字"A""R""T"同时选择，单击保存的图形样式，如图7-173和图7-174所示。

图7-173　　　　　　　图7-174

09 执行"对象>扩展外观"命令及"对象>扩展"命令，打开"扩展"对话框，如图7-175所示，单击"确定"按钮，将样式扩展为图形。设置图形的填充为黑色、描边为白色、描边粗细为2 pt，如图7-176所示。

图7-175　　　　　　　图7-176

10 选择组成文字的所有图形，执行"效果>风格化>投影"命令，为其添加投影，如图7-177和图7-178所示。

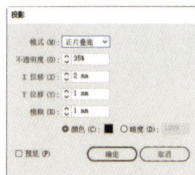

图7-177　　　　　　　图7-178

11 单击选择工具 ▶，单击"T"字上方的一横，将其选择，按Shift+Ctrl+]快捷键将其调整到顶层。按住Shift键单击"A"字中间的一横，将它也一同选择，如图7-179所示。双击"外观"面板中的"投影"效果，如图7-180所示，弹出"投影"对话框，修改相关参数，让这两个图形的阴影离得远一些，如图7-181和图7-182所示。

图7-179

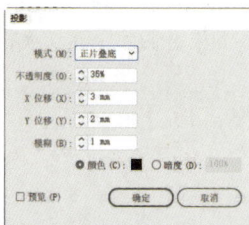

图7-180　　　　　　　图7-181

图7-182

7.4.2 实战：制作帆布效果的帽子（使用图形样式库）

执行"窗口>图形样式库"命令，或单击"图形样式"面板中的 ⅢⅡ 按钮，打开图形样式库，如图7-183所示。选择需要的样式库，选择对象，单击其中的样式，可为对象添加此样式，同时，该样式会被自动添加到"图形样式"面板中。

图7-183

选择"其他库"命令，可加载外部的样式库。本实战通过此方法加载帆布样式，如图7-184所示，用它制作帆布效果的帽子。图7-185所示为原始图像，图7-186所示为实战效果。

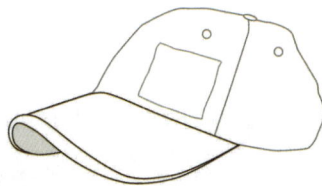

图7-184　　　　　　　　　图7-185

图7-186

7.4.3 创建图形样式库

将"图形样式"面板中多余的样式删除，执行面板菜单中的"存储图形样式库"命令，如图7-187所示，可将此样式库保存到计算机的硬盘中。如果将其存储在Illustrator提供的默认位置，则重启Illustrator时，单击"图形样式"面板中的 按钮，可在"用户定义"子菜单中找到它。

图7-187

7.4.4 实战：重新定义图形样式

为对象添加图形样式后，如图7-188所示，修改其外观，如图7-189所示，打开"外观"面板菜单，执行"重新定义图形样式"命令，可用修改后的样式替换"图形样式"面板中原有的样式。

图7-188　　　　　　　　图7-189

7.4.5 实战：合并图形样式

按住Ctrl键单击两个图形样式，如图7-190所示，将它们选择，执行"图形样式"面板菜单中的"合并图形样式"命令，如图7-191所示，可创建一个包含所选样式全部属性的图形样式。

图7-190　　　　　　　　图7-191

7.5 透视网格

如果想绘制具有透视效果的场景和对象，但又把握不好透视关系，可以借助透视网格。在透视网格上绘图，能轻松表现透视效果，而且非常自然、真实。

・AI技术/设计讲堂・

透视网格的种类及调整方法

透视网格和平面切换构件

选择透视网格工具 ，画板上会显示两点透视网格，如图7-192所示。通过"视图>透视网格"子菜单，还可以选择一点透视网格和三点透视网格，如图7-193和图7-194所示。

透视网格左上角有一个 图标，如图7-195所示。它是平面切换构件，其中的小立方体有3个面，单击任意面（也可按1、2、3键切换），便可在对应的透视平面上绘图，或者将对象引入这一平面。如果要调整平面切换构件的位置，例如将其放到画板下方，双击透视网格工具 ，在打开的对话框中进行设置即可。

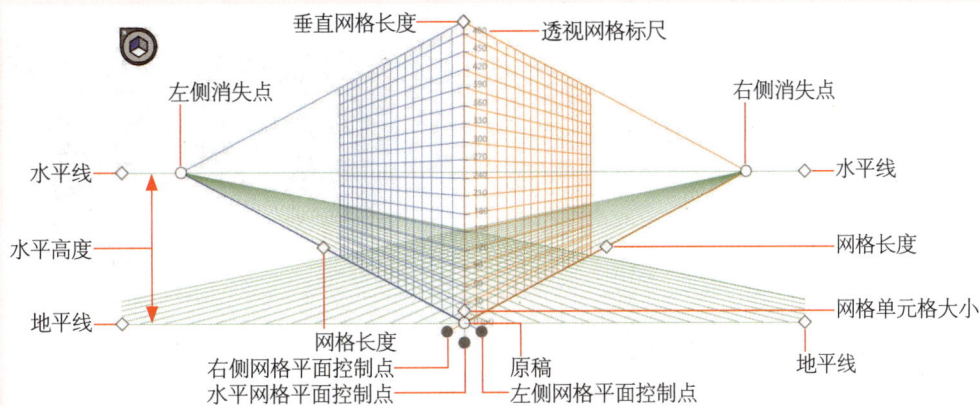

两点透视网格

图7-192

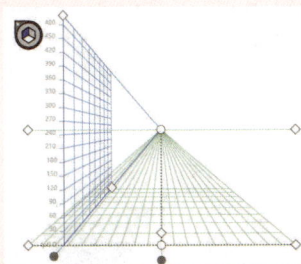

一点透视网格

图7-193

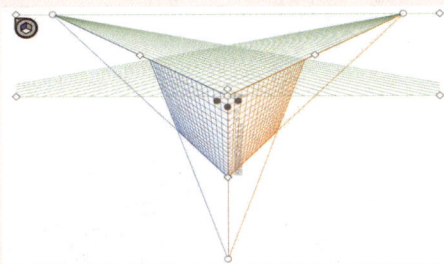

三点透视网格

图7-194

平面切换构件

图7-195

修改透视网格

选择透视网格工具，将鼠标指针移动到透视网格的控件上进行拖曳，可以移动网格，还可以调整消失点、水平线、网格平面、网格范围和网格单元格大小，如图7-196所示。移动消失点前，执行"视图>透视网格>锁定站点"命令，锁定站点，再进行移动，则左右两个消失点会一同移动。调整左侧、右侧和水平网格平面时，按住Shift键操作，可以将移动限制在网格单元格大小范围内。

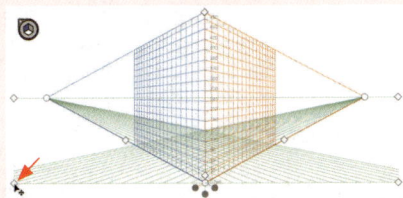

移动整个网格

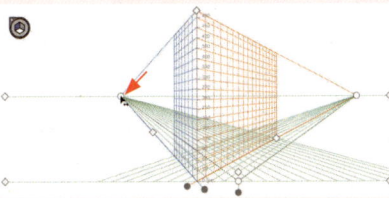

移动消失点

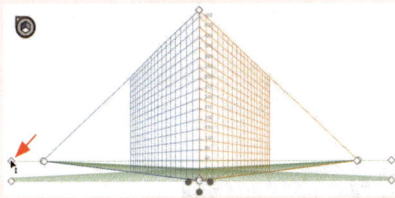

移动水平线

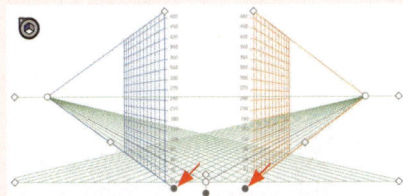

调整左侧、右侧和水平网格平面

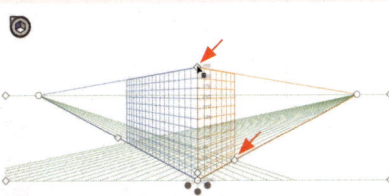

调整网格范围

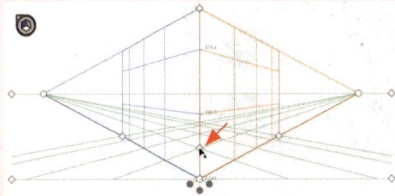

调整网格单元格大小

图7-196

调整透视网格时，鼠标指针在不同控件上会显示不同的形状。在消失点上会变为 形状，在水平线上会变为 形状，在网格平面控件上会变为 形状或 形状，在网格范围构件上会变为 形状，在网格单元格大小构件上会变为 形状。

7.5.1 实战：制作立体包装盒

执行"视图>透视网格>显示网格"命令，显示透视网格，如图7-197所示。使用透视选区工具 拖曳网格上的控件，调整网格，如图7-198所示。然后便可在各个透视平面上直接绘图（不支持光晕工具 ），也可以将现有对象置入透视网格。处于透视网格中的对象，能被复制和变换（移动、缩放、旋转、扭曲等）。

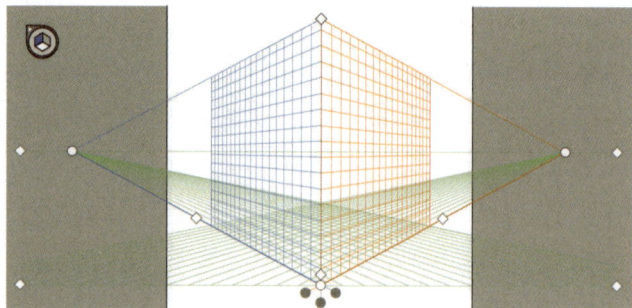

图7-197

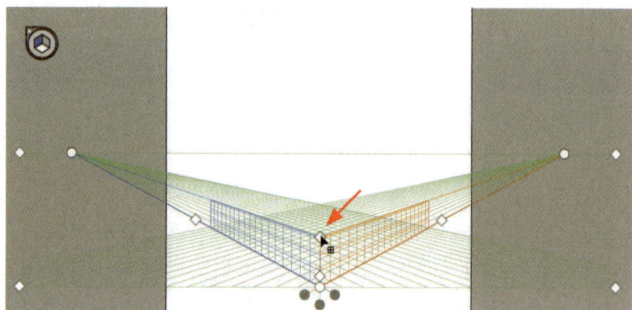

图7-198

图7-199所示为包装盒平面图。图7-200所示为将其各个面拖曳到透视网格中所创建的立体包装效果。图7-201所示为执行"视图>透视网格>隐藏网格"命令，隐藏透视网格后的效果。

图7-199

图7-200　　　　　　　　图7-201

7.5.2 实战：在透视网格中变换对象

将图稿置入透视网格后，可以使用透视选区工具 对其进行移动、拉伸、缩放、复制等操作，如图7-202和图7-203所示。也可使用变换类工具或"对象>变换"子菜单中的命令进行其他变换。

图7-202　　　　　　　　图7-203

提示

在透视网格中绘图，或用透视选区工具 移动对象时，对象将与单元格 1/4 距离内的网格线对齐。执行"视图>透视网格>对齐网格"命令，可禁用（或重新启用）对齐网格功能。

技术看板 **移动平面以匹配对象**

选择透视选区工具 ，拖曳对象时，按住5键，可以基于对象的当前位置进行平行移动。移动后，保持对象处于选择状态，执行"对象>透视>移动平面以匹配对象"命令，可以移动网格平面，使之匹配对象。

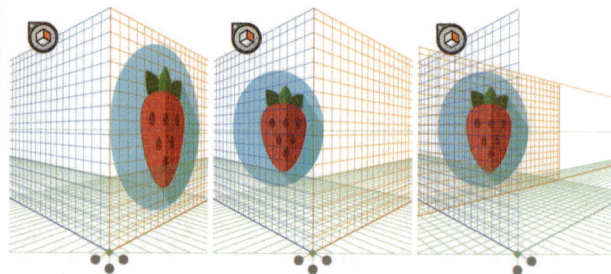

加入透视网格的对象　　移动并按住5键　　让网格匹配对象

7.5.3 实战：在透视网格中添加文本和符号

Illustrator的符号库中包含许多种类的图形符号，如图7-204所示，可作为设计素材使用。需要注意的是，透视网格中不能直接创建符号及文字，只能使用透视选区工具 将现有的符号和文字拖入透视网格，如图7-205所示。此外，需要修改文字内容、字体和大小等属性时，应执行"对象>透视>编辑文本"命令，让文字处于编辑状态，然后再修改。

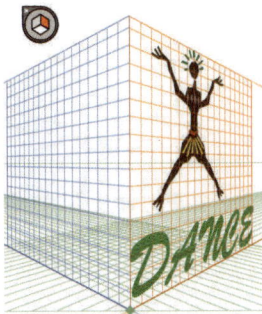

图7-204　　　　　　　图7-205

> **提示**
>
> 如果已经创建了对象，可以执行"对象>透视>附加到现用平面"命令，将对象附加到透视网格的活动平面上。该命令不会影响对象的外观。

7.5.4 释放透视网格中的对象

如果要释放带透视效果的对象，选择对象，执行"对象>透视>通过透视释放"命令，所选对象就会从相关的透视平面中被释放出来（外观并不改变），并可作为正常图稿使用。

7.5.5 修改透视网格预设

如果Illustrator提供的网格预设不太符合需要，可执行"视图>透视网格>定义网格"命令，对其进行修改，如改变网格的单位、调整网格线的颜色等。

7.5.6 存储/导出网格预设

修改透视网格预设后，可以执行"视图>透视网格>将网格存储为预设"命令，将其存储为预设的网格。以后需要使用时，可在"视图"菜单中找到它。

此外，执行"编辑>透视网格预设"命令，打开"透视网格预设"对话框，选择预设，单击"导出"按钮，可将其保存在计算机的硬盘中。

7.5.7 透视网格的其他设置命令

"视图>透视网格"子菜单中还有几个与透视网格有关的命令。

● 显示标尺：执行该命令，将显示沿真实高度线的标尺刻度。网格线单位决定了标尺的刻度。

● 对齐网格：执行该命令，在透视网格中加入对象，以及移动、缩放透视网格中的对象时，对象将与网格对齐。

● 锁定网格：执行该命令，使用透视网格工具 移动网格，以及进行其他网格编辑操作时，仅可以修改网格的可见性和平面位置。

● 锁定站点：执行该命令，移动一个消失点时会带动其他消失点同步移动。如果未执行该命令，则此类移动操作互不影响，站点也会移动。

第8章 创建与编辑文字

生成式 AI | "模型（Beta）"面板 • Retype（Beta）功能 • 上下文任务栏 • 尺寸工具 | ☞ { Illustrator 2024新功能 } ☜

本章简介

文字可以传达信息，起到美化版面、强化主题的作用，是设计作品的重要组成部分。Illustrator的文字功能非常强大，可以创建各种类型的文字及效果，支持Open Type字体和特殊字形，可调整文字的大小、间距，调整行和列的对齐方式与间距。无论是设计字体，还是进行排版，都能应对自如。

学习重点

实战：制作小清新风格的卡片
实战：制作文本绕排效果
实战：用路径文字制作标签
选择和快速查找字体
设置字间距
设置行间距
对齐字形
对齐段落中的文字
将文字转换为轮廓
实战：Retype（Beta）功能

8.1 点文字

点文字是最基本的文字形式，本节介绍其创建及编辑方法。对点文字进行的编辑操作，同样适用于区域文字和路径文字。

· AI技术 / 设计讲堂 ·

文字工具

在Illustrator中可以通过3种方法创建文字：以任意点为起始点创建横向或纵向排列的点文字、创建以矩形框限定文字范围的段落文字，以及创建在路径上排列或者在矢量图形内部排布的路径文字。

Illustrator中有7种文字工具。其中，文字工具 T 和直排文字工具 ↓T 可以创建沿水平或垂直方向排列的点文字和区域文字；区域文字工具 ⊞ 和直排区域文字工具 ⊞ 可以在图形内输入文字；路径文字工具 ✓ 和直排路径文字工具 ✓ 可以在路径上输入文字；修饰文字工具 ⊞ 可以创造性地修饰文字，创建美观而突出的文字信息。

· AI技术 / 设计讲堂 ·

Illustrator中的文字种类及特点

点文字和区域文字只会沿一个方向——横向或纵向排列。由于没有文本框的限定，如果不停止输入，点文字就会一直排布下去。区域文字撞了"南墙"（文本框）能回头，因此，文字不会跑到文本框外边去。它们的特点决定了点文字是直线状的，如图8-1所示；区域文字是块状的，如图8-2所示。

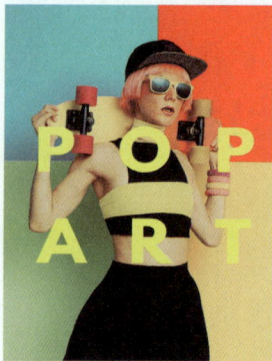

图8-1

图8-2

区域文字经过调整后，其排列方式可以发生变化。例如，能让文字排列在其他对象周围（文本绕排效果），如图8-3所示。

此外，当区域文字遇到封闭的矢量图形时，会在图形内排布，文字的整体外观与图形一致，如图8-4所示。其原理是将路径轮廓转换为文本框。当文本框（即路径轮廓）发生改变时，其中的文字也会自动调整位置。区域文字还可以串接，就是让两个或多个不相干的文本建立链接关系，使得文字可以在文本框之间"流动"。

路径文字能随方就圆。当它与路径相遇时，会排布在路径上方，因此，可以利用路径控制文字的整体外观，使其随着路径的弯曲而呈现起伏、转折效果，如图8-5所示。其原理是以路径为基线排布点文字。在这种状态下，文字不仅可以沿路径移动，还能翻转到路径另一侧。

图8-3 图8-4

用于排布文字的图形

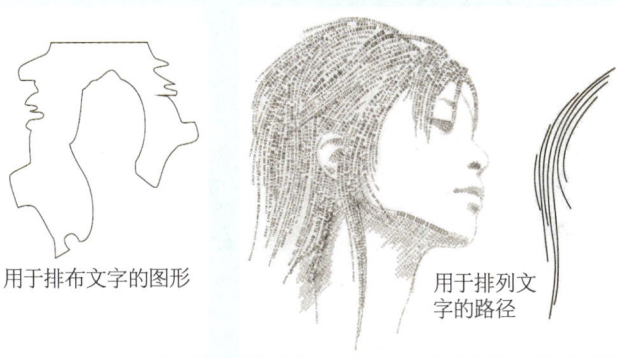

用于排列文字的路径

图8-5

8.1.1 实战：制作小清新风格的卡片

点文字以鼠标单击位置作为起始点，随着文字的输入而扩展成一行或一列。每行文本都是独立的，在进行编辑时，行会扩展或缩短。按Enter键可换行。点文字适合作为字数较少的标题、标签和网页中的菜单选项，以及海报上的宣传主题。本实战使用它制作小清新风格的卡片，最终效果如图8-6所示。

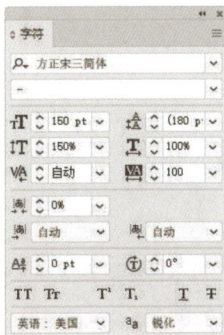

图8-7 图8-8

图8-6

01 选择文字工具 **T**。在画板上，鼠标指针为 I 形状，单击，鼠标指针会变为闪烁的"I"状，输入文字"午后"。按Esc键或单击其他工具，结束输入。打开"字符"面板，设置字体和文字高度，如图8-7和图8-8所示。

> **提示**
>
> 创建点文字时应尽量避免单击图形，否则会将图形转换为区域文字的文本框或路径文字的路径。如果现有的图形恰好与要输入文本的地方重合，可先将图形锁定或隐藏。

02 单击两次"外观"面板中的 ▣ 按钮，添加两个填色属性，如图8-9所示。修改文字的填色和描边，如图8-10和图8-11所示。

图8-9 图8-10

图8-11

03 执行"窗口>色板库>图案>基本图形>基本图形_线条"命令，打开"基本图形_线条"面板。单击"外观"面板中下方的填色属性，如图8-12所示，然后单击图8-13所示的图案，为文字填充该图案。

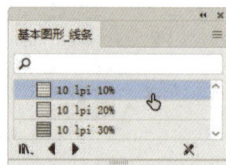

图8-12　　　　　　图8-13

04 执行"效果>扭曲和变换>变换"命令，打开"变换效果"对话框，参数设置如图8-14所示，移动图案位置，如图8-15所示。

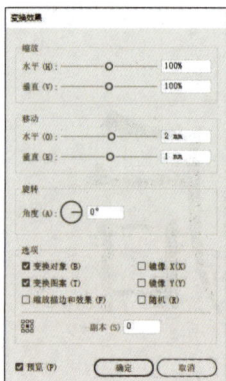

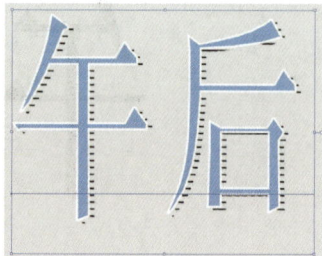

图8-14　　　　　　图8-15

05 关闭对话框，再次添加"变换"效果（只缩放和倾斜图案），如图8-16和图8-17所示。

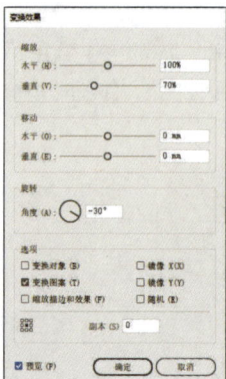

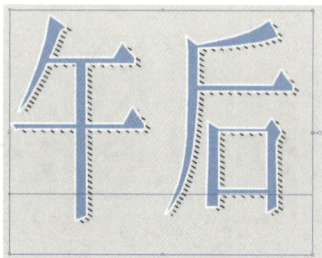

图8-16　　　　　　图8-17

06 双击"色板"面板中文字所使用的图案，如图8-18所示，进入隔离模式。拖曳出选框，将线条选择，如图8-19所示，将描边设置成与文字相同的颜色，描边粗细为2 pt，如图8-20所示。单击画板左上角的"完成"按钮，结束编辑，效果如图8-21所示。

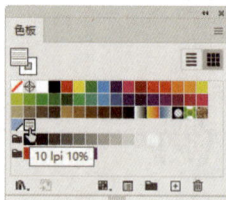

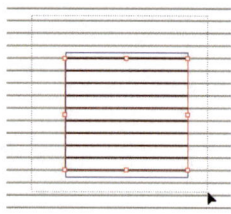

图8-18　　　　　　图8-19

图8-20　　　　　　图8-21

07 单击选择工具 ▶，按住Alt+Shift快捷键拖曳文字进行复制。选择文字工具 T，选择"午后"二字，输入"时光"进行替换。修改文字字体和颜色，如图8-22和图8-23所示。

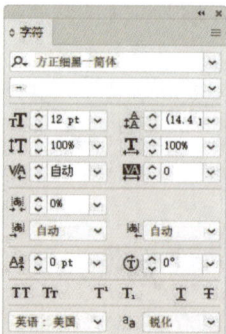

图8-22　　　　　　图8-23

08 在"色板"面板中将修改后的图案拖曳到 🔲 按钮上进行复制，如图8-24所示。单击文字的"填色"属性，将其修改为新复制的图案，如图8-25所示。

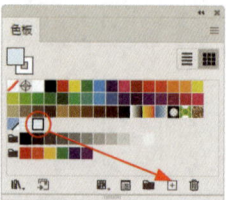

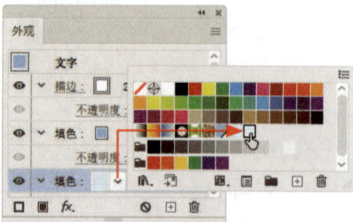

图8-24　　　　　　图8-25

09 在"色板"面板中双击该图案,如图8-26所示,进入隔离模式。修改图案颜色,如图8-27所示。单击"完成"按钮,结束编辑,最终效果如图8-28所示。

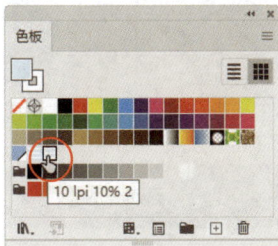 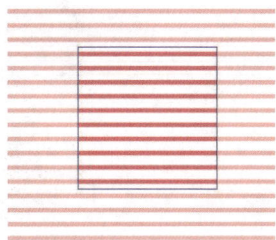

图8-26　　　　　图8-27

图8-28

 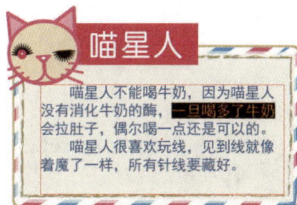

图8-29　　　　　　　图8-30

02 在文字上双击,可以选择部分文字,如图8-31所示;连击3下,可以选中整个段落,如图8-32所示。在文本中单击(或者选择一个或多个文字),执行"选择>全部"命令或按Ctrl+A快捷键,可以选择所有文字。

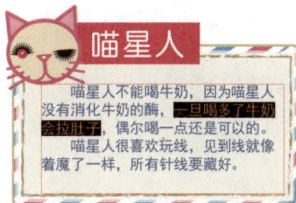 

图8-31　　　　　　　图8-32

03 选择文字后,在"控制"面板或"字符"面板中,可以修改所选文字的字体、大小等属性。在"色板"面板中还可以修改文字颜色,如图8-33和图8-34所示。

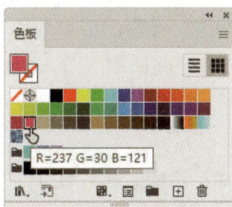 

图8-33　　　　　图8-34

04 如果要修改某些文字的内容,可先将其选择,如图8-35所示,再输入新的文字进行覆盖,如图8-36所示。

> **技术看板　文字占位符**
>
> 创建文字的时候,Illustrator会自动填充占位符,方便用户观察文字的整体效果。但并不是每次创建文本都需要占位符,执行"编辑>首选项>文字"命令,打开"首选项"对话框,取消勾选"用占位符文本填充新文字对象"复选框,可以关闭占位符功能。执行"文字>用占位符文本填充"命令,可用占位符填充文本。
>
>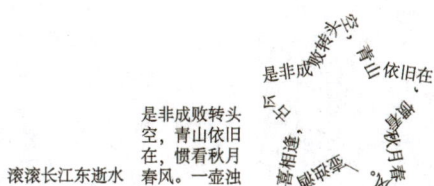
>
> 依次为点文本、区域文本、路径文本的占位符

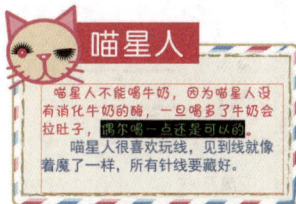 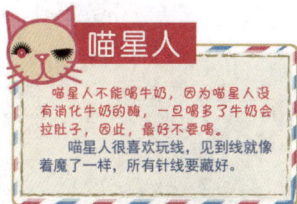

图8-35　　　　　　　图8-36

8.1.2 实战:选择与修改文字

单击选择工具 ▶,将文本全部选择,在这种状态下,可以修改文本中所有文字的字体、大小、颜色、段落间距、不透明度等属性。如果只想调整部分文字,应使用文字工具将需要修改的文字选中,再进行编辑。

01 打开素材。选择文字工具 T,当鼠标指针在文字上方变为 I 形状时,如图8-29所示,拖曳鼠标,可以选择文字,如图8-30所示。按住Shift键操作,可以扩展或缩小选择范围。

8.1.3 实战:添加与删除文字

01 打开素材。选择文字工具 T。如果想在某个文字后面添加文字,在它后方单击,设置文字插入点,如图8-37所示,然后输入文字即可,如图8-38所示。

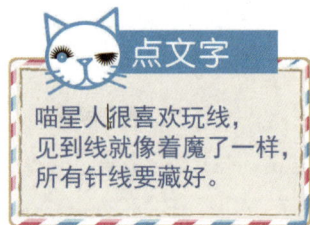
图8-37

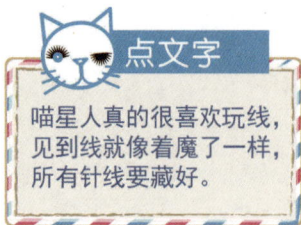
图8-38

02 如果想删除某些文字，将其选择，如图8-39所示，按Delete键即可，如图8-40所示。操作完成后，按Esc键或单击其他工具，可结束编辑。

图8-39

图8-40

8.1.4 实战：用修饰文字工具制作促销文字

创建文字后，使用修饰文字工具 进行调整，可以使部分文字的大小、角度和长宽比等出现变化，而所有文字仍为同一个对象并具有可编辑性（可修改文字内容、字号、间距等属性）。

01 打开素材，如图8-41所示。使用钢笔工具 绘制图形，如图8-42和图8-43所示。单击选择工具 ，按住Alt键拖曳图形进行复制，在定界框外拖曳鼠标，旋转图形，如图8-44所示。

图8-41

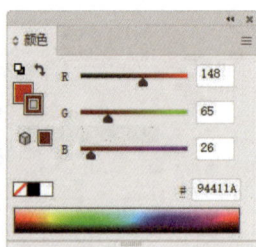
图8-42

图8-43

图8-44

02 选择文字工具 ，在画板上单击并输入文字，如图8-45和图8-46所示。

图8-45

图8-46

03 选择修饰文字工具 ，单击文字，所选文字四周会出现定界框，如图8-47所示。拖曳左下角的控制点，或者将鼠标指针放在定界框内拖曳，移动文字，如图8-48所示。

图8-47

图8-48

04 拖曳文字上方的控制点，旋转文字，如图8-49所示。单击另一个文字，调整其角度，如图8-50所示。

图8-49

图8-50

技术看板 缩放和拉伸文字

拖曳右上角的控制点，可以等比缩放文字。拖曳左上方或右下方的控制点，可以拉伸文字。

05 使用文字工具 T 输入文字，如图8-51和图8-52所示。执行"文字>创建轮廓"命令，将文字转换为路径。

图8-51　　　　　图8-52

06 选择自由变换工具 ⊡，打开临时面板，单击自由变换按钮 ⊞，如图8-53所示。将鼠标指针移动到控制点上，如图8-54所示，拖曳调整，如图8-55所示。

图8-53　图8-54　　　　　图8-55

07 采用同样的方法继续调整文字形状，如图8-56所示。图8-57所示为取消选择后的效果。

图8-56　　　　　图8-57

8.1.5 实战：制作变形海报字

01 打开素材，如图8-58所示。在"字符"面板中设置参数，如图8-59所示，使用文字工具 T 输入文字，设置填充颜色为粉色，描边颜色为绿色、粗细为1 pt，如图8-60所示。

02 保持文字处于选择状态。执行"对象>封套扭曲>用变形建立"命令，打开"变形选项"对话框，在"样式"下拉列表中选择"旗形"选项，设置"弯曲"参数，如图8-61所示。单击"确定"按钮，扭曲文字，如图8-62所示。

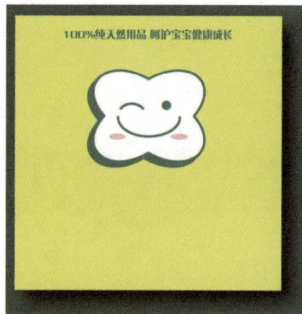

图8-58　　　　　图8-59

图8-60

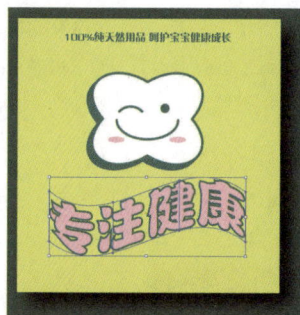

图8-61　　　　　图8-62

03 执行"效果>扭曲和变换>变换"命令，打开"变换效果"对话框，参数设置如图8-63所示，让文字呈现立体效果，如图8-64所示。

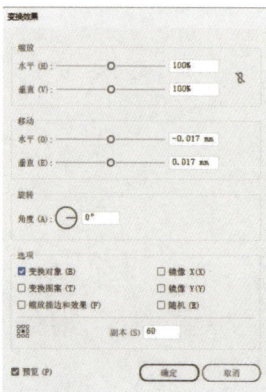

图8-63　　　　　图8-64

8.2 区域文字

区域文字（也称段落文字）可以利用矩形文本框限定文字范围，既可以横排，也可以直排。区域文字比点文字更便于管理，适用于展示字数较多的文本。

8.2.1 实战：创建和编辑区域文字

宣传单、说明书等设计图稿的文字较多，如果用点文字处理，不仅会耗费大量时间，也很难调整文字格式。利用区域文字可以解决这些难题，它能将所有文字限定在矩形文本框内，当文字到达边界时会自动换行，非常方便。如果要另起一段，可以按Enter键。

01 打开素材。区域文字有两种创建方法，第一种方法是基于图形创建。选择区域文字工具 ⬚（也可以使用文字工具 T、直排文字工具 ↓T 和直排区域文字工具 ⬚），将鼠标指针移动到图形边缘的路径上，当鼠标指针变为 ⓘ 形状时，如图8-65所示，单击，删除对象的填色和描边，如图8-66所示。在"控制"面板中设置文字的颜色和大小，输入文字，文字会被限定在路径内部并自动换行，如图8-67所示。按Esc键结束编辑。

图8-65 　　　　　　　图8-66

图8-67

02 第二种方法是基于矩形文本框创建。选择文字工具 T，拖曳出一个矩形文本框，如图8-68所示，释放鼠标左键，在其中输入文字即可，如图8-69所示。

图8-68 　　　　　　　图8-69

03 单击选择工具 ▶ 结束编辑，同时将区域文字选择，如图8-70所示。拖曳控制点调整文本框大小，如图8-71所示。在文本框外拖曳，可旋转文本框，文字会重新排列，但文字的大小和角度不变，如图8-72所示。如果要将文字连同文本框一起旋转或缩放，可以使用旋转工具 ↻ 和比例缩放工具 ⊡ 操作，如图8-73所示。

图8-70 　　　　　　　图8-71

图8-72 　　　　　　　图8-73

04 单击直接选择工具 ▷，选择路径边缘的锚点，如图8-74所示，拖曳可调整路径的形状，如图8-75所示。

 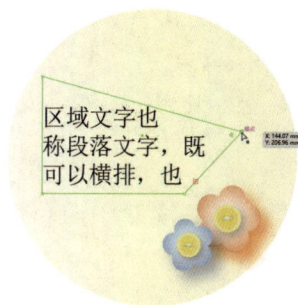

图8-74　　　　　　　　图8-75

提示

使用"文字>文字方向"子菜单中的命令，可以将直排文字改为横排文字，或将横排文字改为直排文字。

8.2.2 区域文字选项

使用选择工具 ▶ 选择区域文字，执行"文字>区域文字选项"命令，即可打开"区域文字选项"对话框，如图8-76所示。

图8-76

- 宽度/高度：用于调整文本区域的大小。如果文本区域不是矩形，则可用于确定对象边框的尺寸。
- "行"选项组：如果要创建多行文本，可在"数量"文本框内指定希望对象包含的行数，在"跨距"文本框内指定单行的高度，在"间距"文本框内指定行与行的间距。如果要确定调整文本区域时行高的变化情况，可通过"固定"复选框来设置。勾选该复选框后，调整文本区域大小时，只会改变行数和栏数，而不会改变高度。如果希望行高随文本区域的大小而变化，应取消勾选该复选框。
- "列"选项组：如果要创建多列文本，可在"数量"文本框内指定希望对象包含的列数，在"跨距"文本框内指定单列的宽度，在"间距"文本框内指定列与列的间距。如果要确定调整文本区域时列宽的变

化情况，可通过"固定"复选框来设置。勾选该复选框后，调整文本区域大小时，只会改变行数和栏数，而不会改变宽度。如果希望栏宽随文本区域的大小而变化，应取消勾选该复选框。
- "位移"选项组：用于对内边距和首行文字的基线进行调整。在区域文字中，文本和边框路径之间的距离称为内边距。"内边距"选项可以改变文本区域的边距。"首行基线"选项控制第一行文本与对象顶部的对齐方式。例如，可以使文字紧贴对象顶部；也可从对象顶部向下移动一定的距离，这种对齐方式称为首行基线偏移。"最小值"选项用于指定基线偏移的最小值。
- 文本排列：用来设置文本流的走向，即文本的阅读顺序。单击 ⬚ 按钮，文本按行从左到右排列；单击 ⬚ 按钮，文本按列从左到右排列。
- 对齐：用来设置文本的对齐方式。
- 自动调整大小：勾选该复选框，文本框会自动调整大小，以容纳全部文字。

8.2.3 让标题适合文字区域的宽度

选择文字工具，在文本的标题处单击，如图8-77所示，进入文字编辑状态，执行"文字>适合标题"命令，可以让标题适合文字区域的宽度（与正文对齐），如图8-78所示。

 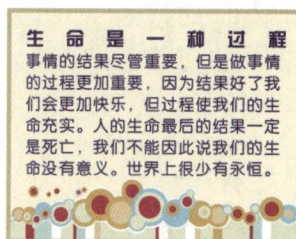

图8-77　　　　　　　　图8-78

8.2.4 转换点文字/区域文字

如果想将点文本转换为区域文本，或者将区域文本转换为点文本，执行"文字"菜单中的"转换为区域文字"或"转换为点状文字"命令即可。

8.2.5 实战：串接文本

在区域文本中，如果文字超出了文本框，可以通过串接的方法将隐藏的文字导出来。

01 打开素材。使用选择工具 ▶ 选择区域文本，如图8-79所示。可以看到，文本右下角有一个 ⊞ 图标，表示文本框不能显示所有文字，被隐藏的文字称为溢流文本。溢流文本包含一个输入连接点和一个输出连接点。单击右下角的输出连接点，鼠标指针会变为 ▦ 形状，如图8-80所示。

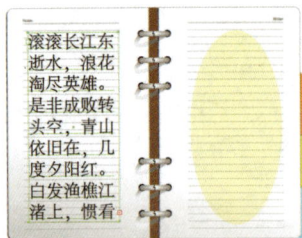 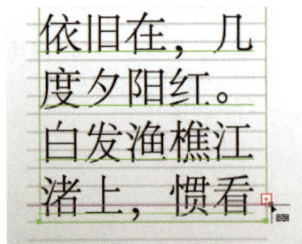

图8-79　　　　　　　图8-80

02 在笔记本右侧单击，可以创建一个与之大小相同的文本框，隐藏的文字将流入这一文本框，如图8-81所示。也可拖曳鼠标，创建任意大小的矩形文本框，如图8-82所示。

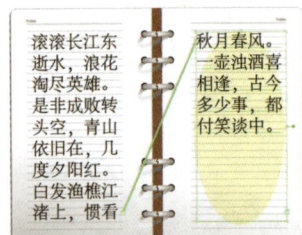 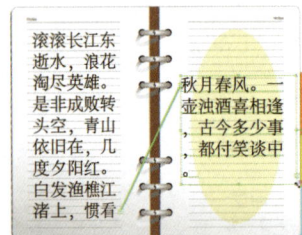

图8-81　　　　　　　图8-82

03 单击图形，如图8-83所示，可将溢流文本导入该图形，如图8-84所示。

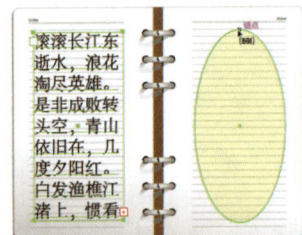 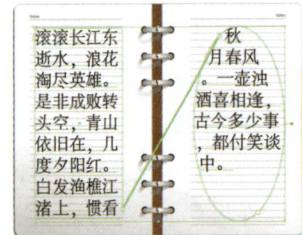

图8-83　　　　　　　图8-84

8.2.6 实战：中断与删除串接

01 打开素材，如图8-85所示。双击连接点（原红色加号⊞处），可中断串接，文字会返回原处，如图8-86所示。

图8-85　　　　　　　图8-86

02 如果想将文本框中的文字清空，用选择工具 ▶ 选择该文本对象，如图8-87所示，执行"文字>串接文本>释放所选文字"命令即可，文字将排到下一个对象中，如图8-88所示。如果要删除所有串接，可以执行"文字>串接文本>移去串接"命令，文本将被保留在原位，但各文本框不再具有链接关系。

图8-87　　　　　　　图8-88

8.2.7 实战：制作文本绕排效果

文本绕排是指让区域文本围绕一个图形、图像或其他文本排列，得到图文混排效果。创建文本绕排效果时，文字与绕排对象要位于同一个图层，且文字所在层位于绕排对象的下方。

01 打开素材，如图8-89所示。单击"图层3"，将其设置为当前图层，如图8-90所示。

 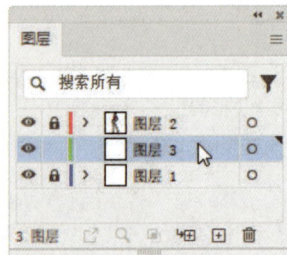

图8-89　　　　　　　图8-90

02 使用钢笔工具 ✦ 依照人物轮廓绘制图形，如图8-91所示。选择文字工具 **T**，打开"字符"面板设置文本的字体、大小和行间距，如图8-92所示，在画板右侧拖曳鼠标，创建文本框，如图8-93所示。

图8-91

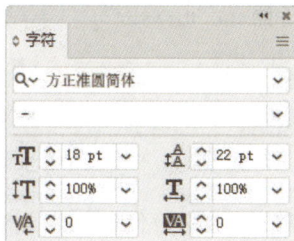

图8-92

图8-93

03 释放鼠标左键，在文本框中输入文字（可以直接粘贴文本素材），按Esc键结束输入，效果如图8-94所示。使用选择工具 ▶ 选择文本，按Ctrl+[快捷键将其移动到人物轮廓图形后面。按住Shift键单击人物轮廓图形，将文本与人物轮廓图形同时选择，如图8-95所示。

图8-94

图8-95

04 执行"对象>文本绕排>建立"命令，创建文本绕排效果，如图8-96所示。在空白区域单击以取消选择。选择文本，将它移向人物，文字会自动重新排列，如图8-97所示。

图8-96

图8-97

05 如果文本框右下角出现 ⊞ 图标，表示有溢流文本，可拖曳文本框控制点将文本框调大，让文字全部显示出来。在空白处单击以取消选择。选择直排文字工具 ↓T ，在"字符"面板中设置文本的字体、大小及字距，如图8-98所示。输入标题文字，如图8-99所示。

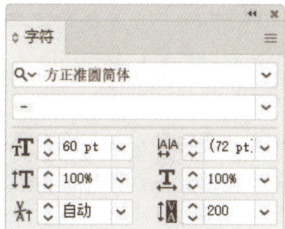

图8-98

图8-99

8.2.8 文本绕排选项

需要调整文字与绕排对象的距离时，可以选择文本绕排对象中的图形，执行"对象>文本绕排>文本绕排选项"命令，打开"文本绕排选项"对话框进行设置，如图8-100所示。

- 位移：用于设置文字和绕排对象的间距。输入正值的效果如图8-101所示，输入负值的效果如图8-102所示。

- 反向绕排：勾选此复选框，将围绕对象反向绕排文本，如图8-103所示。

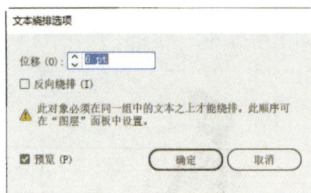
图8-100

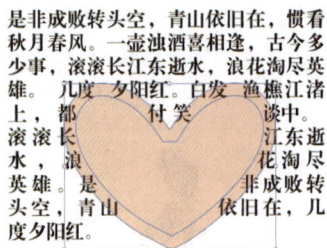
图8-101

图8-102

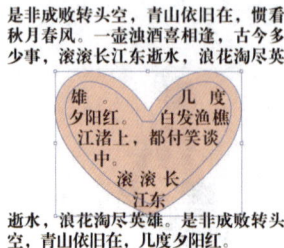
图8-103

8.2.9 释放绕排文本

选择文本绕排对象，执行"对象>文本绕排>释放"命令，可释放文本，使其不在对象周围绕排。

8.3 路径文字

路径文字是指在路径上创建的文字。当修改路径的形状时，可以改变文字的排列形状，也可在路径上移动和翻转文字。

8.3.1 实战：用路径文字制作标签

路径文字工具、直排路径文字工具、文字工具 **T** 和直排文字工具都能创建路径文字。如果路径是封闭的，则必须用路径文字工具、直排路径文字工具才能对其操作。编辑路径文字时，首先应将其选择。使用直接选择工具和编组选择工具在路径上单击，可以选择路径。如果单击的是字符，则会选择整个文字对象，而非路径。

本实战使用路径文字制作一个促销标签，最终效果如图8-104所示。从中可以学习路径文字的创建方法，以及怎样移动和翻转路径上的文字。

图8-104

01 新建一个RGB颜色模式的文档。选择椭圆工具，在画板上单击，打开"椭圆"对话框，参数设置如图8-105所示，创建一个圆形，如图8-106和图8-107所示。

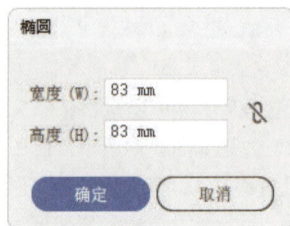
图8-105

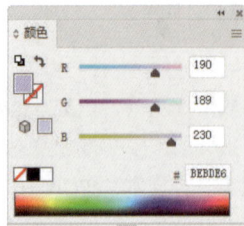
图8-106

图8-107

02 保持圆形处于选择状态，按Ctrl+C快捷键复制圆形，按Ctrl+F快捷键将其粘贴到前方。取消填色，设置描边颜色为黑色，在"属性"面板中设置圆形的宽和高均为58 mm，如图8-108和图8-109所示。

03 按Ctrl+C快捷键复制圆形，按Ctrl+F快捷键将其粘贴到前方。将鼠标指针移动到右上角的控制点上，如图8-110所

示，按住Alt+Shift快捷键拖曳鼠标，将圆形调大，如图8-111所示。

图8-108

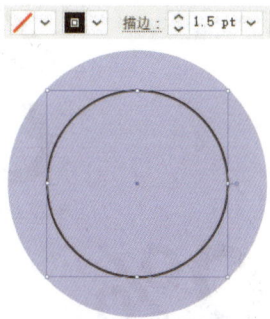

图8-109

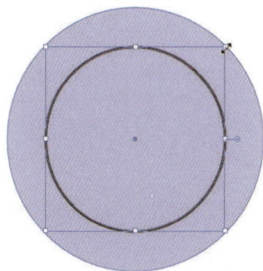

图8-110

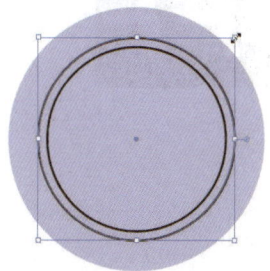

图8-111

04 再次按Ctrl+F快捷键粘贴圆形并调大，选择路径文字工具，将鼠标指针移动到图8-112所示的路径上，单击，输入文字。单击选择工具 ▶ 结束编辑，在"字符"面板中修改文字属性，如图8-113和图8-114所示。

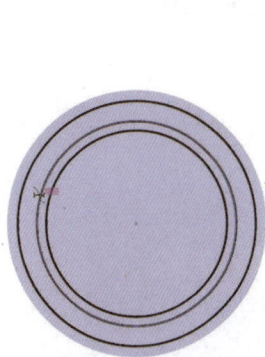

图8-112

图8-113

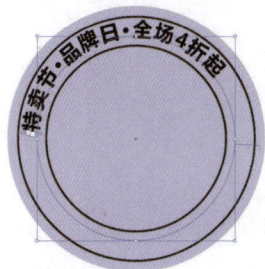

图8-114

提示

使用文字工具时，鼠标指针在画板中会变为 形状，此时单击可创建点文字；在封闭的路径上，鼠标指针会变为 形状，此时单击，可以创建区域文字；在开放的路径上，鼠标指针会变为 形状，此时单击，可以创建路径文字。

05 将鼠标指针移动到文字的起点标记上，鼠标指针会变为 形状，如图8-115所示，沿路径进行拖曳，移动文字，如图8-116所示。

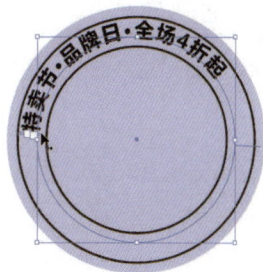

图8-115

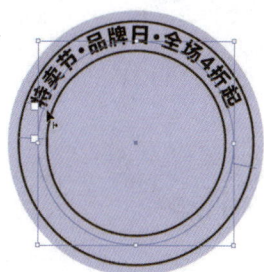

图8-116

06 选择路径文字工具，将鼠标指针移动到图8-117所示的路径上，单击并输入文字。单击选择工具 ▶ 结束编辑，如图8-118所示。

图8-117

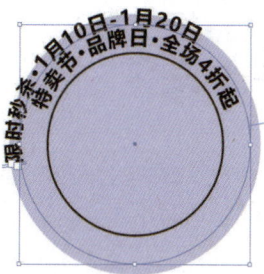

图8-118

07 将鼠标指针移动到文字的终点标记上，鼠标指针会变为 形状，如图8-119所示，将其向圆形中心拖曳，翻转文字，拖曳的同时还可调整文字位置，如图8-120所示。

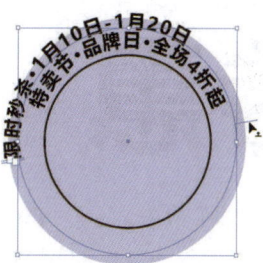

图8-119

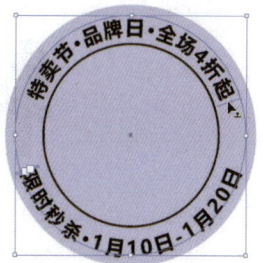

图8-120

提示

如果想在不改变文字方向的情况下将文字移动到路径的另一侧，可以使用"字符"面板中的"基线偏移"选项。例如，如果创建的文字在圆周顶部由左到右排列，可以在"基线偏移"选项中输入一个负值，使文字沿圆周内侧排列。

08 如果文字与黑色圆环的间距不合适，可以用选择工具 ▶ 单击文字，如图8-121所示，再通过"基线偏移"选项进行调整，如图8-122和图8-123所示。

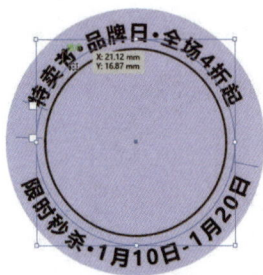

图8-121

图8-122

图8-128　　　　图8-129

图8-123

图8-130

09 选择文字工具 T，在空白处单击并输入文字，如图8-124和图8-125所示。

图8-124　　　　图8-125

10 执行"效果>扭曲和变换>自由扭曲"命令，打开"自由扭曲"对话框，拖曳控制点，让文字产生倾斜效果，如图8-126和图8-127所示。

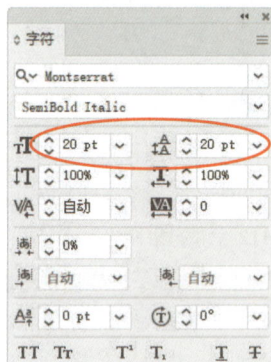

图8-131　　　　图8-132

12 使用选择工具 ▶ 将文字拖曳到标签上。使用钢笔工具 ✍ 绘制一个闪电状的图形，如图8-133所示，制作完成。图8-134所示为标签的应用效果。

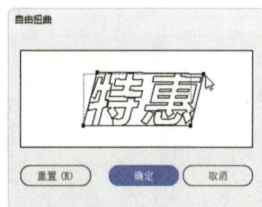

图8-126　　　　图8-127

11 再输入一组文字，如图8-128和图8-129所示。使用文字工具 T 在"OFF"上拖曳，将其选择，如图8-130所示，修改字号和字距参数，如图8-131和图8-132所示。

图8-133

图8-134

8.3.2 设置路径文字选项

如果想修改路径文字的默认选项，可以选择路径文本，执行"文字>路径文字>路径文字选项"命令，在打开的"路径文字选项"对话框中进行设置，如图8-135所示。如果只想改变文字的扭曲方向，直接在"文字>路径文字"子菜单中选择所需效果即可。

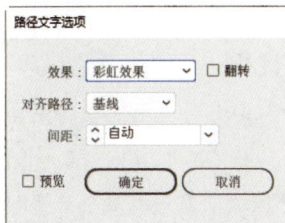

图8-135

● 效果：用于扭曲路径文字。

● 对齐路径：用于指定如何将文字与路径对齐。

● 间距：当文字围绕尖锐曲线或锐角排列时，文字可能会出现额外的间距，如图8-136所示。调整"间距"值，可以消除文字中不必要的

间距，如图8-137所示。需要注意的是，"间距"值对位于直线段上的文字不会产生影响。如果要修改路径上所有文字的间距，可以选中这些文字，使用"字偶间距"或"字符间距"选项进行调整。

图8-136　　　　　　　图8-137

● 翻转：勾选此复选框，会翻转路径上的文字。

8.3.3 更新旧版路径文字

在Illustrator中打开用Illustrator 10或更早版本创建的路径文字时，必须更新后才能进行编辑。使用选择工具 ▶ 选择这样的路径文字，执行"文字>路径文字>更新旧版路径文字"命令，即可进行更新。

8.4 设置文字格式

创建文字之前，可以在"字符"面板或"控制"面板中设置文字格式（字体、大小、间距和行距等属性）。创建文字后，将其选择，通过这两个面板也可修改文字格式。

8.4.1 选择和快速查找字体

选择和查找字体

在默认状态下，"字符"面板只显示常用的选项，打开面板菜单，执行"显示选项"命令，可以显示所有选项，如图8-138所示。

单击字体选项右侧的 ⌄ 按钮，可在打开的下拉列表中选择字体。有些英文字体包含变体，包括Regular（规则的）、Italic（斜体）、Bold（粗体）和Bold Italic（粗斜体），可在字体样式下拉列表中选择。

如果安装的字体较多，查找时会占用较多的内存，计算机屏幕的刷新速度也会变慢。此外，在几十种甚至上百种字体中找到所需的一种，也是很麻烦的事。如果知道字体的名称，可以在下拉列表框中单击，然后输入字体名称，所需字体就会显示出来，如图8-139所示。

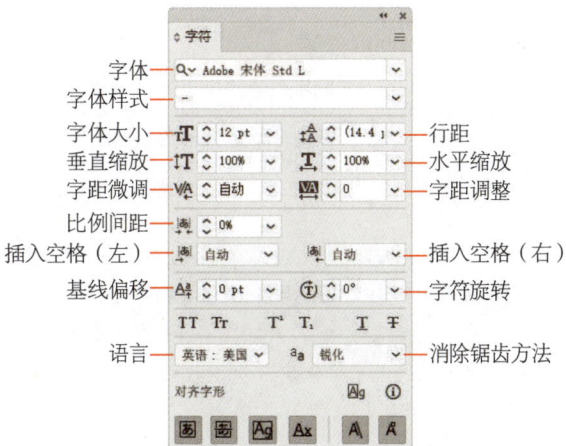

图8-138

图8-139

> **提示**
>
> 在"文字>字体"子菜单中也可以选择字体。如果想快速找到最近使用过的字体，可以在"文字>最近使用的字体"子菜单中查找。

筛选字体

当字体较多时，使用筛选的方法也可以快速找到所需字体。例如，可以在筛选下拉列表中选择不同种类的字体，如图8-140所示，单击 ≈ 按钮，可以显示视觉效果与当前所选字体相似的其他字体；单击 🕐 按钮，可以显示最近添加的字体；单击 ☁ 按钮，可以显示从Adobe Fonts网站下载且已激活的字体。

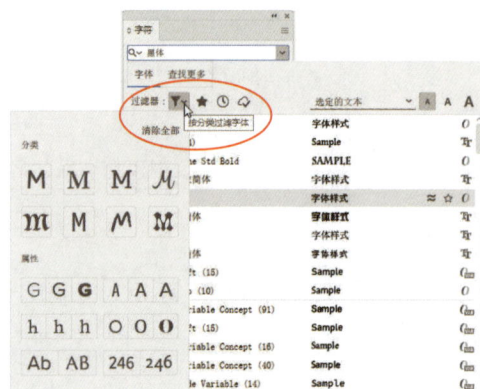

图8-140

技术看板 Adobe Fonts 字库

执行"文字>Adobe Fonts提供更多字体与功能"命令，可以访问Adobe Fonts网站。这是一个在线字库网站，提供了来自数百个文字制作商的不计其数的高品质字体，但需要订阅才能下载和使用。

收藏字体

对于经常使用的字体，在其右侧的☆图标上单击，可将字体收藏起来（图标变为★），如图8-141所示；单击筛选按钮右侧的★图标，列表中就只显示收藏的字体，如图8-142所示。取消收藏也很简单，单击字体旁边的★图标即可。

图8-141

图8-142

8.4.2 设置文字大小及缩放比例

通过字体大小选项 🔤 可以设置文字的大小。通过垂直缩放选项 🔤 可以对文字进行垂直拉伸，而不改变其宽度，如图8-143和图8-144所示。通过水平缩放选项 🔤 可以沿水平方向拉伸文字，而不改变其高度，如图8-145所示。当这两个值相同时，可进行等比缩放。

图8-143

图8-144

图8-145

> **提示**
>
> 通过"文字>大小"子菜单也可以选择文字大小。此外，按Shift+Ctrl+>快捷键，可以将文字调大；按Shift+Ctrl+<快捷键，则将文字调小。

8.4.3 设置字间距

如果想调整两个文字间的距离，可以使用任意文字工具在它们中间单击，出现闪烁的"|"形光标后，如图8-146所示，在字距微调选项 🔤 中进行调整。该值为正值时，可增大字距，如图8-147所示；为负值则减小字距。

如果想对多段文字或所有文字的间距做调整，可以先将它们选择，然后在字距调整选项 🔤 中进行设置。该值为正值时字距变大，如图8-148所示；为负值则字距变小，如图8-149所示。此外，也可通过设置比例间距 🔤，按照一定的比例来调整间距。在未调整时，比例间距值为0%，此时文字的间距最大；设置为50%时，文字的间距会变为原来的一半，如图8-150所示；设置为100%时，则文字间距变为0，如图

8-151所示。由此可见，比例间距 ⊞ 只能收缩字符间距，而字距微调 ⊭ 和字距调整 ⊞ 两个选项既可以收缩间距，也能扩展间距。

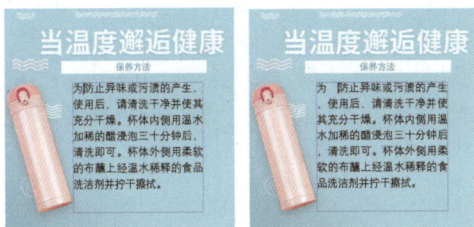

图8-146　　　　　图8-147

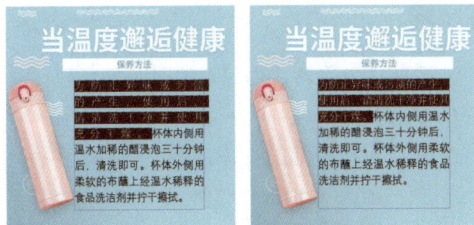

图8-148　　　　　图8-149

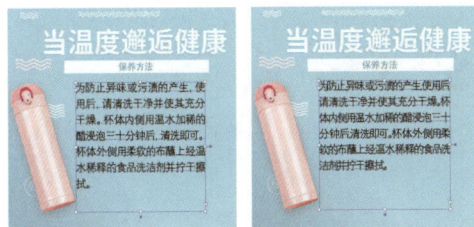

图8-150　　　　　图8-151

8.4.4　设置行间距

通过行距选项 ⊞ 可以设置行与行之间的垂直距离。默认为"自动"，即行距为文字大小的120%，如图8-152所示。该值越大，行距越宽，如图8-153所示。

图8-152　　　　　图8-153

8.4.5　创建上标、下标等特殊样式

很多单位、化学式、数学公式，如立方厘米（cm^3）、二氧化碳（CO_2），以及某些特殊符号（™、© 、®）等，会用到上标、下标等特殊样式。在Illustrator中可通过以下方法创建此类样式。用文字工具将文字选取，单击"字符"

面板下面的一排"T"状按钮即可，如图8-154所示。

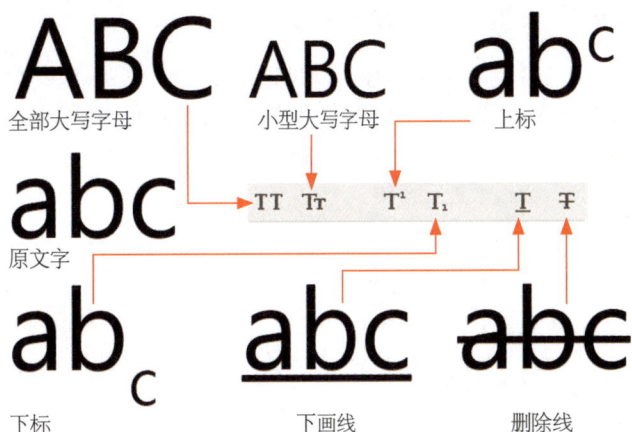

图8-154

8.4.6　设置文字基线

基线是字符排列于其上的一条不可见的直线，如图8-155所示。在"字符"面板中设置基线偏移值，可以调整基线的位置，让文字下移（负值），如图8-156所示，或者上移（正值），如图8-157所示。

图8-155

图8-156　　　　　

图8-157

8.4.7　消除锯齿

文字虽然是矢量对象，但需要转换为位图后，才能在计算机屏幕上显示或打印到纸上。在转换时，文字的边缘会产生硬边和锯齿。

单击消除锯齿方法选项 ⊞ 右侧的 ⌄ 按钮，打开下拉列表，从中可以选择一种方法消除锯齿。选择"无"选项，表示不对锯齿进行处理，如果文字较小，如用于Web的小尺寸文字，选择该选项，可以避免文字边缘模糊不清。

8.4.8 设置文字的旋转角度

通过字符旋转选项①可以设置所选文字的旋转角度，如图8-158和图8-159所示。如果要旋转整个文本，需要拖曳其定界框上的控制点，或使用旋转工具②、"旋转"命令、"变换"面板来进行操作。

图8-158   图8-159

8.4.9 添加空格

如果要在文字前后添加空格，可以选取要调整的文字，之后在插入空格（左）选项或插入空格（右）选项中设置要添加的空格数，效果如图8-160和图8-161所示。例如，如果指定"1/2 全角空格"，会添加全角空格的一半间距；如果指定"1/4 全角空格"，则会添加全角空格的1/4 间距。

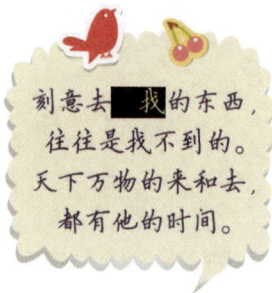 

图8-160   图8-161

8.4.10 选择语言

在语言下拉列表中选择适当的词典，可以为文本指定一种语言，方便进行拼写检查和生成连字符。Illustrator使用Proximity语言词典来进行拼写检查和连字。每个词典都包含数十万条具有标准音节间隔的单词。

8.4.11 对齐字形

绘制图形，或者移动、旋转、缩放对象时，如果想让对象与字形的边界精确对齐，可以执行"视图>对齐字形"命令，然后单击"字符"面板底部的按钮，如图8-162所示，开启对齐功能，再进行操作，如图8-163所示。

图8-162

图8-163

- ● 全角字框/全角字框，居中：单击相应按钮，在绘制、移动或缩放对象时，可将对象与日语字体的全角字框/全角字框中心对齐。
- ● 字形边界：单击此按钮，绘图、移动或缩放对象时，将对齐字形的顶部、底部、左侧和右侧边界。
- ● 基线：单击此按钮，绘图、移动或缩放对象时，将与字形基线对齐。
- ● 角度参考线：单击此按钮，将按角度参考线对齐对象，角度参考线会在旋转文本框时显示。
- ● 锚点：单击此按钮，在绘图时会对齐字形的锚点。

8.5 设置段落格式

输入文字时，按 Enter 键可另起一段。通过"段落"面板可以调整段落的对齐、缩进和间距等属性，让文字在版面中更加规整。

8.5.1 对齐段落中的文字

图8-164所示为"段落"面板，可以用它设置整个文本的段落格式。如果选择了部分段落，则可设置所选段落的格式。

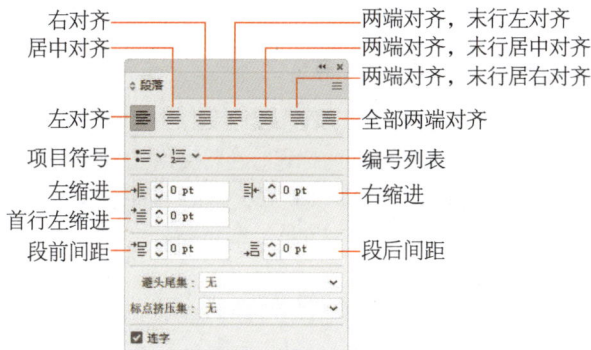

图8-164

选择文字对象或使用文字工具 **T** 在要修改的段落中单击，单击"段落"面板最上面的一排按钮，可以让段落按照一定的规则对齐，如图8-165所示。

图8-165

8.5.2 缩进文本

缩进是指文本与文字对象（如文本框）边界的间距，此选项只影响选择的段落，因此，当文本包含多个段落时，可以选择各个段落，并设置不同的缩进量。

选择文字工具 **T**，在要缩进的段落上单击，如图8-166所示，在左缩进选项 中输入数值，可以让文字向文本框的右边界移动，如图8-167所示；在右缩进选项 中输入数值，可让文字向文本框的左边界移动。

图8-166　　　　　图8-167

如果要调整首行文本的缩进量，可以在首行左缩进 选项中进行设置。

8.5.3 设置避头尾集

不能位于行首或行尾的文字称为避头尾字符。在"避头尾集"下拉列表中可以指定中文或日文的换行方式。选取"无"选项，表示不使用避头尾法则；选择"宽松"或"严格"选项，可避免所选的文字位于行首或行尾。此外，执行"文字>避头尾法则设置"命令，可以为中文悬挂标点定义悬挂字符、不能位于行首的字符或超出文字行不可分割的字符，让系统正确地放置避头尾字符。

8.5.4 调整段落间距

在段落前单击，如图8-168所示，在段前间距选项 中输入数值，可增大它与上一段落的间距，如图8-169所示。如果要增大所选段落与下一段落的间距，如图8-170所示，在段后间距选项 中输入数值即可。

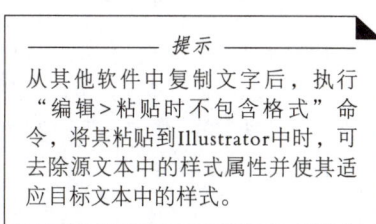

提示

从其他软件中复制文字后，执行"编辑>粘贴时不包含格式"命令，将其粘贴到Illustrator中时，可去除源文本中的样式属性并使其适应目标文本中的样式。

图8-168

图8-169　　　　　图8-170

8.5.5 项目符号和编号

如果想让文本中的条目更加有序,可以在每个段落开头添加项目符号或数字编号,如图8-171和图8-172所示,创建能够描述列表段落间层次关系的多级列表(最多9个级别)。

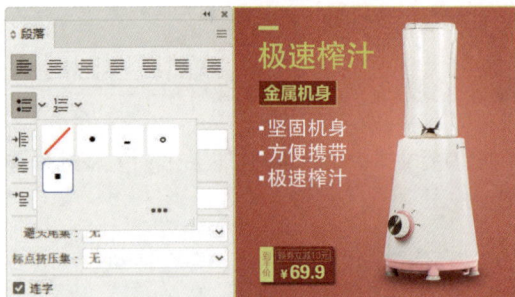
图8-171

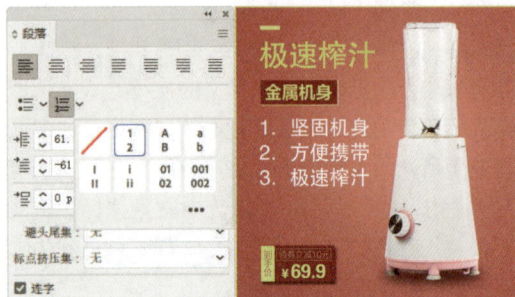
图8-172

> **提示**
>
> 执行"文字>项目符号和编号"子菜单中的命令也可以添加项目符号和数字编号。其中的"转换为文本"命令可将这两种符号转换为文本。

8.5.6 设置标点挤压集

在"段落"面板中,通过"标点挤压集"下拉列表可以设置标点挤压。标点挤压用于指定亚洲字符、罗马字符、标点符号、特殊字符、行首、行尾和数字的间距,确定中文或日文的排版方式。

8.5.7 添加连字符

连字符(仅适用于罗马字符)是在每行末尾断开的单词前半部分与后半部分间添加的标记。在将文本强制对齐时,Illustrator会将某行末尾的单词断开,将后半部分移至下一行,勾选"连字"复选框,可在断开的单词前半、后半部分间显示连字符标记。

8.5.8 创建字符样式和段落样式

就像图形样式可以快速改变对象的外观一样,将字符样式和段落样式应用于文本,可以让文本立即拥有预设的字符样式和段落样式。这样不仅可以节省调整字符样式和段落样式的时间,也能够确保文本格式的一致性。

创建文字并在"字符"面板中设置好字体、大小、颜色、间距等属性,在"段落"面板中设置好段落格式,单击"字符样式"面板中的 按钮,可以将该文本的字符格式保存为字符样式,如图8-173所示。单击"段落样式"面板中的 按钮,可以将文本中的段落格式保存为段落样式,如图8-174所示。

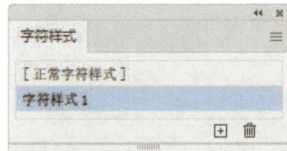
图8-173

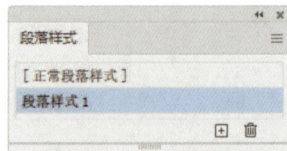
图8-174

选择文本,如图8-175所示,单击"字符样式"面板或"段落样式"面板中的样式,即可应用保存的字符样式或段落样式,效果如图8-176所示。

图8-175

图8-176

8.6 插入特殊字符

除了可以使用键盘直接输入字符,许多字体还包含特殊的字符,如连字、分数字、花饰字、装饰字、序数字、标题和文体替代字、上标和下标字符、变高数字和全高数字等。本节介绍怎样在文本中插入特殊字符。

8.6.1 插入特殊字符（"字形"面板）

字形是特殊形式的字符。例如，在某些字体中，大写字母 A 有多种形式可用，如花饰字和小型大写字母等。

选择文字工具 **T**，在文本中单击，设置文字插入点，执行"窗口>文字>字形"命令，或"文字>字形"命令，打开"字形"面板，其中显示了当前所选字体的所有可用字形，如图8-177所示。双击任意字符，可将其插入文本。

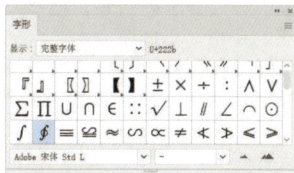

图8-177

在面板底部可以选择其他字体和样式。如果选择的是OpenType字体，可以在"显示"下拉列表中选择一种类别，将面板限制为只显示特定类型的字形。

8.6.2 插入Emoji字符

Emoji（绘文字——绘指的是图画，文字指的是字符）是表情符号的统称，包括表情符号、旗帜、路标、动物、人物、食物和地标等各种图标。选择文字工具 **T**，在画板或文本中单击，设置文字插入点。打开"字形"面板，选择EmojiOne字体，双击任意图标，可将其插入文本，如图8-178～图8-180所示。

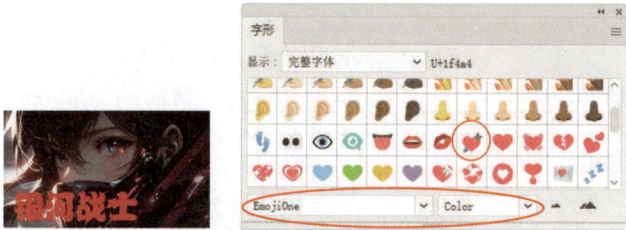

图8-178   图8-179

图8-180

8.6.3 插入替代字形

选择某个文字后，如果它有替代字形，其旁边的上下文菜单中会显示出来，单击替代字形即可用其替换该文字，如图8-181和图8-182所示。

   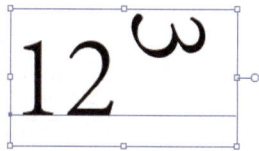

图8-181   图8-182

在"字形"面板中，如果字形右下角有一个黑色的三角形图标，就表示该字形有可用的替代字。在三角形图标上按住鼠标左键，弹出一个面板，如图8-183所示，将鼠标指针拖曳到替代字形的上方并释放鼠标左键，可将其插入所选文本。

图8-183

8.6.4 使用OpenType 字体

在字体列表中，带有 **O** 图标的是OpenType字体，如图8-184所示。选择OpenType字体后，可以在"OpenType"面板中指定如何应用替代字符，如图8-185所示。例如，可以指定在新文本或现有文本中使用标准连字。此外，OpenType字体中有很多风格化字符，包括花饰字（具有夸张花样的字符）、标题替代字（专门为大尺寸标题而设计的字符，通常为大写）、文体替代字（用于创建纯美学效果的风格化字符）等。OpenType替代字符的添加方法与使用"字形"面板相同。

图8-184

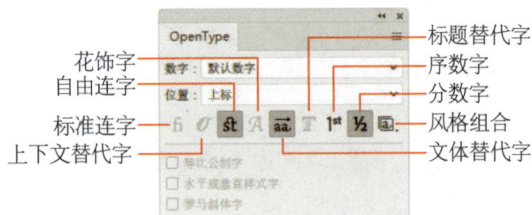

图8-185

> **提示**
>
> OpenType字体是Windows操作系统和macOS都支持的字体。如果文件中使用的是这种字体，不论是在Windows操作系统还是在macOS的计算机中打开，其中的文字字体、版面等都不会改变，也不必进行字体替换或出现其他需要重新排列文本的问题。

8.6.5 插入特殊字符/空白字符/分隔符

执行"文字>插入特殊字符"子菜单中的命令，可以在文本中插入符号（项目符号、版权符号、商标符号等）、连字符和破折号、引号。

执行"文字>插入空白字符"命令，可以在文本中插入空白字符。在正常状态下，空白字符不可见。执行"文字>显示隐藏字符"命令，可以显示空白字符的代表符号。

执行"文字>插入分隔符>强制换行符"命令，可以在文本中插入分隔符，这样可以开始新的一行，而不是开始新的段落。

> **提示**
>
> 执行"文字>显示隐藏字符"命令，可以显示硬回车（换行符）、软回车（换行符）、制表符、空格、不间断空格、全角字符（包括空格）、自由连字符和文本结束字符。

8.6.6 创建复合字体

执行"文字>复合字体"命令，可以创建复合字体。其主要用途是混合日文字体和西文字体中的字符。

8.7 其他文字功能

本节介绍 Illustrator 的其他文字功能，包括更改大小写及视觉边距对齐方式、使用智能标点、查找和替换字体及将文字转换为轮廓等。

8.7.1 更改大小写及视觉边距对齐方式

执行"文字>更改大小写"子菜单中的命令，可以修改文字的大小写。

执行"文字>视觉边距对齐方式"命令，可以修改文本对象中所有段落的标点符号的对齐方式。例如，让罗马式标点符号和字母边缘（如 W 和 A）都溢出文本边缘，使文字看起来严格对齐。

8.7.2 设置制表符

执行"窗口>文字>制表符"命令，打开"制表符"面板，如图8-186所示。在该面板中可以设置段落及文字对象的制表位。

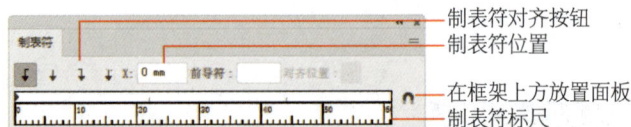

图8-186

- 制表符对齐按钮：单击左对齐制表符按钮 ↓，可以靠左侧对齐横排文本，右侧边距会因文本长度不同而参差不齐；单击居中对齐制表符按钮 ↓，可按制表符标记居中对齐文本；单击右对齐制表符按钮 ↓，可以靠右侧对齐横排文本，左侧边距会因文本长度不同而参差不齐；单击小数点对齐制表符按钮 ↓，可以将文本与指定字符（如句号或货币符号）对齐放置，在创建数字列时特别有用。

- 移动制表符：从标尺上选择一个制表符后可进行拖曳。如果要同时移动所有制表符，可按住 Ctrl 键拖曳制表符。拖曳制表符的同时按住 Shift 键，可以让制表符与标尺刻度对齐。

- 首行缩排 ▲ /悬挂缩排 ■ ：用来设置文字的缩进。操作时，选择文字工具 T，在要缩排的段落中单击，如图8-187所示；拖曳首行缩排图标 ▲ ，可以缩排首行文本，如图8-188所示；拖曳悬挂缩排图标 ■ ，可以缩排除第一行之外的所有行，如图8-189所示。

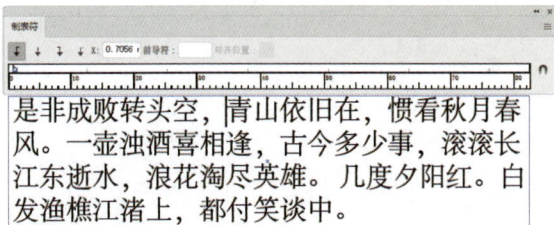

图8-187

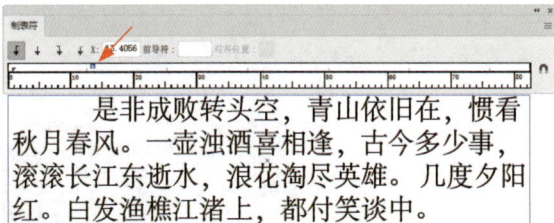

图8-188

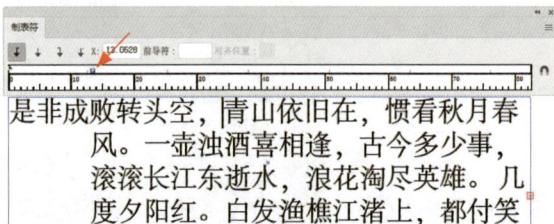

图8-189

- 在框架上方放置面板 ∩：将"制表符"面板与当前所选文本对齐，并自动调整宽度，以适合文本的宽度。
- 删除制表符：将制表符拖离制表符标尺，即可将其删除。

8.7.3 标点挤压设置

执行"文字>标点挤压设置"命令也可以设置标点挤压，其用途参见8.5.6小节。

8.7.4 使用智能标点

执行"文字>智能标点"命令，可以搜索键盘标点字符，并将其替换为相同的印刷体标点字符。如果字体包含连字符和分数符号，还可以使用该命令统一插入连字符和分数符号。

8.7.5 拼写检查/编辑自定词典

选择包含英文的文本，执行"编辑>拼写检查"子菜单中的命令，可以查找文本中拼写错误的英文单词，并提供修改建议。

Illustrator内置语言词典，在查找单词时，如果该词典中没有某些单词的某种拼写形式，会将其视为拼写错误。如果需要编辑该词典，例如添加一些单词，可以执行"编辑>编辑自定词典"命令进行操作。以后再查找到这些单词时，会将其视为正确的拼写。

8.7.6 查找和替换文本

相对于只能检查英文的"拼写检查"命令，"编辑"菜单中的"查找和替换"命令更有用。有需要修改的文字（汉字）、标点、单词时，可以使用该命令来进行检查和修改。

图8-190所示为"查找和替换"对话框。在"查找"文本框中输入要替换的内容，在"替换为"文本框中输入用来替换的内容，单击"查找下一个"按钮，Illustrator就会搜索并突出显示查找到的内容。如果要进行替换，单击"替换"按钮即可；如果要替换所有符合要求的内容，则单击"全部替换"按钮。

图8-190

> **提示**
> 执行"编辑>查找下一个"命令，可查找文本中符合查找要求的下一个内容。

8.7.7 查找和替换字体

当文档中使用了多种字体时，如果想要用一种字体替换另外一种字体，可以执行"查找字体"命令，打开"查找字体"对话框。"文档中的字体"列表框中显示了当前文档使用的所有字体，选择需要替换的字体，如图8-191所示；图稿中使用该字体的文字会突出显示，如图8-192所示；单击"查找"按钮，可继续查找使用该字体的其他文字。在"替换字体来自"下拉列表中选择"系统"选项，下面的列表框中会列出计算机上的所有字体。选择一种字体，如图8-193所示，单击"更改"按钮，即可对字体进行替换，如图8-194所示。

此时，其他文字的字体仍保持原样。如果要替换文档中所有使用了该字体的文字，则单击"全部更改"按钮。

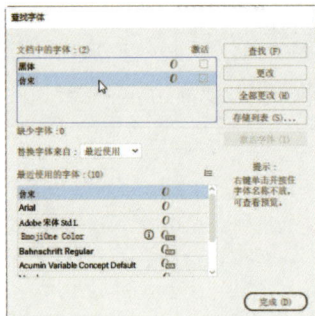

图8-191

图8-192

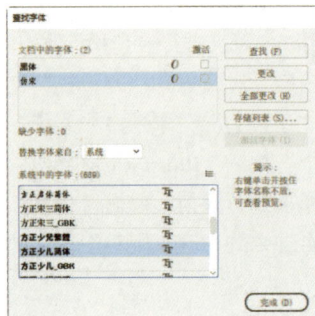

图8-193

图8-194

8.7.8 解决缺失字体

在Illustrator中打开一个文档时，如果其中的文字使用了当前操作系统中没有的字体，文本将以粉红色突出显示，并使用默认的字体，如图8-195所示。同时，弹出"缺少字体"对话框。单击"查找字体"按钮，系统会自动搜索在线Typekit桌面字体库以查找缺失字体。找到缺失字体以后，可将其同步到当前的计算机上。要使用该功能，必须登录Creative Cloud，并在该应用程序中启用"字体同步"功能（"首选项>'字体'选项卡>同步开/关"选项）。

图8-195

8.7.9 更新旧版文字

打开使用Illustrator 10或更早版本创建的文字时，会弹出提示，要求对文字进行更新。也可不更新，以后需要时，执行"文字>旧版文本"子菜单中的命令进行更新。只有更新了才能对其进行编辑。

8.7.10 将文字转换为轮廓

在文本对象中，所有文字是一个整体，虽然可以修改其中部分文字的字符和段落属性，但是不能为个别文字添加画笔描边和效果等。另外，文字也不能填充渐变。要突破这些限制，可以选择文字对象，执行"文字>创建轮廓"命令，将文字转换为轮廓，再进行编辑，如图8-196和图8-197所示。

图8-196

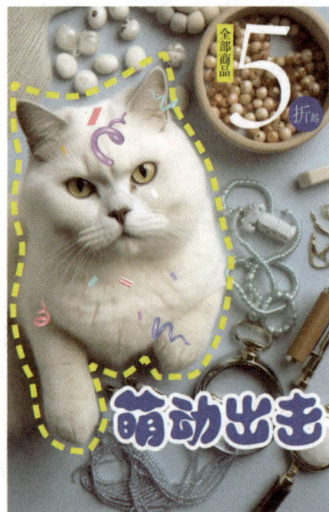

图8-197

需要注意的是，转换为轮廓后，文字的内容、字符和段落属性都无法编辑。操作前最好复制文字留作备份。

8.7.11 实战：Retype（Beta）功能

01 打开图像素材，如图8-198所示。使用选择工具 ▶ 单击图像，将其选择。首先学习如何查找图像中的字体。

图8-198

02 通过"窗口"菜单打开"Retype（Beta）"面板，单击"匹配字体"按钮，如图8-199所示，Illustrator会自动识别图像中的文字，在查找到与之相同或类似的字体时，会将结果显示在"Retype（Beta）"面板中，如图8-200和图8-201所示。

03 如果图像中包含多组文字，在需要编辑的文字上单击，如图8-202所示，可针对此组文字进行查找，如图8-203所示。

04 如果想修改某组文字，先单击"退出"按钮，再单击"编辑文本"按钮，如图8-204所示，然后选择图像上要编辑的文字，如图8-205所示，再单击"Retype（Beta）"面板中的"应用"按钮即可，如图8-206所示，此时Illustrator会生成相应的文字并自动修复图像。

05 单击"Retype（Beta）"面板中的"退出"按钮或按Esc键，文字变为可编辑的对象，如图8-207所示。此时可以使用文字工具 **T** 在文字上拖曳鼠标，将其选择，如图8-208所示，然后修改其内容、字体、字号，如图8-209和图8-210所示；也可修改文字颜色。

图8-203　　　　　图8-204

图8-205

图8-207

图8-208

图8-206　　　　　图8-209

图8-199

图8-200

图8-201

图8-202

图8-210

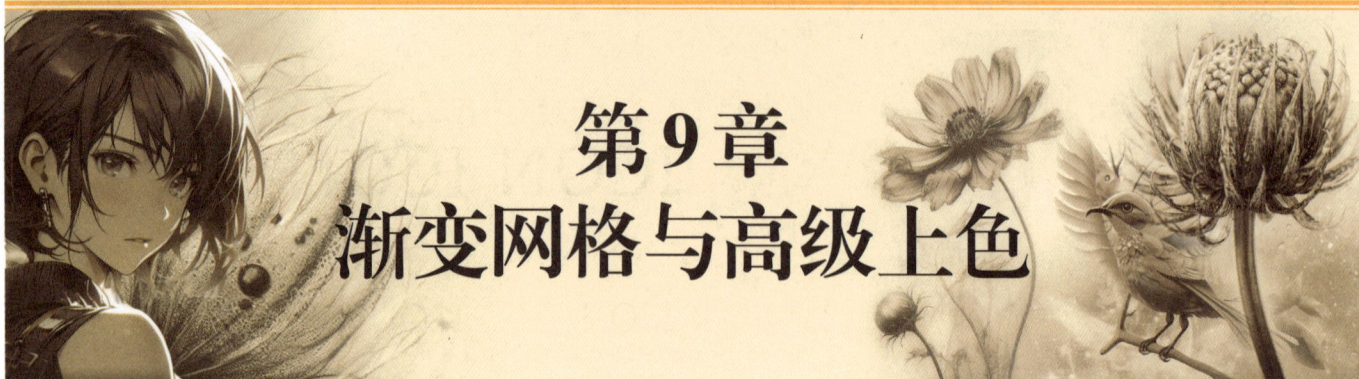

第9章
渐变网格与高级上色

生成式 AI | "模型（Beta）"面板 • Retype（Beta）功能 • 上下文任务栏 • 尺寸工具 ☞ **{ Illustrator 2024新功能 }** 📖

本章简介

本章介绍渐变网格、实时上色、全局色、专色及配色方案等高级上色功能。其中，渐变网格在效果上与渐变类似，但更加强大，使用此功能可以惟妙惟肖地再现人像、汽车、玻璃杯等复杂的对象，其真实效果甚至能与照片媲美。要想用好渐变网格，必须能够熟练地编辑锚点和路径。如果尚未掌握钢笔工具及路径编辑方法，建议先学好第4章的相关知识，再学本章内容。

学习重点

实战：用渐变网格制作UI图标
为渐变网格上色
编辑网格点
实时上色组的构成及编辑方法
实战：制作名片
实战：用全局色修改Logo颜色
实战：用AI技术生成插画并修改颜色

9.1 渐变网格

渐变网格是一种网格状图形，其网格部分可以填充不同的颜色，通过网格点可以控制颜色的范围及混合位置。该功能适用于制作比渐变更为复杂的颜色变化效果。

◆ AI 技术 / 设计讲堂 ◆

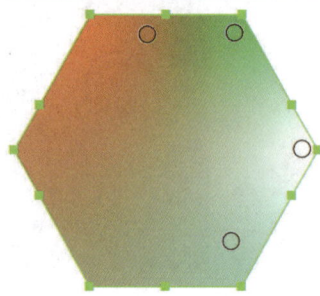

渐变网格与任意形状渐变的差异

从效果上看，渐变网格与任意形状渐变的效果有些相似，但前者的颜色更加复杂多变，如图9-1和图9-2所示。

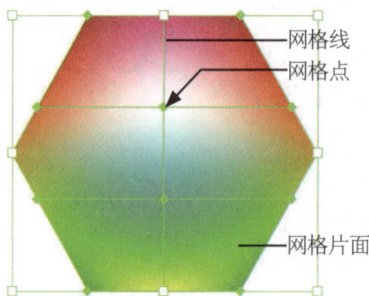

网格线
网格点
网格片面

渐变网格
图9-1

任意形状渐变
图9-2

渐变网格由网格点、网格线和网格片面构成，其上的颜色以网格点为原点向四周分布，颜色之间平滑过渡，这是它与任意形状渐变相同的地方。但渐变网格的颜色可以沿着网格线"流动"，因此，可通过移动网格点和编辑网格线控制颜色的位置及混合位置，如图9-3所示。其可控性和色彩表现力远远超过任意形状渐变，是制作写实效果的最佳工具。图9-4和图9-5所示为使用渐变网格功能制作的机器人。

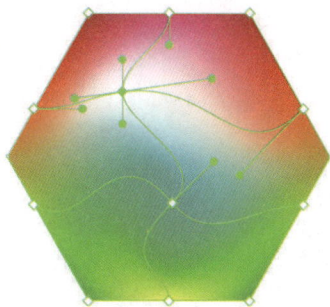
通过网格点和网格线控制颜色走向
图9-3

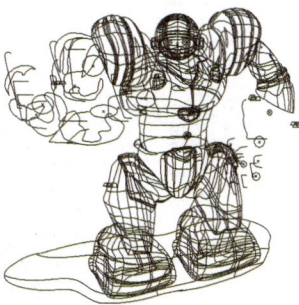
机器人的网格结构
图9-4

机器人上色效果
图9-5

9.1.1 实战：用渐变网格制作UI图标

渐变网格可以通过两种方法创建。第一种方法是选择网格工具 ，将鼠标指针放在图形上（鼠标指针变为 形状），单击；第二种方法是执行"对象>创建渐变网格"命令，定义网格线的数量。本实战使用这两种方法制作相机UI图标中的镜头，最终效果如图9-6所示。

图9-6

01 打开相机素材，如图9-7所示。机身是用图形填充渐变制作的，较为简单。下面用渐变网格制作镜头。使用椭圆工具 创建一个圆形，并为其填充黑色，无描边，如图9-8所示。

图9-7

图9-8

02 执行"对象>创建渐变网格"命令，设置参数，如图9-9所示，将圆形转变为渐变网格对象，如图9-10和图9-11所示。

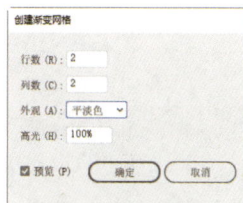

图9-9

图9-10

图9-11

> **提示**
>
> ● 行数/列数：用来设置水平/垂直网格线的数量。
>
> ● 外观：用来设置高光的位置和创建方式。选择"平淡色"选项，则不会创建高光；选择"至中心"选项，可以在对象中心创建高光；选择"至边缘"选项，可以在对象的边缘创建高光，如下图所示。
>
>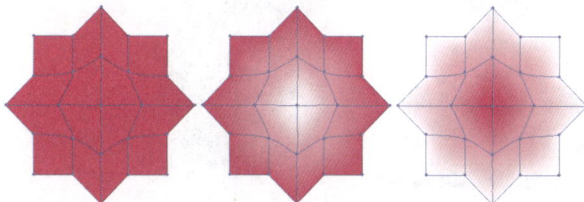
>
> 平淡色　　　　　至中心　　　　　至边缘
>
> ● 高光：用来设置高光的强度。该值为0%时，不会应用白色高光。

提示

除复合路径和文本对象外，Illustrator中的其他矢量对象，以及嵌入Illustrator文档的非链接图像都可以创建为渐变网格。

03 使用网格工具 单击网格点，将其选择，如图9-12所示。单击"颜色"面板中的填色按钮 切换到填色编辑状态，拖曳"颜色"面板中的滑块，为网格点上色，如图9-13和图9-14所示。

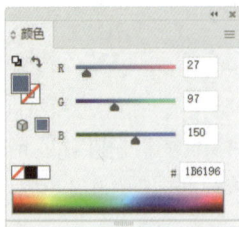

图9-12　　　　　图9-13

图9-14

04 在网格线上单击，添加网格点，如图9-15所示。按住Shift键向下拖曳，移动到图9-16所示的位置，调整颜色，如图9-17和图9-18所示。

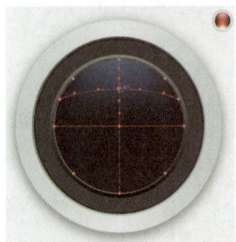

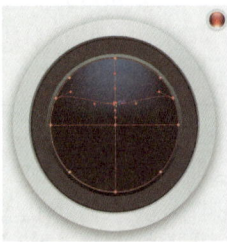

图9-15　　　　　图9-16

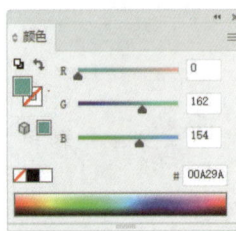

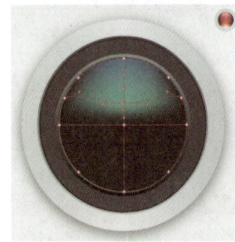

图9-17　　　　　图9-18

05 在网格线上单击，添加网格点，如图9-19所示。按住Shift键向上拖曳，移动至图9-20所示的位置，调整颜色，如图9-21和图9-22所示。

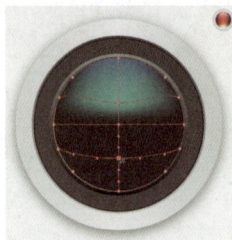

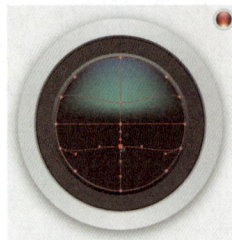

图9-19　　　　　图9-20

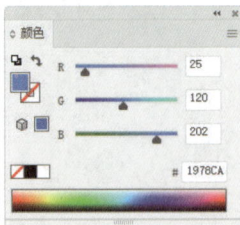

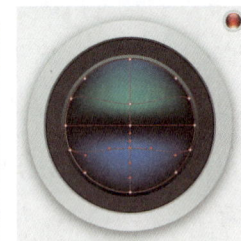

图9-21　　　　　图9-22

06 单击最下方的网格点，将其设置为白色，如图9-23和图9-24所示。

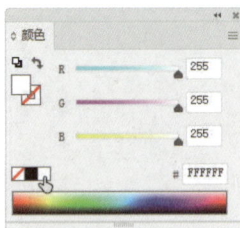

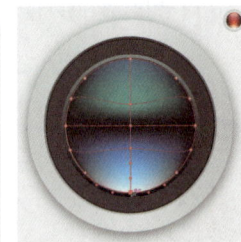

图9-23　　　　　图9-24

07 选择选择工具 ，单击网格对象将其选择，执行"效果>风格化>内发光"命令，添加内发光效果，设置发光颜色为青色，如图9-25和图9-26所示。

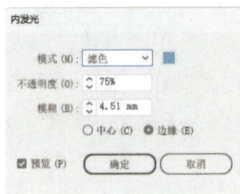

图9-25　　　　　图9-26

08 使用椭圆工具 创建一个椭圆，为其填充渐变，无描边，如图9-27和图9-28所示。

09 设置混合模式为"滤色"、"不透明度"为42%，如图9-29和图9-30所示。

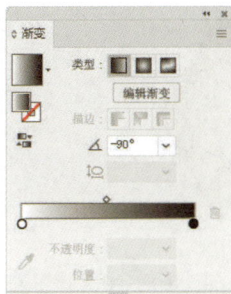

图9-27　　　　图9-28

图9-29　　　　图9-30

10 按Ctrl+C快捷键复制创建的椭圆，按Ctrl+F快捷键将其粘贴到前方。调整其大小，将"不透明度"恢复为100%，如图9-31和图9-32所示。

图9-31　　　　图9-32

11 创建一个椭圆，为其填充白色，将"不透明度"设置为36%，再调整其大小，如图9-33和图9-34所示。

图9-33　　　　图9-34

9.1.2 为渐变网格上色

使用直接选择工具 ▷ 单击网格点（或网格片面）后，如图9-35所示，可以通过不同的方法为其上色。为网格片面上色时，颜色向网格片面外扩散。而为网格点上色时，颜色以网格点为中心向四周扩散。要注意的是，在上色前，应单击

工具栏或"颜色"面板中的填色按钮□，切换到填色编辑状态（可按X键切换填色和描边编辑状态），如图9-36所示。

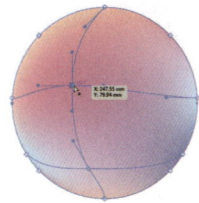

图9-35　　　　图9-36

● 使用色板：单击"色板"面板中的色板，可为所选网格点或网格片面上色，如图9-37所示。此外，将"色板"面板中的色板拖曳到网格点或网格片面上，也可为其上色，如图9-38所示。

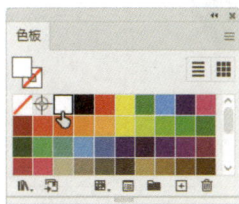
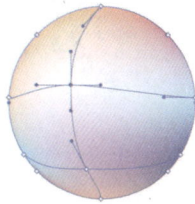

图9-37

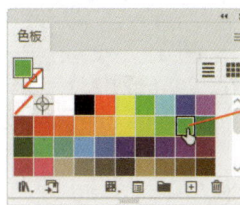
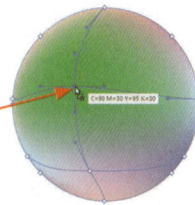

图9-38

● 调整颜色：拖曳"颜色"面板中的滑块，可调整所选网格点或网格片面的颜色，如图9-39和图9-40所示。

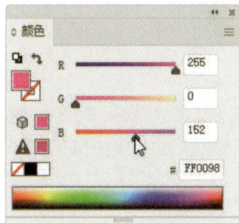
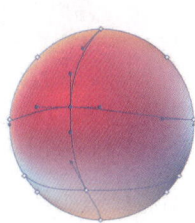

图9-39　　　　图9-40

● 拾取颜色：使用吸管工具 ⚲ 在以单色填充的对象上单击，可拾取其颜色，如图9-41所示。

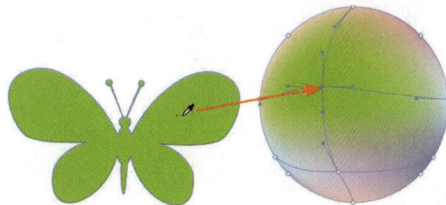

图9-41

9.1.3 编辑网格点

渐变网格中的网格点与路径上的锚点类似，但其形状为菱形，可为其上色；锚点则为方形，不可上色。除这两点之外，网格点与锚点的编辑方法基本相同。

● 添加网格点：使用网格工具 ⊞ 在网格线或网格片面上单击，可以添加网格点，如图9-42和图9-43所示。

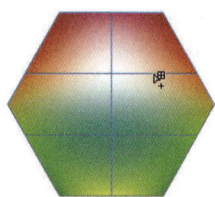
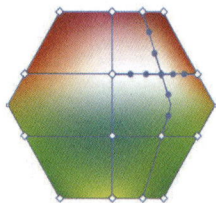

图9-42 　　　　　　　　图9-43

> **提示**
>
> 为网格点上色后，使用网格工具 ⊞ 在网格区域单击，新生成的网格点将与上一个网格点使用相同的颜色。按住Shift键单击网格区域，可添加网格点，而不改变其填充颜色。

● 删除网格点：按住Alt键（鼠标指针变为 ⊞ 形状）单击网格点，如图9-44所示，可将其删除，与此同时，由该点连接的网格线也会被删除，如图9-45所示。

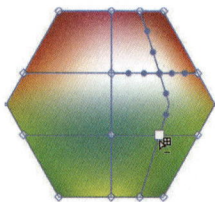
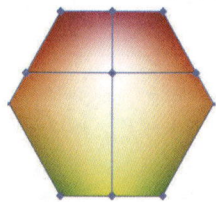

图9-44 　　　　　　　　图9-45

● 选择网格点：使用网格工具 ⊞ 单击网格点，可将其选择，如图9-46所示。此外，使用直接选择工具 ▷ 可以选择网格点，按住Shift键单击多个网格点，可将它们一同选择；拖曳出一个矩形选框，可将选框范围内的网格点都选择，如图9-47所示。

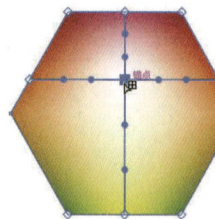
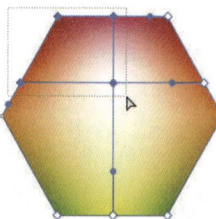

图9-46 　　　　　　　　图9-47

● 移动网格点：使用直接选择工具 ▷ 或网格工具 ⊞ 拖曳网格点，可对其进行移动。使用网格工具 ⊞ 操作时，按住Shift键拖曳，可以将移动范围限制在网格线上，如图9-48和图9-49所示。当需要沿一条弯曲的网格线移动网格点时，采用这种方法操作不会扭曲网格线。

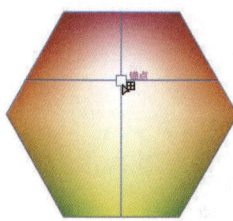
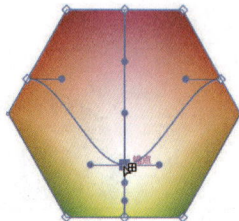

图9-48 　　　　　　　　图9-49

● 移动网格片面：使用直接选择工具 ▷ 拖曳网格片面可对其进行移动。

● 修改网格线：使用网格工具 ⊞ 或直接选择工具 ▷ 拖曳方向点，可以改变网格线的形状，如图9-50所示。使用网格工具 ⊞ 操作时，按住Shift键拖曳，可同时调整该点上的所有方向线，如图9-51所示。

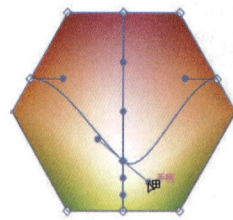
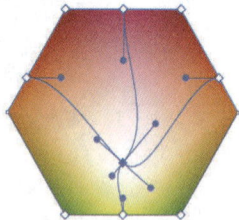

图9-50 　　　　　　　　图9-51

9.1.4 将渐变转换为渐变网格

选择填充了渐变的对象，如图9-52所示，使用网格工具 ⊞ 单击它，可将其转换为渐变网格对象，但会丢失渐变颜色，如图9-53所示。如果要保留渐变颜色，可以执行"对象>扩展"命令，在打开的对话框中勾选"填充"复选框，并选中"渐变网格"单选按钮，如图9-54和图9-55所示。

图9-52 　　　　　　　　图9-53

图9-54 　　　　　　　　图9-55

9.1.5 从网格对象中提取路径

将图形转换为渐变网格对象后，它将不再具有路径的某些属性。例如，不能用于创建混合、剪切蒙版和复合路径等。如果要保留以上属性，可以选择网格对象，执行"对象>路径>偏移路径"命令，打开"偏移路径"对话框，将"位移"值设置为0 mm，即可得到与网格图形相同的路径。

9.2 实时上色

实时上色是一种较为特殊的上色和描边功能，它模拟了绘画的涂色过程，操作时就像在涂色簿上填色或用水彩笔为铅笔素描上色。

· AI技术 / 设计讲堂 ·

实时上色组的构成及编辑方法

什么是实时上色组

将多个图形编入实时上色组后，路径会将图稿分割成不同的区域，并由此形成数量不等的表面和边缘。表面可以填色，边缘可以描边，如图9-56和图9-57所示。调整路径形状，某个区域发生改变时，填色和描边会被自动应用到新的区域，如图9-58和图9-59所示。

为实时上色组准备的对象
图9-56

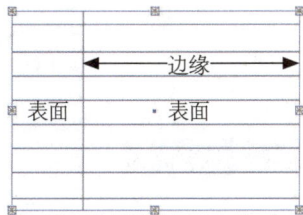
创建的实时上色组
图9-57

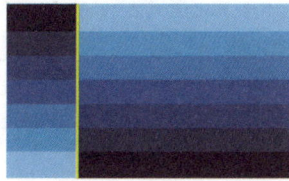
为表面上色、为边缘描边
图9-58

修改路径形状
图9-59

并不是所有对象都能用实时上色功能处理。非图形类对象，如文字、图像和画笔等无法直接建立为实时上色组，需要先转换为路径才行。文字可通过执行"文字>创建轮廓"命令转换，图像可通过执行"对象>图像描摹>建立并扩展"命令转换，画笔等其他对象可通过执行"对象>扩展"命令转换。

与实时上色有关的工具包括实时上色工具 、实时上色选择工具 、选择工具 、直接选择工具 。实时上色工具 在上色时使用，实时上色选择工具 用于选择实时上色组中的表面和边缘，选择工具 可选择整个实时上色组，直接选择工具 用于选择实时上色组内的路径。如果图稿复杂，不太容易准确选择对象，可以使用选择工具 双击实时上色组，进入隔离模式，再选择所需的对象。

设置颜色

创建实时上色组后，可以在"颜色""色板"和"渐变"面板中设置颜色，再用实时上色工具 为对象填色。选择实时上色工具 ，将鼠标指针移动到对象上方，当检测到表面时，会突出显示红色的边框，同时，工具上方还会显示当前选择的颜色。如果这是从"色板"面板中选择的颜色，则显示3个颜色的色板，如图9-60所示。位于中间的是当前选择的颜色，两侧分别是"色板"面板中与它相邻的颜色。单击可填充当前颜色。按←键和→键，可以切换到相邻颜色，如图9-61所示。按住Alt键并单击对象，可拾取其颜色，如图9-62和图9-63所示。

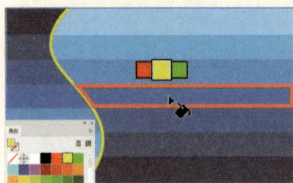
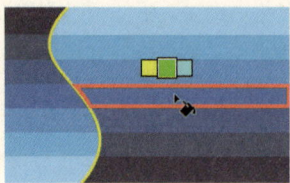

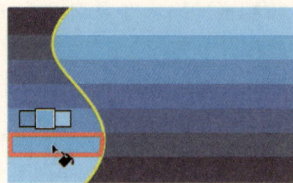

捕捉到表面并显示颜色　　　按→键切换颜色　　　按住Alt键并单击以拾取颜色　　　松开Alt键后
图9-60　　　　　　　　　　图9-61　　　　　　　　　　图9-62　　　　　　　　　　图9-63

上色

单击表面，可为其填充颜色，如图9-64所示。在表面上单击3下，可以填充与其具有相同填色或描边的其他表面，如图9-65所示。跨多个表面拖曳鼠标，可一次为多个表面上色，如图9-66和图9-67所示。

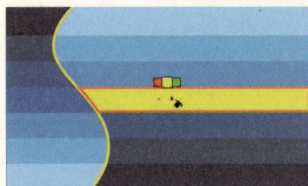
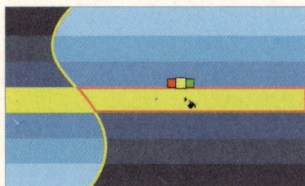
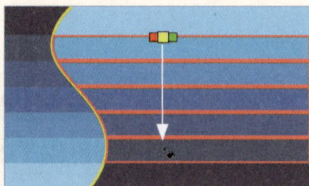

图9-64　　　　　　　　　　图9-65　　　　　　　　　　图9-66　　　　　　　　　　图9-67

如果要为边缘上色，可以按住Shift键（鼠标指针变成✎形状），将鼠标指针移动到边缘上方，当鼠标指针变为✎形状时单击，如图9-68所示。上色后，可以使用实时上色选择工具🖫或直接选择工具▷单击边缘，调整描边粗细，如图9-69所示。

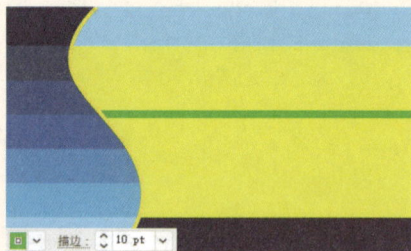

图9-68　　　　　　　　　　　　　　　　　　　　　　　　　　　图9-69

选择表面和边缘

进行实时上色时，不必选择对象。但是如果想同时为多个表面或边缘上色，则应先将它们选择。选择实时上色选择工具🖫，单击表面（或边缘），可将其选择，如图9-70所示；双击可以选择没有被颜色边缘分隔开的连续表面（或边缘），如图9-71所示。

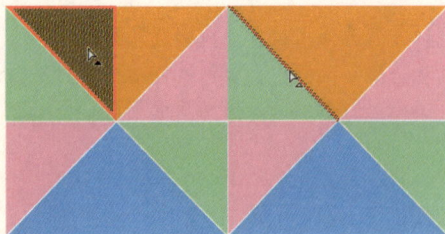
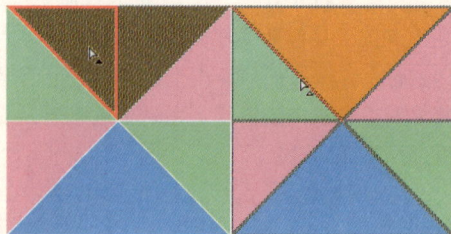

单击表面　　　　　单击边缘　　　　　　　双击表面　　　　　双击边缘
图9-70　　　　　　　　　　　　　　　图9-71

拖曳出选框，可将选框内的表面（或边缘）全部选择，如图9-72和图9-73所示。按住Shift键单击其他表面或边缘，或者按住Shift键拖出一个选框，可以加选对象，如图9-74所示。如果要选择具有相同填色或描边的表面或边缘，可单击某个对象3次，如图9-75所示；或者单击一次，打开"选择>相同"菜单，使用其中的"填充颜色""描边颜色""描边粗细"等命令进行有针对性的选择。

图9-72

图9-73

图9-74

图9-75

9.2.1 实战：制作名片

本实战用实时上色功能制作名片，最终效果如图9-76所示。名片的常见尺寸有90 mm×54 mm、90 mm×50 mm和90 mm×45 mm。

图9-76

01 打开素材，如图9-77所示。选择直线段工具 ／，按住Shift键创建一条直线，无填色和描边，如图9-78所示。

图9-77

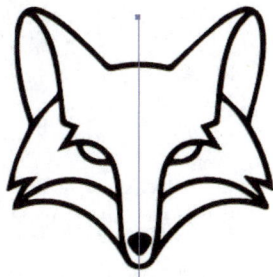
图9-78

02 按Ctrl+A快捷键全选。执行"对象>实时上色>建立"命令，创建实时上色组，如图9-79所示。执行"窗口>色板库>纺织品"命令，打开"纺织品"面板。单击任意颜色色板，如图9-80所示。选择实时上色工具 ，将鼠标指针移动到黑色

轮廓上，如图9-81所示，单击，为轮廓填色，如图9-82所示。

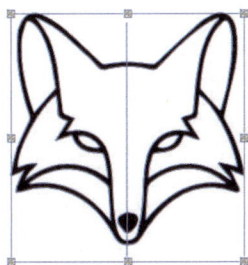
图9-79

图9-80

图9-81

图9-82

03 采用同样的方法为另一侧的轮廓填色，如图9-83和图9-84所示。

图9-83

图9-84

04 选择色板，为图形填色，如图9-85和图9-86所示（眼睛和鼻尖填充为白色）。

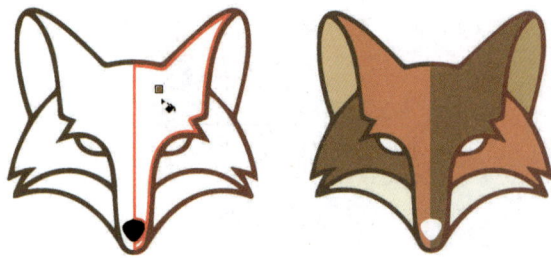

图9-85   图9-86

05 使用矩形工具 创建矩形，按Shift+Ctrl+[快捷键将其移至底层，填充颜色并将其锁定，如图9-87和图9-88所示。

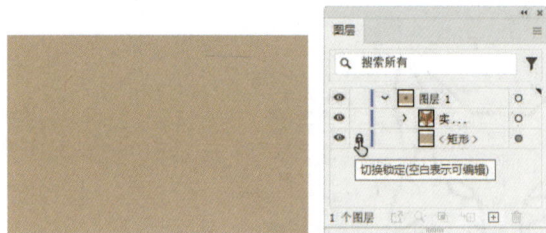

图9-87   图9-88

06 在画板上单击，弹出"矩形"对话框，创建一个90 mm×50 mm的矩形，如图9-89所示，并将其移动到狐狸下方，如图9-90所示。

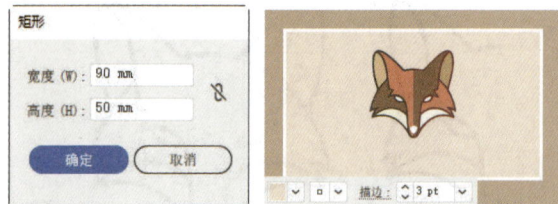

图9-89   图9-90

07 选择文字工具 T，在画板上单击，输入文字，如图9-91和图9-92所示。选择"fox"，如图9-93所示，修改字体，如图9-94所示。

08 按Ctrl+A快捷键全选，按Ctrl+G快捷键编组。执行"效果>3D和材质>3D（经典）>旋转"命令，打开"3D旋转选项"对话框，调整旋转角度，设置"透视"为120°，如图9-95所示。调整名片角度，使其呈现出近大远小的透视效果，如图9-96所示。

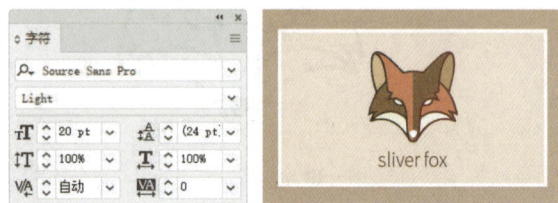

图9-91   图9-92

图9-93   图9-94

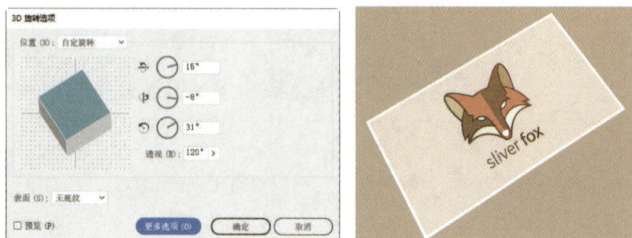

图9-95   图9-96

09 用椭圆工具 创建一个椭圆，作为投影。为其填充渐变，并修改混合模式和不透明度，如图9-97～图9-99所示。

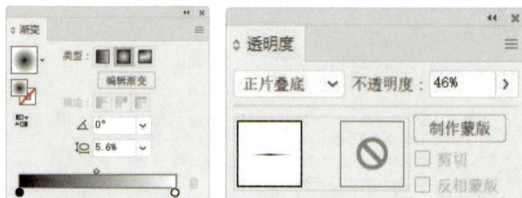

图9-97   图9-98

图9-99

9.2.2 实战：制作暗夜精灵插画（添加路径）

创建实时上色组后，如果想添加表面和边缘，可在其上方绘制路径，如图9-100所示，并将其与实时上色组一同选择，单击"控制"面板中的"合并实时上色"按钮，或执行"对象>实时上色>合并"命令，将路径合并到实时上色组中，对原有的图稿进行分割，再进行上色，如图9-101所示。

图9-100

图9-101

新填色后的效果，此时路径之间的空隙仍然存在，但颜色没有渗出。执行"视图>显示实时上色间隙"命令，可以让间隙突出显示。

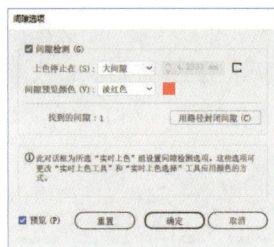

图9-104

图9-105

● 上色停止在：用来设置颜色不能渗入的间隙的大小。

● 间隙预览颜色：用来设置预览时间隙以哪种颜色显示。单击右侧的色块，可自定义颜色。

● "用路径封闭间隙"按钮：单击该按钮后，将在实时上色组中插入未上色的路径以封闭间隙（而不是只防止颜色通过这些间隙渗到外部）。但由于这些路径没有上色，即使已封闭了间隙，仍然可能会显示存在间隙。

9.2.3 封闭实时上色间隙

进行实时上色时，如果颜色渗到相邻的图形中，或不应该上色的表面被填充了颜色，可能是路径之间存在空隙，没有完全封闭。例如，图9-102所示为一个实时上色组，图9-103所示为其填色后的效果。可以看到，由于顶部存在缺口，为左侧的图形填色时，颜色渗透到了右侧的图形中。

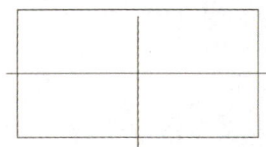

图9-102

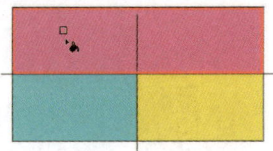

图9-103

选择实时上色对象，执行"对象>实时上色>间隙选项"命令，打开"间隙选项"对话框，在"上色停止在"下拉列表中选择"大间隙"选项，如图9-104所示，这样上色时就会忽略小间隙，避免上述情况发生。图9-105所示为重

9.2.4 释放/扩展实时上色组

选择实时上色组，如图9-106所示，执行"对象>实时上色>释放"命令，可将对象释放出来，对象会变成黑色描边（0.5 pt）、无填色的普通路径，如图9-107所示。

图9-106

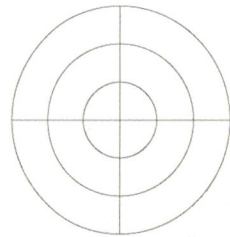

图9-107

执行"对象>实时上色>扩展"命令，可以扩展实时上色组，即之前由路径分割的各个区域（包括表面和边缘等）变成了一个个独立的图形。此时图稿的外观虽然没变，但实际上图稿已被真正地分割开了。使用编组选择工具 可以选择其中的部分图形进行编辑。

9.3 全局色、专色及配色方案

本节介绍全局色、专色及配色方案。全局色和专色在 VI 设计、印刷中应用广泛。配色方案也是服务于设计工作的有效功能，可以协助用户做好颜色搭配。

9.3.1 实战：用全局色修改Logo颜色

全局色是一种特殊的色板，对其进行编辑时，文档中所有使用了该色板的对象都会自动更新，也就是说，不必选择对象就能修改其颜色。例如，当要更改主要颜色时，修改全局色即可，而不必手动修改每个对象的颜色，从而简化工作流程。

01 打开素材，如图9-108所示。使用编组选择工具 ⩥ 单击橙色图形，如图9-109所示。执行"选择>相同>填充颜色"命令，将所有使用橙色作为填色的对象选择，如图9-110所示。

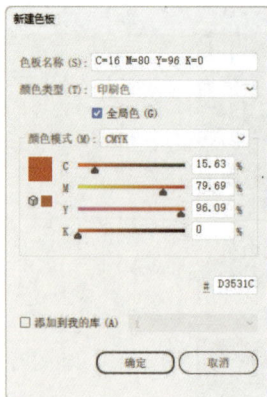
图9-111

图9-112

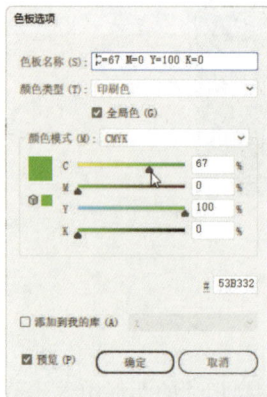
图9-113

图9-108

图9-109

图9-110

02 单击"色板"面板底部的 ⊞ 按钮，打开"新建色板"对话框。勾选"全局色"复选框，将所选颜色定义为全局色，如图9-111所示。单击"确定"按钮关闭对话框。

03 执行"选择>取消选择"命令，取消选择对象。双击全局色，如图9-112所示，在弹出的"色板选项"对话框中修改其颜色，如图9-113所示，单击"确定"按钮关闭对话框。可以看到，所有使用该颜色的图形都随之改变了颜色，如图9-114所示。

图9-114

> **提示**
>
> 单击"色板"面板中的全局色，拖曳"颜色"面板中的滑块可调整其亮度。

9.3.2 使用专色

专色是预先混合好的油墨，常用于Logo、包装和海报等的制作。使用专色，可以确保品牌颜色的一致性和准确性。

由于是单一颜色的油墨，不是靠CMYK四色油墨混合而成的，因此大批量印刷时使用专色的成本要比使用CMYK四色油墨低。

打开"窗口>色板库"菜单，或单击"色板"面板底部的 ![IN] 按钮，打开"色板库"菜单，可以找到Illustrator提供的各种专色库，如图9-115所示。

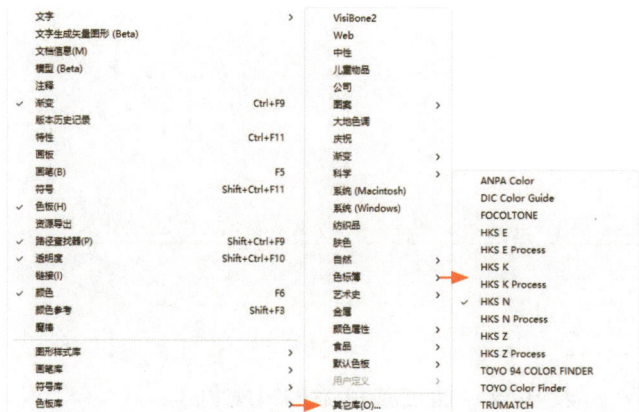

图9-115

选择专色色板，如图9-116所示，拖曳"颜色"面板中的滑块，可以调整其亮度，如图9-117所示。

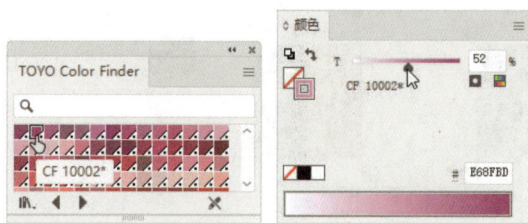

图9-116　　　　图9-117

9.3.3 实战：从"颜色参考"面板中生成配色方案

颜色配置有一定的规则。例如，应强调颜色与颜色之间的对比关系，以保证均衡美，如图9-118所示；颜色运用需注意调和关系，以保证统一美，如图9-119所示；颜色组合时要有一个主色调，以保证画面的整体美等。

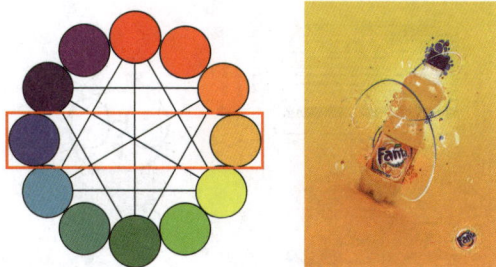

互补色搭配

图9-118

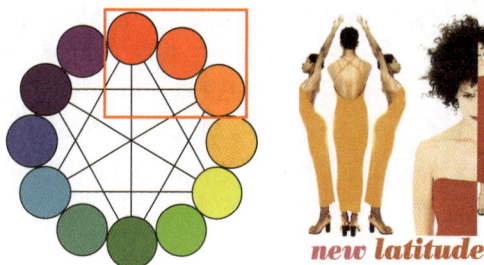

相似色搭配

图9-119

Illustrator可以协助用户进行配色。例如，在"拾色器"和"颜色"面板中设置好颜色，如图9-120所示，"颜色参考"面板会基于不同的配色规则，自动生成各种配色方案，如图9-121所示。用现成的配色方案为图稿上色，能设计出完美、协调的作品，如图9-122和图9-123所示。

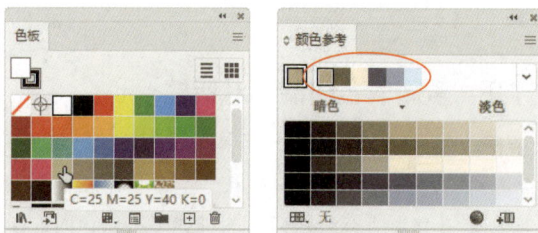

图9-120　　　　图9-121

图9-122　　　　图9-123

"颜色参考"面板选项

图9-124所示为"颜色参考"面板中的选项和按钮。

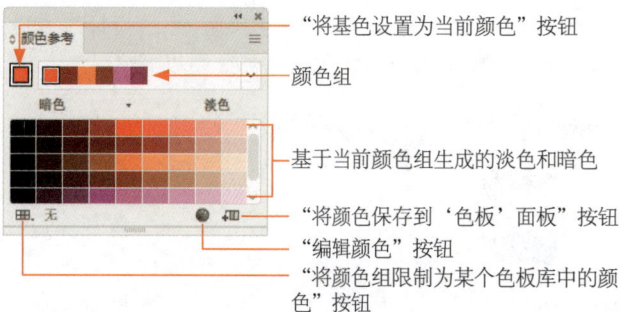

"将基色设置为当前颜色"按钮

颜色组

基于当前颜色组生成的淡色和暗色

"将颜色保存到'色板'面板"按钮

"编辑颜色"按钮

"将颜色组限制为某个色板库中的颜色"按钮

图9-124

● 颜色组/将基色设置为当前颜色：选择某种颜色后，Illustrator会以它为基色，并根据一定的颜色协调规则生成颜色组。单击·按钮，可以打开下拉列表选择颜色协调规则。例如，选择"单色"选项，可创建包含所有色相相同，但饱和度级别不同的颜色组；选择"高对比色"或"五色组合"选项，可创建带有对比颜色、视觉效果强烈的颜色组。选择其他颜色，并单击"将基色设置为当前颜色"按钮，可以将其指定为基色并重新创建颜色组。

- "将颜色组限制为某个色板库中的颜色"按钮 ▦：如果要将颜色限定于某个色板库，可单击该按钮，再从打开的下拉菜单中选择色板库。
- "编辑颜色"按钮 ◉：单击该按钮，可以打开"重新着色图稿"对话框（见9.4节）。
- "将颜色保存到'色板'面板"按钮 ⊞：单击该按钮，可以将当前的颜色组保存到"色板"面板中。

9.4 重新为图稿上色

使用"重新着色图稿"命令可以快速修改整个设计的颜色方案。它提供了多种颜色组合，可以激发设计师的设计灵感，方便设计师进行探索。

9.4.1 打开"重新着色图稿"对话框

如果要修改某个图形的颜色，将其选择，执行"编辑>编辑颜色>重新着色图稿"命令，打开"重新着色图稿"对话框进行操作即可。当所选对象包含两种或多种颜色时，单击"控制"面板中的 ◉ 按钮，可直接打开该对话框，这样操作更加方便。

如果要编辑的是"颜色参考"面板中的色板，可单击该面板底部的 ◉ 按钮，打开"重新着色图稿"对话框。

如果要编辑的是"色板"面板中的颜色组，可以在颜色组前方的 ▤ 图标上单击，将整个组选取，然后单击面板底部的 ◉ 按钮，打开"重新着色图稿"对话框。

9.4.2 实战：编辑颜色组

在"重新着色图稿"对话框中，左侧的色轮上有几个圆形的颜色标记，它们分别与颜色组中的色板一一对应，如图9-125所示。拖曳圆形标记或修改参数，可以调整颜色。

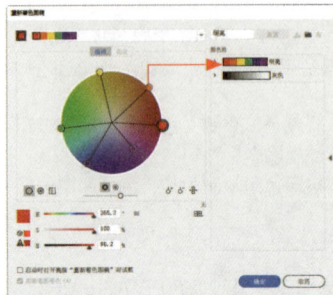

图9-125

9.4.3 实战：通过颜色条编辑颜色

在"重新着色图稿"对话框中，可以使用颜色条来编辑颜色，如图9-126和图9-127所示。

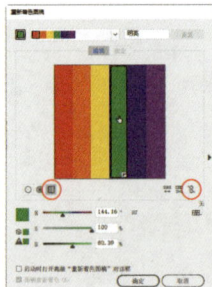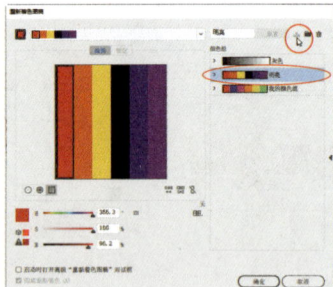

图9-126   图9-127

9.4.4 实战：为图稿调整颜色

使用"重新着色图稿"对话框中的"指定"选项卡调整颜色较为直观，操作也更加方便，如图9-128所示。

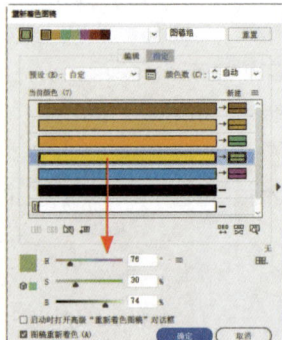

原图稿   调整颜色   修改后的图稿

图9-128

9.4.5 实战：用色板库替换图稿颜色

西方的绘画作品具有巴洛克、洛可可、新古典主义、浪漫主义等不同的流派，Illustrator的色板库提供了这些经典和传统的配色方案，用户可以从中汲取灵感，也可以用其替换图稿颜色，如图9-129和图9-130所示。

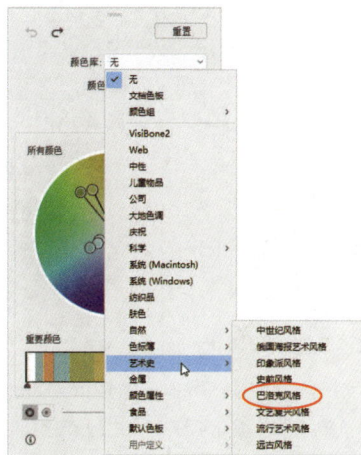

图9-129

图9-130

· AI技术／设计讲堂 ·

"编辑"选项卡

"重新着色图稿"对话框包含"编辑""指定"两个选项卡和"颜色组"选项组。其中，"颜色组"选项组中列出了文档中的所有颜色组。它们与"色板"面板中的颜色组相同，修改、删除和创建颜色组时，"色板"面板也会同步发生变化。

在"编辑"选项卡中，可以创建新的颜色组或编辑现有的颜色组，也可以使用颜色协调规则和色轮对颜色进行调整，如图9-131所示。色轮显示了颜色在颜色协调规则中是如何关联的，同时还可以通过颜色条查看和处理各个颜色值。

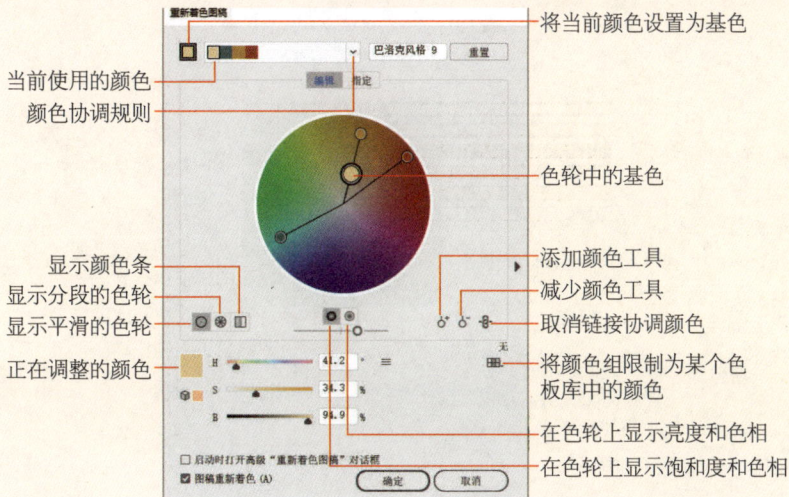

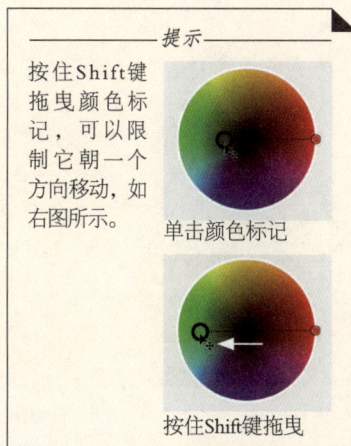

图9-131

将当前颜色设置为基色
当前使用的颜色
颜色协调规则
色轮中的基色
显示颜色条
显示分段的色轮
显示平滑的色轮
正在调整的颜色
添加颜色工具
减少颜色工具
取消链接协调颜色
将颜色组限制为某个色板库中的颜色
在色轮上显示亮度和色相
在色轮上显示饱和度和色相

- 颜色协调规则：打开下拉列表，可以选择一个颜色协调规则并生成配色方案（与"颜色参考"面板相同）。
- 显示平滑的色轮○：单击该按钮，将在平滑的圆形中显示颜色的色相、饱和度和亮度。
- 显示分段的色轮✺：单击该按钮，将颜色显示为一组分段的颜色片。
- 显示颜色条▦：单击该按钮，仅显示颜色组中的颜色，且让颜色显示为可单独编辑的实色颜色条。
- 添加颜色工具♂⁺/减少颜色工具♂：在平滑色轮和分段色轮状态下，先单击♂⁺按钮，然后在色轮上单击，便可添加颜色，如图9-132和图9-133所示；单击♂按钮，之后单击圆形颜色标记，可将其删除（基色除外）。
- 在色轮上显示饱和度和色相◉/在色轮上显示亮度和色相◉：单击◉按钮，然后调整颜色的饱和度和色相，这样更容易操作。如果要查看和调整颜色的亮度和色相，可单击◉按钮，如图9-134所示。

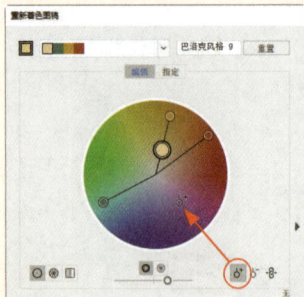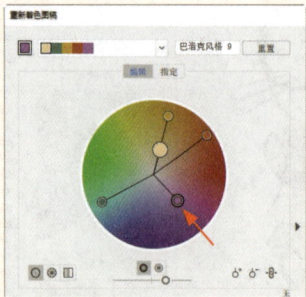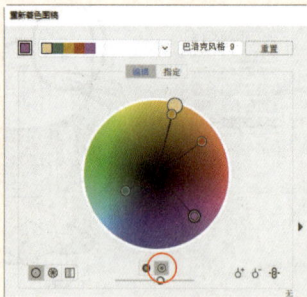

图9-132   图9-133   图9-134

- 取消链接协调颜色⋈：默认状态下色板处于链接状态，拖曳圆形颜色标记时，其他颜色标记会一起移动；单击该按钮可取消链接。
- 将颜色组限制为某个色板库中的颜色▦：单击▦按钮，打开色板菜单，可以选择一个色板库来替换图稿颜色。
- 图稿重新着色：勾选该复选框，调色时可以在画板中预览颜色的变化情况（该复选框默认处于勾选状态）。

· AI 技术 / 设计讲堂 ·

"指定"选项卡

  在"重新着色图稿"对话框中，通过"指定"选项卡可以设置用哪些颜色替换当前颜色、是否保留专色，以及如何替换颜色，如图9-135和图9-136所示。此外，还可以用颜色组为图稿重新上色，或者减少图稿中的颜色数目。

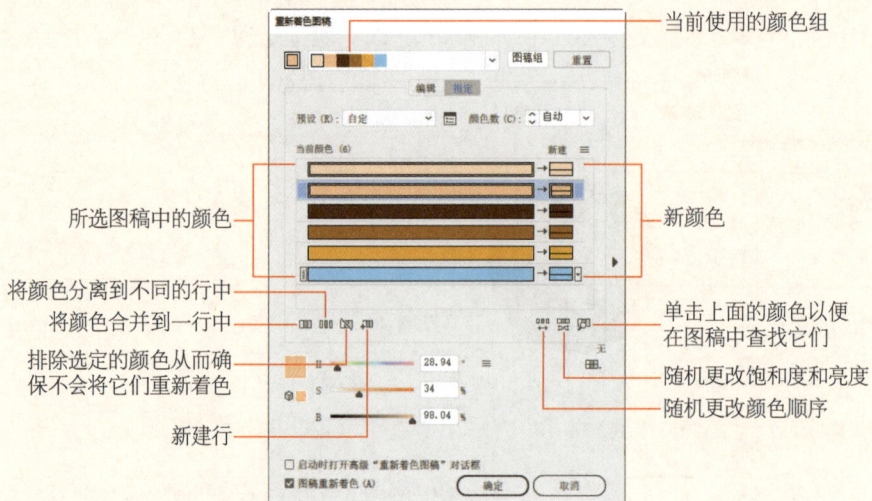

图9-135   图9-136

修改图稿中的颜色

"当前颜色"区域显示的是所选图稿中的全部颜色。每种颜色都有与之对应的新颜色，它们在"新建"列表中。单击某种颜色，可拖曳下方的H、S、B滑块进行修改，修改结果被保存在"新建"列表中，如图9-137所示。单击箭头图标 →，可停用新建的颜色，如图9-138所示，此时该图标变为 —，单击它可恢复颜色。

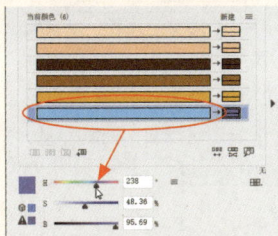  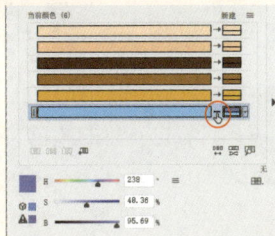

图9-137　　　　　　　　　　　　　　　图9-138

当使用预设的颜色协调规则及配色方案修改颜色或者使用颜色库替换颜色时，单击颜色，如图9-139所示，然后单击 按钮，如图9-140所示，再调色，可确保该颜色在此过程中不被修改，如图9-141所示。

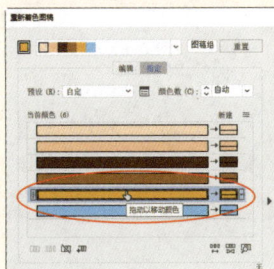 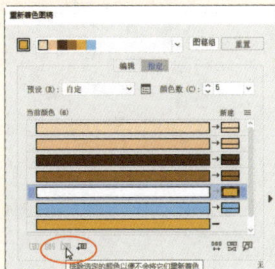 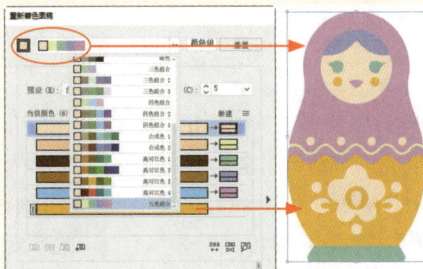

图9-139　　　　　　　图9-140　　　　　　　图9-141

减少图稿中的颜色

需要减少图稿中的颜色时，单击"颜色数"选项右侧的 按钮即可，如图9-142所示；或者从"颜色"菜单中选择要减少到的颜色数目。

随机更改颜色顺序、饱和度和亮度

单击随机更改颜色顺序按钮 ，可随机更改当前颜色组中颜色的顺序，如图9-143所示。单击随机更改饱和度和亮度按钮 ，可以在保留其色相的同时随机更改当前颜色组中颜色的饱和度和亮度，如图9-144所示。

 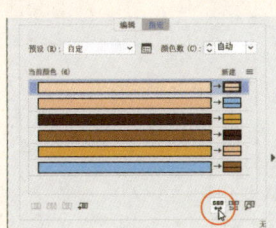  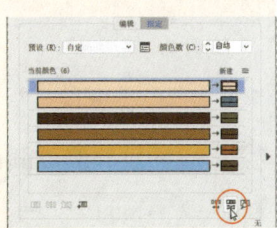

图9-142　　　图9-143　　　　　　　　　图9-144

合并/分离颜色

单击 按钮，可以在"当前颜色"区域中添加一个空白的颜色行，如图9-145所示。在"当前颜色"区域中，按住Shift键并单击可以选择多种颜色，如图9-146所示。单击 按钮，可以将选择的颜色合并到一行，如图9-147所示。

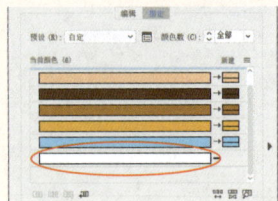

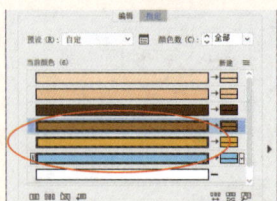

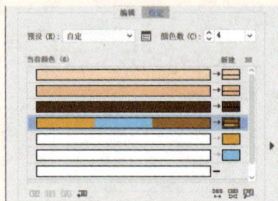

图9-145　　　　　　　　图9-146　　　　　　　　图9-147

　　当多种颜色位于一行时，按住Shift键单击几种颜色，再单击 □□□ 按钮，可以将所选颜色分离到单独的行中。如果想分离所有颜色，则单击行前方的 ▮ 图标，将这一行的颜色同时选择，如图9-148所示，然后单击 □□□ 按钮，如图9-149所示。也可以采用拖曳的方法，将颜色拖入颜色行，如图9-150和图9-151所示，或者拖出颜色行。

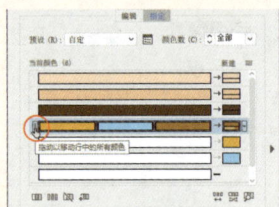

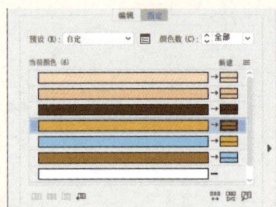

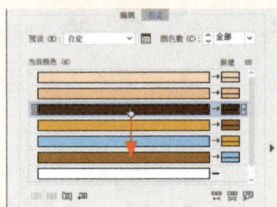

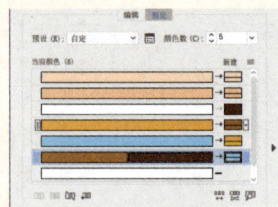

图9-148　　　　　　图9-149　　　　　　图9-150　　　　　　图9-151

查看哪些对象使用了某种颜色

　　如果图稿的细节非常丰富，或者包含许多原始颜色，在这种情况下修改某种颜色时，需要知道图稿中哪些对象应用了这一颜色，以便做出准确判断。单击 ▣ 按钮，如图9-152所示，再单击"当前颜色"区域中的任意颜色，如图9-153所示，此时使用了该颜色的对象将完全显示，其他对象的颜色会变淡，如图9-154所示。

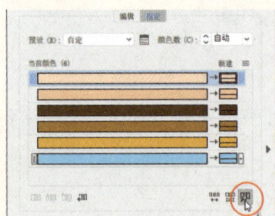

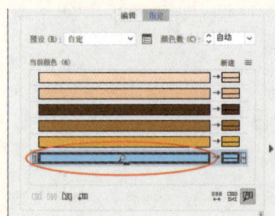

图9-152　　　　　　图9-153　　　　　　图9-154

恢复图稿的原始颜色

　　如果对颜色的修改结果不满意，想让图稿恢复为原始颜色，以便重新操作，可以单击对话框顶部的"重置"按钮。

9.4.6　实战：用AI技术生成插画并修改颜色

01 按Ctrl+N快捷键，新建一个A4大小的文档，如图9-155所示。使用矩形工具 ▢ 创建一个矩形，如图9-156所示。

图9-155　　　　　　　　　　　　　　　　　图9-156

02 执行"窗口>文字生成矢量图形（Beta）"命令，打开"文字生成矢量图形（Beta）"面板，在"文字"下拉列表中选择"场景"选项，输入提示词，如图9-157所示，单击"生成（Beta）"按钮，生成矢量图稿，如图9-158所示。"文字生成矢量图形（Beta）"面板的"变体"选项下方还提供了另外两种效果供用户选择，如图9-159所示。

图9-157

图9-158

图9-159

03 使用第一个图稿。执行"编辑>编辑颜色>重新着色图稿"命令，打开相应的对话框，选择"生成式重新着色"选项卡，选择任意上色方案，如图9-160~图9-162所示。

图9-160

图9-161

图9-162

04 如果想生成某种特殊的色彩效果，可以通过输入提示词实现，如输入fluorescence，如图9-163所示，将生成荧光色的图稿，如图9-164所示。

05 在色彩处理方面，Illustrator还支持从图像中拾取颜色并应用于矢量图稿。执行"文件>置入"命令，将图像置入Illustrator图稿，然后使用选择工具 ▶ 单击矢量图稿，如图9-165所示，执行"编辑>编辑颜色>重新着色图稿"命令，打开相应的对话框，单击"颜色主题拾取器"按钮，如图9-166所示，在图像上单击，即可拾取图像中的颜色，如图9-167所示。

图9-163

图9-164

图9-165

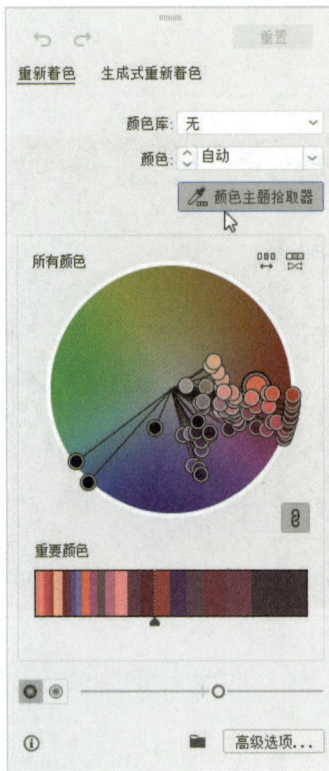

图9-166

图9-167

9.5 调整图稿颜色

"编辑 > 编辑颜色"子菜单中包含与色彩调整有关的各种命令，可用于调整矢量图稿的颜色，也可用于编辑图像。

9.5.1 使用预设值重新着色

选择对象，使用"编辑>编辑颜色>使用预设值重新着色"子菜单中的命令，可以通过颜色库为对象重新着色并打开"重新着色图稿"对话框。

9.5.2 混合颜色

选择3个或更多的填色对象，执行"前后混合""垂直混合"和"水平混合"命令，可以对最前方和最后方、顶端和底端、最左侧和最右侧的对象的颜色进行混合（不会影响描边），从而创建中间色并应用于中间的对象，图9-168所示为原始图稿，图9-169所示为前后混合的效果。这几个命令不能编辑用图案、渐变和系统预置的颜色填充的图形。

图9-168

图9-169

9.5.3 使颜色反相

图9-170所示为色轮，处于对角位置的两个颜色是互补色。选择对象，如图9-171所示，执行"对象>编辑颜色>反相颜色"命令，每种颜色都会转换为其互补色（黑色、白色比较特殊，它们互相转换），如图9-172所示。再次执行该命令，可将颜色转换回来。

图9-170

图9-171

图9-172

9.5.4 调整色彩平衡

执行"调整色彩平衡"命令，可以改变图稿颜色间的色彩平衡关系。执行该命令将打开图9-173所示的对话框。单击"颜色模式"右侧的 ⌄ 按钮，打开下拉列表，可以选择所需的颜色模式。

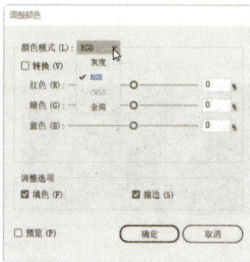

图9-173

- 灰度：如果想要将选择的颜色转换为灰度，可以选择该选项并勾选"转换"复选框，再通过拖曳滑块调整黑色的百分比。
- RGB：选择该选项后，可以通过拖曳滑块调整红色、绿色和蓝色的百分比。
- CMYK：选择该选项后，可以通过拖曳滑块调整青色、洋红色、黄色和黑色的百分比。
- 全局：选择该选项后，可以调整全局印刷色和专色的强度，非全局印刷色不会受到影响。
- 转换为非全局色：如果要选择全局印刷色或专色，并希望转换为非全局印刷色，可以选择"CMYK"或"RGB"选项（具体取决于文档的颜色模式），并勾选"转换"复选框，之后再通过拖曳滑块调整颜色。
- 填色/描边：编辑矢量对象时，如果想调整填色，可以勾选"填色"复选框；如果想调整描边颜色，可勾选"描边"复选框。

9.5.5 调整饱和度

如果要调整颜色或专色的饱和度，选择对象，执行"编辑>编辑颜色>调整饱和度"命令进行操作即可。

9.5.6 转换为灰度、CMYK或RGB颜色模式

执行"转换为灰度"命令，可以将图稿转换为灰度图像。执行"转换为CMYK"或"转换为RGB"命令（具体取决于文档的颜色模式），可以将灰度图像转换为RGB或CMYK模式。如果要修改文档的颜色模式，可以执行"文件>文档颜色模式"子菜单中的"CMYK颜色"或"RGB颜色"命令。

第10章
画笔与图案

生成式 AI | "模型（Beta）"面板 • Retype（Beta）功能 • 上下文任务栏 • 尺寸工具 | **{ Illustrator 2024新功能 }**

本章简介

画笔工具和"画笔"面板是Illustrator中实现绘画效果的主要工具。使用画笔工具绘制路径，通过"画笔"面板为路径添加不同样式的画笔描边，可以模拟毛笔、钢笔和油画笔等笔触效果。图案在服装设计、包装设计和插画设计中应用得比较多。使用"图案选项"面板可以创建和编辑图案，即使是复杂的无缝拼贴图案，也能用它轻松制作出来。

学习重点

画笔的种类及区别
取消画笔描边
实战：绘制水墨荷花（画笔工具）
实战：制作皓月与流星插画
实战：修改画笔参数
实战：缩放画笔描边
"图案选项"面板
实战：制作古典海水图案
实战：制作圆点艺字（创建和变换图案）
实战：制作黑板报风格的宣传单（修改图案）

10.1 添加画笔描边

画笔描边通过"画笔"面板和画笔工具来添加。画笔描边可以使路径呈现不同的外观，也能用来模拟毛笔、钢笔、油画笔等笔触效果。

◀ · AI 技术 / 设计讲堂 · ▶

"画笔"面板

画笔描边可应用于由任何绘图工具（如钢笔工具 ✒、铅笔工具 ✏ 或基本的形状工具等）创建的路径。选择对象，如图10-1所示，单击"画笔"面板中的任意画笔，即可为其添加画笔描边，如图10-2和图10-3所示。单击其他画笔，则会替换当前画笔。

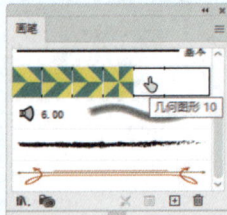

图10-1　　　　　　图10-2　　　　　　图10-3

"画笔"面板包含文档中使用的全部画笔，以及Illustrator提供的预设画笔，如图10-4所示。如果只想显示某种类型的画笔，可以打开面板菜单进行设置。例如，执行"显示毛刷画笔"命令，面板中就只显示最基本的画笔和毛刷画笔，如图10-5所示。

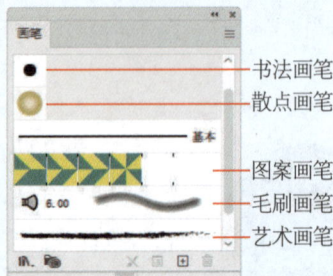
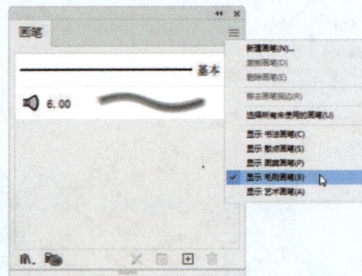

图10-4　　　　　　　　图10-5

书法画笔
散点画笔
图案画笔
毛刷画笔
艺术画笔

如果想查看画笔名称，可以将鼠标指针放在画笔上并稍作停留。此外，也可以执行面板菜单中的"列表视图"命令，同时显示画笔的名称和缩览图。

● 画笔库菜单 **ᴵᴺ**.：单击该按钮，可在打开的下拉菜单中选择预设的画笔库。

● 移去画笔描边 **✕**：单击该按钮，可删除应用于对象的画笔描边。

● 所选对象的选项 **▤**：单击该按钮，可以打开"画笔选项"对话框。

● 新建画笔 **⊞**：单击该按钮，可以打开"新建画笔"对话框。如果将面板中的画笔拖曳到该按钮上，则可复制该画笔。

● 删除画笔 **🗑**：选择面板中的画笔，单击该按钮可将其删除。

· AI技术 / 设计讲堂 ·

画笔的种类及区别

Illustrator包含书法画笔、散点画笔、毛刷画笔、图案画笔和艺术画笔5种画笔，如图10-6所示。其中，书法画笔可以模拟书法钢笔，绘制出扁平的、带有一定倾斜角度的描边；散点画笔可以使对象（如一只瓢虫或一片树叶）沿着路径分布；毛刷画笔可以模拟鬃毛类的画笔，创建具有自然笔触的描边；图案画笔可以沿路径重复拼贴图案，并在路径的不同位置（起点、拐角、终点）应用不同的图案；艺术画笔可以沿路径的长度均匀地拉伸画笔的形状，惟妙惟肖地模拟水彩颜料、毛笔、粉笔、炭笔、铅笔等的绘画效果。

| 书法画笔 | 散点画笔 | 毛刷画笔 | 图案画笔 | 艺术画笔 |

图10-6

通常情况下，图案画笔和散点画笔可以达到同样的效果，需要仔细观察才能发现二者的不同。图案画笔会完全依循路径排布画笔图案，而散点画笔则会沿路径散布图案，如图10-7所示。此外，在曲线路径上，图案画笔的箭头会沿曲线弯曲，散点画笔的箭头则始终保持一个方向，如图10-8所示。

图案画笔　　　散点画笔
图10-7

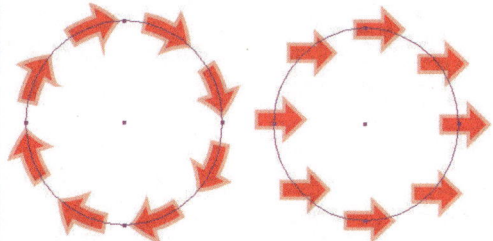

图案画笔　　　散点画笔
图10-8

10.1.1 创建与加载画笔库

在"画笔"面板中，将不常用的画笔拖曳到 🗑 按钮上可将其删除。打开"画笔"面板菜单，执行"存储画笔库"命令，如图10-9所示，可以将当前画笔保存为一个画笔库（使用Illustrator默认的存储位置）。此后，需要使用该画笔库时，单击"画笔"面板中的 **ᴵᴺ**.按钮，打开菜单，在"用户定义"子菜单中便能找到它，如图10-10所示。

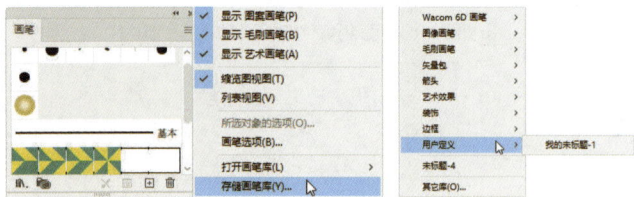

图10-9   图10-10

画笔是随文档一同存储的，因此，每个Illustrator文档都能在其"画笔"面板中存储不同的画笔。如果要使用其他文档的画笔库，可以执行"窗口>画笔库>其他库"命令，在打开的对话框中选择相应文档，将加载该文档的画笔并显示在一个单独的面板中。

10.1.2 取消画笔描边

选择对象，如图10-11所示，单击"画笔"面板中的移去画笔描边按钮 ✖，可取消其画笔描边，如图10-12所示。

图10-11   图10-12

10.1.3 实战：绘制水墨荷花（画笔工具）

使用画笔工具 ✐ 可以绘制路径，同时为路径添加画笔描边。可通过拖曳的方法使用该工具。如果要绘制闭合的路径，可在接近闭合位置时按住Alt键（鼠标指针变为 ✐ 形状），然后释放鼠标左键。下面使用该工具及画笔库绘制一幅水墨画，如图10-13所示。

图10-13

01 使用矩形工具 ▢ 绘制一个与画板大小相同的矩形，并为其填充浅灰色，如图10-14所示。在"图层"面板中锁定"图层1"，单击面板底部的 ⊞ 按钮，新建一个图层，用来绘制荷花，如图10-15所示。

   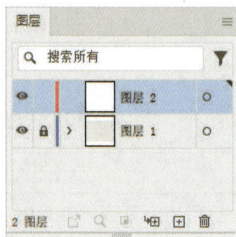

图10-14   图10-15

02 使用钢笔工具 ✎ 绘制荷花的花瓣，并为其填充粉色的线性渐变，如图10-16所示。执行"窗口>画笔库>矢量包>颓废画笔矢量包"命令，打开该画笔库。单击图10-17所示的画笔，为花瓣添加描边，设置描边粗细为0.25 pt、颜色为粉红色，如图10-18所示。

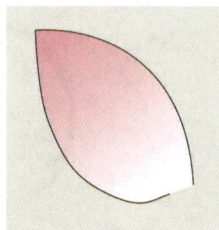  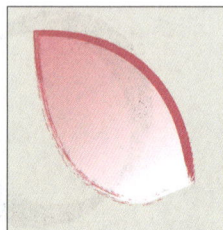

图10-16   图10-17   图10-18

> **提示**
>
> 在未选择路径的情况下，直接将画笔从"画笔"面板中拖曳到路径上，也可为其添加画笔描边。

03 设置花瓣的不透明度为50%，如图10-19所示。绘制另外两片花瓣，如图10-20所示。

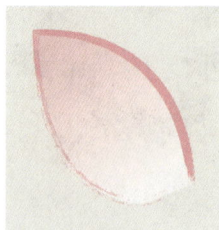   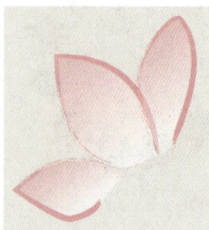

图10-19   图10-20

04 绘制荷叶，如图10-21所示。设置荷叶的不透明度为50%。执行"效果>风格化>羽化"命令，设置羽化半径为3 mm，使荷叶边缘更加柔和，如图10-22和图10-23所示。

05 使用画笔工具 ✐ 自上而下绘制一条绿色的线，如图10-24所示，它与荷花花瓣使用的画笔效果相同，只是描边粗细不同（1 pt）。再绘制一条长一点的线，执行"窗口>画笔库>矢量包>手绘画笔矢量包"命令，打开该画笔库，选择图

10-25所示的画笔，设置描边粗细为0.1 pt、混合模式为"正片叠底"，使线条呈现轻柔、透明的效果，如图10-26所示。再绘制两条短一点的线，如图10-27所示。

图10-21

图10-22

图10-23

图10-24

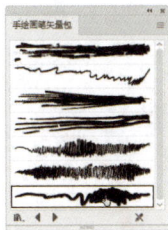
图10-25

图10-26

图10-27

06 在荷叶右下方绘制一条路径，选择"颓废画笔矢量包03"画笔，如图10-28所示。设置描边粗细为10 pt、混合模式为"正片叠底"、不透明度为50%，如图10-29所示，使荷叶带有纹理感。在稍往上的位置绘制一条路径，如图10-30所示。

图10-28

图10-29

图10-30

07 依然使用该画笔绘制荷花的花蕊，描边粗细为1 pt，小一点的花蕊描边粗细为0.5 pt，如图10-31所示。在荷叶边缘绘制一个大一点的图形，并填充为土黄色，如图10-32所示。设置混合模式为"正片叠底"、不透明度为50%。为了使边缘更加柔和，应给图形设置"羽化"效果，如图10-33所示，以此来表现宣纸被晕湿的效果。

图10-31

图10-32

图10-33

08 在画面左上方绘制荷叶。先绘制一个土黄色的图形，如图10-34所示，再在上面绘制灰绿色的荷叶，如图10-35所示。为它添加与大荷叶一样的纹理，如图10-36所示。

图10-34

图10-35

图10-36

09 选择"颓废画笔矢量包04"画笔，如图10-37所示。绘制左侧荷叶的茎，设置描边粗细为0.25 pt，如图10-38所示。

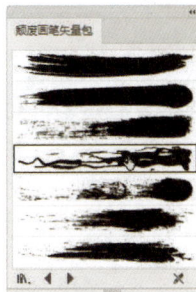
图10-37

图10-38

10 创建一个与画板大小相同的矩形，执行"窗口>色板库>图案>基本图形>基本图形_纹理"命令，打开"基本图形_纹理"面板。选择"砂子"图案，如图10-39所示，用它填充图形，使画面呈现纹理质感。最后，在画面右下方输入文字，再制作一枚印章，完成水墨画作品的制作，如图10-40所示。

图10-39

图10-40

提示

在绘制这幅水墨画时，有许多图形超出了画框。绘制完成后，可用剪切蒙版（见158页）将超出的部分隐藏。

10.1.4 画笔工具的使用技巧

使用画笔工具 ✐ 绘制路径后，保持路径处于选择状态，在路径端部的锚点上拖曳鼠标可延长路径，如图10-41和图10-42所示；在路径段上拖曳鼠标可以修改路径的形状，如图10-43和图10-44所示。

图10-41　　　　　图10-42

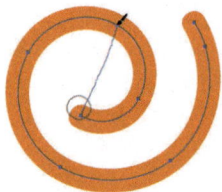

图10-43　　　　　图10-44

使用画笔工具 ✐ 绘制的对象是路径，可以用锚点编辑类工具对其进行修改。

10.1.5 设置画笔工具选项

使用画笔工具 ✐ 时，Illustrator会自行添加锚点。锚点的数目取决于路径的长度和复杂度，以及"保真度"参数的设置。如果要对此进行修改，双击画笔工具 ✐，打开"画笔工具选项"对话框进行设置即可，如图10-45所示。

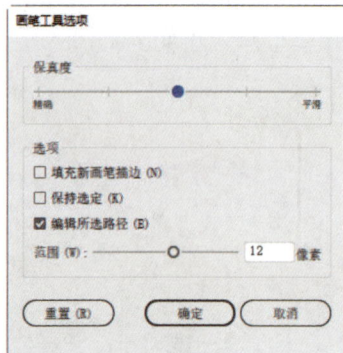

图10-45

- 保真度：用来设置必须将鼠标指针移动多远距离，Illustrator才会向路径上添加新锚点。
- 填充新画笔描边：勾选该复选框，将为路径围住的区域填充颜色，开放的路径也是如此。取消勾选该复选框时，路径内部无填充颜色。

- 保持选定：勾选该复选框，绘制出的路径自动处于选择状态。
- 编辑所选路径：勾选该复选框，选择路径，使用画笔工具 ✐ 沿路径拖曳鼠标，即可修改路径。
- 范围：用来设置鼠标指针与现有路径的距离在多大范围之内，才能使用画笔工具 ✐ 编辑路径。该选项仅在勾选了"编辑所选路径"复选框时才可用。

10.1.6 用斑点画笔工具绘图

使用斑点画笔工具 ✐ 可直接绘图，其只能创建有填色、无描边的路径，如图10-46所示。这与画笔工具 ✐ 正好相反。使用画笔工具 ✐ 创建的对象是有描边、无填色的路径，如图10-47所示。

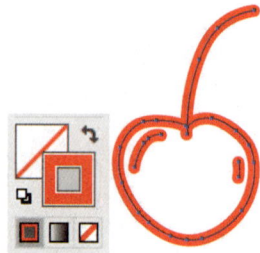

图10-46　　　　　图10-47

使用该工具前，需先将填色设置为当前编辑状态，然后在"色板"面板或"控制"面板中选择一个色板，绘制时，可绘制出用该色板填色的图形，如图10-48和图10-49所示。

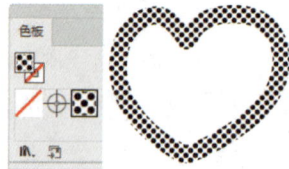

图10-48　　　　　图10-49

绘图前也可在"外观"面板中设置不透明度和混合模式，如图10-50所示，绘制出带有相应属性的图形，如图10-51所示。

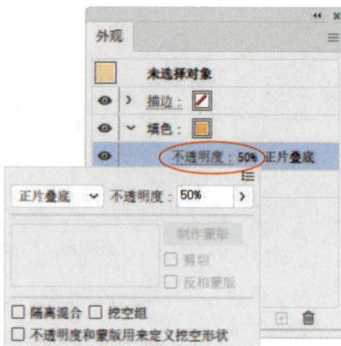

图10-50　　　　　图10-51

10.1.7 用斑点画笔工具合并图形

斑点画笔工具 既可以绘图，也可以合并矢量图形。但这些图形不能包含描边，否则无法操作。

如果当前的填充颜色与对象相同，如图10-52和图10-53所示，则不必选择对象，直接用斑点画笔工具 进行涂抹便可合并对象，如图10-54所示。如果颜色不同，如图10-55所示，则按住Ctrl键单击图形，将其选择，如图10-56所示，再用斑点画笔工具 进行涂抹，如图10-57所示。

图10-52   图10-53   图10-54   

图10-55   图10-56   图10-57

10.2 创建画笔

Illustrator 提供了非常丰富的画笔资源，但并不一定能完全满足用户的个性化要求。如果需要某些特殊的画笔，可以用图稿来创建。

10.2.1 创建书法画笔

使用书法画笔，可通过调整其角度、圆度等参数绘制扁平的、带有一定倾斜角度的描边。

创建书法画笔及其他种类的画笔时，都要先单击"画笔"面板中的 按钮，打开"新建画笔"对话框，选择画笔类型，如图10-58所示，单击"确定"按钮，打开相应的画笔选项对话框，如图10-59所示。设置完成后，单击"确定"按钮，即可创建画笔并将其保存到"画笔"面板中。

书法画笔选项

在"名称"文本框中可以为画笔设置一个名称。拖曳画笔预览窗口中的箭头可以调整画笔的角度，如图10-60所示；拖曳黑色的圆形调杆可以调整画笔的圆度，如图10-61所示。

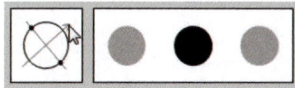 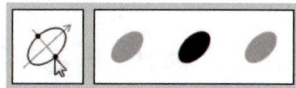

图10-60   图10-61

如果将画笔的角度及圆度的变化方式设置为"随机"，并修改"变量"值，则可对变化效果进行预览，如图10-62所示。

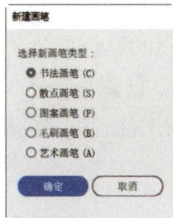

图10-58   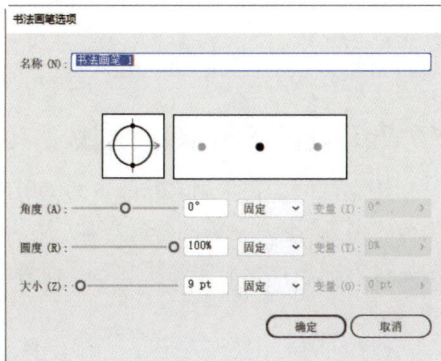

图10-59

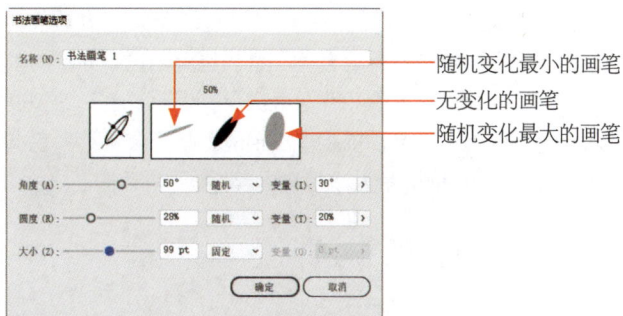

图10-62

修改书法画笔的变化方式

"角度""圆度"和"大小"选项用来设置画笔的旋转角度、圆度和画笔直径。这3个选项右侧都有 ∨ 按钮，单击该按钮，可以打开对应的下拉列表，包含"固定""随机"和"压力"等选项，决定着画笔的变化方式。选择除"固定"以外的其他选项，则"变量"选项可用，它用来确定变化范围的最大值和最小值。

- 固定：创建具有固定角度、圆度或大小的画笔。

- 随机：创建角度、圆度或大小可随机变化的画笔。此时可在"变量"文本框中输入一个值，用于指定画笔特征的变化范围。例如，当"大小"值为15 pt、"变量"值为5 pt时，直径可以是 10 pt 或 20 pt，也可以是其间的任意值。

- 压力：当计算机配置有数位板时，该选项可用。Illustrator 将根据压感笔的压力创建不同角度、圆度和大小的画笔。在"变量"文本框中输入一个值，用于指定画笔特性在原始值的基础上能有多大的变化。例如，当"圆度"值为75%而"变量"值为25%时，最细的描边为50%、最粗的描边为100%。压力越小，画笔描边越尖锐。

- 光笔轮：根据压感笔的操纵情况，创建不同大小的画笔。

- 倾斜：根据压感笔的倾斜角度，创建不同角度、圆度和大小的画笔。该选项与"圆度"一起使用时非常有用。

- 方位：根据压感笔的受力情况，创建不同角度、圆度和大小的画笔。

- 旋转：根据压感笔尖的旋转角度，创建不同角度、圆度和大小的画笔。该选项对于控制书法画笔的角度（特别是在使用像平头画笔一样的画笔时）非常有用。

> **提示**
>
> 如果想从事专业的绘画和数码艺术创作，最好使用数位板。数位板由一块画板和一支无线的压感笔组成，使用压感笔时，随着笔尖在画板上着力的轻重、速度及角度的改变，绘制出的线条也会产生粗细和浓淡等变化。

10.2.2 创建毛刷画笔

使用毛刷画笔可以绘制出带有毛刷痕迹的绘画笔迹，能很好地模拟使用真实画笔和介质（如水彩颜料）的绘画效果，如图10-63所示。毛刷画笔由一些重叠的、已填色的透明路径组成，这些路径就像Illustrator中的其他已填色路径一样，会与其他对象（包括其他毛刷画笔路径）中的颜色混合，但描边上的填色并不会自行混合。也就是说，分层的单个毛刷画笔的描边之间会相互混合颜色，因此，色彩的亮度会逐渐增强。但如果来回描绘单一描边，是不会将其颜色混合加深的。图10-64所示为"毛刷画笔选项"对话框。

图10-63 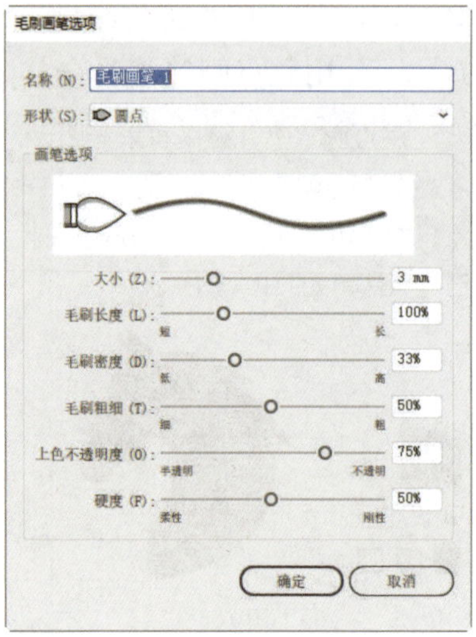　　　　　　　　图10-64

- 形状：该下拉列表中包含10种不同的画笔模型，如图10-65所示。这些画笔模型提供了不同的绘制体验和不同的毛刷画笔路径外观。

图10-65

- 大小：用来设置画笔的直径。如同物理介质画笔一样，毛刷画笔的直径从毛刷的笔端（金属裹边处）开始计算。

- 毛刷长度：从毛刷与笔杆的接触点到毛刷尖的长度。

- 毛刷密度：毛刷颈部的指定区域的毛刷数。

- 毛刷粗细：用来调整毛刷的粗细，从精细到粗糙（从1%到100%）。

- 上色不透明度：用来设置所选择的图稿的不透明度。

- 硬度：毛刷的坚硬度。

10.2.3 设置画笔的着色方法

图案画笔、艺术画笔和散点画笔所绘制的颜色取决于当前的描边颜色和画笔的着色处理方法。要设置着色处理方法，可以在创建相应的画笔时打开的对话框中操作，如图10-66所示。

图10-66

- 无：显示"画笔"面板中画笔的颜色，即画笔与"画笔"面板中的颜色保持一致。

- 色调：以浅淡的描边颜色显示画笔描边。图稿的黑色部分会变为描边颜色，不是黑色的部分则变为浅淡的描边颜色；白色依旧为白色。如果使用专色作为描边颜色，选择"色调"选项，则可生成专色的浅淡颜色。如果画笔是黑白的，或者要用专色为画笔描边上色，应选择此选项。

- 淡色和暗色：以描边颜色的淡色和暗色显示画笔描边。保留黑色和白色，黑白之间的所有颜色会变成描边颜色从黑色到白色的混合。

- 色相转换：使用画笔图稿中的主色，即"主色"选项右侧色块显示的颜色。画笔图稿中使用主色的每个部分都会变成描边颜色，画笔图稿中的其他颜色则变为与描边颜色相关的颜色。选择该选项，会保留黑色、白色和灰色。

- 主色吸管 ✎：如果要改变主色，可以单击主色吸管 ✎，将鼠标指针移至对话框中的预览图上，然后在要作为主色的颜色上单击（"主色"选项右侧的色块就会变成这种颜色）。再次单击主色吸管 ✎ 则可取消选择。

- 提示 💡：单击该按钮，可以显示每种颜色设置方法的相关信息和示例。

10.2.4 创建图案画笔

创建图案画笔、散点画笔和艺术画笔前，要制作好相关图稿，并且图稿中不能包含渐变、混合、其他画笔描边、网格、图像、图表、置入的文件和蒙版。此外，对于图案画笔和艺术画笔，图稿中还不能有文字。如果要包含文字，应先将文字转换为轮廓，再使用轮廓图形创建画笔。

准备好图稿后，将其拖曳到"色板"面板中创建为色板，如图10-67所示，然后单击"画笔"面板中的⊞按钮，在弹出的对话框中选择"图案画笔"选项，单击"确定"按钮，打开图10-68所示的对话框。

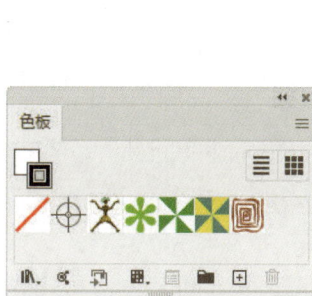
图10-67

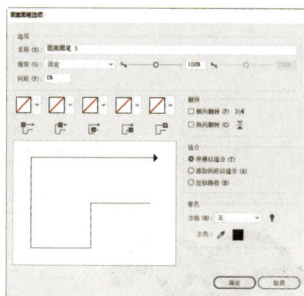
图10-68

- 拼贴按钮：这5个拼贴按钮依次为外角拼贴、边线拼贴、内角拼贴、起点拼贴和终点拼贴。单击·按钮，在打开的下拉列表中选择图案，该图案会出现在对应的路径上，如图10-69所示。

- 缩放：用来设置图案相对于原始图形的缩放比例。

- 间距：用来设置各个图案的间距。

- 横向翻转/纵向翻转：用来改变图案相对于路径的方向。

- 适合：选中"伸展以适合"单选按钮，可自动拉长或缩短图案，以适应路径的长度，如图10-70所示，因此，有时会生成不均匀的拼贴效果；选中"添加间距以适合"单选按钮，则会增大图案的间距，使其适应路径的长度，以确保图案不变形，如图10-71所示；选中"近似路径"单选按钮，可以在不改变图案拼贴的情况下使其适应最近似的路径，选中该单选按钮，所应用的图案会向路径内侧或外侧移动，以保持均匀的拼贴效果，而不是将中心点落在路径上，如图10-72所示。

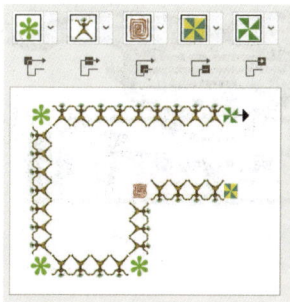
图10-69

图10-70

图10-71

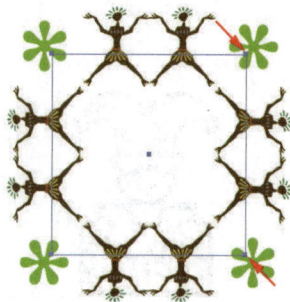
图10-72

10.2.5 创建艺术画笔

打开用于创建艺术画笔的图稿，如图10-73所示，将它选择，单击"画笔"面板中的⊞按钮，在弹出的对话框中选择"艺术画笔"选项,单击"确定"按钮,打开图10-74所示的对话框。

图10-73　　　　　　　图10-74

● 宽度:可以相对于原宽度调整图稿的宽度。

● 画笔缩放选项:选中"按比例缩放"单选按钮,可等比缩放对象,使其适应路径的长度,如图10-75所示;选中"伸展以适合描边长度"单选按钮,可将对象拉宽或压扁,以适应路径的长度,如图10-76所示;选中"在参考线之间伸展"单选按钮,对话框中会出现两条参考线,在"起点"和"终点"文本框中输入数值,可以定义图稿的拉伸范围,参考线之外的对象的比例保持不变,如图10-77和图10-78所示,通过这种方法创建的画笔叫作分段画笔。

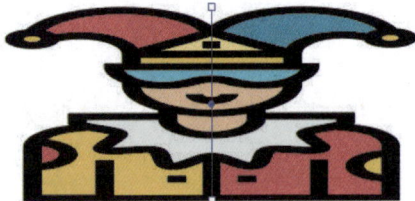

图10-75　　　　　　　图10-76

图10-77　　　　　　　图10-78

● 方向:用来确定图形相对于线条的方向。单击⊟按钮,可以将图稿左侧置于描边末端;单击⊟按钮,可以将图稿右侧置于描边末端;单击⬆按钮,可以将图稿顶部置于描边末端;单击⬇按钮,可以将图稿底部置于描边末端。

● 横向翻转/纵向翻转:用来改变图稿相对于线条的方向。

● 重叠:用来避免对象边缘连接或皱褶重叠。

10.2.6 创建散点画笔

打开用于创建散点画笔的图稿,如图10-79所示,将它选择,单击"画笔"面板中的⊞按钮,在弹出的对话框中选择"散点画笔"选项,单击"确定"按钮,打开图10-80所示的对话框。

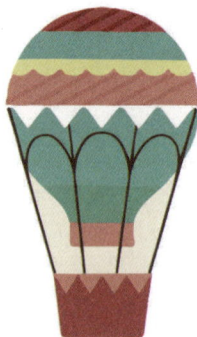
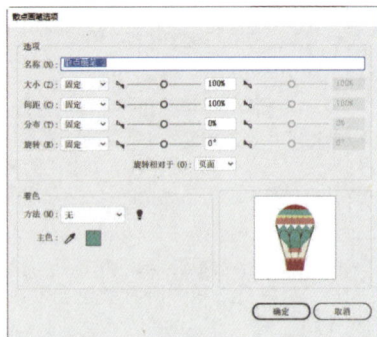

图10-79　　　　　　　图10-80

● 大小/间距:用来设置对象的大小和间隔距离。在"间距""分布"和"旋转"下拉列表中可以选择画笔的变化方式,具体参见书法画笔的相关内容(*见237页*)。

● 分布:用来控制路径两侧的对象与路径的接近程度。数值越大,对象离路径越远。

● 旋转/旋转相对于:"旋转"用来控制对象的旋转角度,在"旋转相对于"下拉列表中可以选择旋转的基准目标,选择"页面"选项和"路径"选项的效果分别如图10-81和图10-82所示。

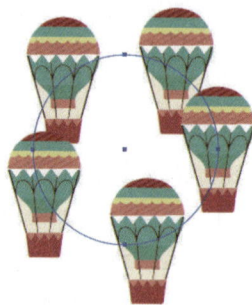
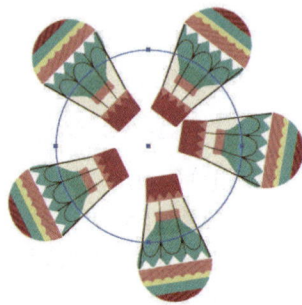

选择"页面"选项　　　　　　选择"路径"选项
图10-81　　　　　　　图10-82

10.2.7 实战:**制作塑料吸管特效字**

本实战使用画笔库中的图形定义一个图案画笔,用它为路径描边,制作出塑料吸管特效字,如图10-83所示。

图10-83

10.2.8 实战：制作皓月与流星插画

本实战将星形定义为散点画笔，用它为路径描边，制作一幅插画。图10-84所示为其在手机屏幕上的展示效果。

图10-84

01 打开素材，如图10-85所示。该文件包含本实战渐变所使用的基本颜色，以确保色彩准确。此外还提供了森林和狼的图形素材。

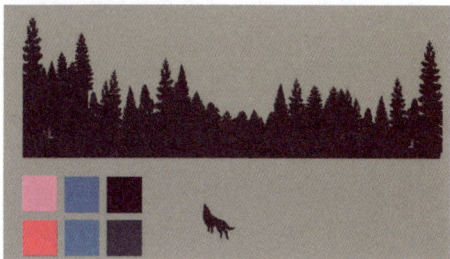

图10-85

02 使用矩形工具 创建一个矩形，单击工具栏中的 按钮，如图10-86所示，为其填充渐变，如图10-87所示。

图10-86

图10-87

03 将角度设置为90°。单击左侧的渐变滑块，如图10-88所示；再单击 工具，如图10-89所示，在图10-90所示的色块上单击，拾取其颜色作为渐变滑块的颜色。

图10-88

图10-89

图10-90

04 在渐变批注者下方单击，添加一个渐变滑块，如图10-91所示。使用 工具拾取颜色，如图10-92和图10-93所示。

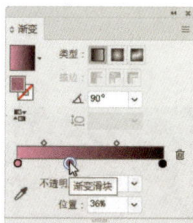

图10-91

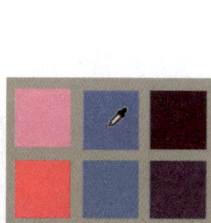

图10-92

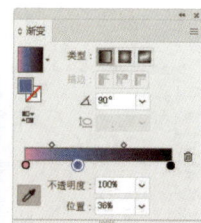

图10-93

05 单击最右侧的渐变滑块，将其选择，用 工具拾取蓝色，如图10-94～图10-96所示。

图10-94

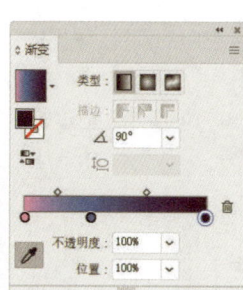

图10-95

图10-96

06 选择椭圆工具 ，按住Shift键创建一个圆形。单击"渐变"面板中的 按钮，填充径向渐变，效果如图10-97所示。将两个渐变滑块都设置成白色。将左侧渐变滑块的不透明度设置为0%并向右拖曳，如图10-98和图10-99所示。

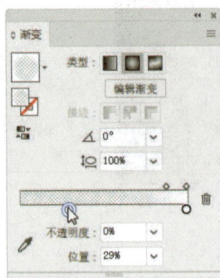

图10-97　　　　　图10-98　　　　　图10-99

07 选择渐变工具 ▣ ，此时圆形上会显示渐变控件，如图10-100所示。拖曳鼠标，调整渐变的位置和方向，如图10-101所示。

图10-100　　　　　图10-101

08 创建几个圆形，添加渐变并降低不透明度，作为月亮上的环形山，如图10-102～图10-104所示。

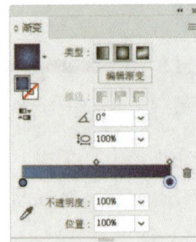

图10-102　　　　图10-103　　　　图10-104

09 下面绘制天空中的繁星。先将一个星形定义为画笔。选择椭圆工具 ◯ ，在画板上单击，弹出"椭圆"对话框，设置参数，如图10-105所示，创建圆形并填充白色，如图10-106所示。

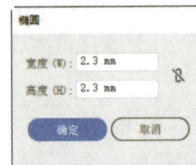

图10-105　　　　图10-106

10 单击"画笔"面板中的 ⊞ 按钮，弹出"新建画笔"对话框，选中"散点画笔"单选按钮，如图10-107所示；单击"确定"按钮，弹出"散点画笔选项"对话框，将画笔名称

设置为"星星"，在"大小""间距""分布"下拉列表中选择"随机"选项，如图10-108所示。

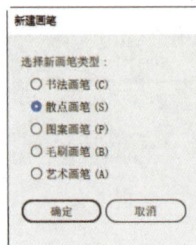
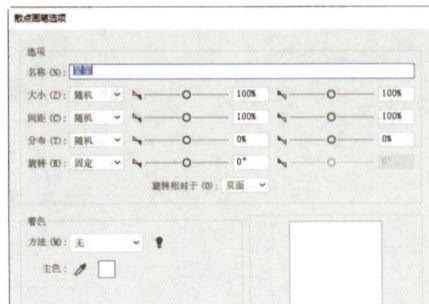

图10-107　　　　　　　图10-108

11 按Delete键，将圆形删除。选择画笔工具 ✏ ，设置描边颜色为白色、粗细为1 pt。绘制一段曲折的路径，如图10-109所示。双击"星星"画笔，如图10-110所示，打开"散点画笔选项"对话框，修改参数，如图10-111所示。单击"确定"按钮，关闭对话框，调整后的星星会变小并不规则分布，如图10-112所示。

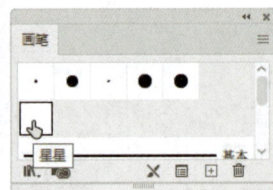

图10-109　　　　　图10-110

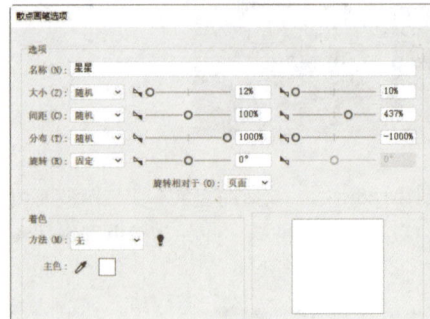

图10-111　　　　　　　图10-112

12 执行"对象>扩展外观"命令，将画笔扩展为图形，如图10-113所示。单击选择工具 ▸ ，按住Alt键拖曳，复制图形，如图10-114所示。

13 按住Shift键单击另一组星星，如图10-115所示，单击"路径查找器"面板中的 ▉ 按钮，将它们合并，如图10-116所示。使用橡皮擦工具 ◆ 将月亮上的星星擦除，如图10-117所示。

图10-113　　　　图10-114

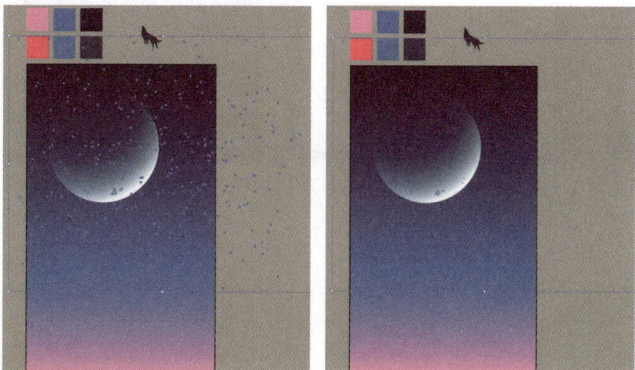

图10-115　　　　　　　图10-116

> **提示**
>
> 使用橡皮擦工具 ◆ 操作时，可以按住Alt键拖曳出一个矩形框，放开鼠标左键时，可将其中的所有星星同时擦掉。另外，画面中如果有星星排布得过于紧密，也可以适当擦除一些，让星星的布局均匀、合理。

图10-117

14 下面绘制流星。用直线段工具 ╱ 创建一条斜线，选择三角形宽度配置文件，如图10-118所示，设置描边颜色为渐变色，如图10-119所示，效果如图10-120所示。

图10-118

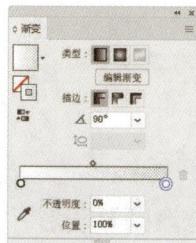

图10-119

图10-120

15 用钢笔工具 ◢ 绘制小山（底部和两侧要超出画板），为其填充渐变，如图10-121和图10-122所示。执行"效果>风格化>内发光"命令，添加发光效果，用来表现夕阳照在山顶上的效果，如图10-123和图10-124所示。

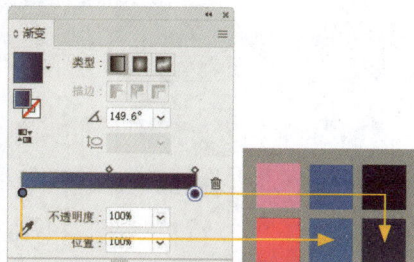

图10-121　　　　图10-122

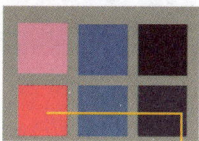

图10-123　　　　　　　图10-124

16 再绘制一个小山，为其填充渐变并添加"内发光"效果，如图10-125和图10-126所示。按Ctrl+[快捷键，将其调整到前一个小山的下方，如图10-127所示。

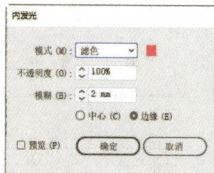

图10-125　　　　图10-126　　　　　　图10-127

17 绘制最前方的小山，如图10-128所示。使用选择工具 ▶ 将狼和森林图形素材拖曳到画面中，如图10-129所示。

18 创建一个与画板大小相同的矩形，如图10-130所示。按Ctrl+A快捷键全选，按Ctrl+7快捷键创建剪切蒙版，将矩形之外的内容隐藏起来，如图10-131所示。

图10-128

图10-129

图10-130

图10-131

10.3 编辑画笔

不论是 Illustrator 提供的预设画笔，还是用户创建的画笔，在任何时候都可以修改。并且，对象上使用的画笔描边会同步更新。

10.3.1 实战：修改画笔参数

01 打开素材。选择选择工具 ▶，单击圆形背景，如图10-132所示。它被添加了图案画笔描边。在"画笔"面板中双击该画笔，如图10-133所示，打开"图案画笔选项"对话框。

图10-134

图10-132

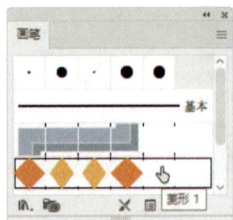

图10-133

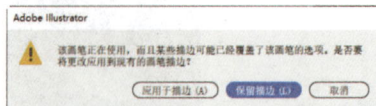

图10-135

图10-136

02 修改"间距"为100%，如图10-134所示。单击"确定"按钮关闭对话框，此时会弹出一个提示对话框，如图10-135所示。单击"应用于描边"按钮，确认修改，同时，圆形上使用的画笔描边也会同步更新，如图10-136所示。单击"保留描边"按钮，则只更改参数，不影响已添加到圆形上的画笔描边，但以后再为图形添加该画笔描边时，会应用修改后的参数设置。

10.3.2 实战：修改画笔图形

散点画笔、艺术画笔和图案画笔是用图形创建的，这些图形也可以修改。

01 打开素材，如图10-137所示。边框图形是为直线添加画笔描边制作而成的。将此画笔从"画笔"面板中拖曳到画板上，如图10-138所示。

图10-137

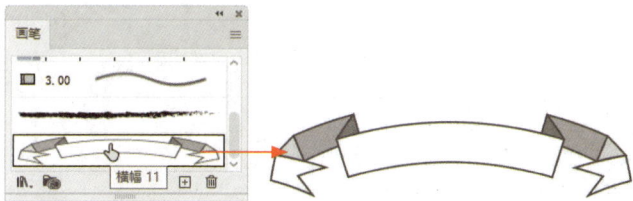

图10-138

02 使用选择工具 ▶ 单击该画笔对象，如图10-139所示。执行"编辑>编辑颜色>重新着色图稿"命令，打开"重新着色图稿"对话框。单击"颜色主题拾取器"按钮，如图10-140所示；将鼠标指针移动到文字上，单击，拾取文字颜色，如图10-141所示。

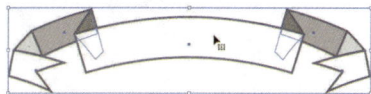

图10-139

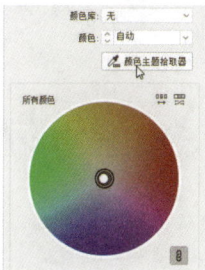 

图10-140   图10-141

03 单击选择工具 ▶，按住Alt键将修改后的图形拖曳到"画笔"面板中的原始画笔上，如图10-142所示；弹出"艺术画笔选项"对话框，单击"确定"按钮；弹出提示对话框，如图10-143所示，单击"应用于描边"按钮确认修改，如图10-144所示。

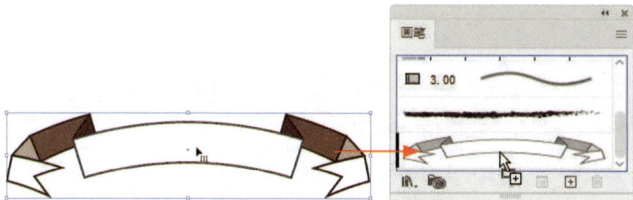

图10-142

图10-143

图10-144

10.3.3 实战：缩放画笔描边

为对象添加画笔描边后，可以通过缩放的方法，将画笔图形调整到合适大小。

01 打开素材。选择选择工具 ▶，单击添加了画笔描边的对象，如图10-145所示。

02 单击"画笔"面板中的 ▦ 按钮，在打开的对话框中对画笔描边进行单独缩放，如图10-146和图10-147所示。此外，也可以在"控制"面板中调整描边粗细，改变描边的大小比例，如图10-148所示。

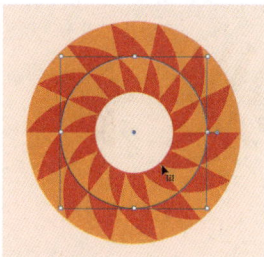 

图10-145   图10-146

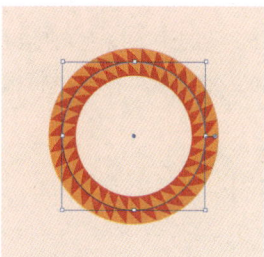 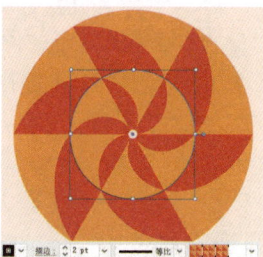

图10-147   图10-148

> **技术看板** 对象及画笔描边缩放技巧
>
> 想同时缩放对象和画笔描边，可以双击比例缩放工具 ▦，在弹出的对话框中勾选"比例缩放描边和效果"复选框。如果只想缩放对象，而不影响画笔描边，可以选择选择工具 ▶，拖曳定界框上的控制点。

10.3.4 实战：制作手环（将描边对象定义为画笔）

本实战制作手环，最终效果如图10-149所示。本实战中会介绍Illustrator画笔库的使用方法，以及图案画笔的创建方法等，如图10-150所示。

图10-149

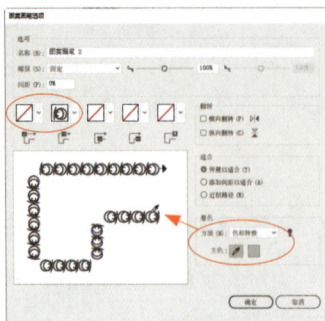

图10-150

10.3.5 反转描边方向

为路径添加画笔描边后，选择钢笔工具 ✐，在路径的端点上单击，可以反转画笔描边的方向，如图10-151和图10-152所示，相当于执行"对象>路径>反转路径方向"命令。

图10-151

图10-152

10.3.6 将画笔描边转换为轮廓

为对象添加画笔描边后，如果想要编辑用画笔绘制的线条上的各个组件，可以执行"对象>扩展外观"命令，将画笔描边扩展为路径，再进行修改。

10.3.7 删除画笔

单击"画笔"面板中的画笔，如图10-153所示，单击面板底部的 🗑 按钮，可将其删除。如果要删除多个画笔，可以按住Ctrl键分别单击它们，再将它们拖曳到 🗑 按钮上。如果文档中有图形使用了被删除的画笔，如图10-154所示，则会弹出一个提示对话框，如图10-155所示。单击"扩展描边"按钮，可删除画笔并将应用到对象上的画笔扩展为路径，如图10-156所示；单击"删除描边"按钮，则会删除画笔并从对象上移除描边，如图10-157所示。

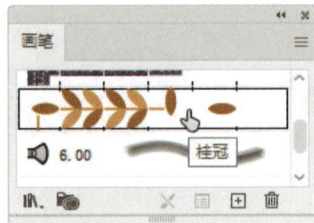

图10-153

图10-154

图10-155

图10-156

图10-157

> **提示**
>
> 如果要删除文档中所有未使用的画笔，可以打开"画笔"面板菜单，执行"选择所有未使用的画笔"命令，将这些画笔全部选中，再单击 🗑 按钮。

10.4 图案

在"色板"面板中，除颜色和渐变外，还保存了图案色板。图案可用于填色和描边，在服装设计、包装设计和插画设计等领域应用较多。在Illustrator中创建的任何图形、图像等都可以定义为图案。并且，用作图案的基本图形还可以使用渐变、混合和蒙版等效果。

10.4.1 重复模式

选择对象，如图10-158所示，打开"编辑>重复"子菜单，如图10-159所示，执行其中的"径向""网格"和"镜像"命令，可以复制对象并使其径向分布、按网格排列及镜像翻转，从而创建图案效果。

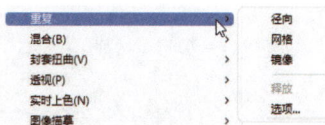

图10-158　　　　图10-159

● 径向重复：径向重复效果与汽车轮子的轮辐类似，如图10-160所示。拖曳定界框右侧的圆形控件，可以调整图形的密度（增加或减少对象），如图10-161所示；拖曳图10-162所示的控件，可以让图形扩展、收缩和旋转，如图10-163所示；拖曳圆圈上的拆分器，可移除对象，如图10-164所示。

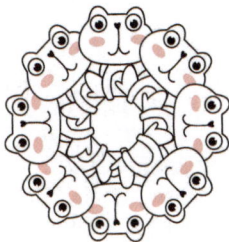

图10-160

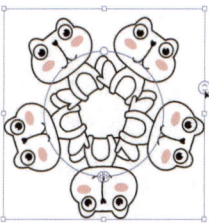
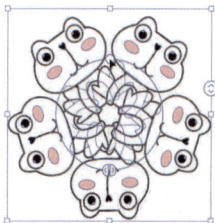

图10-161　　　　　　　图10-162

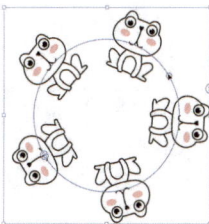
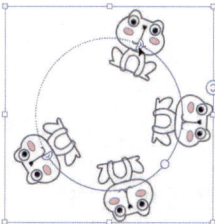

图10-163　　　　　　　图10-164

● 网格重复：图10-165所示为网格重复效果。拖曳定界框顶部和左侧的圆形控件，可以控制行和列中的图案数量，如图10-166和图10-167所示；拖曳右侧和底部的圆角矩形控件，可以调整图案的范围，如图10-168和图10-169所示。

图10-165　　　　　　　　　　　图10-166

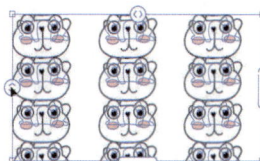

图10-167

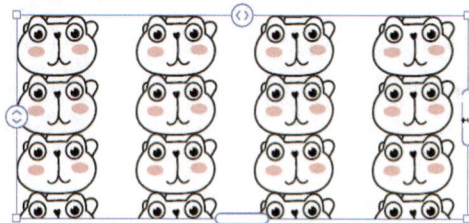

图10-168

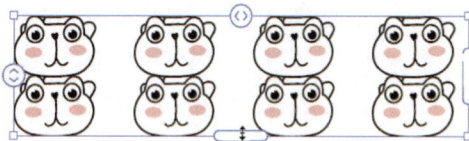

图10-169

● 镜像重复：创建镜像重复时，会复制对象并显示图10-170所示的控件。拖曳下方的控件，可以调整对象的间距，如图10-171所示；拖曳上方的控件，可旋转复制得到的对象，如图10-172所示；拖曳定界框上的控制点，可以缩放和旋转对象，如图10-173和图10-174所示。

图10-170

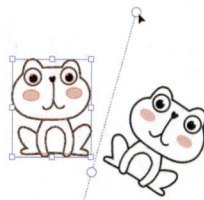

图10-171　　　　　　　图10-172

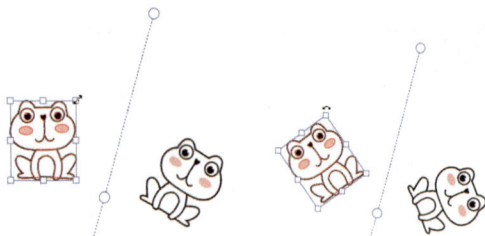

图10-173　　　　　　图10-174

10.4.2 "图案选项"面板

图10-175所示为狮子图形，将其选择，执行"对象>图案>建立"命令，打开"图案选项"面板，如图10-176所示。使用该面板可以创建各种类型的图案，包括复杂的无缝拼贴图案。设置好参数后，单击文档窗口顶部的 ✓完成 按钮，即可创建图案并将其保存到"色板"面板中。

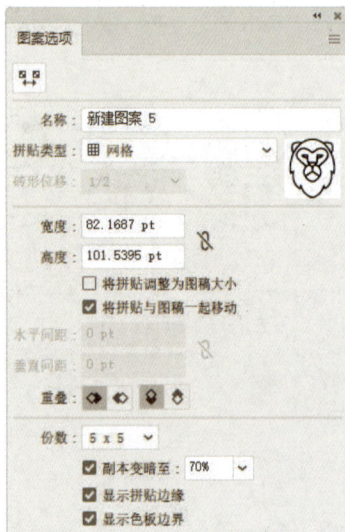

图10-175　　　　图10-176

● 图案拼贴工具 ：单击该工具，画板中央的基本图案周围会显示一个定界框，如图10-177所示，拖曳控制点可以调整拼贴间距，如图10-178所示。

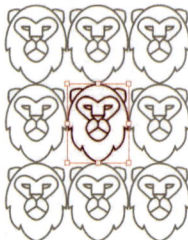　　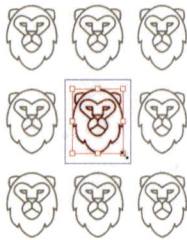

图10-177　　　　　　图10-178

● 名称：用来为图案设置名称。

● 拼贴类型：在该下拉列表中可以选择图案的拼贴方式，效果如图

10-179所示。如果选择"砖形（按行）"或"砖形（按列）"选项，还可在"砖形位移"文本框中设置图形的偏移距离。

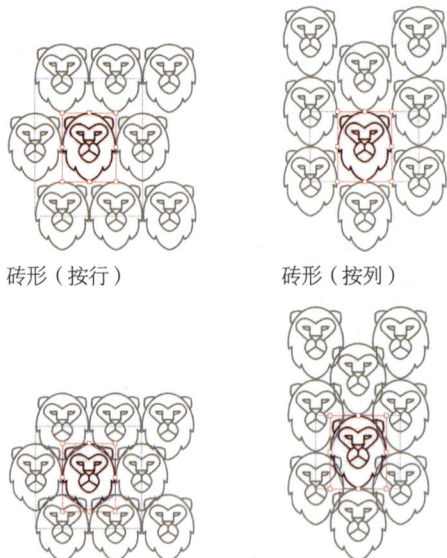

砖形（按行）　　　　　砖形（按列）

十六进制（按行）　　　十六进制（按列）

图10-179

● 宽度／高度：用来调整拼贴的整体宽度和高度。单击 按钮，可进行等比缩放。

● 将拼贴调整为图稿大小／重叠：勾选"将拼贴调整为图稿大小"复选框，可以将拼贴缩放到与所选图形相同的大小。如果要设置拼贴间距的精确数值，可在"水平间距"和"垂直间距"文本框中进行设置。这两个值为负值时，对象会重叠，此时可单击"重叠"选项中的按钮设置重叠方式，包括左侧在前 ◈、右侧在前 ◈、顶部在前 ◈、底部在前 ◈。

● 份数：用来设置拼贴的数量。

● 副本变暗至：用来设置图案副本的显示程度。

● 显示拼贴边缘：勾选此复选框，将在基本图案外显示定界框。

● 显示色板边界：勾选此复选框，可以显示图案中的单位区域。单位区域重复出现即构成图案。

> **提示**
> 执行"对象>图案>拼贴边缘颜色"命令，可以修改基本图案周围的定界框的颜色。

10.4.3 修改图案

图10-180所示为填充了图案的对象。双击"色板"面板中该对象所使用的图案色板，如图10-181所示，显示图案源文件，如图10-182所示，对其进行修改，如图10-183所示。单击文档窗口顶部的 ✓完成 按钮，可以更新图案及其所填充的对象，如图10-184和图10-185所示。

图10-180

图10-181

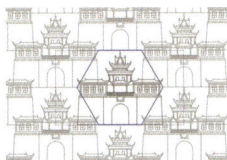

图10-182

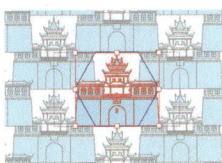

图10-183

图10-184

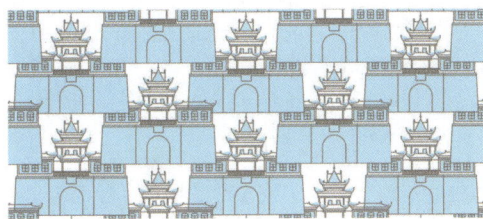

图10-185

10.4.4 实战：制作古典海水图案

本实战制作古典海水图案，最终效果如图10-186所示。操作时，首先绘制两个圆形，然后通过混合功能将它们制作成环状，如图10-187所示，再使用"图案选项"面板创建图案，如图10-188所示。

图10-186

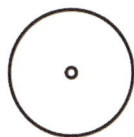

图10-187

图10-188

10.4.5 实战：制作圆点艺术字（创建和变换图案）

本实战自定义图案并用以制作圆点艺术字，如图10-189所示。从中可以了解图案的变换技巧，即只变换图案，而保持图形不变。

图10-189

01 打开素材，如图10-190所示。选择椭圆工具◯，在画板中单击，弹出"椭圆"对话框，设置参数，如图10-191所示，创建一个圆形，如图10-192所示。

图10-190

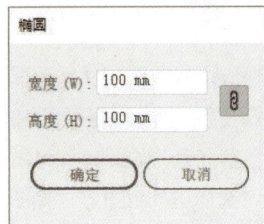

图10-191

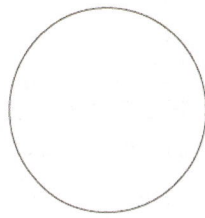

图10-192

02 在画板上单击，弹出"椭圆"对话框，设置参数，如图10-193所示，再创建一个小圆，设置填充颜色为黄色、无描边。使用选择工具 ▶ 将小圆拖曳到大圆上方，通过智能参考线的辅助，让小圆的圆心与大圆的锚点对齐，如图10-194所示。

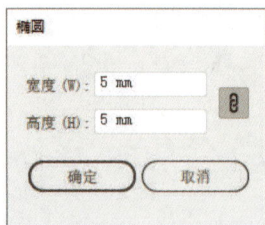 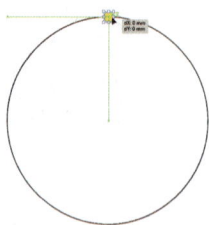

图10-193　　　　　　　图10-194

03 保持小圆处于选择状态。选择旋转工具 ↻，将鼠标指针移动到大圆的圆心处，当出现"中心点"提示时，如图10-195所示，按住Alt键并单击，弹出"旋转"对话框，设置"角度"参数，如图10-196所示，单击"复制"按钮，复制图形，如图10-197所示。连续按Ctrl+D快捷键复制图形，使其绕大圆一周，如图10-198所示。选择大圆，按Delete键将其删除。

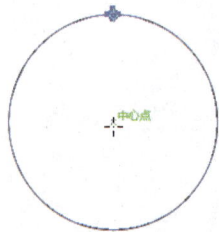 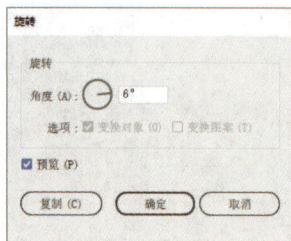

图10-195　　　　　　　图10-196

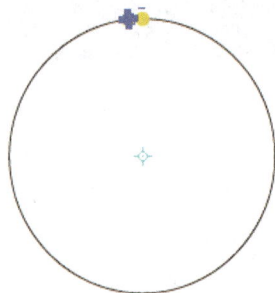 

图10-197　　　　　　　图10-198

04 选择所有圆形，按Ctrl+G快捷键编组。按Ctrl+C快捷键复制图形，按Ctrl+F快捷键粘贴图形，再按住Shift键和Alt键拖曳控制点，基于图形的中心点将其向内缩小，如图10-199所示，设置填充颜色为洋红色，如图10-200所示。

05 采用同样的方法再复制出几组圆形（即先按Ctrl+F快捷键粘贴图形，再按住Shift键和Alt键拖曳控制点将图形缩小），分别设置填充颜色为绿色、蓝色和红色，如图10-201所示。使用选择工具 ▶ 拖曳出一个选框，选择这几组图形，如图10-202所示，按Ctrl+G快捷键编组。

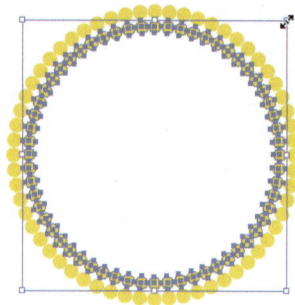 

图10-199　　　　　　　图10-200

 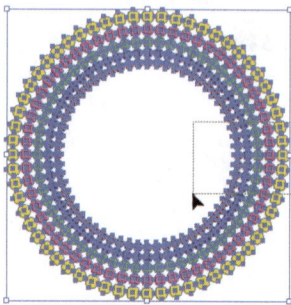

图10-201　　　　　　　图10-202

06 按Ctrl+C快捷键复制图形，按Ctrl+F快捷键粘贴图形，再按住Shift键和Alt键拖曳控制点将图形缩小，如图10-203所示。重复复制和缩小操作，在图形内部铺满图案，如图10-204所示。

图10-203　　　　　　　图10-204

07 选择所有圆形，如图10-205所示，将其拖曳到"色板"面板中创建为图案，如图10-206所示。

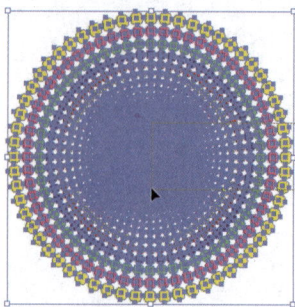 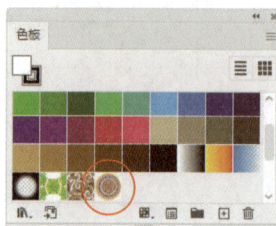

图10-205　　　　　　　图10-206

08 使用选择工具 ▶ 选择文字"S"，如图10-207所示，单击新建的图案，为文字填充图案，如图10-208和图10-209

所以。

09 将鼠标指针放在文字图形上方，按住～键拖曳鼠标，单独移动图案，如图10-210所示。双击比例缩放工具，打开"比例缩放"对话框，设置"等比"为75%，勾选"变换图案"复选框，单独缩放图案，如图10-211和图10-212所示。

图10-207　　　　　图10-208

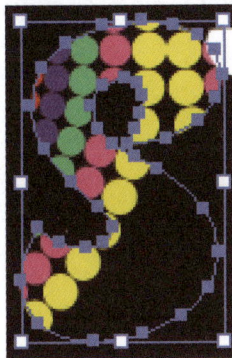

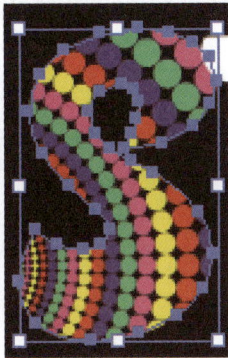

图10-209　　　　　图10-210

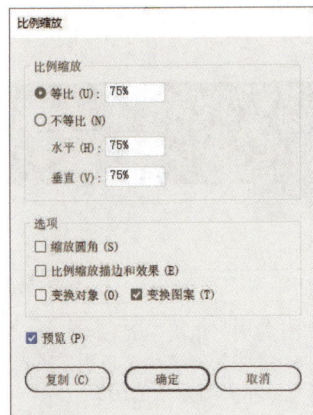

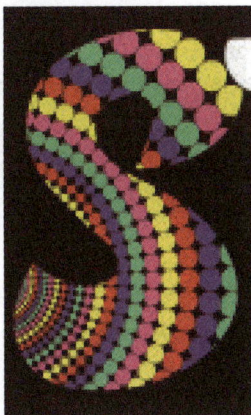

图10-211　　　　　图10-212

> **提示**
> 上面介绍了单独变换图案的方法。总结起来就是，使用选择工具▶、旋转工具⟳、比例缩放工具🔲时，要想单独移动、旋转和缩放图案，拖曳的时候需要按住～键。否则，会只变换图形。此外，如果想精确变换，可以双击相应的工具，打开对话框进行设置。

10 采用同样的方法为其他文字填充图案，然后用选择工具▶（按住～键）移动图案，用比例缩放工具🔲缩放图案，效果如图10-213所示。

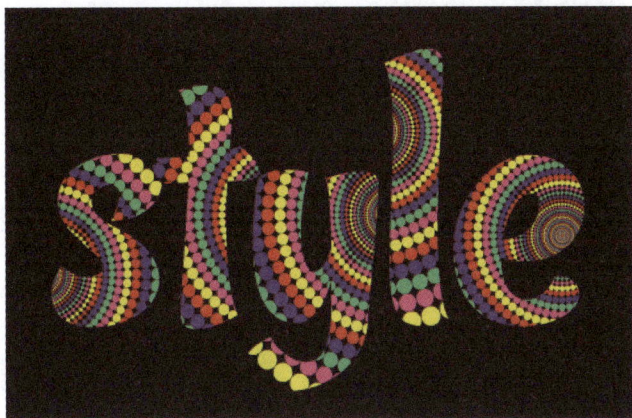

图10-213

> **提示**
> 按Ctrl+R快捷键显示标尺，执行"视图>标尺>更改为全局标尺"命令，启用全局标尺。在窗口左上角的标尺上双击，可以将图案恢复到原来的位置。

10.4.6 实战：将局部对象定义为图案

如果想将对象的局部定义为图案，如图10-214所示，可以使用矩形工具▢创建一个无填色、无描边的矩形，以确定图案范围，如图10-215所示。

图10-214　　　　　图10-215

10.4.7 实战：制作服装面料（图案库）

单击"色板"面板中的按钮，打开"色板库"菜单，"图案"子菜单中包含Illustrator提供的各种图案库。本实战介绍图案库的使用方法并用它制作服装面料，如图10-216～图10-218所示。

图10-216

图10-217

图10-218

10.4.8 实战：制作黑板报风格的宣传单（修改图案）

就像画笔中的图形可修改一样，图案中的对象也可以编辑。本实战对现有图案进行修改，制作出粉笔笔迹，完成一张黑板报风格的宣传单，如图10-219所示。

图10-219

01 打开黑板素材。执行"对象>画板>适合图稿边界"命令，将画板边界调整到图稿边界处。使用文字工具 **T** 输入文字（描边为白色），设置文字字体与大小，如图10-220和图10-221所示。

02 执行"窗口>色板库>图案>基本图形>基本图形_线条"命令，打开该图案库。单击图10-222所示的图案，为文字填充该图案，该图案会被同时添加到"色板"面板中，双击"色板"面板中的图案，如图10-223所示，或执行"对象>图案

>编辑图案"命令，进入图案编辑状态。拖曳出选框，将图案线条选择，如图10-224所示。设置描边颜色为白色、粗细为4pt，单击"完成"按钮，结束编辑，文字效果如图10-225所示。

图10-220

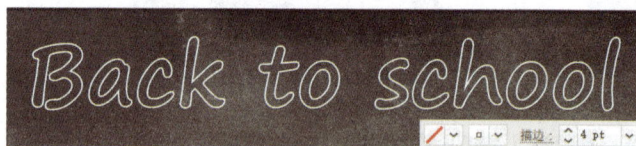

图10-221

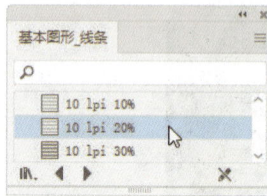

图10-222

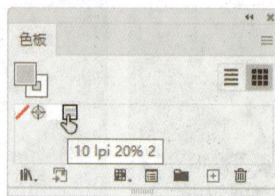

图10-223

图10-224

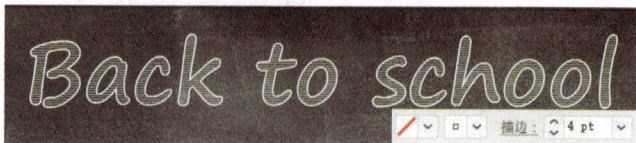

图10-225

> **提示**
>
> 还有一种方法可以修改图案：将图案从"色板"面板中拖曳到画板上，进行修改之后，按住Alt键将其拖曳到"色板"面板的旧图案上，即可更新该图案及应用到对象上的图案。

03 执行"效果>扭曲和变换>变换"命令，对图案进行旋转，如图10-226和图10-227所示。

04 单击"外观"面板中的"描边"属性，如图10-228所示。执行"效果>扭曲和变换>粗糙化"命令，对文字的描边及填充内容进行细微的扭曲处理，如图10-229和图10-230所示。

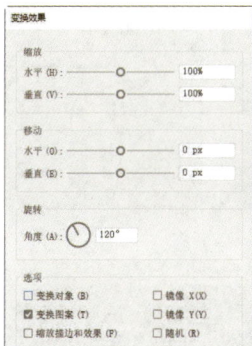

图10-226　　　　　图10-227

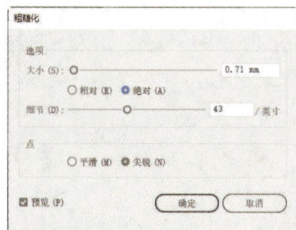

图10-228　　　　　图10-229

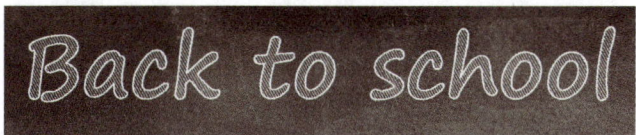

图10-230

05 单击选择工具 ▶，按住Alt键向左上方拖曳文字，复制文字，如图10-231所示。

图10-231

06 单击"填色"属性，如图10-232所示，将填充颜色修改为深灰色，完成具有立体感的粉笔字的制作，如图10-233和图10-234所示。

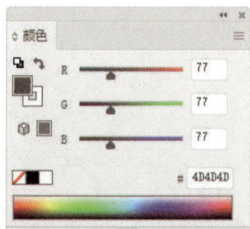

图10-232　　　　　图10-233

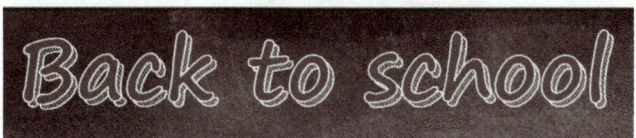

图10-234

07 使用文字工具 **T** 输入文字，设置描边为白色（粗细为2 pt）、填色为红色，如图10-235～图10-237所示。

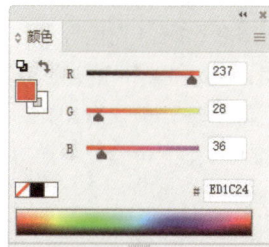

图10-235　　　　　图10-236

图10-237

08 执行"效果>风格化>涂抹"命令，打开"涂抹选项"对话框，设置"角度"为45°、"变化"为30%，在文字上进行涂抹，设置及效果如图10-238和图10-239所示。单击选择工具 ▶，按住Alt键拖曳文字进行复制，然后根据想要表现的主题修改文字内容、字体及填充颜色。

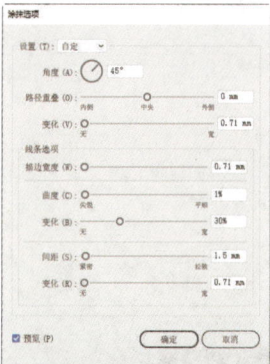

图10-238

图10-239

10.4.9 实战：用AI技术生成图案

本实战介绍如何使用Illustrator的AI技术生成图案，包含使用预设生成图案，以及通过提示词生成所需图案。

01 使用矩形工具□创建一个矩形，如图10-240所示。执行"窗口>文字生成矢量图形（Beta）"命令，打开"文字生成矢量图形（Beta）"面板。在"文字"下拉列表中选择"图案"选项，在"预设"下拉列表中选择"柔和色"选项，选择"抽象几何迷宫"预设，如图10-241所示，生成矢量图案，它包含3种变体，如图10-242所示。后两种的填充效果比较好，如图10-243所示。

02 复制此矩形或再创建一个矩形。在"文字生成矢量图形（Beta）"面板中输入提示词"鲜花"，如图10-244所示。单击"生成（Beta）"按钮，生成图案，如图10-245和图10-246所示。

图10-242

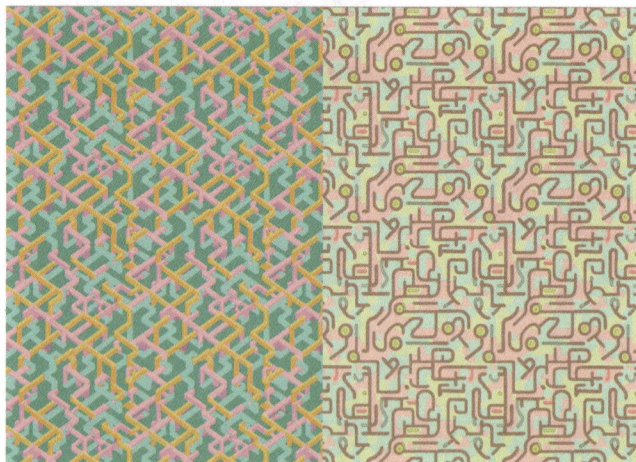
图10-243

图10-240

图10-241

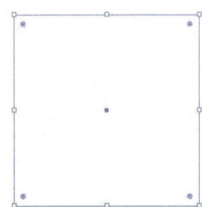
图10-244

图10-245

图10-246

03 选择一种图案，单击上下文任务栏中的 按钮，打开下拉菜单，如图10-247所示，选择图案的重复方式，并在画板上对其进行调整。图案效果如图10-248所示。

图10-247

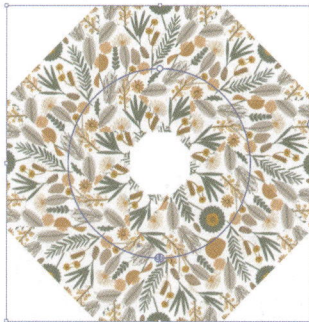

径向

网格

镜像
图10-248

第11章 符号与图表

生成式 AI | "模型（Beta）"面板•Retype（Beta）功能•上下文任务栏•尺寸工具 | ☞ **{ Illustrator 2024新功能 }**

本章简介

本章介绍符号和图表功能。符号在平面设计、Web 设计等工作中比较有用，通过它可以快速生成大量相同的对象，如纹样、地图标记、技术图纸符号等。这样既能节省绘图时间，还能显著地减少文件占用的存储空间。图表常用于数据统计，商业用途更加明显。与使用其他软件创建的图表相比，Illustrator 创建的图表不仅专业和实用，还能进行装饰和美化，能够满足一些特殊行业或者企业的个性化需求。

学习重点

实战：绘制商业插画（符号的添加、删除和变换）
实战：复制符号
实战：替换符号
实战：重新定义符号
实战：制作双轴图
实战：替换图例

11.1 创建符号

如果需要大量的、重复的对象，例如花草、纹样和地图上的标记等，用符号创建最为合适，它能简化复杂对象的制作和修改过程。

—— · AI技术 / 设计讲堂 · ——

符号是什么

与人们生活和学习中常用的表情符号、箭头符号、数字符号等不同，Illustrator 中的符号是能够大量复制并可自动更新的对象。例如，将一条鱼创建为符号，如图11-1和图11-2所示，使用符号工具简单操作几下，便能创建一群鱼，如图11-3所示。这比通过复制的方法创建容易得多。

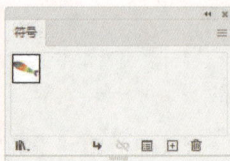
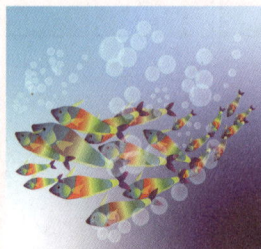

图11-1　　　　　图11-2　　　　　图11-3

从符号中创建的对象称为符号实例。每个符号实例都与"符号"面板或符号库中的符号建立了链接。当符号被修改时，所有与之链接的符号实例都会自动更新，如图11-4～图11-6所示。

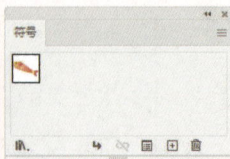
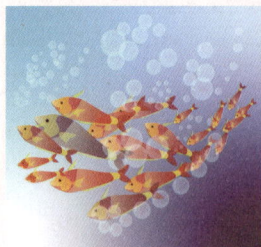

图11-4　　　　　图11-5　　　　　图11-6

· AI技术/设计讲堂 ·

符号编辑规则

Illustrator包含8个符号工具，如图11-7所示。其中，符号喷枪工具用于创建符号组，其他工具用于编辑符号。符号组类似于编组对象，一个符号组可以包含不同的符号实例。需要编辑其中的符号实例时，应先用选择工具选择符号组，如图11-8所示，然后在"符号"面板中单击符号实例所对应的符号，如图11-9所示，再修改符号，从而修改符号实例，如图11-10所示。

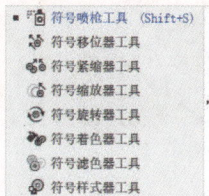

图11-7　　　　　图11-8　　　　　　图11-9　　　　　　　图11-10

当符号组包含多种符号实例时，在"符号"面板中选择的是哪种符号，编辑操作就会对哪种符号所创建的符号实例生效，其他符号实例不受影响。如果要同时编辑多种符号实例，可按住Ctrl键单击其所对应的符号，将它们一同选择，如图11-11所示，再进行处理，如图11-12所示。

图11-11　　　　　　图11-12

11.1.1　"符号"面板

打开一个文件，它所使用的符号会被加载到"符号"面板中，如图11-13和图11-14所示。通过该面板可以创建、编辑和管理符号。

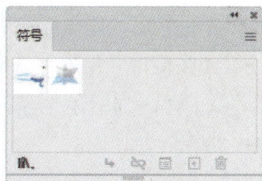

图11-13　　　　　　图11-14

● 符号库菜单：单击该按钮，打开下拉菜单，可以从中选择一个预设的符号库。

● 置入符号实例：选择面板中的符号，单击该按钮，可在画板中创建该符号的实例。

● 断开符号链接：选择画板中的符号实例，单击该按钮，可以断开它与"符号"面板中符号的链接，这样该符号实例就变成可单独编辑的对象。

● 符号选项：单击该按钮，可以打开"符号选项"对话框。

● 新建符号：选择画板中的一个对象，单击该按钮，可将其定义为符号。

● 删除符号：选择面板中的符号样本，单击该按钮可将其删除。如果要删除文档中所有未使用的符号，可以打开"符号"面板菜单，执行"选择所有未使用的符号"命令，将这些符号选择，再单击按钮。

11.1.2 创建符号

Illustrator中的绝大多数对象都可以被创建为符号，包括路径、复合路径、文本对象、图像、网格对象和对象组等。但无法用链接的图稿或某些组（如图表组）创建符号。

使用选择工具▶将对象拖曳到"符号"面板中，可将其创建为符号，如图11-15所示，并使用默认的名称。如果想修改名称，可在"符号"面板中单击它，然后单击面板底部的🔲按钮，打开"符号选项"对话框进行设置，如图11-16所示。如果想在创建时就将名称设置好，可以单击"符号"面板中的🔲按钮，打开"符号选项"对话框，在对话框中输入名称并创建符号。

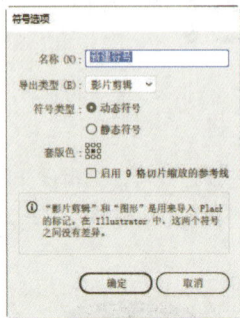

图11-15　　　　　　　　　　　图11-16

- 名称：用来为符号设置名称。
- 导出类型：包含"影片剪辑"和"图形"两个选项。影片剪辑是 Flash 和 Illustrator 中默认的符号类型。
- 符号类型：选择创建动态符号或静态符号。默认设置为动态符号。在"符号"面板中，动态符号图标的右下角会显示一个小"+"。
- 套版色：用来指定符号锚点的位置。锚点位置将影响符号在屏幕中的位置。
- 启用9格切片缩放的参考线：如果要在 Flash 中使用9格切片缩放，可以勾选该复选框。

> **提示**
> 通过以上方法创建符号时，所选对象会变为符号实例。如果不希望它变成实例，可以按住Shift键单击"符号"面板中的🔲按钮，用这种方法创建符号。

11.1.3 实战：绘制商业插画（符号的添加、删除和变换）

本实战用音符符号绘制商业插画，如图11-17所示。本实战将讲解符号的创建和基本编辑方法，包括如何创建符号组、如何向组中添加符号，以及如何移动和旋转符号、如何调整符号的密度等。用到的符号工具也较多，有符号喷枪工具

具🔲、符号移位器工具🔲、符号紧缩器工具🔲、符号旋转器工具🔲等。

图11-17

01 打开素材，如图11-18所示。打开"符号"面板，如图11-19所示，该面板中保存了要用到的符号。

图11-18　　　　　　　　　　　图11-19

02 在"图层1"的眼睛图标👁右侧单击，锁定该图层。新建一个图层，如图11-20所示。双击符号喷枪工具🔲，在"符号工具选项"对话框中设置参数，如图11-21所示。

图11-20　　　　　　　　　　　图11-21

03 单击图11-22所示的符号。在灯泡区域内拖曳鼠标，创建符号组，如图11-23所示。

04 保持符号组处于选择状态。单击"四分音符"符号，如图11-24所示，在符号组上拖曳鼠标，添加符号，如图11-25所示。

图11-22

图11-23

图11-24

图11-25

05 依次选择其他符号样本，将它们添加到符号组中，如图11-26所示。单击"符号"面板中的第一个符号，然后按住Shift键单击最后一个符号，将它们及中间的所有符号全部选取，如图11-27所示。

图11-26

图11-27

06 选择符号紧缩器工具，在符号组上拖曳鼠标，让符号聚拢，如图11-28所示。选择符号移位器工具，在符号组上拖曳鼠标，调整符号的位置，如图11-29所示。

图11-28

图11-29

07 选择符号旋转器工具，在符号组上拖曳鼠标，旋转符号，如图11-30所示。使用符号喷枪工具添加更多的符号，如图11-31所示。

图11-30

图11-31

08 按Ctrl+C快捷键复制符号组，按Ctrl+F快捷键将其粘贴到前方，如图11-32所示。使用符号移位器工具移动符号，使它们错落有致，如图11-33所示。

图11-32

图11-33

09 重复两次以上操作，即粘贴符号组并调整符号位置，使符号更加密集，如图11-34和图11-35所示。

图11-34

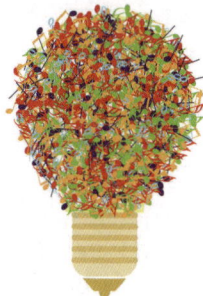

图11-35

11.1.4 符号工具的使用技巧

● 调整工具大小和强度：使用任意符号工具，按]键，可增大工具的直径；按 [键，可减小工具的直径；按 Shift+] 键，可增大符号的创建强度；按 Shift+[键，可减小符号的创建强度。

● 创建符号：选择符号喷枪工具，在画板上单击，可以创建一个符号实例；按住鼠标左键不放，符号实例会以鼠标指针所在处为中心向外扩散；按住鼠标左键拖曳，符号实例会沿鼠标指针的移动轨迹分布。

● 移动符号：选择符号移位器工具 ，在符号上方拖曳鼠标，可以移动符号；按住 Shift 键单击符号，可将其调整到其他符号的上方，如图11-36和图11-37所示；按住 Shift 键和 Alt 键单击符号，可将其调整到其他符号下方。

图11-36　　　　　　　　图11-37

● 调整符号大小：选择符号缩放器工具 ，在符号上单击可以放大符号，如图11-38所示；拖曳鼠标，可以放大鼠标指针经过的所有符号；如果要缩小符号，如图11-39所示，可以按住 Alt 键操作。

图11-38　　　　　　　　图11-39

● 调整符号密度：选择符号紧缩器工具 ，在符号上单击或拖曳鼠标，可以聚拢符号，如图11-40所示；按住 Alt 键操作，可以使符号扩散开，如图11-41所示。

图11-40　　　　　　　　图11-41

● 旋转符号：选择符号旋转器工具 ，在符号上单击或拖曳鼠标，可旋转符号，如图11-42所示。旋转时，符号上会出现带有箭头的方向标志，用于观察旋转方向和角度。

● 删除符号实例：选择符号喷枪工具 ，按住 Alt 键单击画板上的符号实例，可将它们删除，如图11-43所示；按住 Alt 键拖曳鼠标，可删除鼠标指针经过的符号。

图11-42　　　　　　　　图11-43

11.1.5 实战：调整符号的颜色和透明度

使用选择工具 选择符号组，如图11-44所示，在"符号"面板中单击要编辑的符号实例所对应的符号，如图11-45所示。在"色板"或"颜色"面板中选择一种颜色，如图11-46所示，使用符号着色器工具 在符号上单击，可为其上色，如图11-47所示。连续单击，可以增强颜色的浓度。按住 Alt 键连续单击符号，可逐步还原符号的颜色。

图11-44　　　　　　　　图11-45

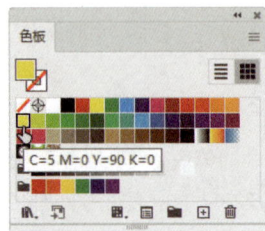 

图11-46　　　　　　　　图11-47

使用符号滤色器工具 在符号实例上单击或拖曳鼠标，可以使符号呈现透明效果，如图11-48和图11-49所示。如果需要还原透明度，可以按住 Alt 键操作。

图11-48　　　　　　　　图11-49

11.1.6 实战：为符号添加图形样式

如果想让符号表现更丰富的效果，可以使用符号样式器工具 和"图形样式"面板为其添加图形样式，如图11-50~图11-52所示。

图11-50

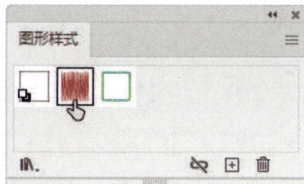

图11-51

图11-52

图11-54

图11-55

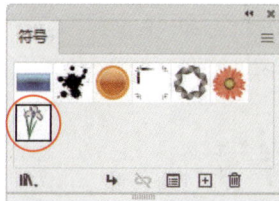

图11-56

图11-57

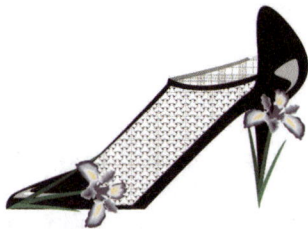

图11-58

11.1.7 实战：制作具有艺术感的高跟鞋（符号库）

Illustrator包含多种符号库，集合了常用符号，包括Logo元素、网页图形、通信类符号、花朵类符号、箭头类符号等。本实战使用"花朵"符号库中的符号制作具有艺术感的高跟鞋，最终效果如图11-53所示。

图11-53

01 打开素材，如图11-54所示。执行"窗口>符号库>花朵"命令，该符号库会出现在一个单独的面板中。单击图11-55所示的符号，将其加载到"符号"面板中，如图11-56所示。

02 单击"符号"面板底部的按钮，将所选符号实例置入画板中心。使用选择工具将其移动到高跟鞋上。拖曳控制点，进行旋转和缩放，如图11-57所示。单击"符号"面板底部的按钮，再置入一个符号实例，将其放在鞋跟处，如图11-58所示。

03 除置入外，也可以将符号直接拖曳出来，放在画板的任意位置，如图11-59所示。采用置入或拖曳的方法，为高跟鞋添加花朵符号，效果如图11-60所示。

图11-59

图11-60

> **提示**
> 在符号库中可以选择符号、调整符号顺序和查看符号，这些操作都与在"符号"面板中一样。但在符号库中不能添加符号、删除符号和编辑符号。

11.1.8 创建符号库

有些常用或比较重要的符号会在很多文档中用到，为了便于使用，可以将它们创建为一个符号库。操作方法是，创建符号，或在符号库中单击所需的符号，将其添加到"符号"面板中，并删除不用的符号；打开"符号"面板菜单，执行"存储符号库"命令，将它存储到Illustrator默认的"符号"文件夹。此后，在任何文档中，都可通过单击"符号"面板中的 🔳. 按钮，在"用户定义"子菜单中将其打开。

11.2 编辑符号

创建符号组后，可以对其中的符号实例进行复制，也可以用其他符号进行替换。符号自身也可修改和重新定义，甚至可从静态符号转变为更加灵活的动态符号。

11.2.1 实战：复制符号

对符号实例进行编辑，如旋转、缩放、着色和调整透明度后，如果想添加与之相同的实例，可以用复制的方法操作。

01 打开素材。使用选择工具 ▶ 选择符号组，如图11-61所示。在"符号"面板中单击要复制的符号实例所对应的符号，如图11-62所示。

图11-61

图11-62

02 选择符号喷枪工具 🖽，在一个符号实例上单击，可复制出与之相同的符号实例，如图11-63和图11-64所示。

图11-63

图11-64

> **提示**
> 如果要复制"符号"面板中的符号，直接将符号拖曳到面板中的 ⊞ 按钮上即可。

11.2.2 实战：替换符号

01 打开素材，如图11-65所示。单击选择工具 ▶，按住Shift键并单击所有穿红衣的卡通小男孩符号实例，将它们全部选择，如图11-66所示。

图11-65

图11-66

02 在"符号"面板中单击圆环符号。打开"符号"面板菜单，执行"替换符号"命令，如图11-67所示，即可用圆环符号替换所选的符号实例，如图11-68所示。

图11-67

图11-68

图11-71

图11-72

图11-73

图11-74

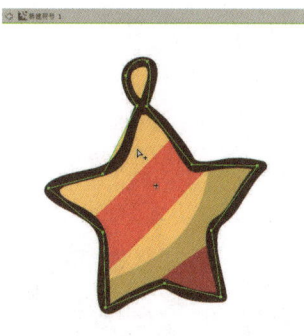

图11-75

11.2.3 实战：重新定义符号

本实战介绍重新定义符号的方法。如果符号组中使用了不同的符号，只想替换其中一种，也可以用此方法来操作。

01 打开素材，如图11-69所示。双击图11-70所示的符号，进入隔离模式，此时画板中只显示该符号，如图11-71所示。同时，在"图层"面板中，该符号具有一个独立的图层层次结构，如图11-72所示。

02 使用编组选择工具 ▶ 单击星形，将其选择，如图11-73所示。单击"色板"面板中的蓝色色板，修改星形颜色，如图11-74和图11-75所示。

03 单击窗口左上角的 按钮，结束编辑，所有使用该符号创建的符号实例都会自动更新，其他符号实例保持不变，如图11-76所示。

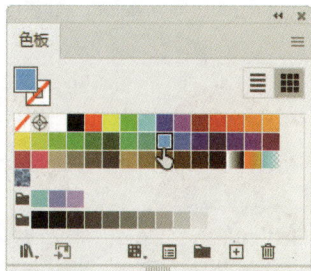

图11-69

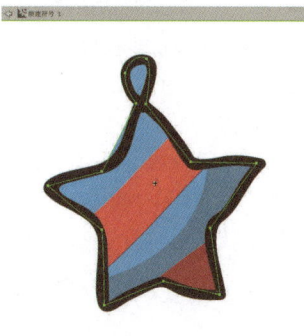

图11-70

图11-76

11.2.4 使用和转换动态符号

图11-77所示为动态符号，用它创建的符号实例可以用直接选择工具 ▷ 编辑，如图11-78和图11-79所示。静态符号无法这样操作。

动态符号　　　选择部分红色花瓣　　修改填充颜色
图11-77　　　　图11-78　　　　图11-79

如果想将静态符号转换为动态符号，可将其选择，如图11-80所示，单击"符号"面板中的 按钮，打开"符号选项"对话框，选中"动态符号"单选按钮，如图11-81所示，单击"确定"按钮关闭对话框。转换后该符号右下角会显示一个小"+"，如图11-82所示，表示它是动态符号。

图11-80

图11-81

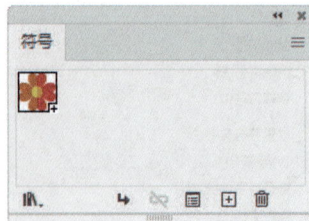

图11-82

11.2.5 扩展符号实例

修改"符号"面板中的符号（即重新定义符号）时，文档中使用它创建的所有符号实例都会受影响。如果只想修改某个符号实例，而不影响符号，可将其扩展。

如果想基于某个符号进行修改和创作，为了不影响基于它所创建的符号实例，可以将该符号拖曳到画板上，如图11-83所示，再单击"符号"面板中的 按钮，或执行"对象>扩展"命令，将其扩展为常规图稿，如图11-84所示。此时便可单独修改它，如图11-85所示。

男生甲

图11-83

图11-84　　　　　　　　图11-85

11.3 制作图表

图表能直观地反映统计数据的比较结果，在各种行业都有着广泛的应用。Illustrator 可以制作 9 种图表，并能对图表样式进行装饰和美化，以满足特殊行业的个性化需求。

· AI 技术 / 设计讲堂 ·

图表的种类及区别

Illustrator包含9种图表工具，它们的名称反映了其所能够创建的图表类型。例如，柱形图工具 ▥ 可以创建柱形图，折线图工具 ⟋ 能创建折线图。

● 柱形图：利用柱形的高度差别反映数据差异，可以非常直观地显示一段时间内的数据变化或各项之间的比较情况，如图11-86所示。

● 堆积柱形图：将数据堆积在一起，不只体现某类数据，还能反映它在总量中所占的比例，如图11-87所示。

● 条形图：与柱形图类似，能很好地展现项目之间的比较情况，如图11-88所示。

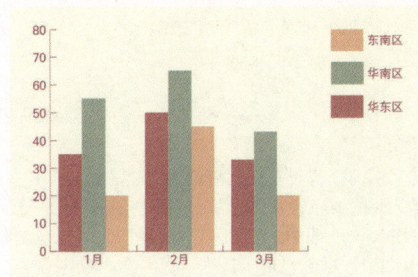
图11-86

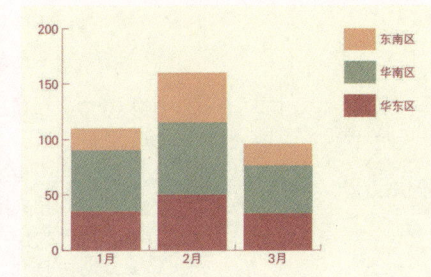
图11-87

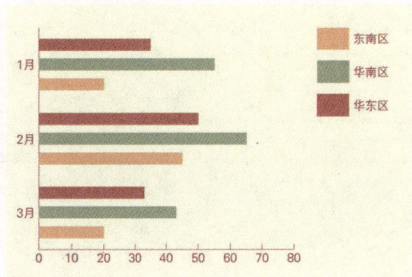
图11-88

● 堆积条形图：与堆积柱形图类似，但是条形是水平堆积而不是垂直堆积，如图11-89所示。

● 折线图：以点显示统计数据，再用折线将点连接，如图11-90所示，可以非常直观地展示一段时间内一个或多个主题项目的变化趋势，对于确定项目的进程很有用处。

● 面积图：与折线图类似，但会对形成的封闭区域进行填充，如图11-91所示。这种图表适合强调数值的整体和变化情况。

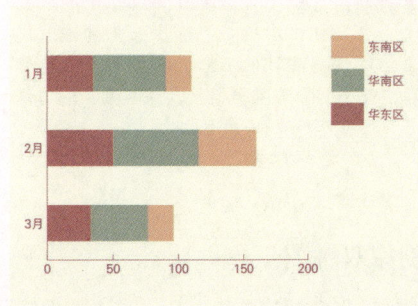
图11-89

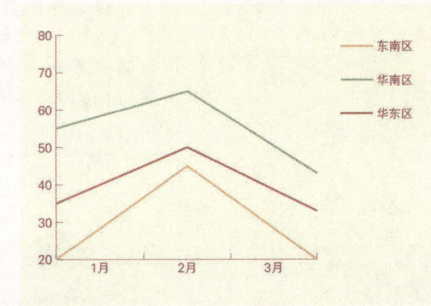
图11-90

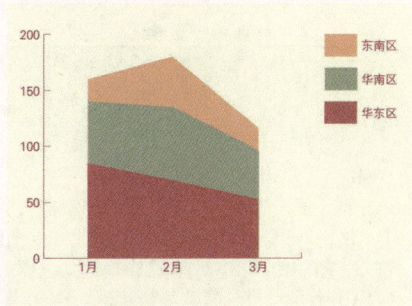
图11-91

● 散点图：沿 x 轴和 y 轴，将数据点作为成对的坐标组进行绘制，如图11-92所示。此类图表能够展示数据中的图案或趋势，说明变量是否相互影响。

● 饼图：圆形代表数据的总和，各组统计数据依据其占总和的比例将圆形划分，如图11-93所示。此类图表适合显示分项大小及其在总和中所占的比例。

● 雷达图：也称网状图，能在某个特定时间点或特定类别上比较数值组，如图11-94所示，主要用于专业性较强的自然科学统计领域。

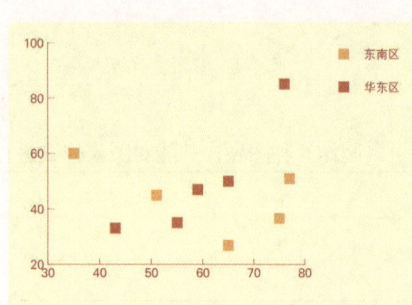
图11-92

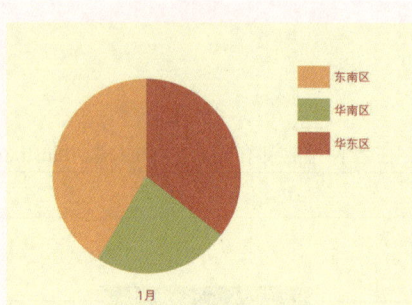
图11-93

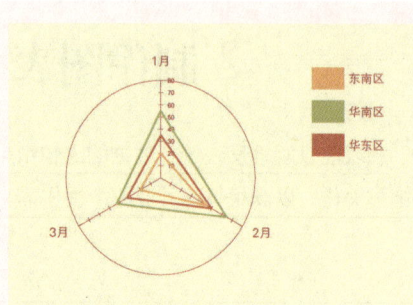
图11-94

11.3.1 "图表数据"对话框

创建图表时会打开"图表数据"对话框，如图11-95所示。

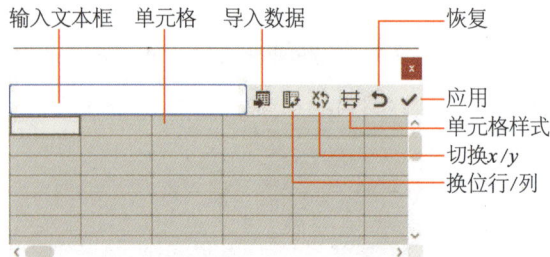
图11-95

● 输入文本框：单击单元格，在输入文本框中输入数据，如图11-96和图11-97所示。按↑、↓、←、→键可以切换单元格；按Tab键，可以输入数据并选取同一行中的下一个单元格；按Enter键可以输入数据并选择同一列中的下一个单元格。如果希望Illustrator为图表生成图例，则应删除左上角单元格的内容并保持此单元格为空白。

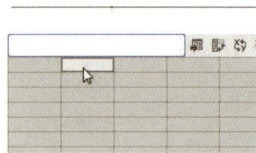 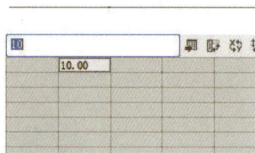
图11-96　　　　图11-97

● 单元格：单元格的左列用于输入类别标签，通常为时间单位，如日、月、年。这些标签沿图表的水平轴或垂直轴显示。只有雷达图图表例外，它的每个标签都有单独的轴。如果要创建只包含数字的标签，应使用半角双引号将数字引起来。例如，要将年份1996作为标签使用，则应输入"1996"，如图11-98所示。如果输入的是全角引号（""），则引号也会显示在年份中，如图11-99所示。

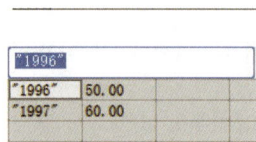 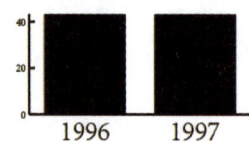
图11-98

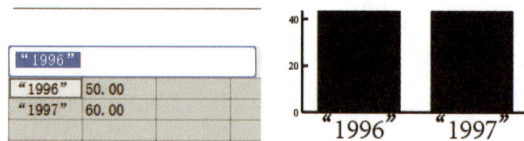
图11-99

● 导入数据：用来导入其他应用程序创建的数据。

● 换位行/列：用来转换行与列中的数据。

● 切换x/y：创建散点图时，单击该按钮，可以对调x轴和y轴的位置。

● 单元格样式：单击该按钮，打开"单元格样式"对话框，其中"小数位数"选项用来定义数据中小数点后面的位数。默认值为2。如果要增加小数位数，可增大该选项中的数值。"列宽度"选项用来调整"图表数据"对话框中每列数据的宽度。调整列宽不会影响图表中列的宽度，只是用来在列中查看更多或更少的数字。

● 恢复：单击该按钮，可以将修改的数据恢复到初始状态。

● 应用：输入数据后，单击该按钮可创建图表。

> **技术看板　图表编辑技巧**
>
> 使用直接选择工具▷或编组选择工具▷可以选择图表中的图例、图表轴和文字等，并对其进行修改。如果图表数据以后可能面临更新，或者需要转换成其他类型的图表、更改格式及数值轴和类别轴等，就不要释放图表组，以保留图表的可修改性。

11.3.2 实战：制作双轴图

双轴图可以直观地体现数据的走势，其常见形式是柱形图+折线图的组合。在Illustrator中，除散点图外，可以将任何类型的图表组合成双轴图。

01 新建一个文档。选择柱形图工具，拖曳出矩形框，确定图表范围，释放鼠标左键后，弹出"图表数据"对话框，输入数据（如果要制作带负值的图表，数据前要添加"-"），如图11-100所示。在标签中创建换行符的时候，即输入"1季度 | 2023"时，"|"用Shift+\键输入。单击✔按钮或

按Enter键完成创建，如图11-101所示。

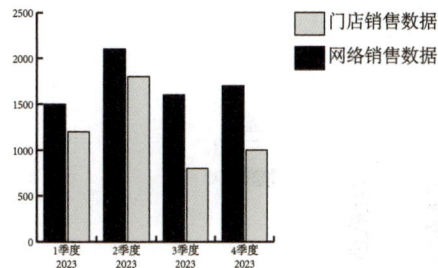

图11-100

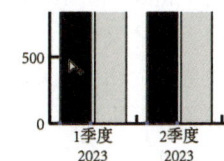

图11-101

02 选择编组选择工具 ，将鼠标指针移动到黑色数据组上，单击3次，选择所有黑色数据组，如图11-102所示。执行"对象>图表>类型"命令或双击任意图表工具，打开"图表类型"对话框。单击折线图按钮 ，如图11-103所示，单击"确定"按钮关闭对话框，将所选数据组改为折线图。

图11-102　　　　　　　图11-103

03 在浅灰色数据组上单击3次，选择所有浅灰色数据组，修改填充颜色、无描边，如图11-104所示。

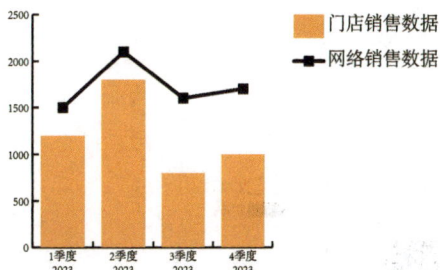

图11-104

11.3.3 实战：制作立体图表

01 选择饼图工具 ，在画板上单击，弹出"图表"对话框，输入宽度和高度（所输入的参数为图表主要部分的尺寸，并不包括图表的标签和图例），按照该尺寸创建图表并

输入数据，如图11-105和图11-106所示。

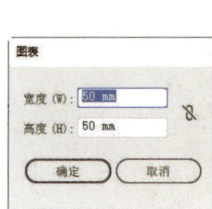

图11-105　　　　　　　图11-106

02 按Enter键关闭对话框，创建图表，如图11-107所示。执行"对象>取消编组"命令，释放组。按Shift+Ctrl+G快捷键继续取消编组，直至用选择工具 单击各个图形时，它们均与右侧的图例不在一个组里，如图11-108所示。

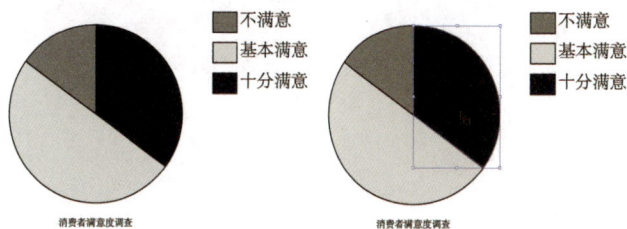

图11-107　　　　　　　图11-108

03 用选择工具 分别选择饼状图形，取消描边，填充不同的颜色，如图11-109所示。移动这3个图形，让它们错开一些，如图11-110所示。调整图形大小，做好图形的衔接。将3个图形选择，按Ctrl+G快捷键编组。拖曳定界框顶部的控制点，将图形压扁，如图11-111所示。

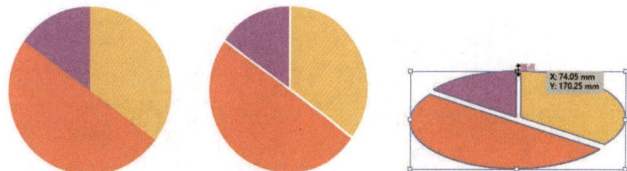

图11-109　　　图11-110　　　图11-111

04 按Ctrl+C快捷键复制。按住Alt+Shift快捷键向下拖曳以复制图形，如图11-112所示。按住Shift键拖曳控制点，将图形等比缩小，如图11-113所示。按Shift+Ctrl+[快捷键，将其调整到底层。拖曳出一个选框，选择这两组图形，如图11-114所示。按Alt+Ctrl+B快捷键创建混合。

图11-112　　　图11-113　　　图11-114

05 双击混合工具 ，打开"混合选项"对话框，设置参数，如图11-115所示，得到的混合效果如图11-116所示。

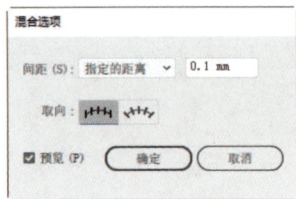

图11-115

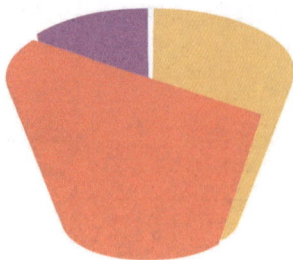

图11-116

06 按Ctrl+F快捷键粘贴图形，如图11-117所示。使用编组选择工具 ▷ 选择图形并修改其颜色，如图11-118所示。

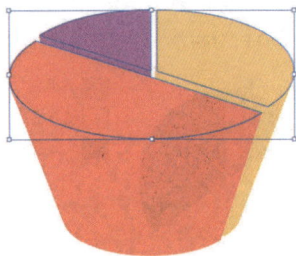

图11-117

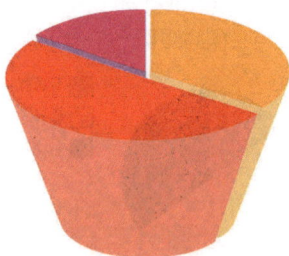

图11-118

07 使用选择工具 ▶ 选择文字，按Shift+Ctrl+G快捷键取消编组。将文字拖曳到图形上方，修改文字颜色和字体（黑体），如图11-119所示。保持文字处于选择状态，选择倾斜工具 ☞，在离文字远一点的地方拖曳鼠标，扭曲文字，如图11-120所示。单击选择工具 ▶，按住Alt键拖曳文字进行复制，然后修改文字内容。图11-121所示为最终效果。

图11-119

图11-120

图11-121

11.3.4 实战：用Microsoft Excel数据创建图表

Microsoft Excel是专门用于各种数据的处理、统计和分析的电子表格软件。本实战介绍怎样从Excel中获取数据并创建图表，如图11-122和图11-123所示。

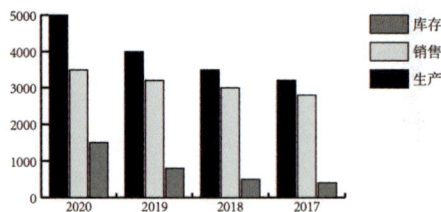

图11-122

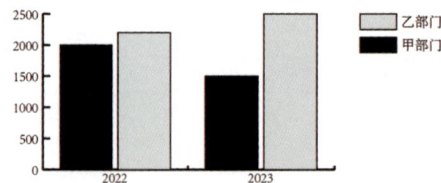

图11-123

11.3.5 实战：用文本数据创建图表

使用文字处理程序创建的文本可以导入Illustrator中生成图表，如图11-124和图11-125所示。在使用文本文件时，每个单元格的数据应由制表符隔开，每行的数据应由段落回车符隔开；数据只能包含小数点或小数点分隔符，否则，无法绘制此数据对应的图表。例如，应输入"732000"，而不是"732,000"。

图11-124

图11-125

11.3.6 修改图表数据

使用选择工具 ▶ 单击图表，如图11-126所示，执行"对象>图表>数据"命令，打开"图表数据"对话框，对数据进行修改，如图11-127所示。按Enter键关闭对话框，更新数据，如图11-128所示。

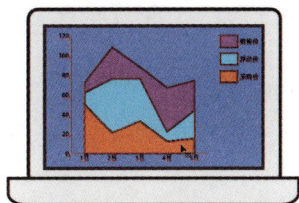

图11-126

图11-127

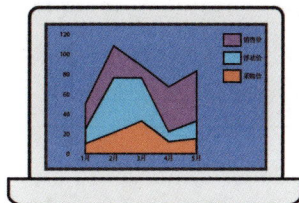

图11-128

11.4 设置图表格式

创建图表后，可以修改图表格式，为图表添加图例、阴影、刻度线，以及对不同类型的图表进行相应的调整，以便更好地展示数据。

11.4.1 图表常规选项

用选择工具 ▶ 选择图表，执行"对象>图表>类型"命令，或双击任意图表工具，打开"图表类型"对话框，如图11-129所示。在该对话框中可以设置所有类型图表的常规选项。

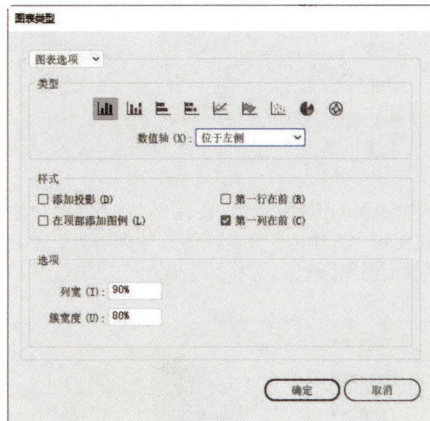

图11-129

- 数值轴：除饼图外，所有图表都有显示测量单位的数值轴，该下拉列表用来设置数值轴的位置。图11-130所示为数值轴在右侧的图表。
- 添加投影：勾选此复选框，将在柱形、条形、线段或整个饼图后方添加投影，如图11-131所示。
- 在顶部添加图例：默认情况下，图例显示在图表右侧的水平位置。勾选此复选框，可使图例位于图表顶部。

- 第一行在前：勾选此复选框，当"簇宽度"大于100%时，可以控制图表中数据的类别或群集重叠的方式，效果如图11-132所示。使用柱形图或条形图时，勾选该复选框最有帮助。
- 第一列在前：勾选此复选框，可以在顶部的"图表数据"窗口中放置与第一列数据相对应的柱形、条形或线段，效果如图11-133所示。当"列宽"大于100%时，用于确定柱形图和堆积柱形图中哪一列位于顶部，以及"条形宽度"大于100%时，条形图和堆积条形图中哪一列位于顶部。

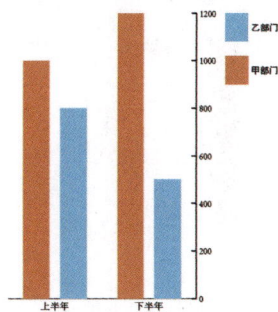

图11-130

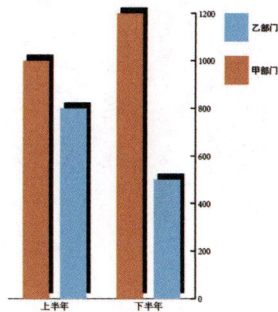

图11-131

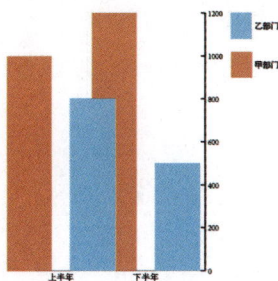

图11-132

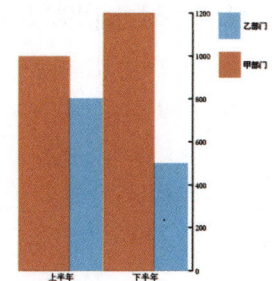

图11-133

11.4.2 柱形图/堆积柱形图选项

在"图表类型"对话框中，单击"类型"区域中的各图表按钮，可以显示除面积图外的其他图表的附加选项。柱形图和堆积柱形图可以设置图11-134所示的选项。

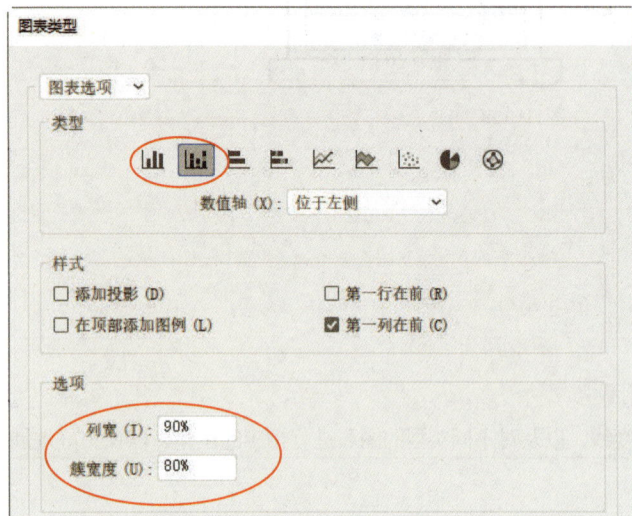

图11-134

- 列宽：用来设置图表中柱形之间的空间。该值为 100% 时，会让柱形或群集相互对齐；大于 100% 时柱形会相互堆叠，如图11-135所示（150%）。

- 簇宽度：用来调整图表数据群集之间的空间，如图11-136所示（30%）。

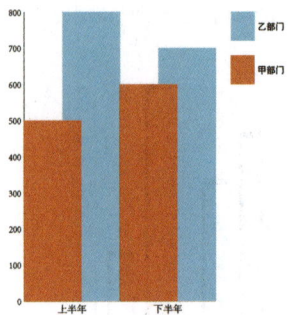

图11-135

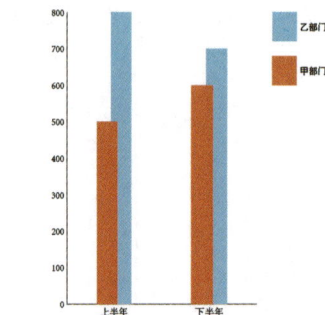

图11-136

11.4.3 条形图/堆积条形图选项

条形图和堆积条形图可以设置图11-137所示的选项，用于改变条形的宽度和数据之间的空间。

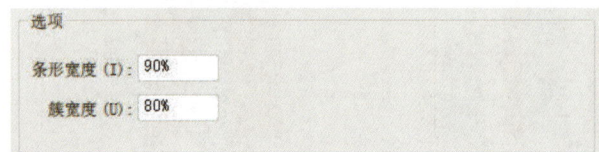

图11-137

11.4.4 折线图/雷达图/散点图选项

折线图、雷达图与散点图可设置图11-138所示的选项。

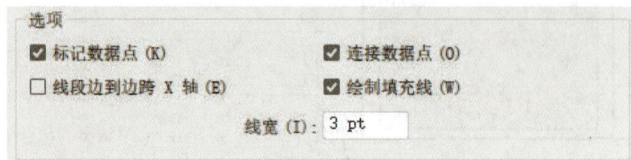

图11-138

- 标记数据点：勾选此复选框，将在每个数据点上添加正方形标记。

- 连接数据点：勾选此复选框，将使用线段连接数据点，如图11-139所示。图11-140所示是未勾选该复选框时的图表。

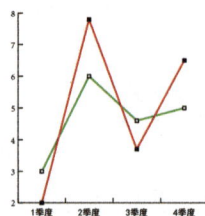

图11-139

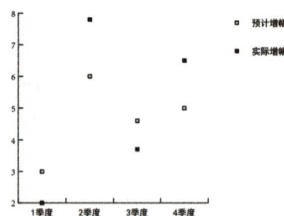

图11-140

- 线段边到边跨 X 轴：勾选此复选框，将沿水平（x）轴从左到右绘制跨越图表的线段。散点图没有该选项。

- 绘制填充线：勾选该复选框并在"线宽"文本框中输入数值，可以创建更宽的线段。

11.4.5 饼图选项

饼图可以设置图11-141所示的选项。

图11-141

- 图例：用来设置图表中图例的位置。选择"无图例"选项，不会添加图例；选择"标准图例"选项，在图表外侧放置列标签，如图11-142所示；选择"楔形图例"选项，可将标签插入对应的楔形中，如图11-143所示。

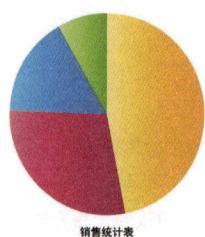

图11-142

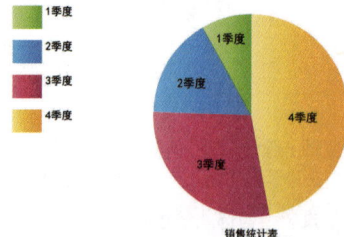

图11-143

- 排序：用来设置饼图的排列顺序。选择"全部"选项，饼图按照从大到小的顺序顺时针排列；选择"第一个"选项，最大饼图位于顺时针方向的第一个位置，其他饼图按照输入的顺序顺时针排列；选择"无"选项，按照输入的顺序顺时针排列饼图。

- 位置：用来设置如何显示多个饼图。选择"比例"选项，按照比例调整饼图大小；选择"相等"选项，所有饼图直径相同；选择"堆积"选项，饼图互相堆积，每个图表按照相互间的比例调整大小。

的数值自动计算坐标轴的刻度。

- "刻度线"选项组：用来确定刻度线的长度和每个刻度之间刻度线的数量。
- "添加标签"选项组：用来为数值轴上的数字添加前缀和后缀。例如，可以将美元符号或百分号添加到轴数字中。

11.4.6 设置数值轴

除饼图外，其他图表都有显示图表测量单位的数值轴。图11-144所示为数值轴可设置的选项。

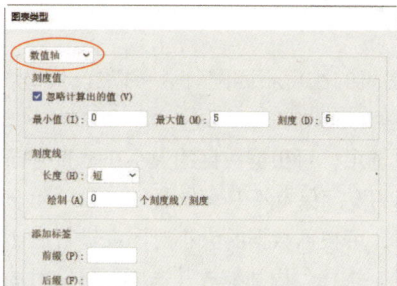
图11-144

- "刻度值"选项组：用来设置数值轴刻度线的位置。勾选"忽略计算出的值"复选框，可输入刻度线的最小值、最大值和标签之间的刻度数量。不勾选该复选框，Illustrator则会依据"图表数据"对话框中

11.4.7 设置类别轴

条形图、堆积条形图、柱形图、堆积柱形图、折线图和面积图均包含用于在图表中定义数据类别的类别轴。图11-145所示为类别轴可设置的选项。

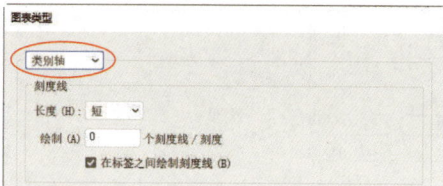
图11-145

- 长度：用来设置类别轴刻度线的长度。
- 绘制：用来设置类别轴上两个刻度之间分成几部分。
- 在标签之间绘制刻度线：勾选此复选框，可在标签或列的任意一侧绘制刻度线。未勾选该复选框时，标签或列上的刻度线位于居中位置。

11.5 制作图案型图表

创建图表后，可以替换图表中的图例，从而创建出符合特定行业需要的更有趣的图表。用于替换的对象可以是简单的图形、Logo和符号，也可以是包含图案和参考线的复杂对象。

11.5.1 实战：替换图例

本实战将图稿定义为设计图案，再通过"柱形图"命令替换图表中的图形。

01 打开素材，如图11-146所示。使用选择工具 ▶ 选择小球员，如图11-147所示。

02 执行"对象>图表>设计"命令，在打开的对话框中单击"新建设计"按钮，将所选图形定义为一个设计图案，如图11-148所示。单击"确定"按钮关闭对话框。

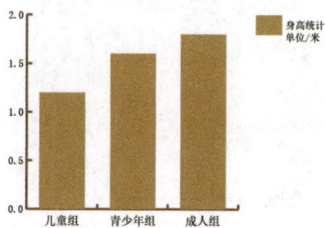
图11-146

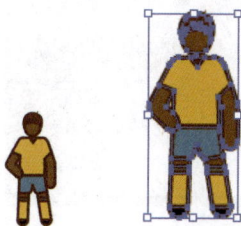
图11-147

图11-148

03 选择图表对象。执行"对象>图表>柱形图"命令，在打开的对话框中单击新创建的设计图案；在"列类型"下拉列表中选择"垂直缩放"选项，取消勾选"旋转图例设计"复选框，如图11-149所示；单击"确定"按钮，用小球员替换图例，如图11-150所示。

图11-149

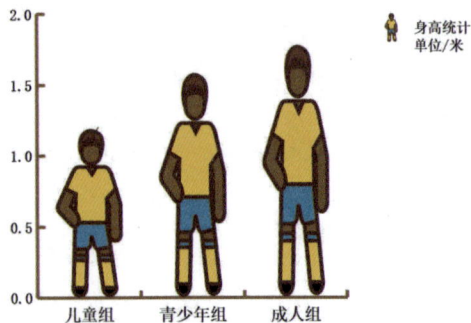

图11-150

04 选择编组选择工具 ▷，按住Shift键单击文字，将它们全部选取，设置字体为黑体，如图11-151所示。使用矩形工具 □ 创建几个矩形，并填充线性渐变，放在小球员的身后，如图11-152所示。

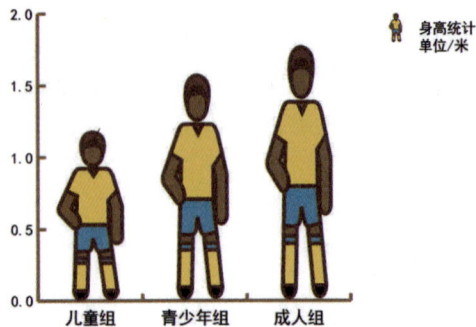

图11-151

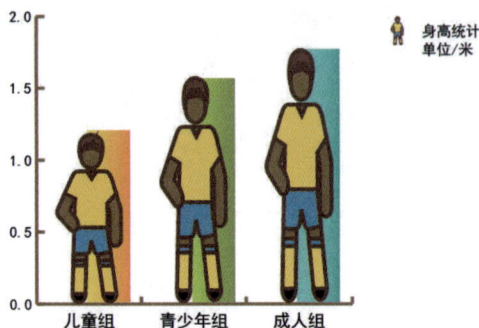

图11-152

"图表列"对话框选项

当设计的图案与图表的比例不匹配时，可以在"列类型"下拉列表中选择图案的缩放方式。

选择"垂直缩放"选项，可根据数据的大小在垂直方向伸展或压缩图案，图案的宽度保持不变，如图11-153所示。选择"一致缩放"选项，可根据数据的大小对图案进行等比缩放，如图11-154所示。选择"局部缩放"选项，可以对局部图案进行缩放（*方法见11.5.2小节*）。

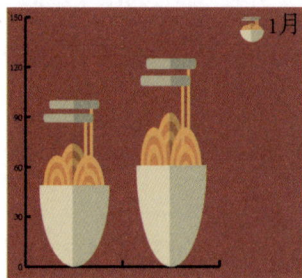

图11-153

图11-154

选择"重复堆叠"选项，下方的选项将被激活。在"每个设计表示"文本框中可以设置每个图案代表几个单位。例如，输入"50"，表示每个图案代表50个单位，Illustrator会以该单位为基准自动计算使用的图案数量。

选择"截断设计"选项，图案将被截断，如图11-155所示；选择"缩放设计"选项，则会压缩图案，以确保其完整，如图11-156所示。勾选"旋转图例设计"复选框，可以旋转图案。

图11-155

图11-156

11.5.2 实战：局部缩放图形

如果想对图表中的设计图案进行局部缩放，可以先绘制一条直线，如图11-157所示，再执行"视图>参考线>建立参考线"命令，将其创建为参考线，如图11-158所示，通过参考线定义图形的缩放位置，如图11-159所示，图表中只有位于参考线下方的图形被缩放。

图11-157　　　　　图11-158

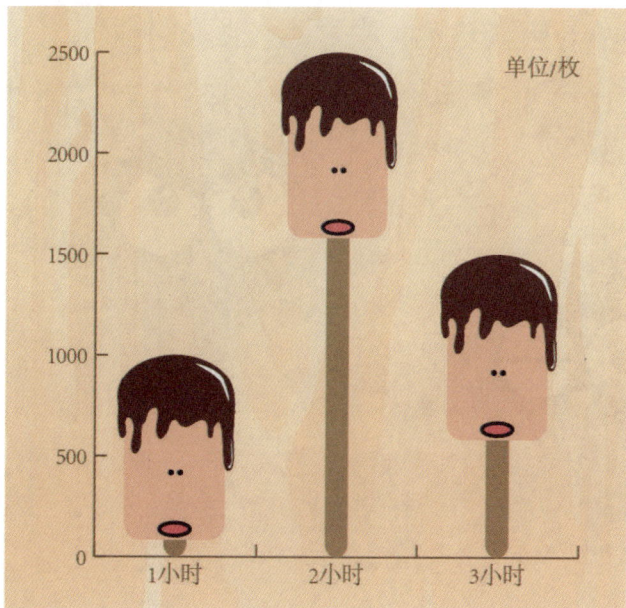

图11-159

11.5.3 实战：用图案代替数据点

折线图和散点图可以应用设计标记——用设计图案替换图表中的数据点。例如，将图11-160所示的咖啡杯和咖啡壶分别定义为设计图案后，执行"对象>图表>标记"命令，用它们替换图表的数据点，如图11-161所示。

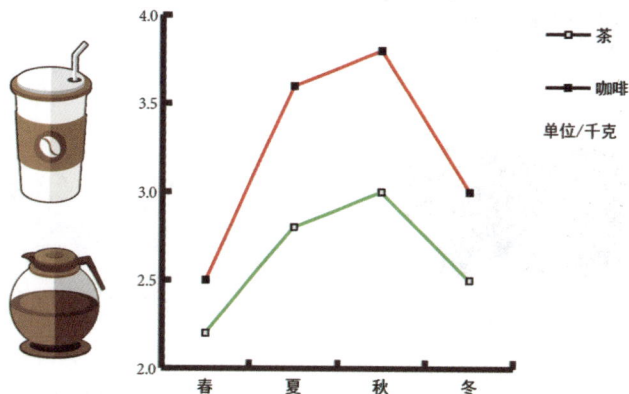

图11-160

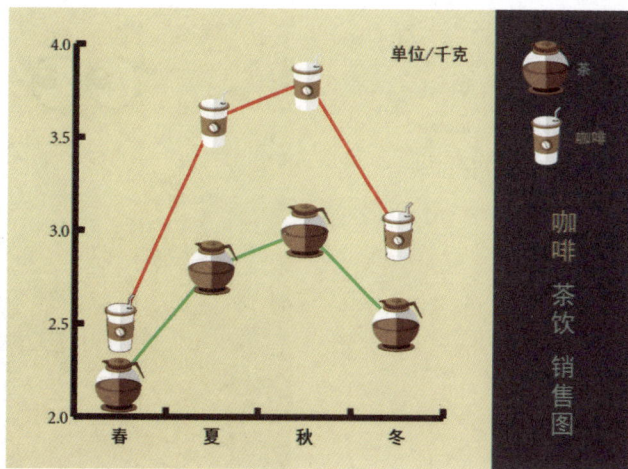

图11-161

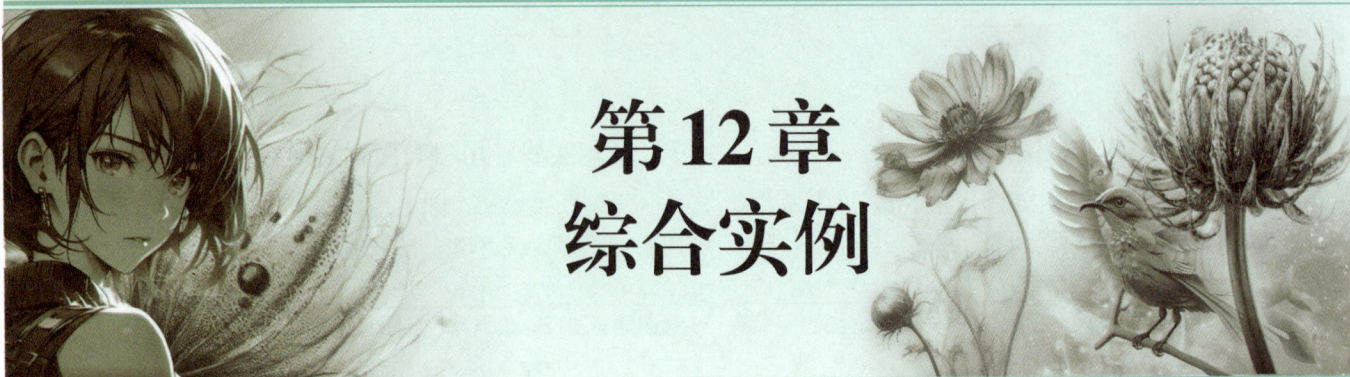

第12章
综合实例

生成式 AI | "模型（Beta）"面板 • Retype（Beta）功能 • 上下文任务栏 • 尺寸工具 ☞ **{ Illustrator 2024新功能 }** ☜

本章简介

本章有5个综合实例，涉及效果、绘图、外观、符号、3D效果、文字、混合、渐变等功能。综合实例用到的工具多，技术也较为全面。通过练习，读者可以掌握更多的技巧和效果实现方法，从而提高协调和整合 Illustrator 各种功能的能力，获得全面的技术提升。

学习重点

制作毛茸茸的小鸟
设计3D易拉罐包装
制作艺术山峦字

12.1 制作毛茸茸的小鸟

本实例通过为圆形添加效果，制作出毛茸茸的圆球，再用绘图工具绘制五官，制作出可爱的小鸟，最终效果如图12-1所示。

图12-1

01 按Ctrl+N快捷键，打开"新建文档"对话框，使用预设创建一个RGB颜色模式的文档，如图12-2所示。

图12-2

02 使用钢笔工具 ✐ 绘制图形。为其填充径向渐变，如图12-3和图12-4所示。

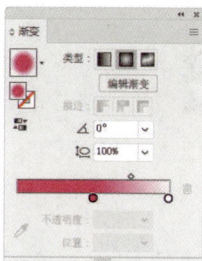

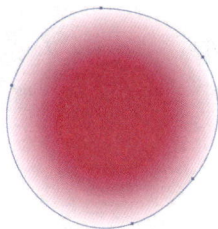

图12-3　　　　　　　　图12-4

03 执行"效果>扭曲和变换>粗糙化"命令，在路径边缘生成锯齿，如图12-5和图12-6所示。

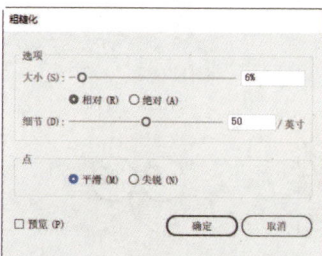

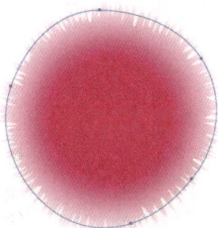

图12-5　　　　　　　　图12-6

04 执行"效果>扭曲和变换>收缩和膨胀"命令，设置膨胀参数为32%，使图形边缘呈现毛茸茸的效果，如图12-7和图12-8所示。

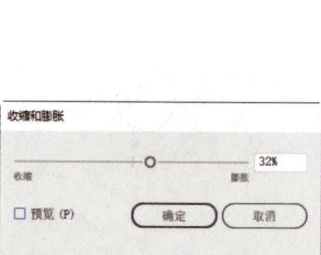

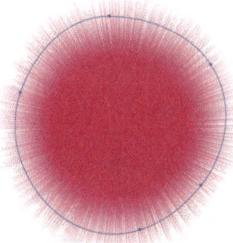

图12-7　　　　　　　　图12-8

05 执行"效果>扭曲和变换>波纹效果"命令，让绒毛产生一些变化，如图12-9和图12-10所示。

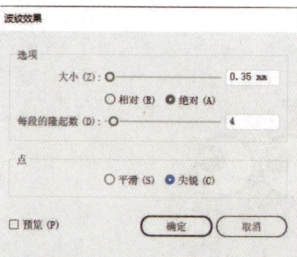

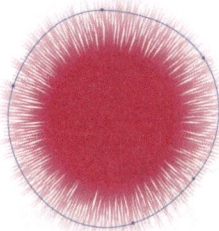

图12-9　　　　　　　　图12-10

06 单击鼠标右键，打开上下文菜单，执行"变换>分别变换"命令，打开"分别变换"对话框，设置缩放为85%、

旋转角度为10°，如图12-11所示。单击"复制"按钮，变换并复制出一个新的图形，它比原图形小，并且改变了角度，如图12-12所示。

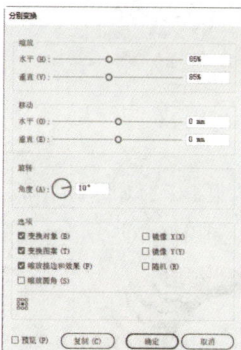

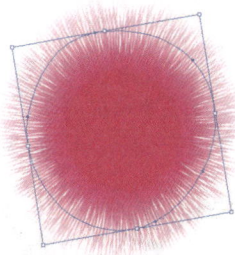

图12-11　　　　　　　　图12-12

07 按Ctrl+D快捷键再次变换，变换出的新图形大小是上一个图形的85%，并在其基础上旋转了10°，如图12-13所示。连按5次Ctrl+D快捷键，得到的效果如图12-14所示。

图12-13　　　　　　　　图12-14

> **提示**
>
> 通过"分别变换"和"再次变换"命令将绒毛图形变换成绒毛团后，可以使用选择工具 ▶ 选择每个图形，将鼠标指针放在定界框的一角外侧，拖曳鼠标调整其角度，让绒毛之间错开一点，效果会更加自然。

08 在 👁 图标右侧单击，将图层锁定，如图12-15所示。单击 ⊞ 按钮，新建一个图层，如图12-16所示。

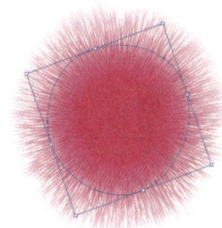

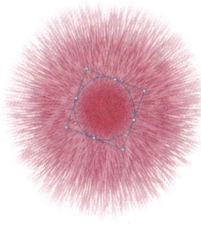

图12-15　　　　　　　　图12-16

09 选择椭圆工具 ◯，按住Shift键创建圆形。执行"效果>风格化>投影"命令，添加投影效果，如图12-17所示。设置填充颜色和描边，如图12-18所示。

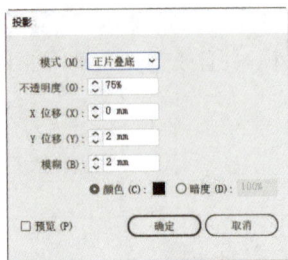

图12-17

图12-18

10 用钢笔工具 ✐ 绘制3条曲线，作为眼睫毛，如图12-19所示。将它们选择，修改描边属性，如图12-20所示。

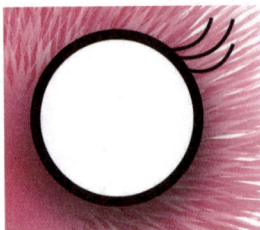

图12-19

图12-20

11 按Ctrl+A快捷键全选。选择镜像工具 ▷◁，按住Alt键在图12-21所示的位置单击，弹出"镜像"对话框，选中"垂直"单选按钮，如图12-22所示，单击"复制"按钮，在对称的位置复制出另一只眼睛，如图12-23所示。

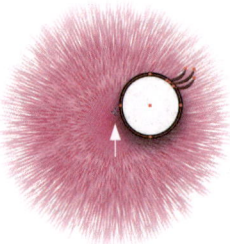

图12-21

镜像

轴
○ 水平 (H) ▷
● 垂直 (V) ▷◁
○ 角度 (A): ◯ 90°

选项

图12-22

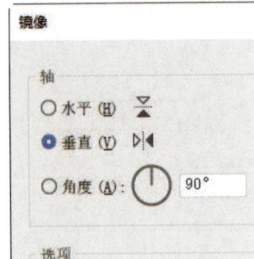

图12-23

12 绘制两个圆形，作为眼球，如图12-24所示。使用选择工具 ▶ 将它们选择，按住Alt+Shift快捷键向左侧拖曳，进行复制，如图12-25所示。

13 用椭圆工具 ◯ 创建圆形。选择钢笔工具 ✐，将鼠标指针放在圆形上方的锚点上，如图12-26所示，单击，删除锚点，如图12-27所示。将鼠标指针放在下方的锚点上，按住Alt键（临时切换为锚点工具 ⋀），如图12-28所示，单击，将该锚点转换为角点，如图12-29所示。按住Ctrl键（临时切换为直接选择工具 ▷）向下拖曳锚点，如图12-30所示。使用选择工具 ▶ 将

其拖曳到小鸟的眼睛下方，作为鸟嘴，如图12-31所示。

图12-24

图12-25

图12-26

图12-27

图12-28

图12-29

图12-30

图12-31

14 执行"效果>风格化>投影"命令，添加投影效果，如图12-32和图12-33所示。

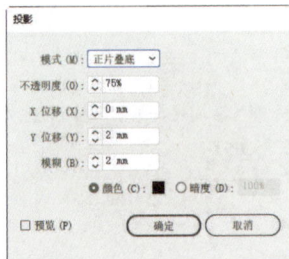

图12-32

图12-33

15 用椭圆工具 ◯ 创建一个椭圆，为其填充径向渐变并调整渐变颜色的不透明度，作为小鸟在平面上的投影，如图12-34和图12-35所示。

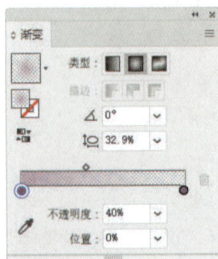

图12-34

图12-35

12.2 制作立体纸雕

本实例利用符号创建梅花和云朵，制作一张年味十足的立体纸雕贺卡，最终效果如图12-36所示。

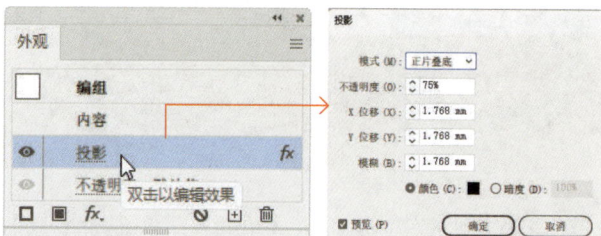

图12-39

02 使用选择工具 ▶ 单击云朵图形，如图12-40所示，单击"符号"面板中的 ⊕ 按钮，打开"符号选项"对话框，如图12-41所示，将其定义为符号并保存在"符号"面板中，如图12-42所示。

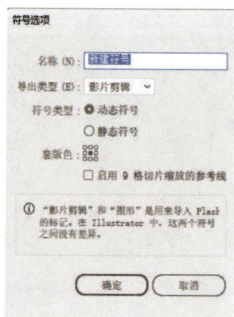

图12-36

01 打开素材，如图12-37所示。图形的立体效果是用"效果>风格化>投影"命令制作出来的。如果想了解其参数设置，可以使用选择工具 ▶ 单击图形，如图12-38所示，然后双击"外观"面板中的"投影"效果，打开"投影"对话框进行查看，如图12-39所示。在此对话框中也可以修改参数。

图12-40   图12-41

图12-42

03 单击梅花图形，如图12-43所示，使用同样的方法将其也定义为符号，并保存在"符号"面板中，如图12-44所示。

图12-37   图12-38

图12-43   图12-44

04 选择符号喷枪工具▣，在画板上单击，创建梅花符号实例，如图12-45和图12-46所示。

图12-45　　　　　　　　　　　图12-46

05 选择符号缩放器工具▣，按住Alt键在需要缩小的符号实例上单击，将其调小，如图12-47所示。释放Alt键，在需要放大的符号实例上单击，将其放大，如图12-48所示。通过此方法处理其他符号实例，如图12-49所示。

06 选择符号移位器工具▣，在符号上方拖曳鼠标，通过调整位置，让符号错落有致，如图12-50所示。

图12-47　　　　　　　　　　　图12-48

图12-49　　　　　　　　　　　图12-50

07 双击梅花符号，如图12-51所示，切换到隔离模式，使用选择工具▶单击画板上的图形，如图12-52所示，执行"效果>风格化>投影"命令，为其添加投影效果，如图12-53和图12-54所示。

08 按Esc键退出隔离模式，所有梅花符号实例都会添加投影，如图12-55所示。

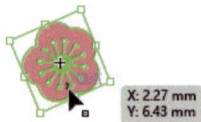

图12-51　　　　　　　　　　　图12-52

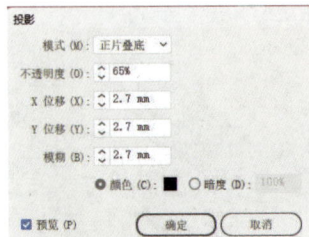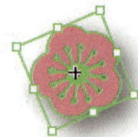

图12-53　　　　　　　　　　　图12-54

图12-55

09 单击云朵符号，如图12-56所示。使用符号喷枪工具▣创建符号实例，如图12-57所示。通过相同的方法调整云朵的位置和大小，如图12-58所示，并为其添加投影效果，如图12-59所示。

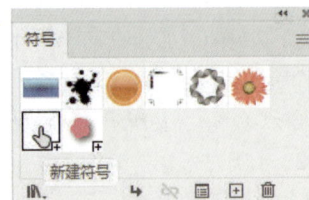

图12-56　　　　　　　　　　　图12-57

图12-58　　　　　　　　　　　图12-59

12.3 设计3D易拉罐包装

本实例使用 3D 效果设计易拉罐包装，如图 12-60 所示。

图12-60

01 打开素材，如图12-61所示。使用选择工具 ▶ 将其拖曳到"3D和材质"面板中，创建为材质，如图12-62所示。

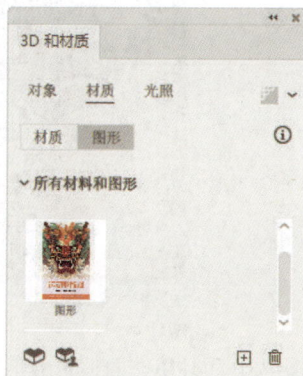

图12-61   图12-62

02 使用钢笔工具 ✐ 绘制易拉罐的左半边轮廓，如图12-63所示。设置描边颜色为白色，无填色。

03 单击"3D和材质"面板中的 按钮，在"偏移方向相对于"下拉列表中选择"右边"选项，调整对象的旋转角度，将其制作成3D易拉罐，如图12-64和图12-65所示。

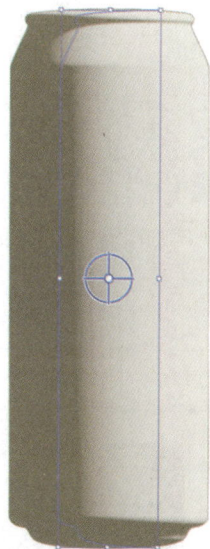

图12-63   图12-64   图12-65

04 选择"材质"选项卡，将"粗糙度"设置为0.5、"金属质感"设置为1，如图12-66和图12-67所示。

图12-66   图12-67

05 保持易拉罐处于选择状态。单击新创建的材质，如图12-68所示，将其贴在3D对象表面，如图12-69所示。

06 将鼠标指针移动到圆形定界框右侧的控制点上，如图12-70所示，向左侧拖曳，将材质调小，如图12-71所示。如果材质位置不对，可以将鼠标指针移动到圆形定界框内

进行拖曳，调整其位置。

图12-68　　　　　图12-69

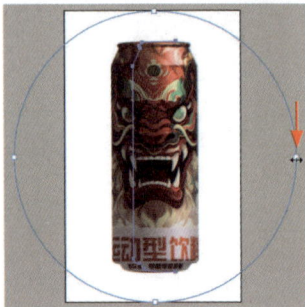

图12-70　　　　　图12-71

07 选择"3D和材质"面板中的"光照"选项卡，调整光源参数，单击 ↻ 按钮，将光源调整到模型后方，如图12-72和图12-73所示。

图12-72　　　　　图12-73

08 单击 ⊞ 按钮，添加一个光源，拖曳光源，将其移动到中部，然后修改参数。也可直接在各个选项中进行设置，准确定位光源位置，如图12-74和图12-75所示。

图12-74　　　　　图12-75

09 再添加一个光源，并调整参数，如图12-76和图12-77所示。

图12-76　　　　　图12-77

10 单击"3D和材质"面板右上角的 ˅ 按钮，打开下拉菜单，在图12-78所示的按钮上单击，开启光线追踪，如图12-79所示，单击 ▦ 按钮进行渲染，效果如图12-80所示。

11 使用椭圆工具 ◯ 创建一个椭圆，设置填充颜色为灰色，如图12-81和图12-82所示。按Ctrl+[快捷键将其移至易拉罐下方，并放在其后方。执行"效果>风格化>羽化"命令，对椭圆的边缘进行羽化处理，如图12-83和图12-84所示。图12-85

所示为添加背景后的展示效果。

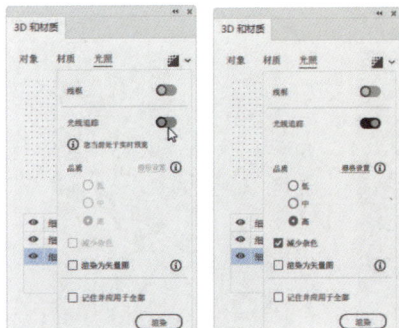

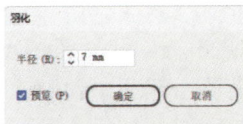

图12-78　　　　　图12-79　　　　　图12-80　　　　　　　　图12-83　　　　　图12-84

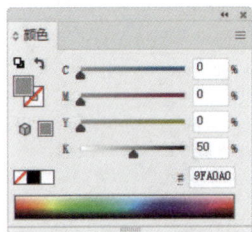

图12-81　　　　　　　图12-82

图12-85

12.4 制作艺术山峦字

本实例将两个外形反差较大的对象混合，混合对象间保持一定距离，可以制作出起伏变换的艺术山峦字，最终效果如图12-86所示。

01 新建一个文档。选择文字工具 T，在"字符"面板中选择字体，设置文字大小，如图12-87所示。在画板上单击并输入文字，如图12-88所示。

02 选择倾斜工具 ，将鼠标指针移动到文字右下角，向左侧拖曳，如图12-89所示；再向下方拖曳，对文字进行倾斜处理，如图12-90所示。执行"文字>创建轮廓"命令，将文字转换为图形。按Alt+Ctrl+G快捷键取消编组。

图12-86

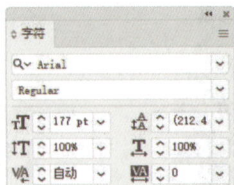

图12-87　　　　　　　图12-88

图12-89　　　　　　　图12-90

03 用矩形工具■创建一个矩形，填充渐变作为背景，如图12-91和图12-92所示。将文字摆放到该背景上，设置文字填充颜色为白色，无描边，并适当调整其大小和角度，如图12-93所示。

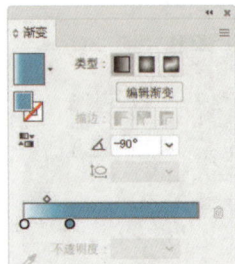

图12-91　　　　　图12-92　　　　　图12-93

04 选择所有文字，执行"效果>路径>偏移路径"命令，让文字向内收缩，如图12-94和图12-95所示。按Ctrl+C快捷键复制文字。单击"图层"面板中的◉按钮，新建一个图层。执行"编辑>就地粘贴"命令，将文字粘贴到该图层中，如图12-96所示。在该图层的眼睛图标👁上单击，隐藏该图层，如图12-97所示。

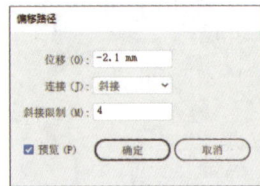 

图12-94　　　　　　　图12-95

 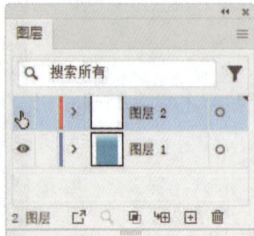

图12-96　　　　　　　图12-97

05 单击"图层1"。使用铅笔工具✏绘制图形，填充蓝色，无描边，按Ctrl+[快捷键将其移至字母G下方，如图12-98所示。单击选择工具▶，按住Shift键单击字母G，将其与绘制的图形一同选择，如图12-99所示，按Alt+Ctrl+B快捷键创建混合。双击混合工具🔧，将"间距"设置为"指定的步数"，步数设置为100，如图12-100和图12-101所示。

图12-98　　　　　　　图12-99

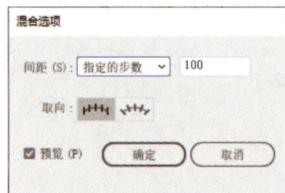 

图12-100　　　　　　　图12-101

06 采用相同的方法为其他文字创建混合，如图12-102和图12-103所示。

图12-102　　　　　　　图12-103

07 用钢笔工具✏绘制几个图形，也创建同样的混合效果，如图12-104所示。用矩形工具■创建一个与背景图形大小相同的矩形，如图12-105所示。

图12-104

图12-105

08 单击"图层"面板底部的 ▣ 按钮,创建剪切蒙版,将矩形以外的对象隐藏,如图12-106和图12-107所示。

图12-108和图12-109所示。

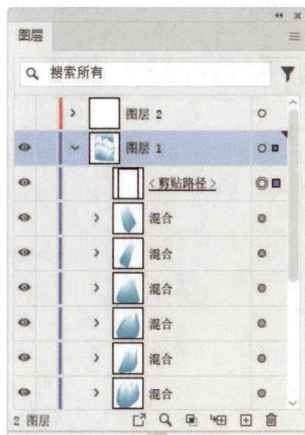

图12-108

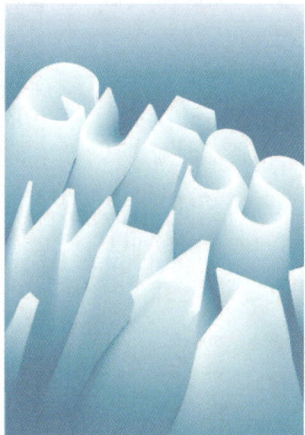

图12-109

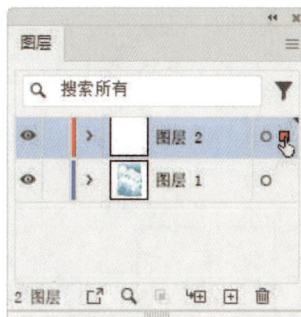

图12-106

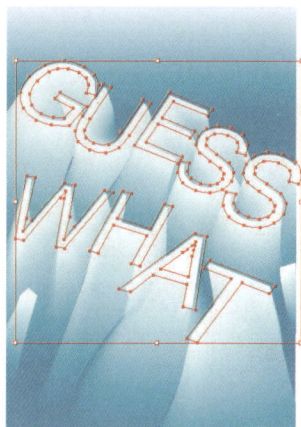

图12-107

09 在"图层2"原眼睛图标 👁 处单击,显示该图层。在该图层的选择列上单击,选择该图层中的所有图形,如

10 执行"效果>风格化>外发光"命令,设置发光颜色为蓝色,如图12-110所示。最后添加一些图形和文字来丰富版面,如图12-111所示。

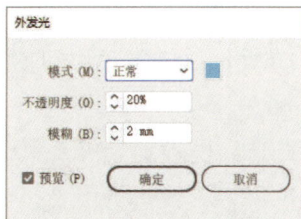

图12-110

图12-111

12.5 旅行社App界面设计

本实例制作旅行社 App 界面,如图 12-112 所示。其中的蒲公英图形是用分别变换方法制作出来的(见第 5 章实战)。

01 按Ctrl+N快捷键,打开"新建文档"对话框,选择"移动设备"选项卡中的一个预设,如图12-113所示,单击"创建"按钮。

02 选择圆角矩形工具 ▢,在画板上单击,打开"圆角矩形"对话框,参数设置如图12-114所示,创建一个圆角矩形,如图12-115所示。

图12-112

图12-113

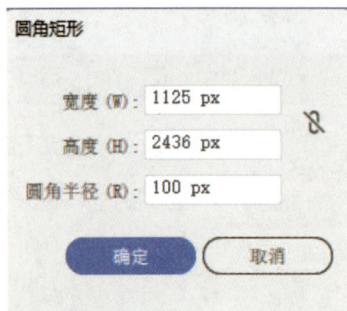

图12-114

图12-115

> **提示**
>
> 单击"控制"面板中的 ▦ 按钮和 ▦ 按钮，可以让圆角矩形对齐到画板中央。

03 为图形填充渐变，如图12-116所示。两个渐变滑块的颜色设置如图12-117所示。

图12-116   图12-117

04 执行"效果>风格化>投影"命令，为圆角矩形添加投影效果，如图12-118和图12-119所示。

05 使用矩形工具 ▢ 创建一个矩形，它会自动填充与圆角矩形相同的渐变。按Ctrl+[快捷键将其移至底层作为背景。修改渐变的角度为-90°，如图12-120和图12-121所示。执行"对象>画板>适合图稿边界"命令，将画板对齐到矩形边界。

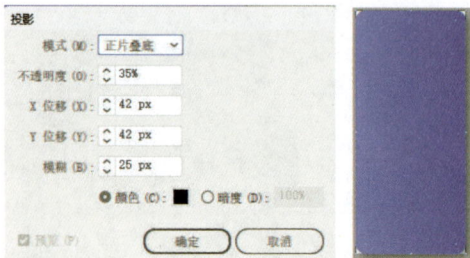

图12-118   图12-119

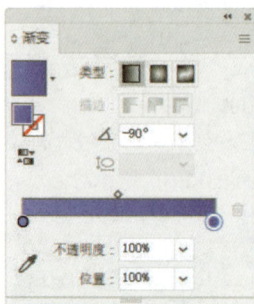 

图12-120   图12-121

06 选择椭圆工具 ◯，在画板外单击，打开"椭圆"对话框，参数设置如图12-122所示，单击"确定"按钮，创建一个圆形，填充白色，无描边，如图12-123所示。

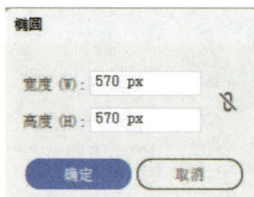 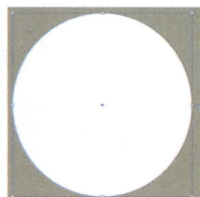

图12-122   图12-123

07 执行"效果>扭曲和变换>波纹效果"命令，创建波纹状扭曲效果，如图12-124和图12-125所示。

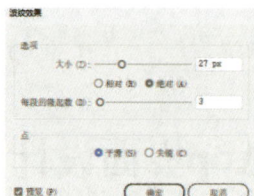 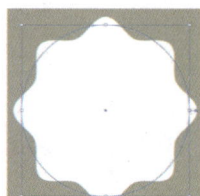

图12-124   图12-125

08 执行"对象>扩展外观"命令，将效果扩展，如图12-126所示，以当前状态下的形状生成路径。选择直接选择工具 ▷，按住Shift键在图12-127所示的几处位置拖曳鼠标，选择锚点。

 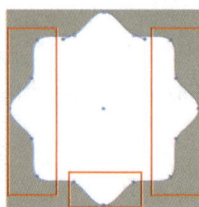

图12-126   图12-127

09 按Delete键删除锚点，如图12-128所示。在"变换"面板中设置旋转角度为180°，如图12-129和图12-130所示。

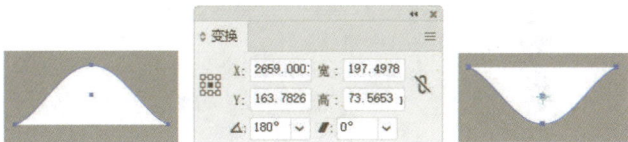

图12-128　　　　图12-129　　　　　　图12-130

10 使用选择工具▶将其移动到手机屏幕顶端，如图12-131所示。打开素材。将蒲公英图形和标签拖曳到手机屏幕中，如图12-132所示。这两个素材都是前面实战的效果文件。

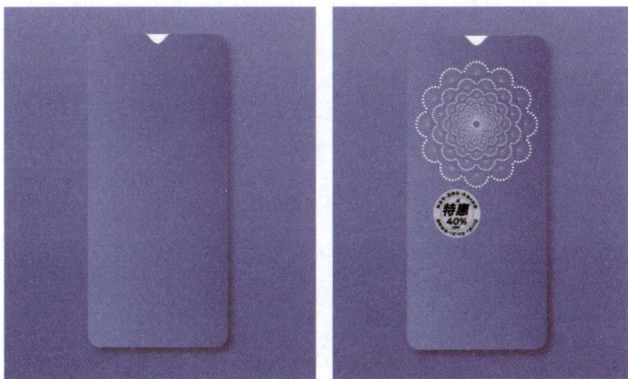

图12-131　　　　　　　　图12-132

11 使用铅笔工具✎绘制一条曲线，设置描边颜色为白色、粗细为2pt，效果如图12-133所示。

图12-133

12 选择文字工具**T**，在画板外单击并输入文字，如图12-134和图12-135所示。

图12-134　　　　图12-135

13 在"旅行社"上方拖曳鼠标，选择文字，如图12-136所示，修改字体样式，如图12-137和图12-138所示。

图12-136　　　　　　图12-137

图12-138

14 使用选择工具▶将文字移动到手机屏幕上，如图12-139所示。单击"控制"面板中的▣按钮，让文字居中对齐。在画面底部输入一行小字，如图12-140所示。图12-141所示为整体效果。

图12-139　　　　　　　图12-140

图12-141

索引

"文件"菜单命令/快捷键

"编辑"菜单命令/快捷键

"对象"菜单命令/快捷键